国家出版基金项目
绿色制造丛书
组织单位 | 中国机械工程学会

科技资源分享与绿色创新

顾新建　顾　复　纪杨建　张武杰　著

本书主要针对企业创新、协调、绿色、开放、共享的需要，系统地介绍科技资源分享与绿色创新的理论和方法，提出了一种基于科技资源分享的绿色创新发展模式，包括科技资源描述、集成、评价和交易方法。该模式通过科技资源的协调优化、高度开放、充分分享，有效节约了科技资源，减少了对环境的不良影响，促进了绿色创新，即创新成果和创新过程是环境友好的、资源节约的、与人友好的。

本书可供制造业企业科技人员和管理人员阅读，也可作为高等学校工科专业高年级学生和研究生的教材。

图书在版编目（CIP）数据

科技资源分享与绿色创新／顾新建等著．—北京：机械工业出版社，2021.7

（国家出版基金项目·绿色制造丛书）

ISBN 978-7-111-68733-7

Ⅰ.①科… Ⅱ.①顾… Ⅲ.①科学技术-资源共享②绿色经济-企业创新 Ⅳ.①G322②F062.2

中国版本图书馆CIP数据核字（2021）第141253号

机械工业出版社（北京市百万庄大街22号　邮政编码100037）
策划编辑：罗晓琪　　　　　责任编辑：罗晓琪　王　芳　刘　静
责任校对：张　征　王　延　责任印制：李　楠
北京宝昌彩色印刷有限公司印刷
2022年1月第1版第1次印刷
169mm×239mm·23.5印张·453千字
标准书号：ISBN 978-7-111-68733-7
定价：118.00元

电话服务　　　　　　　　　网络服务
客服电话：010-88361066　　机　工　官　网：www.cmpbook.com
　　　　　010-88379833　　机　工　官　博：weibo.com/cmp1952
　　　　　010-68326294　　金　书　网：www.golden-book.com
封底无防伪标均为盗版　　　机工教育服务网：www.cmpedu.com

"绿色制造丛书" 编撰委员会

主　任
宋天虎　中国机械工程学会
刘　飞　重庆大学

副主任（排名不分先后）
陈学东　中国工程院院士，中国机械工业集团有限公司
单忠德　中国工程院院士，南京航空航天大学
李　奇　机械工业信息研究院，机械工业出版社
陈超志　中国机械工程学会
曹华军　重庆大学

委　员（排名不分先后）
李培根　中国工程院院士，华中科技大学
徐滨士　中国工程院院士，中国人民解放军陆军装甲兵学院
卢秉恒　中国工程院院士，西安交通大学
王玉明　中国工程院院士，清华大学
黄庆学　中国工程院院士，太原理工大学
段广洪　清华大学
刘光复　合肥工业大学
陆大明　中国机械工程学会
方　杰　中国机械工业联合会绿色制造分会
郭　锐　机械工业信息研究院，机械工业出版社
徐格宁　太原科技大学
向　东　北京科技大学
石　勇　机械工业信息研究院，机械工业出版社
王兆华　北京理工大学
左晓卫　中国机械工程学会
朱　胜　再制造技术国家重点实验室
刘志峰　合肥工业大学
朱庆华　上海交通大学

张洪潮　大连理工大学
李方义　山东大学
刘红旗　中机生产力促进中心
李聪波　重庆大学
邱　城　中机生产力促进中心
何　彦　重庆大学
宋守许　合肥工业大学
张超勇　华中科技大学
陈　铭　上海交通大学
姜　涛　工业和信息化部电子第五研究所
姚建华　浙江工业大学
袁松梅　北京航空航天大学
夏绪辉　武汉科技大学
顾新建　浙江大学
黄海鸿　合肥工业大学
符永高　中国电器科学研究院股份有限公司
范志超　合肥通用机械研究院有限公司
张　华　武汉科技大学
张钦红　上海交通大学
江志刚　武汉科技大学
李　涛　大连理工大学
王　蕾　武汉科技大学
邓业林　苏州大学
姚巨坤　再制造技术国家重点实验室
王禹林　南京理工大学
李洪丞　重庆邮电大学

"绿色制造丛书" 编撰委员会办公室

主　任
刘成忠　陈超志

成　员（排名不分先后）
王淑芹　曹　军　孙　翠　郑小光　罗晓琪　罗丹青　张　强　赵范心　李　楠
郭英玲　权淑静　钟永刚　张　辉　金　程

丛书序一

制造是改善人类生活质量的重要途径，制造也创造了人类灿烂的物质文明。

也许在远古时代，人类从工具的制作中体会到生存的不易，生命和生活似乎注定就是要和劳作联系在一起的。工具的制作大概真正开启了人类的文明。但即便在农业时代，古代先贤也认识到在某些情况下要慎用工具，如孟子言："数罟不入洿池，鱼鳖不可胜食也；斧斤以时入山林，材木不可胜用也。"可是，我们没能记住古训，直到20世纪后期我国乱砍滥伐的现象比较突出。

到工业时代，制造所产生的丰富物质使人们感受到的更多是愉悦，似乎自然界的一切都可以为人的目的服务。恩格斯告诫过：我们统治自然界，决不像征服者统治异民族一样，决不像站在自然以外的人一样，相反地，我们同我们的肉、血和头脑一起都是属于自然界，存在于自然界的；我们对自然界的整个统治，仅是我们胜于其他一切生物，能够认识和正确运用自然规律而已（《劳动在从猿到人转变过程中的作用》）。遗憾的是，很长时期内我们并没有听从恩格斯的告诫，却陶醉在"人定胜天"的臆想中。

信息时代乃至即将进入的数字智能时代，人们惊叹欣喜，日益增长的自动化、数字化以及智能化将人从本是其生命动力的劳作中逐步解放出来。可是蓦然回首，倏地发现环境退化、气候变化又大大降低了我们不得不依存的自然生态系统的承载力。

不得不承认，人类显然是对地球生态破坏力最大的物种。好在人类毕竟是理性的物种，诚如海德格尔所言：我们就是除了其他可能的存在方式以外还能够对存在发问的存在者。人类存在的本性是要考虑"去存在"，要面向未来的存在。人类必须对自己未来的存在方式、自己依赖的存在环境发问！

1987年，以挪威首相布伦特兰夫人为主席的联合国世界环境与发展委员会发表报告《我们共同的未来》，将可持续发展定义为：既满足当代人的需要，又不对后代人满足其需要的能力构成危害的发展。1991年，由世界自然保护联盟、联合国环境规划署和世界自然基金会出版的《保护地球——可持续生存战略》一书，将可持续发展定义为：在不超出支持它的生态系统承载能力的情况下改善人类的生活质量。很容易看出，可持续发展的理念之要在于环境保护、人的生存和发展。

世界各国正逐步形成应对气候变化的国际共识，绿色低碳转型成为各国实现可持续发展的必由之路。

中国面临的可持续发展的压力尤甚。经过数十年来的发展，2020年我国制造业增加值突破26万亿元，约占国民生产总值的26%，已连续多年成为世界第一制造大国。但我国制造业资源消耗大、污染排放量高的局面并未发生根本性改变。2020年我国碳排放总量惊人，约占全球总碳排放量30%，已经接近排名第2~5位的美国、印度、俄罗斯、日本4个国家的总和。

工业中最重要的部分是制造，而制造施加于自然之上的压力似乎在接近临界点。那么，为了可持续发展，难道舍弃先进的制造？非也！想想庄子笔下的圃畦丈人，宁愿抱瓮舀水，也不愿意使用桔槔那种杠杆装置来灌溉。他曾教训子贡："有机械者必有机事，有机事者必有机心。机心存于胸中，则纯白不备；纯白不备，则神生不定；神生不定者，道之所不载也。"（《庄子·外篇·天地》）单纯守纯朴而弃先进技术，显然不是当代人应守之道。怀旧在现代世界中没有存在价值，只能被当作追逐幻境。

既要保护环境，又要先进的制造，从而维系人类的可持续发展。这才是制造之道！绿色制造之理念如是。

在应对国际金融危机和气候变化的背景下，世界各国无论是发达国家还是新型经济体，都把发展绿色制造作为赢得未来产业竞争的关键领域，纷纷出台国家战略和计划，强化实施手段。欧盟的"未来十年能源绿色战略"、美国的"先进制造伙伴计划2.0"、日本的"绿色发展战略总体规划"、韩国的"低碳绿色增长基本法"、印度的"气候变化国家行动计划"等，都将绿色制造列为国家的发展战略，计划实施绿色发展，打造绿色制造竞争力。我国也高度重视绿色制造，《中国制造2025》中将绿色制造列为五大工程之一。中国承诺在2030年前实现碳达峰，2060年前实现碳中和，国家战略将进一步推动绿色制造科技创新和产业绿色转型发展。

为了助力我国制造业绿色低碳转型升级，推动我国新一代绿色制造技术发展，解决我国长久以来对绿色制造科技创新成果及产业应用总结、凝练和推广不足的问题，中国机械工程学会和机械工业出版社组织国内知名院士和专家编写了"绿色制造丛书"。我很荣幸为本丛书作序，更乐意向广大读者推荐这套丛书。

编委会遴选了国内从事绿色制造研究的权威科研单位、学术带头人及其团队参与编著工作。丛书包含了作者们对绿色制造前沿探索的思考与体会，以及对绿色制造技术创新实践与应用的经验总结，非常具有前沿性、前瞻性和实用性，值得一读。

丛书的作者们不仅是中国制造领域中对人类未来存在方式、人类可持续发展的发问者，更是先行者。希望中国制造业的管理者和技术人员跟随他们的足迹，通过阅读丛书，深入推进绿色制造！

华中科技大学　李培根

2021 年 9 月 9 日于武汉

丛书序二

在全球碳排放量激增、气候加速变暖的背景下，资源与环境问题成为人类面临的共同挑战，可持续发展日益成为全球共识。发展绿色经济、抢占未来全球竞争的制高点，通过技术创新、制度创新促进产业结构调整，降低能耗物耗、减少环境压力、促进经济绿色发展，已成为国家重要战略。我国明确将绿色制造列为《中国制造2025》五大工程之一，制造业的"绿色特性"对整个国民经济的可持续发展具有重大意义。

随着科技的发展和人们对绿色制造研究的深入，绿色制造的内涵不断丰富，绿色制造是一种综合考虑环境影响和资源消耗的现代制造业可持续发展模式，涉及整个制造业，涵盖产品整个生命周期，是制造、环境、资源三大领域的交叉与集成，正成为全球新一轮工业革命和科技竞争的重要新兴领域。

在绿色制造技术研究与应用方面，围绕量大面广的汽车、工程机械、机床、家电产品、石化装备、大型矿山机械、大型流体机械、船用柴油机等领域，重点开展绿色设计、绿色生产工艺、高耗能产品节能技术、工业废弃物回收拆解与资源化等共性关键技术研究，开发出成套工艺装备以及相关试验平台，制定了一批绿色制造国家和行业技术标准，开展了行业与区域示范应用。

在绿色产业推进方面，开发绿色产品，推行生态设计，提升产品节能环保低碳水平，引导绿色生产和绿色消费。建设绿色工厂，实现厂房集约化、原料无害化、生产洁净化、废物资源化、能源低碳化。打造绿色供应链，建立以资源节约、环境友好为导向的采购、生产、营销、回收及物流体系，落实生产者责任延伸制度。壮大绿色企业，引导企业实施绿色战略、绿色标准、绿色管理和绿色生产。强化绿色监管，健全节能环保法规、标准体系，加强节能环保监察，推行企业社会责任报告制度。制定绿色产品、绿色工厂、绿色园区标准，构建企业绿色发展标准体系，开展绿色评价。一批重要企业实施了绿色制造系统集成项目，以绿色产品、绿色工厂、绿色园区、绿色供应链为代表的绿色制造工业体系基本建立。我国在绿色制造基础与共性技术研究、离散制造业传统工艺绿色生产技术、流程工业新型绿色制造工艺技术与设备、典型机电产品节能减排技术、退役机电产品拆解与再制造技术等方面取得了较好的成果。

但是作为制造大国，我国仍未摆脱高投入、高消耗、高排放的发展方式，资源能源消耗和污染排放与国际先进水平仍存在差距，制造业绿色发展的目标尚未完成，社会技术创新仍以政府投入主导为主；人们虽然就绿色制造理念形成共识，但绿色制造技术创新与我国制造业绿色发展战略需求还有很大差距，一些亟待解决的主要问题依然突出。绿色制造基础理论研究仍主要以跟踪为主，原创性的基础研究仍较少；在先进绿色新工艺、新材料研究方面部分研究领域有一定进展，但颠覆性和引领性绿色制造技术创新不足；绿色制造的相关产业还处于孕育和初期发展阶段。制造业绿色发展仍然任重道远。

本丛书面向构建未来经济竞争优势，进一步阐述了深化绿色制造前沿技术研究，全面推动绿色制造基础理论、共性关键技术与智能制造、大数据等技术深度融合，构建我国绿色制造先发优势，培育持续创新能力。加强基础原材料的绿色制备和加工技术研究，推动实现功能材料特性的调控与设计和绿色制造工艺，大幅度地提高资源生产率水平，提高关键基础件的寿命、高分子材料回收利用率以及可再生材料利用率。加强基础制造工艺和过程绿色化技术研究，形成一批高效、节能、环保和可循环的新型制造工艺，降低生产过程的资源能源消耗强度，加速主要污染排放总量与经济增长脱钩。加强机械制造系统能量效率研究，攻克离散制造系统的能量效率建模、产品能耗预测、能量效率精细评价、产品能耗定额的科学制定以及高能效多目标优化等关键技术问题，在机械制造系统能量效率研究方面率先取得突破，实现国际领先。开展以提高装备运行能效为目标的大数据支撑设计平台，基于环境的材料数据库、工业装备与过程匹配自适应设计技术、工业性试验技术与验证技术研究，夯实绿色制造技术发展基础。

在服务当前产业动力转换方面，持续深入细致地开展基础制造工艺和过程的绿色优化技术、绿色产品技术、再制造关键技术和资源化技术核心研究，研究开发一批经济性好的绿色制造技术，服务经济建设主战场，为绿色发展做出应有的贡献。开展铸造、锻压、焊接、表面处理、切削等基础制造工艺和生产过程绿色优化技术研究，大幅降低能耗、物耗和污染物排放水平，为实现绿色生产方式提供技术支撑。开展在役再设计再制造技术关键技术研究，掌握重大装备与生产过程匹配的核心技术，提高其健康、能效和智能化水平，降低生产过程的资源能源消耗强度，助推传统制造业转型升级。积极发展绿色产品技术，研究开发轻量化、低功耗、易回收等技术工艺，研究开发高效能电机、锅炉、内燃机及电器等终端用能产品，研究开发绿色电子信息产品，引导绿色消费。开展新型过程绿色化技术研究，全面推进钢铁、化工、建材、轻工、印染等行业绿色制造流程技术创新，新型化工过程强化技术节能环保集成优化技术创新。开展再制造与资源化技术研究，研究开发新一代再制造技术与装备，深入推进废旧汽车（含新能源汽车）零部件和退役机电产品回收逆向物流系统、拆解/破碎/分离、高附加值资源化等关键技术与装备研究并应用示范，实现机电、汽车等产品的可拆卸和易回收。研究开发钢铁、冶金、石化、轻工等制造流程副产品绿色协同处理与循环利用技术，提高流程制造资源高效利用绿色产业链技术创新能力。

在培育绿色新兴产业过程中，加强绿色制造基础共性技术研究，提升绿色制造科技创新与保障能力，培育形成新的经济增长点。持续开展绿色设计、产品全生命周期评价方法与工具的研究开发，加强绿色制造标准法规和合格评判程序与范式研究，针对不同行业形成方法体系。建设绿色数据中心、绿色基站、绿色制造技术服务平台，建立健全绿色制造技术创新服务体系。探索绿色材料制备技术，培育形成新的经济增长点。开展战略新兴产业市场需求的绿色评价研究，积极引领新兴产业高起点绿色发展，大力促进新材料、新能源、高端装备、生物产业绿色低碳发展。推动绿色制造技术与信息的深度融合，积极发展绿色车间、绿色工厂系统、绿色制造技术服务业。

非常高兴为本丛书作序。我们既面临赶超跨越的难得历史机遇，也面临差距拉大的严峻挑战，唯有勇立世界技术创新潮头，才能赢得发展主动权，为人类文明进步做出更大贡献。相信这套丛书的出版能够推动我国绿色科技创新，实现绿色产业引领式发展。绿色制造从概念提出至今，取得了长足进步，希望未来有更多青年人才积极参与到国家制造业绿色发展与转型中，推动国家绿色制造产业发展，实现制造强国战略。

中国机械工业集团有限公司　陈学东

2021年7月5日于北京

丛书序三

绿色制造是绿色科技创新与制造业转型发展深度融合而形成的新技术、新产业、新业态、新模式,是绿色发展理念在制造业的具体体现,是全球新一轮工业革命和科技竞争的重要新兴领域。

我国自20世纪90年代正式提出绿色制造以来,科学技术部、工业和信息化部、国家自然科学基金委员会等在"十一五""十二五""十三五"期间先后对绿色制造给予了大力支持,绿色制造已经成为我国制造业科技创新的一面重要旗帜。多年来我国在绿色制造模式、绿色制造共性基础理论与技术、绿色设计、绿色制造工艺与装备、绿色工厂和绿色再制造等关键技术方面形成了大量优秀的科技创新成果,建立了一批绿色制造科技创新研发机构,培育了一批绿色制造创新企业,推动了全国绿色产品、绿色工厂、绿色示范园区的蓬勃发展。

为促进我国绿色制造科技创新发展,加快我国制造企业绿色转型及绿色产业进步,中国机械工程学会和机械工业出版社联合中国机械工程学会环境保护与绿色制造技术分会、中国机械工业联合会绿色制造分会,组织高校、科研院所及企业共同策划了"绿色制造丛书"。

丛书成立了包括李培根院士、徐滨士院士、卢秉恒院士、王玉明院士、黄庆学院士等50多位顶级专家在内的编委会团队,他们确定选题方向,规划丛书内容,审核学术质量,为丛书的高水平出版发挥了重要作用。作者团队由国内绿色制造重要创导者与开拓者刘飞教授牵头,陈学东院士、单忠德院士等100余位专家学者参与编写,涉及20多家科研单位。

丛书共计32册,分三大部分:① 总论,1册;② 绿色制造专题技术系列,25册,包括绿色制造基础共性技术、绿色设计理论与方法、绿色制造工艺与装备、绿色供应链管理、绿色再制造工程5大专题技术;③ 绿色制造典型行业系列,6册,涉及压力容器行业、电子电器行业、汽车行业、机床行业、工程机械行业、冶金设备行业等6大典型行业应用案例。

丛书获得了2020年度国家出版基金项目资助。

丛书系统总结了"十一五""十二五""十三五"期间,绿色制造关键技术与装备、国家绿色制造科技重点专项等重大项目取得的基础理论、关键技术和装备成果，凝结了广大绿色制造科技创新研究人员的心血，也包含了作者对绿色制造前沿探索的思考与体会，为我国绿色制造发展提供了一套具有前瞻性、系统性、实用性、引领性的高品质专著。丛书可为广大高等院校师生、科研院所研发人员以及企业工程技术人员提供参考，对加快绿色制造创新科技在制造业中的推广、应用，促进制造业绿色、高质量发展具有重要意义。

当前我国提出了 2030 年前碳排放达峰目标以及 2060 年前实现碳中和的目标，绿色制造是实现碳达峰和碳中和的重要抓手，可以驱动我国制造产业升级、工艺装备升级、重大技术革新等。因此，丛书的出版非常及时。

绿色制造是一个需要持续实现的目标。相信未来在绿色制造领域我国会形成更多具有颠覆性、突破性、全球引领性的科技创新成果，丛书也将持续更新，不断完善，及时为产业绿色发展建言献策，为实现我国制造强国目标贡献力量。

中国机械工程学会　宋天虎
2021 年 6 月 23 日于北京

前　言

我国提出创新、协调、绿色、开放、共享发展理念，这是实现更高质量发展、更有效率发展、更加公平发展、更可持续发展的必由之路。

创新是我国可持续发展最主要的目标和动力之一，当我国的技术水平与发达国家比较接近时，只有创新才能追赶和超越，没有创新就难以持续发展。

绿色是我国可持续发展的主要保障。受资源和环境的限制，我国的发展必须是环境友好型和资源节约型的，否则就难以实现可持续发展。

绿色创新是指创新成果和创新过程是环境友好的、资源节约的、与人友好的创新。

科技资源是开展创新的主要资源。科技资源包括知识、数据、人才、产品、软件和硬件资源等。

协调、开放、共享是我国可持续发展的主要方法。科技资源分享是一种科技资源协调优化、高度开放、充分分享的方法，有效节约了稀缺的科技资源，减少了对环境的不良影响，促进了绿色创新。

所以本书将科技资源分享（共享）与绿色创新集成在一起研究，在融合创新、协调、绿色、开放、共享发展理念的基础上，提出了一种基于科技资源分享的绿色创新发展模式。

本书主要对针对企业创新、协调、绿色、开放、共享的需要，系统地介绍科技资源分享与绿色创新的理论和方法，希望有助于提高我国企业科技资源分享与绿色创新能力，促进创新、协调、绿色、开放、共享的进一步发展。

本书各章节的主要内容如下：

第1章围绕绿色创新展开讨论。绿色创新将创新、协调、绿色、开放、共享发展理念中的创新和绿色融合在一起。介绍了绿色创新模式的概念、定义、推动力、体系结构、国内外相关规划和战略。分析了基于科技资源分享的绿色创新模式，该模式可以使有限的科技资源得到充分利用，减少科技资源的浪费，提高创新的效率。分析了绿色创新的大环境，包括共享经济、服务型制造、全员创新和协同创新的透明公平环境。

第2章围绕科技资源分享展开讨论。科技资源分享体现了协调、开放、共享的发展理念，是绿色创新的主要抓手。介绍了科技资源的概念和内容，分析了科技资源分享的需求、意义、研究与应用现状、方法和平台框架以及发展方向。分析了绿色创新对知识、数据、人才、产品、硬件、软件等资源分享的需求。分析了新一代信息技术与科技资源分享和绿色创新的关系。简要介绍了科技资源分享的理论基础，包括科技资源空间优化理论和时间优化理论。

第3章系统介绍了科技资源描述方法。规范、合理、科学的科技资源描述方法是解决科技资源分散、重复、低效问题的有效方法之一。给出了科技资源描述的定义和需求、科技资源描述方法的结构框架、科技资源描述模型的协同共建方法。总结了科技资源分类模型、元数据模型、本体模型、知识元、图谱等的定义、需求、描述方法和建立方法。介绍了绿色创新科技资源的获取和整理。

第4章系统介绍了科技资源集成方法。科技资源集成可以提高科技资源分享的水平和效率。科技资源集成需要信息、组织集成的支持，并需要向模块集成、成套集成、融合集成和能力集成方向发展。给出了科技资源集成的定义和需求，介绍了科技资源集成的相关研究，提出了科技资源集成方法体系的参考架构。阐述了科技资源信息集成的定义和需求、各种科技资源的集成技术。分析了科技资源组织集成的定义和需求，介绍了面向业务流程的横向组织集成模式和纵向组织集成模式。介绍了科技资源模块集成、成套集成、融合集成、能力集成的定义和需求、模式和案例。对各种科技资源集成的商业模式和绿色性进行了比较，并给出了科技资源集成支持绿色创新的案例。

第5章系统介绍了科技资源评价方法，包括科技资源用户评价、专家评价、智能评价、应用效益评价、引文分析、检测评价等方法，形成了整体、系统的评价方法，其特点是对科技资源从不同角度进行规范化，依靠广大科技人员协同评价、基于大数据的智能评价，对科技资源进行生命周期跟踪，开展效益评价。通过对科技资源的质量、价值和相互关系等的评价，促进科技资源的有序化，有效支持科技资源的集成、交易和分享。

第6章系统介绍了科技资源交易方法的定义和需求、商业模式和案例，包括科技资源采购交易、免费分享、租赁交易、内部交易、服务交易方法。科技资源交易方法是将企业或个人所拥有的科技资源通过交易的方法转移给其他企业或个人分享的方法，有助于提高科技资源利用效率，促进科技资源分享和专业化协同，支持绿色创新。科技资源描述、集成和评价最终都是为了科技资源的交易分享。本章还对不同的科技资源交易商业模式的经济效益和社会效益进行了评价和比较。

作　者
2020年11月

目录 CONTENTS

丛书序一
丛书序二
丛书序三
前　言
第1章　绿色创新 ··· 1
  1.1　绿色创新模式概述 ··· 2
    1.1.1　绿色创新模式的概念和定义 ·· 2
    1.1.2　绿色创新的推动力 ·· 3
    1.1.3　绿色创新的体系结构 ··· 5
    1.1.4　国内外绿色创新的相关规划和战略 ··· 13
  1.2　基于科技资源分享的绿色创新模式 ··· 17
    1.2.1　开放式创新模式 ·· 17
    1.2.2　分布式创新模式 ·· 21
    1.2.3　透明公平的绿色创新模式 ··· 23
  1.3　绿色创新的大环境 ··· 27
    1.3.1　共享经济——绿色创新的经济环境 ··· 27
    1.3.2　服务型制造——绿色创新的社会环境 ······································· 29
    1.3.3　全员创新的透明公平环境 ··· 34
    1.3.4　协同创新的透明公平环境 ··· 35
  参考文献 ··· 37
第2章　科技资源分享 ·· 39
  2.1　科技资源分享概述 ··· 40
    2.1.1　科技资源的概念和内容 ·· 40
    2.1.2　科技资源分享的需求 ··· 50
    2.1.3　科技资源分享的意义 ··· 54
    2.1.4　科技资源分享的研究与应用现状 ··· 55
    2.1.5　科技资源分享方法和平台框架 ·· 60
    2.1.6　科技资源分享的发展方向 ··· 64

2.2 绿色创新对科技资源分享的需求 ·········· 71
2.2.1 科技资源分享与创新的关系 ·········· 71
2.2.2 绿色创新对知识资源分享的需求 ·········· 71
2.2.3 绿色创新对数据资源分享的需求 ·········· 72
2.2.4 绿色创新对人才资源分享的需求 ·········· 73
2.2.5 绿色创新对产品资源分享的需求 ·········· 73
2.2.6 绿色创新对软件资源分享的需求 ·········· 74
2.2.7 绿色创新对硬件资源分享的需求 ·········· 74

2.3 新一代信息技术支持科技资源分享 ·········· 75
2.3.1 新一代信息技术与科技资源分享和绿色创新 ·········· 75
2.3.2 Web2.0与科技资源分享 ·········· 77
2.3.3 云平台与科技资源分享 ·········· 81
2.3.4 物联网与科技资源分享 ·········· 83
2.3.5 移动互联网与科技资源分享 ·········· 83
2.3.6 大数据与科技资源分享 ·········· 84
2.3.7 新一代人工智能与科技资源分享 ·········· 85
2.3.8 区块链与科技资源分享 ·········· 87

2.4 科技资源分享的理论基础 ·········· 89
2.4.1 科技资源空间优化理论 ·········· 89
2.4.2 科技资源时间优化理论 ·········· 90

参考文献 ·········· 93

第3章 科技资源描述方法 ·········· 97
3.1 科技资源描述概述 ·········· 98
3.1.1 科技资源描述的定义和需求 ·········· 98
3.1.2 科技资源描述方法的结构框架 ·········· 100
3.1.3 科技资源描述模型的协同共建方法 ·········· 101
3.2 科技资源分类模型及建立方法 ·········· 102
3.2.1 科技资源分类模型的定义和需求 ·········· 102
3.2.2 科技资源分类模型的建立方法 ·········· 105
3.2.3 科技资源的分类 ·········· 106
3.2.4 知识资源的分类 ·········· 108
3.2.5 数据资源的分类 ·········· 109
3.2.6 产品模块资源的分类 ·········· 111

3.2.7 科技资源的标识解析体系 …………………………… 116
3.3 科技资源元数据模型及建立方法 ………………………………… 117
　　3.3.1 科技资源元数据模型的定义和需求 …………………… 117
　　3.3.2 科技资源元数据模型的建立方法 ……………………… 118
　　3.3.3 知识资源库中的元数据模型 …………………………… 120
3.4 科技资源本体模型及建立方法 …………………………………… 121
　　3.4.1 科技资源本体模型的定义 ……………………………… 121
　　3.4.2 科技资源本体模型的需求 ……………………………… 122
　　3.4.3 科技资源本体模型的描述方法 ………………………… 123
　　3.4.4 科技资源本体建立方法 ………………………………… 127
　　3.4.5 科技资源本体使用方法 ………………………………… 135
　　3.4.6 科技资源本体维护方法 ………………………………… 136
　　3.4.7 知识模块本体描述方法 ………………………………… 138
3.5 科技资源知识元及建立方法 ……………………………………… 141
　　3.5.1 科技资源知识元的定义和需求 ………………………… 141
　　3.5.2 科技资源知识元的建立方法 …………………………… 142
3.6 科技资源图谱及建立方法 ………………………………………… 144
　　3.6.1 科技资源图谱的定义 …………………………………… 144
　　3.6.2 科技资源图谱的需求 …………………………………… 146
　　3.6.3 科技资源图谱的建立方法 ……………………………… 147
3.7 绿色创新科技资源的获取和整理 ………………………………… 150
参考文献 …………………………………………………………………… 155

第4章 科技资源集成方法 …………………………………………… 157
4.1 科技资源集成概述 ………………………………………………… 158
　　4.1.1 科技资源集成的定义和需求 …………………………… 158
　　4.1.2 科技资源集成的相关研究 ……………………………… 163
　　4.1.3 科技资源集成方法体系的参考架构 …………………… 164
4.2 科技资源信息集成 ………………………………………………… 165
　　4.2.1 科技资源信息集成的定义和需求 ……………………… 165
　　4.2.2 科技资源信息集成技术 ………………………………… 168
　　4.2.3 软件资源集成技术 ……………………………………… 173
　　4.2.4 硬件资源信息集成技术 ………………………………… 175
　　4.2.5 科技资源信息集成模式 ………………………………… 176

4.2.6　科技资源信息集成的案例 …………………………………… 181
4.3　科技资源组织集成 ……………………………………………………… 183
　　4.3.1　科技资源组织集成的定义和需求 …………………………… 183
　　4.3.2　面向业务流程的横向组织集成模式 ………………………… 186
　　4.3.3　面向业务流程的纵向组织集成模式 ………………………… 191
4.4　科技资源模块集成 ……………………………………………………… 196
　　4.4.1　科技资源模块集成的定义和需求 …………………………… 196
　　4.4.2　科技资源模块集成模式 ……………………………………… 197
　　4.4.3　科技资源模块集成的案例 …………………………………… 205
4.5　科技资源成套集成 ……………………………………………………… 211
　　4.5.1　科技资源成套集成的定义和需求 …………………………… 211
　　4.5.2　科技资源成套集成模式 ……………………………………… 212
　　4.5.3　科技资源成套集成的案例 …………………………………… 217
4.6　科技资源融合集成 ……………………………………………………… 219
　　4.6.1　科技资源融合集成的定义和需求 …………………………… 219
　　4.6.2　科技资源融合集成模式 ……………………………………… 222
　　4.6.3　科技资源融合集成的案例 …………………………………… 222
4.7　科技资源能力集成 ……………………………………………………… 229
　　4.7.1　科技资源能力集成的定义和需求 …………………………… 229
　　4.7.2　科技资源能力集成模式 ……………………………………… 230
　　4.7.3　科技资源能力集成的案例 …………………………………… 233
4.8　科技资源集成与绿色创新 ……………………………………………… 237
　　4.8.1　各种科技资源集成的商业模式和绿色性的比较 …………… 237
　　4.8.2　科技资源集成支持绿色创新的案例 ………………………… 239
参考文献 …………………………………………………………………………… 241

第5章　科技资源评价方法 …………………………………………………… 247
5.1　科技资源评价概述 ……………………………………………………… 248
　　5.1.1　科技资源评价的定义和需求 ………………………………… 248
　　5.1.2　科技资源评价的相关标准和相关研究 ……………………… 253
　　5.1.3　科技资源评价方法体系的参考架构 ………………………… 259
5.2　科技资源评价指标 ……………………………………………………… 261
　　5.2.1　科技资源评价指标的定义和需求 …………………………… 261
　　5.2.2　科技资源评价指标建立原则 ………………………………… 261

- 5.2.3 科技资源评价指标的架构框架 ………………………………… 262
- 5.3 科技资源用户评价方法 ………………………………………………… 263
  - 5.3.1 科技资源用户评价的定义和需求 …………………………… 263
  - 5.3.2 淘宝网中的用户评价面临的挑战及其对策 ………………… 263
  - 5.3.3 科技资源用户评价的实施方法 ……………………………… 265
- 5.4 科技资源专家评价方法 ………………………………………………… 267
  - 5.4.1 科技资源专家评价的定义和需求 …………………………… 267
  - 5.4.2 科技资源专家评价的实施方法 ……………………………… 267
- 5.5 科技资源智能评价方法 ………………………………………………… 268
  - 5.5.1 科技资源智能评价的定义和需求 …………………………… 268
  - 5.5.2 科技资源智能评价的实施方法 ……………………………… 268
  - 5.5.3 知识和人才资源智能协同评价方法 ………………………… 270
- 5.6 科技资源应用效益评价方法 …………………………………………… 274
  - 5.6.1 科技资源应用效益评价的定义和需求 ……………………… 274
  - 5.6.2 科技资源应用效益评价的实施方法 ………………………… 275
- 5.7 其他科技资源评价方法 ………………………………………………… 281
  - 5.7.1 科技资源引文分析方法 ……………………………………… 281
  - 5.7.2 科技资源检测评价方法 ……………………………………… 282
- 5.8 智能制造绿色性的评价方法 …………………………………………… 284
  - 5.8.1 背景 …………………………………………………………… 284
  - 5.8.2 智能制造绿色性评价的难点及待解决问题 ………………… 286
  - 5.8.3 绿色性评价机制与工具 ……………………………………… 287
  - 5.8.4 绿色性评价的流程体系 ……………………………………… 288
  - 5.8.5 社会影响指标及绿色性计算 ………………………………… 289
  - 5.8.6 案例分析 ……………………………………………………… 291
- 参考文献 ……………………………………………………………………… 294

第6章 科技资源交易方法 ……………………………………………………… 297
- 6.1 科技资源交易概述 ……………………………………………………… 298
  - 6.1.1 科技资源交易的需求驱动和技术驱动 ……………………… 298
  - 6.1.2 科技资源交易方法的参考模型框架 ………………………… 299
  - 6.1.3 科技资源交易商业模式 ……………………………………… 300
  - 6.1.4 不同科技资源交易难易程度比较 …………………………… 303
- 6.2 科技资源采购交易 ……………………………………………………… 304

  6.2.1 科技资源采购交易的定义和需求 …………………… 304
  6.2.2 科技资源采购交易方式 …………………………… 305
  6.2.3 科技资源采购交易的商业模式 …………………… 306
  6.2.4 科技资源采购交易的案例 ………………………… 311
 6.3 科技资源免费分享 ……………………………………… 314
  6.3.1 科技资源免费分享的定义和需求 ………………… 314
  6.3.2 科技资源免费分享的商业模式 …………………… 314
  6.3.3 科技资源免费分享的案例 ………………………… 316
 6.4 科技资源租赁交易 ……………………………………… 318
  6.4.1 科技资源租赁交易的定义和需求 ………………… 318
  6.4.2 科技资源租赁交易的商业模式 …………………… 319
  6.4.3 科技资源租赁交易的案例 ………………………… 323
 6.5 科技资源内部交易 ……………………………………… 324
  6.5.1 科技资源内部交易的定义和需求 ………………… 324
  6.5.2 科技资源内部交易的商业模式 …………………… 325
  6.5.3 科技资源内部交易的案例 ………………………… 331
 6.6 科技资源服务交易 ……………………………………… 334
  6.6.1 科技资源服务交易的定义和需求 ………………… 334
  6.6.2 科技资源服务交易的商业模式 …………………… 336
  6.6.3 科技资源服务交易的案例 ………………………… 339
 6.7 科技资源交易商业模式经济效益和社会效益评价 …… 344
 参考文献 ……………………………………………………… 348
后记 ……………………………………………………………… 351

第1章

绿色创新

绿色创新将创新、协调、绿色、开放、共享五大发展理念中的创新和绿色融合在一起，其成果和过程是环境友好的、资源节约的、与人友好的。

本章首先介绍了绿色创新模式概念、定义、推动力、体系结构、国内外相关规划和战略。其次分析了基于科技资源分享的绿色创新模式，该模式可以使稀缺的科技资源得到充分利用，减少科技资源的浪费，提高创新的效率。最后分析了绿色创新的大环境，包括共享经济、服务型制造、全员创新和协同创新的透明公平环境。

1.1 绿色创新模式概述

1.1.1 绿色创新模式的概念和定义

早在1980年，美国兰德公司（Rand Corporation）的一份报告就曾指出，只有技术独立，才有经济独立，才有政治独立。也就是说，技术不仅是经济的，也是政治的。

1. 创新的概念和定义

创新是指以基于现有思维模式而提出的有别于常规或常人思路的见解为导向，利用现有的知识和物质，在特定的环境中，本着理想化需要或为满足社会需求，改进或创造新的事物、方法、元素、路径、环境，并能获得一定有益效果的行为。

创新的分类有多种维度：

1）创新的内容维度：理论创新、科技创新、文化创新、产品创新、服务创新、管理创新、制度创新、商业模式创新等。

2）创新的程度维度：自主创新、集成创新、跟随创新等。

3）创新的模式维度：封闭式创新、开放式创新、分布式创新等。

4）创新的绿色维度：绿色产品创新、绿色服务创新、绿色技术创新、绿色管理创新、绿色制度创新等。

创新的阶段一般包括创意的产生、研究开发、试验生产以及市场化，还有人把它分为模糊前端阶段、研发阶段和市场化阶段。

2. 绿色创新的定义

绿色创新是指创新的成果和创新的过程是环境友好的、资源节约的、与人友好的创新。

绿色发展是我国的发展战略之一。创新是引领发展的第一动力，同时也是引领绿色发展的第一动力，而绿色发展是创新驱动的主要目标之一。将绿色发展和创新驱动有机结合,是加快推进生态文明建设、提升经济发展质量和效益的内在要求。实施创新驱动发展战略决定着中华民族的前途命运。

党的十八届五中全会提出,必须牢固树立并贯彻实施创新、协调、绿色、开放、共享的发展理念。这是关系我国发展全局的一场深刻变革。党的十九届五中全会提出要坚定不移贯彻创新、协调、绿色、开放、共享的新发展理念。

1.1.2 绿色创新的推动力

1. 绿色创新的需求推动

绿色创新首先是需求推动的,需求包括我国可持续发展的需要、满足环境友好和资源节约的需要、满足用户对绿色新产品的需要等。

(1) 我国可持续发展的需要 我国制造业面临两种外移现象:

1) 制造业向更低劳动力成本的国家转移,如东南亚地区。这一方面反映出我国的劳动力成本在提高,另一方面也反映出我国制造业自主品牌相关问题。以代工为主的制造模式中,主动权控制在国外企业手中,哪里制造成本低就往哪里去。所以我国企业需要从原始设备制造商(Origin Equipment Manufacturer, OEM)向原始设计制造商(Original Design Manufacturer, ODM)和原始品牌生产商(Original Brand Manufacturer, OBM)方向发展,使我国成为品牌强国,掌控整个产品价值链。

2) 制造业向工业发达国家回流。工业发达国家通过自动化、智能化、无人化大幅降低成本,提升效率,如热水器,它在美国的制造成本反而比我国还低20%。

我国制造业的出路是向产业链的高端发展,这就需要创新。我国不可能走工业发达国家的发展之路,即把环境污染型和资源消耗型制造业转移出去,而需要走绿色创新之路,使创新成果和创新过程朝绿色化方向发展,要具有可持续发展性,使国人过上富足、现代、宜人、幸福的生活。绿色发展是我国的发展战略之一。绿色发展需要绿色创新。

(2) 满足环境友好和资源节约的需要 环境友好和资源节约的实现最终需要依靠创新。例如,我国的高铁通过创新取得了长足发展,高铁的人均公里能耗远低于飞机,在降低中程距离出行的能耗方面具有重要意义。

要注意,还有大量的面向环境友好和资源节约的创新需要我们去突破。例如,家电节能中许多关键技术还控制在人家手中,家电绿色定制中的关键装备——高档的发泡机、高档机器人等还主要依赖进口等。

我国制造业单位 GDP 的能耗和其他资源消耗远超发达国家,主要原因之一是我们的创新能力不足。要实现环境友好和资源节约,关键是创新。另外国外的绿色贸易壁垒越来越高。

(3) 满足用户对绿色新产品的需要 创新的产品将可以获得较高的利润;

而一般产品的价格战非常激烈，利润薄如纸。只有企业有利润，才可以继续支持创新，支持产品和过程朝环境友好和资源节约方向发展。

智研咨询公司2019年5月发布的《2020—2026年中国白电行业市场消费调查及投资方向研究报告》显示：2019年，我国大陆是全球最大的白色家电生产基地，空调占全球83.9%的产能，冰箱和洗衣机占50%左右。需求方面则趋于饱和，产品方面也存在同质化问题，产业面临深度发展的困局。如何实现从需求侧向供给侧转型，如何使产能发挥价值、使资源得到充分的利用，这些问题的解决都需要绿色创新。

创新的目的是实现产品和服务的高端化、个性化、绿色化，而高端化、个性化的产品和服务都需要考虑绿色化。绿色化是一个基本要求。

绿色创新中，不仅创新的产品和服务是绿色的，创新的过程也是绿色的，即绿色创新是资源节约型的创新。2020年9月2日，《2020年全球创新指数（GII）报告》在世界知识产权组织（WIPO）发布：对全球131个经济体的创新能力进行了排名，我国排名第14位。当前面临发达国家的技术封锁，更需要开展绿色创新，提高科技资源分享水平和创新的效率。

▶ 2. 绿色创新的技术推动

新一代信息技术如Web2.0、物联网、大数据、云计算、移动互联网、区块链、新一代人工智能等，主要特点是集成、开放、共享、协同、自下而上、分布化、透明化等。在信息技术飞速发展的时代背景下，我国政府相继提出了"互联网+"行动计划、大数据行动计划等。互联网体现了一种"自由、平等、开放、共享"的精神。

新一代信息技术对绿色创新的推动体现在两方面：

1）新一代信息技术对绿色产品的推动，主要是指利用物联网、大数据和人工智能等技术获取产品运行状态数据，开展产品的节能减排、提高效率等工作。

案例1：风力发电设备通过大量传感器获取环境数据，并对大数据进行分析，提高风力发电效率，增加发电量。

案例2：利用物联网和大数据远程监控和维护产品，减少产品在产品生命周期中的能耗和污染排放。

2）新一代信息技术对绿色创新能力的推动。绿色创新能力比绿色产品更为重要，因为绿色创新能力可以源源不断地创新出绿色产品。绿色创新能力主要体现在充分的科技资源分享、积极的全员创新和协同创新等方面。绿色创新能力需要一种透明公平、相互信任的信息环境。新一代信息技术有助于这种环境的建立。

企业绿色创新需要一套驱动机制。首先是绿色法律法规、绿色标准等的强制性驱动。其次是用户绿色消费的市场需求，企业员工和周围居民对良好生态环境的需求，以及下游企业的绿色采购需求。这些需求的满足需要一种透明的信息环境。例如，用户能够清楚地了解哪些是绿色产品，哪些是伪绿色产品；企业能够清楚地知道供应商的生产过程和产品是否绿色。

绿色创新需要一种公平机制，例如：谁污染，谁治理；绿色创新贡献者有奖；假冒绿色产品难以生存。

新一代信息技术可以促进绿色创新过程透明化，并与透明的政府干预、透明的市场机制和透明的社会道德相结合，形成一种新的透明公平的绿色创新模式，如图1-1所示。

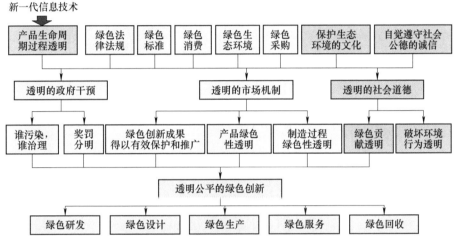

图1-1　新一代信息技术促进透明公平的绿色创新模式

1.1.3　绿色创新的体系结构

绿色创新的体系结构如图1-2所示。绿色创新的部分内容和方法如图1-3所示。

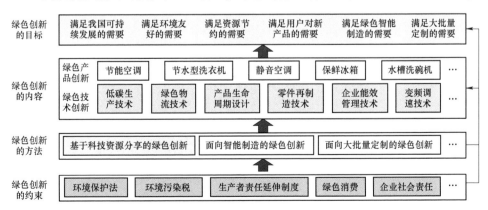

图1-2　绿色创新的体系结构

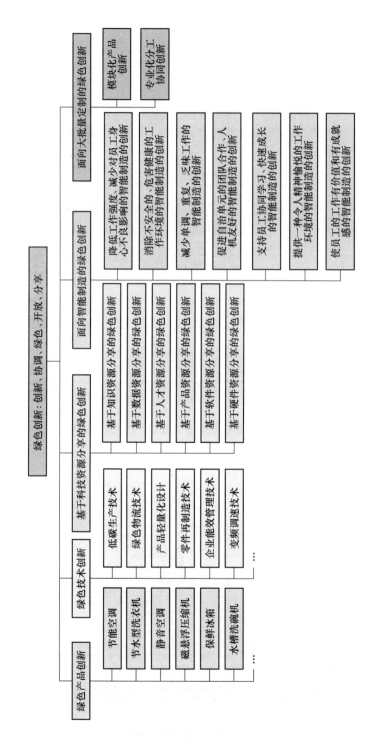

图 1-3　绿色创新的部分内容和方法

1. 绿色产品创新

绿色产品是节能、节约资源、对环境影响较小的产品,如节能空调、节水型洗衣机、静音空调、再生纸、可降解塑料等。

2015年9月,中共中央、国务院在《生态文明体制改革总体方案》中提出,要建立统一的绿色产品体系。将目前分头设立的环保、节能、节水、循环、低碳、再生、有机等产品统一整合为绿色产品,建立统一的绿色产品标准、认证、标识等体系。国家已经出台一批绿色产品评价标准。通过绿色产品评价的产品可以获得绿色标志。

绿色产品创新是在满足创新需要的同时满足绿色需要的创新。表1-1是部分行业的绿色产品创新需求。

表1-1 部分行业的绿色产品创新需求

产品	绿色产品创新需求
汽车	安全性好、驾驶体验好、耗油量小、造型好、可靠性高、零污染、材料回收利用率高、智能化程度高等
冰箱	设计合理、外观漂亮、无噪声、耗电量小、制冷性能好、无氟、智能化程度高等
洗衣机	节水、省电、性能好、无噪声、体积小、污水少、寿命长、自清洁、智能化程度高等
空调	省电、无氟、能量转换效率高、无噪声、空气清洁、智能化程度高等
锅炉	能量转换率(热效率)高、使用寿命长、故障率低、省电、无噪声、余热回收等
注塑机	精度高、生命周期成本低、耗电量小、生产效率高、响应速度快、智能化程度高等
机床	精度高、功能多、节能、省电、功率高、零部件回收利用率高、智能化程度高等
电梯	安全、生命周期成本低、节能、省电、噪声小、平稳舒适、智能化程度高等
电动机	运行稳定、节能、省电、制造方便、生命周期成本低、效率高、智能化程度高等
船舶	零部件回收利用率高、减少废水和废渣的排放、降低碳排量、智能化程度高等
飞机	安全、乘客舒适度好、节省燃油、减少碳排量、噪声小、发动机性能好、采用轻型复合材料、响应时间短、智能化程度高等
模具	精度高、绿色材料、零部件回收利用、增加可拆卸结构、寿命长、可再制造等

表1-2是绿色家电创新的需求。

表1-2 绿色家电创新的需求

产品	绿色家电创新的需求
冰箱	设计合理、外观漂亮、无噪声、耗电量小、制冷性能好、无氟、材料可降解、制造过程环境友好等
洗衣机	节水、省电、性能好、无噪声、体积小、污染少、寿命长、自清洁、制造过程环境友好等
空调	省电、无氟、能量转换效率高、无噪声、制造过程环境友好、清洁空气、除醛净化、避免冷风直吹、无风感、自清洁、抑菌、除异味、用户体验好等

表 1-3 为一些绿色家电的案例。

表 1-3　一些绿色家电的案例

单位名称	措　　施
海尔	海尔除甲醛空调不仅能有效除去空气中的甲醛，还能在不开启空调的情况下单独运行此功能，满足节能环保的需求；环保双动力洗衣机不用洗衣粉，而且能彻底洗净衣物，还可自动实现杀菌消毒；海尔氧吧空调可以增加室内空气的氧气含量，并可杀菌换气，实现了健康呼吸；静音系列洗衣机配备了"洗净即停"技术，以 6kg 容量洗衣机为例，每洗涤一次衣物，能比国家标准要求节约用水 60L、节电 1.1kW·h；不用洗衣粉的洗衣机洗净度比普通洗衣机高 25%，省水、省电各 50%；节能冰箱日耗电 0.3kW·h，达到国际能耗 A+标准；采用万维洗涤、悬浮动力、泉涌水流三大创新技术制造的匀动力洗衣机，不仅能效一级，还使洗衣机对衣物的磨损率降到了 0.02，洗涤均匀度达 99.3%，洗涤效果甚至比一般手洗还要干净；海尔无霜三门系列冰箱，采用变频风冷技术，能根据食物多少自动调节制冷量，实现更好保鲜的同时还能省电约 10%，噪声也比国标降低了 27%
海信	绿色工艺减少了电视机壳注塑之后的喷涂和后处理，减少了废气的排放
美的	变频洗衣机较普通洗衣机节能 40% 以上，噪声降低 30% 以上，能效比普通产品提高 1/3，洗净程度也大幅度提高；全直流变频空调最低功率仅需 30W，相对于普通变频空调省电 59%，实现所谓的"1 晚低至 1 度电"
格力	采用光伏直驱变频离心机的"不用电费的中央空调"

▶ 2. 绿色技术创新

绿色技术是指降低消耗、减少污染、改善生态、促进生态文明建设、实现人与自然和谐共生的新兴技术，包括节能环保、清洁生产、清洁能源、生态保护与修复、城乡绿色基础设施、生态农业等领域，涵盖产品设计、生产、消费、回收利用等环节的技术。

绿色技术创新正成为全球新一轮工业革命和科技竞争的重要新兴领域。

党的十九大报告提出要加快生态文明体制改革，建设美丽中国，并明确要求加快建立绿色生产和消费的法律制度和政策导向，建立健全绿色低碳循环发展的经济体系，构建市场导向的绿色技术创新体系。

2019 年 4 月，国家发展改革委、科技部发布了《关于构建市场导向的绿色技术创新体系的指导意见》。绿色技术创新体系是我国针对具体技术领域提出的创新体系建设，充分反映了我国对生态文明建设的高度重视，其意义是：

1）突出了科技创新对绿色发展的引领作用，体现了人与自然和谐共生现代化的重要内涵。绿色技术创新是建设绿色经济体系、推动经济社会和生态环境协调发展的内在要求。

2）推动绿色技术创新是迎接新一轮技术革命和产业革命的重要举措。以绿色创新为主要内容的技术革命和产业革命正蓄势待发，加快构建绿色技术创新体系，促进绿色产业发展对于提升我国在新一轮科技竞争中的地位、加快创新型国家建设具有重要现实意义。

3）推进绿色技术创新是解决我国现实生态环境问题的重要支撑。目前我国生态环境建设形势仍不容乐观，任务繁重，加快构建绿色技术创新体系、以科技创新推进绿色发展是解决生态环境问题的根本途径，有助于污染防治攻坚任务的完成。

▶ 3. 基于科技资源分享的绿色创新

基于科技资源分享的绿色创新的特点是：通过科技资源分享，使各种科技资源在创新活动中得到重用，减少资源的消耗；使科技资源互补，形成更大的创新合力；使科技资源优化组合，提高科技资源的利用效率。

基于科技资源分享的绿色创新主要包括：

1）基于知识资源分享的绿色创新。绿色创新需要充分利用已有的知识资源，需要充分实现知识资源的分享，以便提高创新的效率，避免"重新发明轮子"，缩短创新的周期，减少获取知识所需要的各种资源的消耗和成本。在保障知识产权的前提下，要求所有人都能够积极主动地分享自己的有价值的知识资源，并要求大家共同对知识资源的价值和关系进行评价，提高知识资源的利用效率。这一切都需要一种透明公平的知识资源分享环境的支持。

2）基于数据资源分享的绿色创新。绿色创新需要利用产品生命周期各个环节的数据、市场和用户需求的数据等，特别是环境影响数据。这些数据资源高度分散，并且不易获得。基于数据资源分享的绿色创新可以提高创新产品的可制造性、可装配性、可维护性、可回收性等，有利于提高产品的绿色性。另外，通过数据资源分享，减少重复获取数据所需要的成本和资源消耗，有利于创新过程的绿色化，所有这些都要求建立透明公平的数据资源分享环境、诚信的文化。

3）基于人才资源分享的绿色创新。绿色创新主要依靠人才资源。人的精力和知识有限，不可能独自完成复杂产品的开发，需要依靠大家根据自己的特长和兴趣分工创新，然后将各自的小创新成果集成在一起，形成较大的创新成果。这样创新效率高、速度快、成本低、成功概率高。基于人才资源分享的绿色创新，要求建立透明公平的创新环境、诚信的文化，并需要科技资源的有效分享，实现按贡献大小分配利益，鼓励大家积极分享和贡献。

4）基于产品资源分享的绿色创新。产品绿色创新并不是什么都从头开始，什么都是自己设计和制造的，需要充分利用已有的产品资源，特别是产品模块资源，充分开展产品模块资源的专业化分工设计、制造和分享。一方面减少产品模块的设计工作量，提高创新的效率；另一方面，产品模块资源的重复利用，有助于形成模块的较大批量，降低模块的生产成本和资源消耗，进而降低创新的风险和成本。产品资源分享也需要透明公平的资源分享环境和商业模式。

5）基于软件资源分享的绿色创新。一方面，工业软件可以提高绿色产品创新的效率，解决绿色产品创新的难题；另一方面，充分利用已有的软件资源，开展软件资源的专业化分工设计、编程和分享，可以减少软件开发工作量，提高软件创新的效率，降低软件的开发成本和资源消耗。需要注意的是：软件资源的分工开发、重复利用和组合优化配置，不仅有技术上的难题，也有管理上的难题。

6）基于硬件资源分享的绿色创新。绿色创新需要仪器设备、工装等硬件的支持。先进的硬件资源能够提高创新的质量和速度，但硬件资源需要购买成本、使用成本、维护成本等。充分利用已有的硬件资源，可以降低创新成本和资源消耗。这里需要建立硬件资源供需匹配平台和透明公平的交易模式，方便硬件资源分享和合理配置。

▶ 4. 面向智能制造的绿色创新

并非所有的创新都是绿色的。当前创新很重要的方向是智能制造，但智能制造不一定都能带来预期的环境和社会效益，智能制造在绿色性方面存在着不确定性。智能制造将实现"机器换人"，如果机器代替人工或协助人工工作会增加能耗，那么此种智能化改造是否是绿色创新？表1-4列举了一些相关的学术界观点或工业实际情况，此处主要强调存在一些不确定或消极影响的场景，并非认为智能制造的绿色性一定都不好。

表1-4 关于智能制造绿色性的学术界观点或工业实际情况

绿色性	影响	学术界观点或工业实际情况
环境影响	积极	智能制造通过优化生产经营活动，可显著提高生产效率、产品质量，减少生产浪费、消耗、无价值活动，这些都能够显著改善相关活动的环境影响
	不确定或可能消极	智能制造的实现需引入大量的电子器件、自动化设备、数据中心等，其全生命周期的能耗、环境影响不可忽视；部分先进的、非传统的制造技术的能源消耗可能更加密集
		智能制造在满足用户个性化需求、创造商业价值的同时，也可能带来其他方面的负面影响。例如：更密集地使用共享汽车替代了能效更高的公共交通工具，进而消耗更多能源；产品与服务个性化可能导致非标准件增多，物流过程、耗能过程增多
		有些智能制造活动必要性不足或未体现出一定价值。例如，对很多工业数据只是进行了采集而没有利用起来；有些低强度、无伤害的活动实质上由人工完成即可，没有必要应用机器人、智能产品或服务

(续)

绿色性	影响	学术界观点或工业实际情况
对人的影响	积极	智能制造为员工和用户创造更高的价值、提高幸福感和满意度。例如，重复性、高强度、高危害的人工工作被替代，工人可从事有创造性、少量必需的工作
	不确定或可能消极	"机器换人"等自动化改造会特别减少中低端劳动力的工作机会
		智能制造可能给员工或用户身体健康造成不可控的负面影响。例如，智能制造虽减少了体力劳动，但可能由于久坐、久盯屏幕等对腰、眼睛等造成慢性危害
		智能制造可能会增加员工紧张感和压力，进而给员工的心理、精神造成负面影响。例如：采用人工智能系统时刻监督员工状态，在线解雇员工；订单的增多，使员工工作时间或强度增加
		智能生产、智能产品及服务使员工、用户变得"傻瓜"或"懒惰"，导致他们缺失传统技术和知识，例如：智能机床使员工不再具有操作传统机床、磨刀、对刀、调节参数等的技能

智能制造是新一轮工业革命的核心内容。面向智能制造的绿色创新的方向是绿色智能制造。

2019年7月健康中国行动推进委员会印发了《健康中国行动（2019—2030年）》。人的健康包括心理健康、个人发展等，绿色创新需要考虑智能制造对人的健康的影响。

面向智能制造的绿色创新包括：

1）降低工作强度、减少对员工身心不良影响的智能制造的创新：如凿岩机代替人工开通隧道。

2）消除不安全的、危害健康的工作环境的智能制造的创新：如喷漆机器人代替人工喷漆。

3）减少单调、重复、乏味工作的智能制造的创新：如小家电智能装配生产线代替人工装配。

4）促进自治单元的团队合作、人机友好的智能制造的创新：如海尔的小微企业、数字孪生系统等。

5）支持员工协同学习、快速成长的智能制造的创新：如支持知识分享、协同学习的知识图谱。

6）提供一种令人精神愉悦的工作环境的智能制造的创新：使员工真正感到"工作着是美丽的"，如支持透明公平的、协同创新的信息环境。

7）使员工的工作有价值和有成就感的智能制造的创新：要使员工对工作全过程负责，使员工的贡献得到准确评价和奖励，使员工的职业生涯规划和发展途径清晰明确，如制造企业的大数据智能分析和管理系统。

面向智能制造的绿色创新是一种"以人为本"的绿色创新，包括"以员工为本"的绿色创新和"以用户为本"的绿色创新，需要制度和管理创新的支持。

案例：宁波方太集团（以下简称方太）开发的高端厨电不仅是绿色的，即有利于用户的身体健康，使用户感到幸福；其生产过程也是绿色的，即有利于员工的身心健康，使员工感到幸福。

方太董事长认为，企业仅仅是员工创造幸福的载体，双方不应是雇佣关系，而是为了共同的愿景和使命而奋斗的合作关系。方太把员工管理归纳为"一者五感"（见图1-4），倡导全体方太人成为快乐的奋斗者。方法是回归企业的使命、推行儒家文化。只有在一个有使命的组织当中，员工才能找到工作的意义。无论是清洁工还是一线工人，都要有存身立命的使命。

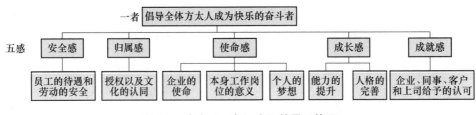

图1-4 方太"一者五感"的员工管理

这里的难点是：首先要从管理者、从公司层面做起，让员工感觉到真实、踏实。只有领导者真正热爱员工，员工才会真正热爱企业。

"以用户为本"的绿色创新的目标是使用户感到幸福。2018年，方太宣布的新使命是"为了亿万家庭的幸福"，方太致力于创办一家给社会、给人类带来幸福感的企业，希望将仁爱文化渗透到企业经营的各方面中。方太开发了包含儒家文化的特色产品以促进企业发展。例如，方太研发水槽洗碗机的出发点，就是源自儿女看到父母劳碌了一辈子，却还要用双手去洗油腻腻的碗筷，于心不忍。

方太联合天猫发布《2018健康厨房消费趋势报告》。该报告首次提出衡量厨房健康的五大维度指标，即环境健康、餐具健康、食材健康、烹饪健康、水健康（见图1-5）。五大维度指标涵盖餐前、烹饪、餐后全环节，是截至目前对厨房健康最为完整的评价体系。

▶ **5. 面向大批量定制的绿色创新**

大批量定制（Mass Customization，MC）又称大规模定制、批量化定制、工业化定制等，是一种以类似于标准化或大批量生产的成本和时间，提供满足客户特定需求的产品和服务的生产方式，即低消耗、低污染的定制生产模式。大批量定制可以被看作绿色定制。

德国工业4.0的目标也是要通过智能制造技术，即信息物理系统（Cyber-Physical System，CPS）实现大批量定制。从理论上讲，大批量生产的效率最高，即环境友好性和资源节约性最好。但是大批量生产不适合当前用户需求多样化和个性化的发展趋势。

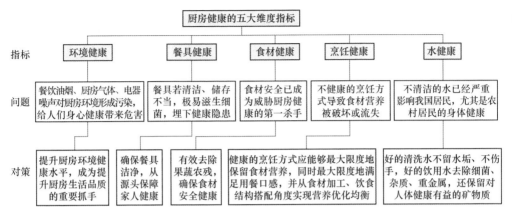

图 1-5　厨房健康的五大维度指标

大批量定制是以大批量生产的效益进行定制产品的生产，即单件定制产品的成本要像大批量生产的成本那样低，交货期要像大批量生产的交货期那样短，质量要像大批量生产的质量那样稳定，然而产品却是按照客户的个性化需求定制的。可见，大批量定制是一种满足用户个性化需求的环境友好型和资源节约型的生产模式，其实现需要绿色创新。

完全融合了大批量生产和单件定制生产优点的大批量定制生产模式是一种理想的生产模式。在实践中，大批量定制生产模式是逐渐进化完善的。

面向大批量定制的绿色创新主要包括：

1）模块化创新。用户得到的是个性化的产品，但产品中的零部件是大批量生产的，不仅成本低，而且生产过程能耗低、资源消耗少。这属于产品创新。

2）专业化分工协同创新。尽可能不重复相似产品模块的设计，减少产品模块设计中的浪费，提高面向用户个性化需求创新的效率。这属于过程创新、管理创新。

1.1.4　国内外绿色创新的相关规划和战略

1. 我国绿色创新的相关规划和战略

（1）创新、协调、绿色、开放、共享的五大发展理念　牢固树立并贯彻实施五大发展理念是实现更高质量、更高效率、更加公平、更可持续发展的必由之路。

1）创新。这是我国可持续发展的核心。我国处于从制造大国向制造强国、从发展中国家向发达国家转变的关键时刻，要靠创新来引领发展。绿色发展需要全员创新和协同创新，而科技资源分享可以支持全员创新和协同创新。

2）协调。协调的目的是要解决最大效益的问题。从制造业的角度来看，协调就是结构优化。科技资源分享可以帮助实现专业化分工、供需匹配、资源配置优化等，减少产能、库存、资源等方面的闲置和浪费。

3）绿色。绿色就是实现可持续发展，在发展的同时不污染环境、不影响人们的身体健康，并且减少资源消耗。科技资源分享能够显著减少资源消耗。

4）开放。科技资源分享就是一种资源开放、协同发展模式。从大处看是我国向世界开放；从绿色发展的角度看，是数据开放、信息公开、资源开放、协同发展。新一代信息技术可以有效促进开放，并在开放的基础上，支持透明的绿色发展。

5）共享。共享即资源分享，对于创新而言，需要科技资源分享。新一代信息技术可以帮助促进科技资源分享，提高资源的利用率。

(2) 市场导向的绿色技术创新体系 党的十九大报告提出，要构建市场导向的绿色技术创新体系。2018年9月8日，首届"中国绿色创新大会"在北京召开。工业和信息化部也已经多次发布绿色数据中心先进适用技术目录。

国家发展改革委、科技部发布的《关于构建市场导向的绿色技术创新体系的指导意见》要求：坚持节约资源和保护环境的基本国策，围绕生态文明建设，以解决资源环境生态突出问题为目标，以激发绿色技术市场需求为突破口，以壮大创新主体、增强创新活力为核心，以优化创新环境为着力点，强化产品全生命周期绿色管理，加快构建企业为主体、产学研深度融合、基础设施和服务体系完备、资源配置高效、成果转化顺畅的绿色技术创新体系，形成研究开发、应用推广、产业发展贯通融合的绿色技术创新新局面。

科技资源分享能够支持上述战略的实现：

1）科技资源分享支持节约资源和保护环境。科技资源分享从两个方面直接和间接提供支持：①直接支持，科技资源分享本身就能够节约资源；②间接支持，科技资源分享促进绿色技术创新，通过绿色技术节约资源和保护环境。

2）科技资源分享支持生态文明建设。科技资源分享突破过去的企业"大而全""小而全"的封闭模式，摒弃相互不信任、不合作的心态，有助于建立环境共护、利益共享、命运共担的生态文明。

3）科技资源分享支持激发绿色技术市场需求。科技资源分享是一种面向未来、面向全局的具有家国情怀的高尚行为，也是一种市场行为。科技资源分享的市场需求是潜在的，被许多"不放心""不信任"所掩盖，只有建立透明公平的市场，才能激发出市场需求，促进科技资源分享。

4）科技资源分享支持壮大创新主体、增强创新活力、优化创新环境。科技资源分享从两方面壮大创新主体：①科技资源分享者使其已有的科技资源得到充分利用，产生价值，支持创新；②科技资源需求者可以通过分享得到所需要的科技资源，降低创新成本、缩短创新周期。这是一种双赢的行为，可以增强创新活力。通过科技资源分享，优化了资源分享、协同创新的环境。

5）科技资源分享支持强化产品全生命周期绿色管理。产品全生命周期绿色管理的目的是要保证产品在其全生命周期内环境友好、资源节约。科技资源分享可以帮助实现全生命周期内资源节约的目的。知识、数据、产品模块、软件、硬件都是资源，都具有重要的价值。

6）科技资源分享支持构建企业为主体、产学研深度融合、基础设施和服务体系完备、资源配置高效、成果转化顺畅的绿色技术创新体系。企业是科技创新的主体，一方面，越来越多的企业参与到科技创新中来，另一方面，科技创新最终需要在企业落地，转化成可以被市场接受的产品。科技资源分享能够促进资源配置高效、成果转化顺畅，是绿色技术创新体系中重要的方法和手段，有助于建立研究开发、应用推广、产业发展贯通融合的绿色技术创新的新局面。

《关于构建市场导向的绿色技术创新体系的指导意见》提出了四项基本原则。表1-5描述了基本原则的主要内容和科技资源分享中的对策。

表1-5 基本原则的主要内容和科技资源分享中的对策

序号	基本原则	基本原则的主要内容	科技资源分享中的对策
1	坚持绿色理念	塑造绿色技术创新环境，汇聚社会各方力量，着力于降低消耗、减少污染和改善生态技术供给和产业化	科技资源分享要实现的是透明公平的创新环境，开展协同创新
2	坚持市场导向	尊重和把握绿色技术创新的市场规律，充分发挥市场在绿色技术创新领域、技术路线选择及创新资源配置中的决定性作用	科技资源分享坚持市场导向，利用新一代信息技术建立透明公平的科技资源市场
3	坚持完善机制	推动环境治理从末端应对向全生命周期管理转变	科技资源分享面向产品全生命周期
4	坚持开放合作	以国际视野谋划绿色技术创新，积极参与全球环境治理，加强绿色技术创新国际交流合作	科技资源分享范围越大，经济和社会效益越好

2. 国外绿色创新的相关规划和战略

（1）欧盟的绿色创新 2009年1月，由欧盟的纳米科学、纳米技术和材料及新产品技术部门资助启动智能制造系统2020（Intelligent Manufacturing Systems 2020，IMS2020）计划。这个计划的重点是创建面向智能制造系统2020的路线图，包括以下五个关键领域：

1）可持续性制造、产品和服务（Sustainable Manufacturing, Products and Services）。

2）能源高效制造（Energy Efficient Manufacturing）。

3）关键技术（Key Technologies）。

4）标准化（Standardization）。

5）革新、竞争发展和教育（Innovation, Competence Development and Education）。

这里的智能制造创新方向中的"可持续性制造、产品和服务""能源高效制造""标准化"都属于绿色创新范围。

（2）美国的绿色创新　美国国家研究署组织专家对2020年美国制造业面临的挑战进行研究。专家一致认为以下几点是对未来制造业发展有重大影响的技术、政策和经济因素：

1）信息化。企业必须应对因信息技术发展而加剧的市场竞争和挑战。

2）大批量定制。在工业发达国家中，以大致相同的价格定制特色产品的需求多于对标准产品的需求。

3）创新性。创新的特色产品是重要的，制造企业全方位的创造力和创新能力则是更加重要的竞争优势，价格因素将退居其次。

4）环境友好性。全球生态系统面临恶化，对产品的环保提出更高的要求。

5）知识化。如何有效和迅速获得促进创新和快速响应市场的各种信息和知识，并掌握相关应用方法和手段，以加速决策过程，将成为企业成败的关键。

6）全球化。新的有竞争性的生产技术和资源（包括熟练劳动力）将分布于世界各地，不再集中在某个区域，这将成为促使制造业企业组织变革和全球化的关键因素。

这里的知识化和全球化就是强调科技资源分享。环境友好性则强调绿色创新。

（3）德国的绿色创新　2016年，德国工业4.0的官方发布的工作报告《基于应用场景的研究路线图概貌》中给出了九个应用场景：

1）订单控制的生产（Order-controlled Production，OCP）。这需要实现的是大批量定制。

2）具有适配能力的工厂（Adaptable Factory，AF）。这需要通过资源的分享和组织来实现。

3）自组织适应性物流（Self-organizing Adaptive Logistics，SAL）。这需要通过物流资源的分享和组织来实现。

4）基于价值的服务（Value-based Services，VBS）。资源分享服务是一种基于价值的服务。

5）交付产品的透明性与适配能力（Transparency and Adaptability of Delivered Products，TADP）。这可以通过数据资源分享来提高交付产品的透明性，通过模块资源的配置来提高产品的适配能力。

6)生产中对员工的支持(Operator Support in Production,OSP)。这也是一种绿色创新,是指满足员工的需求,促进员工的身心健康。

7)用于智能生产的智能产品开发(Smart Product Development for Smart Production,SP2)。智能生产也是一种绿色的生产。

8)创新性产品开发(Innovative Product Development,IPD)。这里包括了创新性绿色产品开发。

9)循环经济(Circular Economy,CE)。这里包括了科技资源的重用。

2018年4月13日,德国联邦环境部发布了《绿色技术德国制造2018:德国环境技术图集》(GreenTech Made in Germany 2018:Umwelttechnik-Atlas für Deutschland,以下简称《图集》)。这是德国联邦环境部第五次发布环境技术图集。《图集》指出:德国绿色企业在国际上获得成功的关键因素是其在机器人、数字化产品、虚拟系统和系统解决方案方面展现的优秀能力。这也说明,绿色技术领域的创新越来越通过系统开发来驱动,而非单项创新。对德国绿色企业而言,信息技术提供的最重要机遇体现在:系统性解决方法将大大支持并推动绿色技术和资源效率的发展。单个组件被连接成系统,从而产生整体的解决方案,这种方法对创新的促进作用越来越大。因为绿色技术发展到现阶段,要优化和完善单个绿色产品、过程和服务只会越来越困难。科技资源分享对于系统性解决方法的形成具有重要价值。

德国经济和能源部于2019年2月5日正式发布了《国家工业战略2030》,旨在有针对性地扶持重点工业领域,提高工业产值,保证德国工业在欧洲乃至全球的竞争力。根据该战略,德国计划到2030年将工业产值占国内生产总值的比例增至25%。该战略将钢铁铜铝、化工、机械、汽车、光学、医疗器械、绿色科技、国防、航空航天和3D打印十个工业领域列为"关键工业部门"。政府将持续扶持这些部门,为相关企业提供更廉价的能源和更有竞争力的税收制度,并放宽垄断限制,允许形成"全国冠军"甚至"欧洲冠军"企业,以提高德国工业全球竞争力。

1.2 基于科技资源分享的绿色创新模式

1.2.1 开放式创新模式

1. 从封闭式创新到开放式创新

20世纪80年代以前,大多数研究工作都是在研究室内完成的,企业向内部研究室投入资源、先进的设备等,创新思想的生成、开发、制造和营销都是由企业自身承担的。这种模式本质上是封闭式的、高度集权的模式,即封闭式创新。虽然封闭式创新在发展过程中，注重与企业战略目标的结合，重视跨部门的协同，但是资源的整合重点仍然是企业内部资源。封闭式创新意味着企业的各种创意只能来自企业内部，并只能依靠企业内部力量进行研发、生产和商业化。

在传统的制造业模式中，大型复合企业会试图将产品价值链的所有环节都控制在自己的手中。例如，福特汽车公司在东南亚为自己的汽车轮胎种植橡胶树，在澳大利亚为自己的车身开采铁矿石。但很快证明，这种"大而全"的企业模式是不可行的，因为一家企业不可能在每个环节都做得比别人好。

随着信息技术的不断发展，产品周期的不断缩短，产品日益复杂，这促使企业从"封闭式创新"向"开放式创新"模式转变。

开放式创新是指企业系统地在内部和外部的广泛资源中鼓励和寻找创新资源，有意识地把企业的能力和资源与外部获得的资源整合起来，并通过多种渠道开发市场机会。它是一种创新模式，本质上是科技资源的分享。

"开放式创新"这个概念最早是亨利·伽斯柏（Henry Chesbrough）在2003年发表的《开放式创新》（Open Innovation）一书中提出的：开放式创新是一种范式，它假定企业能够并且必须使用内外部的创意以及内外部通向市场的路径以不断地发展它们的技术。

在竞争日益激烈的今天，企业仅仅依靠内部的资源进行创新活动，已经跟不上市场需求的快速发展了。于是开放式创新成了很受欢迎的新模式。开放式创新就是企业在创新的时候，不要只是盯着内部，还要去外部找合作，进行创新。

伴随着全球化进程，企业外包风潮兴起。除了需要大量人力、低成本的作业或是生产制造等工作之外，许多企业的创意以及设计性质的工作，也开始纷纷采用外包机制。开放式创新成为将研发工作外包的典型代表，而外包（Outsourcing）这个词也逐渐转变为众包（Crowdsourcing）：需求方在开放创新平台发出一个邀请，平台上的技术人员会提交对该需求的反馈和方案。通过聚合这些不同的反馈，技术的需求方就可能获得最好的方案。在开放式创新中，企业汇集来自全球多个市场的创新理念、创新技术和知识，然后加以整合而成为自己的创新优势。

表1-6为封闭式创新与开放式创新的比较。

表1-6　封闭式创新与开放式创新的比较

比较项目	封闭式创新	开放式创新
创新过程	企业的创意主要来自内部员工；技术开发与研发主要依靠内部的技术部门，与外部的合作有限；企业利用自身的销售力量进行市场开拓、市场试销以及市场推广等，实现新产品商业化	创意的源泉不再局限于内部员工，还来自领先的用户、主流的用户、供应商、零售商等各利益相关者；通过科技资源分享实现协同创新；充分分享市场推广所需要的人力资源、品牌资源、口碑资源等，实现新产品商业化

（续）

比较项目	封闭式创新	开放式创新
创新资源	企业从外部环境中获取的科技资源范围与类型较为狭窄	企业在创新过程的不同阶段与外部环境之间实现科技资源全方位分享，加速创新
科技资源分享	企业与外部的科技资源分享行为多是短期和离散的，缺乏统一规划	企业与外部科技资源分享具有频繁性、长期性和战略性
创新组织	封闭组织	无边界组织

2. 开放式创新的主要特征

1）开放性。企业边界的开放性是开放式创新最大的特点，企业既可以从外部获取创新资源，也可以将创新成果与外界企业合作分享，企业通过边界与外部环境进行信息交换，有利于降低企业研发过程中的成本和风险。

2）动态性。一方面，企业为了追逐最大的利润，需要将具有不同比较优势的合作企业集成起来，实现资源的最佳配置。由于不同企业的创新优势各不相同，并在不断变化，因此创新网络处在动态变化中。另一方面，在激烈的市场竞争中，为了能够抓住转瞬即逝的机遇，企业之间往往需要快速协同，促进了科技资源的动态整合和分享。

3）全员性。全员性体现为全员创新、大众创新。依靠大家一起创新，"众人拾柴火焰高"，创新的力量就大。这需要发挥每一位员工的创新积极性和主动性。

4）协同性。开放的下一步是协同，协同需要企业间的高度信任与合作，需要信息技术的支持。

3. 开放式创新的需求和推动

1）技术迭代与更新的速度加快对开放式创新的需求。随着产品不断更新换代，其中包含的技术也日益复杂，使得技术复杂性以及技术融合度达到了一个前所未有的高度，这一变化带来的最直观的结果，就是研发活动的大环境的巨变。曾经可以独占供应链上下游所有生产和研发活动的巨型企业模式，在现代社会已经越来越难出现。

2）市场上的需求多变对开放式创新的需求。在当今的买方市场中，客户需求的多变对企业创新提出日益严峻的挑战，表现为个性化需求、快速反应需求、低价格需求等，并且变化周期越来越短、变化越来越无规律。仅仅依靠企业内部的创新模式就显得比较杯水车薪、捉襟见肘。

3）新一代信息技术的发展对开放式创新的拉动。新一代信息技术的快速发展，极大地加快了信息传递的速度，并使人与人之间的交流沟通成本、知识分享成本、创新过程管理成本快速减少，促进了企业与外部的企业或个人之间的科技资源分享和交流。

4. 开放式创新常见模式

开放式创新的几种常见模式见表1-7。

表1-7 开放式创新的几种常见模式

模 式	定 义	特 点
合作研究	在一定的制度环境下，各主体为实现各自的组织目标，对科学技术、资金、设备、人才等科技资源的优化配置及对产出的合理分配	包括技术转让、委托研究、联合攻关、内部一体化、共建科研基地、组建研发实体、人才联合培养与人才交流、产业技术联盟等模式
技术购买	通过市场交易形式购买所需技术，一般包括购买关键设备、专利技术、商标使用权、研发成果、设计图等	包括一次性交易、租赁、按使用次数付费、获得使用授权等模式。缺点是：购买复杂技术并不等于掌握它；随着供需方技术水平的接近，技术购买难度越来越高；企业对外部资源会产生依赖性，导致企业内部人力资源和技术经验的匮乏
研发外包	企业将某项技术创新活动或其中的某些环节，如技术方案的产生、技术的研发或商业化应用等，委托给外部专业企业来完成，达到提高效率、降低成本等目的	优点是可以分担风险、节约成本、缩短研发周期，并能使产品快速占领市场；缺点是让企业对外部技术产生严重依赖，不利于自身的发展，企业的技术无法保证是最先进的，只能采取跟踪策略
技术转让	技术持有者，如国家、研究机构、企业或个人，将自己独有的新技术有偿转让给接受者，增强其市场竞争力	这是技术购买的反向操作，增加企业的收入，占领技术市场，压制竞争对手开发技术的动力
技术转移	技术持有者通过某种方式将其拥有的技术以及有关的权利转移给其他人的行为	这比技术转让的范围更大，可以是无偿转移，如特斯拉免费开放其有关电动汽车的大量专利

5. 开放式创新的案例

（1）阿斯麦尔光刻机的开放式创新　荷兰阿斯麦尔（ASML）公司主要通过开放式创新（如其微影机零件的90%是外包制造的），快速集成各领域最先进的技术，设计和"组装"出最先进的光刻机。

阿斯麦尔公司的开放式创新体现在两方面：

1）把供应商（包括大学等学术机构）作为研发伙伴，让出部分利润（阿斯麦尔以很低的价格卖出设备）换取供应商的知识。

2）允许重点客户介入，并以股权为纽带绑定大家的风险和收益，在研发极紫外光微影量产技术与设备时，阿斯麦尔邀请了英特尔、台积电和三星参与，三家分别以41亿美元、14亿美元和9.75亿美元入股。客户通过入股可以保证最先拿到最新设备（在芯片行业，时间比钻石还贵重），同时可以卖出股票获取投资受益；对阿斯麦尔来说，则抢先占领了市场，降低了经营风险。

（2）ARM 公司的开放式创新　在 CPU 领域，ARM 是后来者，面临"后发劣势"，当时 CPU 市场基本被英特尔垄断。ARM 采取出售知识产权的商业模式，开放 CPU 的集成设计、生产和销售环节，打造出一个 ARM 架构的超级生态圈，从而打破了英特尔的垄断。

（3）安卓手机操作系统的开放式创新　在安卓手机操作系统面世前，手机操作系统是塞班的天下，于是安卓采用免费开放的商业模式，在手机操作系统市场站稳了脚跟并取得了瞩目的成果。

（4）无线充电技术研究中的开放式创新　为了确保小孩子的安全，让榨汁机脱离电源线，某家电公司投入大笔资金支持技术研发。然而，两个月后的一次会议交流中，该公司却获知有人已经实现了无尾家电的技术。该公司投入的研发资金、研发人员的精力就这样浪费了。可以看出，封闭式创新已经无法适应现在的技术研发环境，尽早地获知企业外部的研究资源和成果在互联网时代变得尤为重要。

某企业在研发无线充电技术过程中，实现了可以用做手机无线充电的模块化技术，但并非本企业所需，如果将这个技术转移给合适的需求公司进行商业合作，就会让企业研发的价值最大化。于是，如何找到匹配的技术需求又成为一个新的问题。

合理进行科技资源的引进与转移，促成供需匹配，开放式创新与合作已经成为企业研发新的生存法则。

（5）宝洁公司的开放式创新　21 世纪初，宝洁公司传统的内部创新方法遇到了挑战——全球劳动力成本的上升、创新竞争的加剧、创新的成功率下降等导致研发成本不断上升。于是，宝洁公司首席执行官提出了"联系与发展"的创新战略（开放式创新战略），通过调整，宝洁公司销售额从 1999 年的 367 亿美元增长到 2008 年的 835 亿美元；研发费用占销售额的比例也从 2000 年的 4.9% 下降到 2009 年的 2.5%，而研发成功率几乎翻了一番。

进入 21 世纪的第二个 10 年，宝洁公司的开放式创新的弊端与局限性开始显现，开放式创新开始"过度"，企业对外部资源产生依赖性，由此导致企业内部人力资源和技术经验的匮乏。在开放式创新的指挥棒下，所有人都为了开放式创新而不断引入外部供应商的技术但缺乏自身的技术积累；而且，并不是所有的外部供应商都愿意和宝洁公司分享最前沿的创新成果。由此造成恶性循环。

1.2.2　分布式创新模式

如果说开放式创新是一种自上而下的创新模式，那么分布式创新就是一种自下而上的创新模式。

▶ 1. 从集中式创新到分布式创新

以新一代信息技术为核心的新一轮科技革命正在到来。新一轮科技革命在德国体现为"工业4.0"、在美国体现为"工业互联网"。工业4.0与工业3.0的主要区别是：前者为分散式增强型控制（或称分布式控制），后者为集中式控制。这种分散式增强型控制不仅表现在底层设备控制层，也表现在企业内围绕产品设计制造全过程的协同层（纵向集成）、企业间的围绕产品价值链的协同层（端到端集成）、跨产品价值链的大范围的协同层（横向集成）。

未来制造企业组织架构的发展方向是分布化企业：一方面大企业权力下放，让员工有很大的自主权，如海尔的独立经营体和小微企业模式、稻盛和夫的阿米巴经营模式等，每一位知识型员工都可以被看作企业的最小单位，可以应工作需要进行机动的组合；另一方面，大量小企业涌现，使得每个人的积极性和创新性得到充分提高，同时也可以通过互联网、云服务平台和大数据，实现协同创新和设计，并对创新过程进行监管。

分布式创新是相对于集中式创新而言的。集中式创新与分布式创新的比较见表1-8。

表1-8 集中式创新与分布式创新的比较

比较项目	集中式创新	分布式创新
创新过程	自上而下的创新 围绕一种产品或技术开展创新	自下而上的协同创新 同时开展许多产品或技术的创新
创新组织	创新主体的粒度较大 主从结构的创新，即由企业或部门主导的创新	创新主体的粒度较小 网状结构的创新，即企业或个人的自组织的协同创新，是一种大众创业、万众创新的模式
科技资源分享	核心企业集中相关科技资源，支持创新；科技资源的分享程度较弱	科技资源高度分享
创新结构	"宝塔"结构	"房屋"结构

分布式创新模式与开放式创新模式也是不同的，其比较如下：

1）开放式创新模式。这是主机企业主导的协同创新模式，有主从之分，即创新企业对外开放，吸引外部企业参与自己企业的创新。其特点是主机企业制订产品创新与设计战略以及需求，供应商配合开发零部件；所采用的平台是主机企业建立的供应商服务平台；产品物料构成表（BOM）来自于主机企业的产品生命周期管理（PLM）系统。

2）分布式创新模式。这是大量企业的协同创新模式，没有主从之分。分布式创新模式是一种众创（Mass Innovation）模式。它的特点是供应商主动创新开发零部件，主机企业选择供应商提供的零部件；所采用的平台是网络零件库平台；主机企业选择供应商零部件，建立产品 BOM。在新的科技创新环境与模式下，科技人员需要了解的专业覆盖范围更广，需要更多的科技资源帮助完成任务。新一代信息技术能够有效支持分布式创新的需求。

2. 分布式创新的特征

分布式创新的特征主要是：

1）开放性。由于创新主体的粒度显著减小，而创新需要协同，因此创新的开放性较高。

2）动态性。自下而上的协同创新的动态性更高，新的创意层出不穷。

3）全员性。分布式创新是典型的全员创新、大众创新。由于创新与每一个创新主体的利益密切关联，主体创新的积极性很高。

4）分享性。在分布式创新中，分散的企业和个人专注自己领域的创新，企业规模变小，而产品很复杂，需要协同。所以，一方面需要同领域、同方向的企业和个人进行资源分享，提高创新能力和水平；另一方面需要不同领域、不同方向的企业和个人进行资源互补，协同创新。

3. 分布式创新的案例

1）英特尔的基于 CPU 的开发生态系统。英特尔做核心产品 CPU，并开放 CPU 的设计，支持和培育无数小的设计公司围绕英特尔做公板、做产品创意、做产品原型、做差异化、做优化。面对市场的企业，从设计公司挑选产品原型，做商品化包装，投放市场，做品牌、做销售、做客户服务，培育了一个基于 CPU 的开发生态系统。

2）自动面包机的协同创新。松下公司在开发自动面包机时，请来制造电饭煲、面包烘烤机和食品加工机的专家，综合了计算机控制、感应加热和回转电动机的技术。在面包机开发过程中，三类专家共涉及 1400 人，起初这些人说的是"几乎完全不同的语言"，很难沟通，但他们最终完成了这个产品的开发，制造出完全不同于同类产品的革命性产品。

1.2.3 透明公平的绿色创新模式

1. 透明公平的绿色创新模式概述

企业绿色创新就是要实现科技资源的高度分享，这需要透明公平的环境。新一代信息技术的使用，可以提高绿色创新的透明公平性，进一步提高企业和员工绿色创新的积极性和能力等。

绿色创新往往意味着增加产品成本，企业往往躲之不及，因此需要分类讨论，寻找对策（见图 1-6）。

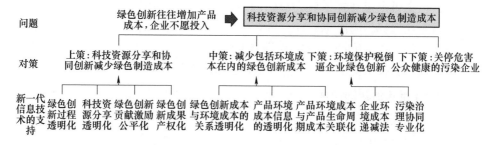

图 1-6 绿色创新低成本化的内容

1)上策。通过绿色创新,在减少环境影响的同时降低产品生产成本。这是皆大欢喜的事情,但难在创新。可以通过科技资源分享降低绿色创新的难度。

2)中策。绿色创新虽然增加了产品生产成本,但可以减少包括环境成本在内的产品生命周期成本,减少环境影响。将这种绿色创新效果告知于众,可以争取用户的支持,使用户明白绿色产品价格高了,但对环境的不良影响小了,从而促进了绿色产品的销售。这是一种绿色科普,也是一种知识分享。如可降解塑料的价格要比难降解塑料高些,但对环境影响小,用户知道后,会积极使用。

3)下策。首先将企业环境成本以环境保护税的形式显性化,然后通过企业环境成本递减法,迫使企业花钱开展绿色创新,减少污染,同时减少环境保护税。这种方法是让企业先感到"肉痛",然后尝到绿色创新的"甜头"。这种方法需要获得大量企业环境影响数据,需要数据资源分享,在获取和分析数据方面有一定的难度。企业也可以综合考虑环境保护税,将环境污染型的工作外包。这也需要进行大量数据分析、科技资源分享。

4)下下策。直接关停危害公众健康的环境污染企业。当企业屡教不改、执迷不悟时,只能采用这种方法。

2. 科技资源分享和协同创新减少绿色制造成本

(1)专业化分工协同创新的需求　创新的投入成本回收分析如下,设 x 为创新成本、y 为创新产品的单件生命周期能耗成本、z 为创新前的单件产品生命周期能耗成本,且 $(z-y)>0$。则开展产品绿色创新所需要的最小产品批量数 n 为

$$n > x/(z-y) \tag{1-1}$$

例如,$x=1000$ 元,$y=100$ 元,$z=120$ 元,则 $x/z-y=1000/(120-100)=50$,产品批量 $n>50$ 时,才能收回创新的投入。这需要通过专业化分工协同来实现,但往往遇到专业化分工协同难、科技资源分享和协同创新难等问题,"肥水不外流""协同风险大"等观念影响协同的开展。

（2）对策　利用新一代信息技术，建立透明公平的科技资源分享、协同创新和制造的环境，通过科技资源分享、产品专业化分工协同创新，可以形成较大的批量，获取规模经济效益，同时实现节能减排。

1）绿色创新过程透明化。最重要的是要鼓励员工积极主动开展科技资源分享和协同创新，对员工科技资源分享的行为要给予尊重和公平的激励。前提是要实现绿色创新过程的透明化。

2）科技资源分享透明化。利用新一代信息技术，为员工开展绿色创新提供科技资源支持和服务，使他们知道哪些绿色科技资源可以应用和如何应用。

3）绿色创新贡献激励公平化。对企业和员工取得的绿色创新成果和贡献要进行透明公平的激励。

4）绿色创新成果产权化。要通过完善企业外部和内部的知识产权保护制度，保护企业和员工的绿色创新成果的知识产权，在分享绿色创新成果的同时，使创新者得到合理的回报，使绿色创新可持续化。

绿色创新并非都会导致产品成本增加，依靠员工，通过协同创新降低绿色产品成本，实现社会效益和经济效益的共同增长。显然，这是最理想的解决方案。

3. 减少包括环境成本在内的绿色创新成本

（1）考虑环境成本的需求　许多绿色创新都会增加产品生产成本，但同时也会减少污染等产生的环境成本，因此绿色创新的投入从全社会层面看还是很划算的。所谓环境成本，就是指治理污染所需要的成本。

设：开展绿色创新，导致产品生产成本增加，其增加量为 C_1；同时导致产品环境成本减少，其减少量为 C_2（负值）。

如果 $C_1 + C_2 < 0$，则可以认为所开展的绿色创新是卓有成效的。

例如，某绿色产品生产成本增加了 800 元，即 $C_1 = 800$ 元，同时产品环境成本减少了 900 元，即 $C_2 = -900$ 元；$C_1 + C_2 = -100$ 元 < 0，则可以认为所开展的绿色创新是卓有成效的。

这里的问题是：企业往往只关心产品绿色创新成本，不关心环境成本，因为前者计入产品成本，后者不计入产品成本。

（2）包括环境成本在内的绿色创新成本的应用　通过以下措施可以促进绿色创新的发展：

1）绿色创新成本与环境成本的关系透明化。建立一个信息平台，让大众一起进行绿色创新与环境成本的经济性分析，使他们了解绿色创新所投入的成本要远低于治理环境所增加的成本。

2）产品环境成本信息的透明化。将环境成本成为产品必须携带的信息，用户在选择产品时，不仅比较价格，还可以比较产品的环境成本。鼓励用户选购绿色产品，倒逼企业开展绿色创新，降低产品的环境成本。

3）产品环境成本与产品生命周期成本关联化。用户最需要关心的是产品生命周期成本，即不仅包括产品制造成本，还包括产品使用成本和维护成本等。例如，LED灯实现相同照明效果时所需要的能耗要显著低于荧光灯和白炽灯，产品能耗是需要成本的，这样LED灯的包括产品使用成本在内的产品生命周期成本就显著减少，同时LED灯的产品环境成本也显著减少，即节能减排效益明显提高。所以LED灯就是一种绿色产品创新。将产品环境成本与产品生命周期成本关联起来，可以让用户有意识地去选择绿色产品，促进绿色创新。在产品生命周期成本中，还可以通过制度设计增加产品的超规定的资源消耗成本、产品回收成本等。

《洛杉矶雾霾启示录》的作者雅各布斯这样计算："那么治疗数以千计罹患癌症的患者的代价呢？照顾下半辈子被慢性病缠上的患者又要多少成本？治理雾霾、防患于未然要比为公众健康受损买单便宜得多。为环保付出金钱，获得的是更好的公众健康。人们不再需要巨额的医疗资源，人们的工作能力也更强。这些对于经济增长的好处更加长远"。

4. 环境保护税倒逼企业绿色创新

（1）环境保护税倒逼企业绿色创新的需要　一些企业为了追逐利润，不愿意在环境污染防治方面投入太多，如技术改造、污染物的全面处置等。而政府要对企业进行处罚，获取相关数据是关键，否则处罚难。根据《中华人民共和国环境保护税法》，我国的环境保护税已经从2018年1月1日起开始征收。

（2）获取企业的"三废"排放数据的方法　有效获取企业的"三废"排放数据是环境保护税倒逼企业绿色创新的关键，可以考虑的方法包括：

1）企业环境成本递减法。首先计算出不经过任何处理的产品全生命周期各个阶段的各种排放量，然后按照这些排放量对环境的影响程度及处理的费用情况给出污染排放税指标。政府对有可能产生环境污染的企业先统一征收污染排放税。当企业通过技术改进减少污染时，企业需要提供材料和数据证明，经政府调查核实后，给予相应部分减免税。这些材料和数据公开并接受大众监督。

环境成本（污染排放税）递减法，会使企业觉得开展绿色创新可以帮助企业降低环境成本，使其真切感受到绿色创新的价值，提高其绿色创新的自觉性。

案例：英国从2001年开始征收能源税，电力按0.043英镑/（kW·h）、天然气按0.015英镑/（kW·h）（根据热当量换算）的税率征收。2001年共征收能源税10亿英镑，其中20%用于节能，80%用于失业和社会救助等社会福利事业。企业可以与政府签订节能目标和二氧化碳减排目标，凡实现目标的企业可以减免20%能源税。对太阳能、风能等新能源发电实施税收减免政策。

2）污染治理协同专业化。企业为了减少污染排放税或环境保护税，一方面将污染排放税分配到每个环节上，评估哪些环节可以依据污染排放税进行技术改造，通过技术改造，减少污染排放。另一方面评估哪些环节可以通过外包的方式减少污染排放税，将适合外包的涉及污染排放的工作外包出去。这些工作由一些企业集中处理，可以提高污染排放的处置水平，以较低的成本进行污染排放的处置。这些工作有企业供热、企业污水集中处理等。企业可以采用合同能源管理模式开展这些方面的工作。

设：某一环节的技术改造费用为 C_g，该环节的年污染排放税为 S_i。

如果 $C_g < 10S_i$，即技术改造费用在 10 年内可以收回，则可以认为该环节所开展的技术改造对企业而言是有价值的。

例如，$C_g = 10\,000$ 元，$S_i = 1200$ 元，$10S_i = 12\,000$ 元，$C_g < 10S_i$，可以认为该环节所开展的技术改造对企业而言是有价值的。

5. 关停危害公众健康的污染企业

（1）获取关停危害公众健康的污染企业的证据的需要　一些危害公众健康的污染的治理成本很大，对相关污染企业或者不惜任何代价进行治理，或者关停。美国 1970 年《清洁空气法》（Clean Air Act）赋予环保部门的使命是：不考虑经济成本，以公众健康作为唯一目标来制定标准。

（2）全民监督　对于危害公众健康的污染企业也要依靠附近的居民来发现和监督，他们是直接的受影响者。居民可以通过视频等方式上传相关信息，有关单位应给予重视。

随着国家越来越重视环境保护，"绿水青山就是金山银山"，政府对环境绩效的考核将越来越严厉，上下齐心，危害公众健康的污染企业将难以生存。

1.3　绿色创新的大环境

1.3.1　共享经济——绿色创新的经济环境

1. 共享经济的定义

共享经济（Sharing Economy）也称分享经济或协同消费。

共享经济是指在保证所有权不变的前提下，将当前自身闲置的具有剩余价值的物品（服务）通过分享平台供给他人使用，并收取一定物质或非物质的回报。共享经济的本质是通过分享平台对闲散资源进行整合，让供给方以相对低廉的价格让渡物品的使用权给需求方并获取收益，同时也使得闲置物品或服务得以充分有效利用。

2016 年 3 月，共享经济首次被写入我国的《政府工作报告》，明确指出

"支持分享经济发展,提高资源利用效率"。

共享经济模式改变了传统的商业模式,降低了创业门槛,为众多有梦想的普通人带来了创业机会。共享经济模式能够优化配置资源,使得资源的价值能够得到最大限度的利用。

共享经济在我国和全球方兴未艾。我国共享经济发展情况如下:2018年共享经济市场交易额为29 420亿元,比2017年增长41.6%;2018年制造业共享经济领域成交额已经达到8200多亿元,比2017年几乎翻一番,而且未来这个势头也非常之猛;国家信息中心分享经济研究中心发布的《中国共享经济发展报告(2020)》显示,2019年共享经济市场交易额为32 828亿元,比2018年增长11.6%。未来,共享制造将会成为"十四五"期间制造业转型发展的重要抓手,大型制造企业的资源开放以及共享平台对制造企业的赋能将成为共享制造未来发展的重要支撑;区块链等新技术将成为行业发展的新热点,在信息安全与监管、数据共享、产权保护等方面将发挥重要作用;"互联网+"监管和基于"信用+差异化"监管将进一步加强。共享经济不仅包括产品的共享、空间的共享、知识技能的共享、劳务的共享、资金的共享和生产能力的共享等,更包括科技资源分享。现在,制造企业在创立、资金筹集、研发设计、生产加工、产品销售、流通服务等各环节都有各种各样的共享平台在提供服务。企业可以通过共享经济,让自身已有的科技资源发挥最大的效用,让全社会科技资源为自己服务,企业只做自己最擅长的部分就可以。

科技资源分享是一种高层次的共享经济模式,顺应了共享经济发展的历史潮流。

▶ 2. 共享经济的发展与现状

20世纪80年代,国外出现了共享经济雏形,如1984年成立的TED可以被认为是最早的知识共享平台之一了。此外Athenahealth、Zipcar、Esty、Zopa等共享企业开始起步。

2008年,美国金融危机导致美国的失业率急剧上升。在这种大背景下,诞生了大量共享经济的初创企业,爱彼迎(Airbnb)和优步(Uber)等都是这个时候成立的。

中国国家信息中心共享经济发展报告课题组指出:全球共享经济尚处在起步阶段,成长迅速,竞争激烈,尚未形成稳定的格局。目前看,只有在个别领域,少数起步较早的企业获得了一定的先发优势,初步形成较大的用户规模和较高的市场占有率,开始建立起成形的盈利模式。共享型企业的收入来源渠道主要有中介收费、搜索排名、流量广告、金融收益等。但更多的领域和初创企业还处在探索过程中,尚未形成可持续发展能力。从地区发展的角度看,美国是共享经济发展的"领头羊",但欧洲、亚洲各国的平台企业也在迅速崛起,全球竞争格局仍处在快速变化中。

欧盟委员会在 2016 年 3 月出台了《共享经济指南》(*A European Agenda for the Collaborative Economy*)，旨在促进欧盟范围内的共享经济发展。

2017 年我国国家发展和改革委员会、中央网信办、工业和信息化部等八部门联合发布了《关于促进分享经济发展的指导性意见》，其目的是进一步营造公平规范的市场环境，促进共享经济更好更快发展，充分发挥共享经济在经济社会发展中的生力军作用。

3. 共享经济与绿色创新

共享经济是一种绿色经济，科技资源分享是共享经济中的一种主要模式，可以有效支持绿色创新。

对于我国的创新而言，科技资源分享不仅节约了宝贵稀缺的科技资源，还倡导一种协同创新模式，提高创新效率。

1.3.2　服务型制造——绿色创新的社会环境

科技资源分享本质上是一种服务型制造模式。服务型制造又称制造服务、产品服务。

1. 服务型制造的意义

服务型制造是指产品全生命周期内与产品相关的服务的总称。

要实现我国经济战略转型、产业结构优化升级、发展方式转变等目标，服务业是关键，也是突破口。大力发展服务经济，实现经济跨越式转型，是当前我国的战略选择。服务型制造是未来我国工业化的主要发展趋势之一。

2015 年 5 月 19 日，国务院印发《中国制造 2025》，部署全面推进实施制造强国战略，提出坚持"创新驱动、质量为先、绿色发展、结构优化、人才为本"的基本方针。其中的结构优化就强调了企业向服务型制造拓展。

2016 年 7 月 12 日，工业和信息化部、国家发展和改革委员会、中国工程院印发《发展服务型制造专项行动指南》，强调发展服务型制造，以创新设计为桥梁，推动企业立足制造、融入服务，优化供应链管理。

2020 年 6 月 30 日，工业和信息化部、国家发展和改革委员会等 15 个部门发布《关于进一步促进服务型制造发展的指导意见》，提出了工业设计服务、定制化服务、供应链管理、共享制造、检验检测认证服务、全生命周期管理、总集成总承包、节能环保服务、生产性金融服务和其他创新模式，既涉及制造业各个环节的服务创新，也涵盖了跨环节、跨领域的综合集成服务。

服务型制造的意义主要有：

1）突破资源和市场限制。地球上已经没有那么多的资源可以供我们继续按以往的消耗量来使用。现在产品制造资源全面紧张，已经难以维系依靠资源的制造业的持续发展。显然，发展服务型制造是突破资源和市场限制，持续发展制造业的必由之路。

2）过剩经济下的持续发展。现在国际市场上绝大多数产品已经饱和，早在2006年我国就有172种产品的销售量名列世界第一。我国要想继续发展制造业，就需要向服务业拓展。我国传统产品在国外市场已经占了很大份额，继续依靠扩展海外市场的方式发展经济已经不可持续。

3）提高就业率。我国的就业压力非常大。一方面，2030年，我国人口将达到15.1亿~16.1亿人，每年新增劳动力1000万人左右。另一方面，城镇化需要解决大量农民进城就业的问题。而第二产业的就业市场随着生产率的提高、市场的饱和，其容量增加是很有限的。

但我国经济发展还要继续，GDP需要保持稳定的增加，就业率就不能下滑。在这种资源和市场的双重约束下，我国需要大力发展服务业。因为，服务业在增加GDP时，其资源消耗的增加量较传统制造业要少得多，并且可以扩展新的市场，提高就业率。

4）服务经济发展空间巨大。西方国家在30年前就步入了服务社会或服务经济，美国服务业2019年占GDP的比重为81%，日本和德国都超过了70%。我国服务业2019年占GDP的比重为53.9%，如图1-7所示。因此，我国发展服务经济有巨大的空间。

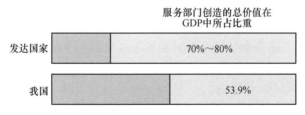

图1-7 我国与发达国家的服务业分别所占的比重

2. 服务型制造与绿色发展

服务型制造得到世界组织、学术界和企业界高度重视的主要原因之一是服务型制造对保护生态环境有积极的意义。

（1）产品回收处理服务 企业如果唯利是图，产品卖出去后，就一概不管，就会导致报废产品堆积如山，严重污染环境。为此，需要政府制定法律，要求企业承担产品回收、处理、再循环的责任。

例如，欧盟《关于报废电子电器设备指令》（2002/96/EC，简称WEEE指令）要求电子电器制造商在销往欧盟成员国的产品上加贴回收标识；要求制造商改进产品设计，承担回收、处理进入欧盟市场的废弃电子电器产品的责任；

制造商同时应支付产品的回收、处理、再循环等方面的费用。显然这种需求往往具有强迫性。

（2）产品租赁服务　越来越多的制造企业开始提供产品租赁服务，这将显著减少实物产品的数量，从而有助于企业推销产品、客户降低风险，并减少资源和能源的消耗。制造企业永远拥有它所生产的产品，这会强烈地激励企业设计可分解、可再制造、可再循环的产品，每一种产品的生产都会更经济、更环保。

例如，杭州自行车的租赁服务、工程机械企业的大型工程机械的租赁服务等。

（3）产品功能服务　越来越多的制造企业开始负责提供产品功能服务而不是产品，服务型制造中实物产品的所有权属于产品制造企业，这将显著提高产品的利用率，减少实物产品的数量；激励企业生产更经久耐用的产品，并负责产品的回收，更加关注产品使用中的能耗、效率、排污问题，以便降低产品的使用成本。所有这一切有助于解决过度消费所带来的资源短缺、能源紧张、环境破坏等问题。例如，中央空调制造企业负责提供给用户室温控制功能，可以使用再制造的中央空调，就会千方百计降低空调的能耗成本。显然，当制造企业永远拥有它所生产的产品、对产品的全生命周期负责时，就会更全面和深入地考虑产品对环境的影响。

（4）产品绩效管理服务　一些能耗产品在使用中效率会降低，能耗成本会上升。产品用户既难确切掌握相关信息，又难解决此类问题。而产品制造企业提供产品使用成本和绩效管理服务，则能通过远程监控掌握能耗产品效率变动情况，并能采取相应措施进行产品维护，保障产品的效率和性能。制造企业在降低产品能耗、提高产品效率等方面比产品用户更有办法，可以实现"三赢"：①对产品用户而言，减少了能耗成本；②对产品制造企业而言，增加了收益；③降低了产品的使用能耗。

（5）产品使用管理服务　越来越多的制造企业对原料生产企业、零部件企业提出了新的服务需求：在制造企业需要使用产品时，供应商能够及时保证供应使用即可，其他问题都交由供应商处理。特别是化学品，客户需要的化学品的数量和时间都不确定，自己购买、储存化学品，既有风险，又易造成浪费，需要大量的储存空间和专业的储存方法，成本高。委托专门的企业进行管理，可以避免很多麻烦。例如：

1）PPG 公司为福特 Taurus 车型北美工厂提供的化学品管理服务，在提供服务的 18 个月的时间内把挥发性有机化合物（VOC）排放降低了 57%，废水污泥减少了 27%，年节约超过 5 万美元。

2）Interface LLC 公司为达美航空（Delta Air Lines）公司提供的化学品管理服务项目，不仅为达美航空公司降低了成本，而且通过提高资源生产力，减少了 30% 的化学品使用量。

3. 服务型制造与绿色创新

服务型制造中存在大量面向创新的服务。面向创新的服务是一种科技资源分享服务，可以有效支持绿色创新。表1-9为面向创新的服务模式的发展方向。

表1-9 面向创新的服务模式的发展方向

阶段	服务分类	已经出现的面向创新的服务模式	正在出现的面向创新的服务模式
产品形成阶段	阶段总体	产品开发设计服务	开放式协同开发设计服务 基于设计链大数据的创新服务
	市场研究	客户需求调查服务 客户需求咨询服务 企业战略咨询服务	产品用户培养服务 产品用户网上体验服务 虚拟产品体验服务 基于用户需求大数据的创新服务
	产品开发	产品开发知识服务 产品定制开发服务 专利转让服务 企业知识服务	用户参与研发的服务 产品开发知识服务 工具分享服务
	产品设计	产品设计知识服务 整体解决方案服务 零部件快速重用服务	大众化创新服务 产品设计知识服务 工具分享服务
产品制造阶段	阶段总体	制造价值链集成服务	制造价值链信息挖掘和监控服务 基于制造价值链大数据的创新服务
	外部采购	采购过程监控服务 采购信息匹配服务 供应商供货平台服务 供应商供货信息服务	与客户协同产品外购件监控服务 对供应商的培养服务 供应商全面体验服务 基于供应商大数据的创新服务
	零件制造	制造能力服务 零件制造质量保障服务 产品定制服务 加工的解决方案服务	可重构制造服务 为客户提供零件远程监控服务 基于产品制造过程大数据的创新服务
	产品装配	产品装配质量保障服务 大型产品的模块组合装配服务 模块化供货服务	智能远程装配服务 客户自主装配服务 基于产品装配过程大数据的创新服务
	产品销售	产品销售创新服务 产品包装服务 产品融资租赁服务 产品成套销售服务 面向零售商的销售服务 基于网络的销售服务 供应商库存管理服务	用户体验营销服务 基于产品销售大数据的创新服务

(续)

阶段	服务分类	已经出现的面向创新的服务模式	正在出现的面向创新的服务模式
产品售后阶段	阶段总体	产品租赁服务	产品生命周期的全责绩效服务 服务生命周期管理服务 基于服务链大数据的创新服务
	库存物流	基于库存物流优化的产品生产计划服务 面向客户动态需求的物流快速反应服务	智能物流管理服务 主动物流服务 统一物流管理服务
	产品使用	客户产品使用信息反馈服务 远程监控运行服务 产品分享使用服务 产品增值服务	运行节能智能保障服务 为客户的客户服务 基于产品使用大数据的创新服务
	产品维护	产品维护信息反馈服务 零部件再制造服务 产品全责绩效服务 产品远程维护服务	产品智能远程维护服务 客户协同产品维护服务 基于产品维护大数据的创新服务
	报废回收	生产者产品回收服务 零部件梯级重用服务 资源循环重用服务	产品智能回收处理服务 基于产品回收处理大数据的创新服务
全生命周期	生命周期总体	企业知识服务 产品全生命周期管理服务 产品状态数据管理服务	专利协同分析服务 标准协同建设服务 客户参与的产品生命周期全程服务 基于产品全生命周期大数据的创新服务

2014年10月28日，国务院发布《关于加快科技服务业发展的若干意见》，重点发展研究开发、技术转移、检验检测认证、创业孵化、知识产权、科技咨询、科技金融、科学技术普及等专业科技服务和综合科技服务，提升科技服务业对科技创新和产业发展的支撑能力。科技资源分享服务在其中起了重要的作用。

科技服务的内容及其中的科技资源分享和特点见表1-10。

表1-10 科技服务的内容及其中的科技资源分享和特点

序号	科技服务类型	科技服务的内容	科技服务中的科技资源分享的特点
1	研究开发服务	专业化的研发服务、协同创新服务、产品研发设计服务、科技资源开放服务	整合科研资源，开放科技资源

（续）

序号	科技服务类型	科技服务的内容	科技服务中的科技资源分享的特点
2	技术转移服务	跨领域、跨区域、全过程的技术转移集成服务，面向市场开展中试和技术熟化等集成服务	基于互联网的在线技术交易模式，保障科技成果转移转化贡献大者的收入或股权比例
3	检验检测认证服务	面向设计开发、生产制造、售后服务全过程的观测、分析、测试、检验、标准、认证等服务	计量测试服务资源分享
4	创业孵化服务	建设"创业苗圃+孵化器+加速器"的创业孵化服务链条	创新创业资源整合服务
5	知识产权服务	知识产权代理、法律、信息、咨询、培训等服务，提升知识产权分析评议、运营实施、评估交易、保护维权、投融资等服务水平	知识产权基础信息资源免费或低成本向社会开放，基本检索工具免费供社会公众使用
6	科技咨询服务	科技战略研究、科技评估、科技招投标、管理咨询等科技咨询服务，竞争情报分析、科技查新和文献检索等科技信息服务	知识资源分享、人才资源分享
7	科技金融服务	开展科技保险、科技担保、知识产权质押等科技金融服务	资金资源分享，破解科技型中小微企业融资难问题
8	科学技术普及服务	公益性科普服务，如科技馆、博物馆、图书馆等公共场所免费开放；其他科普服务	全国范围内科普资源互通分享

1.3.3 全员创新的透明公平环境

全员创新为科技资源分享提供了条件和资源，也提出了新的需求。全员创新的透明公平的环境主要包括全员创新过程的透明公平的环境、绿色创新效益评价的透明公平的环境、培养绿色创新人才的透明公平的环境等。

1. 全员创新过程的透明公平的环境

产品创新主要靠员工，发挥广大员工的创新积极性并不容易。新一代信息技术有助于建立全员创新过程透明公平的环境，包括：

1）实现员工创新过程和成果全方位的跟踪统计和分析，使员工创新过程和成果的信息可追溯。

2）实现员工创新效益的长期跟踪统计和分析，根据创新效益给予相应的激励。

3）依靠员工协同评价各自的创新能力，并利用创新过程的数据进行评价，最终建立员工创新能力库。

4）针对创新项目要求，利用员工创新能力库，集成所需要的创新能力。

2. 绿色创新效益评价的透明公平的环境

对绿色创新进行效益评价很难，因为这往往是长期的、全局的、间接的、模糊的。新一代信息技术有助于建立绿色创新效益评价的透明公平的环境，包括：

1）获取员工为减少产品生命周期对环境的不良影响所开展的工作和获得的成果，并持续跟踪绿色创新的应用效果。

2）在透明化的基础上，有效激励员工绿色创新贡献，促进全员参与绿色创新。

3. 培养绿色创新人才的透明公平的环境

绿色创新的关键是人才。新一代信息技术有助于建立绿色创新人才培养、成长、对接、应用和评价的透明公平的环境，包括：

1）人才培养的透明公平的环境。企业是培养人才最主要的机构。对企业而言，培养人才是一种投资，需要建立一种透明公平的企业人才机制，使企业的人才培养投资有回报；同时人才流动也需要透明公平，既要保护企业人才培养投资应得的利益，也要保护人才流动的合法权利。

2）人才成长的透明公平的环境。透明公平的职业生涯途径，透明的企业岗位需求，透明公平的员工升职条件，透明公平的升职、换岗机会等，这一切都有助于人才的成长。

3）人才对接的透明公平的环境。通过对人才大数据的分析，可以建立比较准确、完整和更新及时的创新人才能力库，帮助快速找到某方面最有能力的创新者；创新者也可以通过创新人才能力库找到最适合自己的"用武之地"。

4）人才应用的透明公平的环境。让员工感到尊重，感到自己的贡献会得到应有的回报；使员工的责权利统一，让员工知晓自己的责任、权力和利益，可以提高员工对工作的忠诚度和责任感。

5）人才评价的透明公平的环境。人才评价指标、方法、结果的透明公平，有助于人才培养和成长的积极性，人才评价指标的合理性有助于保障人才发展方向的正确性。对评价者也需要给予评价和激励，使大家重视评价。

1.3.4 协同创新的透明公平环境

协同创新对科技资源分享提出了直接的需求，科技资源分享实际上也成了协同创新的重要组成部分。

1. 德国工业4.0中的专业化分工协同模式

德国工业4.0发展战略中提出的领先的市场战略包括基于网络的专业化分

工合作，强调通过遍布德国的高速互联网络，实现德国的各类企业间的快速的信息分享，最终达成有效的分工合作。

专业化分工协同创新能够显著降低创新成本和风险。设想一下，如果一个复杂产品的全部都是自己创新的，那么周期就会很长、成本就会很高。最好的办法是相关方根据自己的特长，专注某一方面的创新，然后集成起来，由此取得快速、低成本的创新效果。

专业化分工协同创新是一种绿色创新模式，通过减少重复的创新工作，提高创新的效率，能够显著减少资源的消耗。

案例：海尔与陶氏的 PASCAL 真空发泡的协同创新。绿色化工巨头美国陶氏以信奉"化学元素和人元素的结合"而著称。海尔与陶氏开展了关于"PASCAL 真空发泡项目"的合作，使冰箱日耗电仅 $0.19kW \cdot h$。与普通冰箱相比，海尔冰箱 1 年 365 天下来能节省 $182.5kW \cdot h$，对于消费者来说，1 年可以省下约 100 元电费。而对社会来说，海尔冰箱 1 年节约的电量相当于少排放 $181.9kg$ 二氧化碳，如果消费者使用海尔冰箱 12 年，那么就少向大气层排放 $2.18t$ 二氧化碳。

2. 协同创新的透明公平环境

在协同创新时，人们往往担心对方不讲信用，不尽力，因此需要利用新一代信息技术建立一种协同创新的透明公平的环境，包括：

1）企业内协同创新过程的透明公平环境。跟踪、统计和分析协同创新过程和创新参与者的贡献，使企业内协同创新过程透明化，同时也使创新参与者的贡献透明化，包括知识的贡献、创新工作任务及完成情况、创新成果等，使投机取巧者、滥竽充数者难以得逞。企业建立协同创新激励制度，按照创新贡献大小给予公平的激励。

2）企业与外部专家协同创新的透明公平环境。利用大数据建立跨企业和高校、科研院所的知识网络，可以快速知道哪些高校、科研院所具有哪些领先的技术和知识资源，知道专家都在做什么；通过协同创新联盟和知识网络等，开展企业与高校、科研院所等的协同创新，打通基础研究→应用研究→试产→产业化的全过程，并利用新一代信息技术使之透明化；企业可以了解高校、科研院所等的研究成果，高校、科研院所也可以掌握产品试产和产业化中的问题及需求，开展相应的研究。

3）企业与供应链企业协同创新的透明公平环境。建立透明公平的协同创新平台，用以监控整个协同创新过程，控制协同创新的进度和风险，及早发现问题，使投机取巧者现身并难以生存。同时也要有协同创新利益分享、风险同担的机制，如合伙人制、股份制等。监控整个供应链的运作，保障供应链的有效运行，实现供应链管理的可视化、精准化、精益化和智能化，降低产品成本，提高产品质量。

4）用户协同创新的透明公平环境。跟踪、统计和分析用户协同创新过程，企业需要在透明化的基础上，给予用户相应公平的激励或回报，使用户协同创新长效化、用户创新内部化。这不仅有助于开发出用户更满意的产品，还能充分利用社会资源来创新，更能改善企业的形象、促进产品的销售。

参 考 文 献

[1] 百度百科. 创新 [EB/OL]. [2019-05-17]. https：//baike. baidu. com/item/%E5%88%9B%E6%96%B0/6047? fr = aladdin.

[2] LAZZAROTTI V, MANZINI R. Different modes of open innovation：a theoretical framework and an empirical study [J]. International journal of innovation management, 2009, 13（4）：615-636.

[3] 张武杰. 智能制造绿色性评估方法及应用研究 [D]. 杭州：浙江大学, 2019.

[4] ZHANG W, GU F, GUO J. Can smart factories bring environmental benefits to its products? A case study of household refrigerators [J]. Journal of industrial ecology, 2019, 23（6）：1381-1395.

[5] WAIBEL M W, STEENKAMP L P, MOLOKO N, et al. Investigating the effects of smart production systems on sustainability elements [J]. Procedia manufacturing, 2017, 8：731-737.

[6] MASHHADI A R, BEHDAD S. Ubiquitous Life Cycle Assessment（U-LCA）：a Proposed concept for environmental and social impact assessment of industry 4.0 [J]. Manufacturing letters, 2018, 15：93-96.

[7] HUANG S H, LIU P, MOKASDAR A, et al. Additive manufacturing and its societal impact：a literature review [J]. The international journal of advanced manufacturing technology, 2013, 67（5-8）：1191-1203.

[8] 澎湃新闻. 从《绿色技术德国制造2018》看德国绿色技术行业的发展 [EB/OL]. (2018-05-09) [2021-01-31]. http：//baijiahao. baidu. com/s? id = 1599973025521737955&wfr = spider&for = pc.

[9] 钱丽娜. 方太的幸福实验 [J]. 商学院, 2018（9）：15-17.

[10] 刘步尘. 方太：文化 + 科技的企业基因 [J]. 现代企业文化, 2018（11）：78-79.

[11] 张曙. 知识和战略改变中国制造业 [EB/OL]. (2011-01-02) [2021-01-31]. http：//news. newmaker. com/news_86594. html.

[12] 彭慧. 理解工业4.0的新视角：应用场景! [EB/OL]. (2019-05-28) [2021-01-31]. http：//www. 360doc. com/content/19/0528/14/144930_838746904. shtml.

[13] 乔继红, 朱晟. 德国推出《国家工业战略2030》[EB/OL]. (2019-02-06) [2021-01-31]. https：//baijiahao. baidu. com/s? id = 1624651123067930069&wfr = spider&for = pc.

[14] 周前. 开放式创新助力企业创新能力提升 [R]. [S. l.]：AMTGROUP, 2019.

[15] UBI-CHINA. 开放式创新：别浪费了聪明人的智慧 [EB/OL]. (2014-12-01) [2021-01-

31］．https：//www.douban.com/group/topic/69593190/．

［16］ INSEAD Knowledge．全球分布式创新：企业致胜的关键［EB/OL］．（2012-12-07）［2021-01-31］．http：//www.ceconline.com/strategy/ma/8800065588/01/．

［17］ 蒋培宇．欧洲芯片简史：这家荷兰公司，遏制住了全球半导体芯片的咽喉［EB/OL］．（2019-05-30）［2021-01-31］．http：//www.sohu.com/a/317569862_100191015．

［18］ 第一财经．宝洁在开放式创新上跌过的坑 我们未来该如何避免［EB/OL］．（2016-07-06）［2021-01-31］．https：//www.yicai.com/news/5039029.html．

［19］ 顾新建，顾复，代风，等．分布式智能制造［M］．武汉：华中科技大学出版社，2019．

［20］ 梁宁．一段关于国产芯片和操作系统的往事［EB/OL］．（2018-04-22）［2021-01-31］．http：//tech.qq.com/a/20180422/010376.htm．

［21］ 丘磐．挖掘身边的金矿［EB/OL］．（2000-12-01）［2021-01-31］．http：//www.ceconline.com/strategy/ma/8800020845/01/null．

［22］ 李佳佳．洛杉矶是怎么奇迹告别雾霾的？［EB/OL］．（2016-12-19）［2021-01-31］．https：//wenku.baidu.com/view/d181bc7059fb770bf78a6529647d27284a733772.html．

［23］ 何家波，顾新建．基于互联网的共享仓储的价值分析［J］．计算机集成制造系统，2018，24（9）：2322-2328．

［24］ 国家信息中心．2018年中国共享经济市场交易额29 420亿［EB/OL］．（2019-02-28）［2021-01-31］．http：//www.qianjia.com/html/2019-02/28_327006.html．

［25］ 周宝冰．张新红：关于共享经济与智能制造融合的八个判断［EB/OL］．（2019-03-23）［2021-01-31］．http：//www.cinn.cn/gyrj/201903/t20190323_209179.html．

［26］ 陈维城．国家信息中心：2019年共享经济市场交易额超3万亿［EB/OL］．（2020-03-04）［2021-01-31］．http：//finance.sina.com.cn/china/gncj/2020-03-04/doc-iimxxstf6327629.shtml．

［27］ 张新红，高太山，于凤霞，等．共享经济：全球态势和中国概览——中国共享经济发展报告（2016）要点［J］．浙江经济，2016（6）：21-24．

［28］ 侯隽．海尔开创绿色家电时代［J］．中国经济周刊，2011（6）：66-68．

第 2 章

科技资源分享

科技资源分享体现了协调、开放、共享的发展理念，是绿色创新的主要抓手。本章主要围绕科技资源分享展开讨论。首先介绍了科技资源的概念和内容，分析了科技资源分享的需求、意义、研究与应用现状、方法和平台框架以及发展方向。随后分析了绿色创新对知识、数据、人才、产品、硬件、软件等资源分享的需求。阐述了新一代信息技术与科技资源分享、绿色创新的关系。最后简要介绍了科技资源分享的理论基础，包括科技资源空间优化理论、科技资源时间优化理论。

2.1 科技资源分享概述

2.1.1 科技资源的概念和内容

1. 科技资源的概念和定义

科技资源是从事科技活动所需要的物质与信息资源，是国家重要的战略性资源，是提高自主创新能力的基础条件。

对于今天的企业而言，科技资源正在成为企业的主要财富。科技资源是创造科技成果、推动整个经济和社会发展的要素集合。不同学者对科技资源的内涵界定角度不同。根据国务院《关于加快科技服务业发展的若干意见》（国发〔2014〕49号）的相关描述，并根据科技部《"现代服务业共性关键技术研发及应用示范"重点专项2017年度项目申报指南》中2.3和2.4中的相关规定，本书中的科技资源主要包括专业科技资源和业务科技资源两类。专业科技资源包括支持研究开发、技术转移、检验检测认证、创业孵化、知识产权、科技咨询、科技金融、科学技术普及等专业科技服务的资源（如知识资源、数据资源、人才资源、产品资源、软件资源、硬件资源）。业务科技资源主要包括价值链协同业务流程资源、业务数据资源等。科技资源与科技活动的内容和关系如图2-1所示。

国家标准关于科技资源的定义有多种：

1) 用于科技活动的人力、物力、财力以及组织、管理、信息等要素的总称。

2) 支撑科技创新和经济社会发展的科技基础条件资源、技术创新资源等。

我国科学技术部和财政部为了掌握我国科技基础条件资源总体状况的需要，对全国的四大科技资源进行了全面的调查。这里的四大科技资源包括：大型科学仪器设备、研究实验基地、生物种质资源、高层次科技人才。

由科学技术部、财政部共同主办的国家科技基础条件平台门户网站——"中国科技资源共享网"于2009年9月25日在京开通。中国科技资源共享网的宗旨是：充分运用现代技术，推动科技资源分享，促进全社会科技资源优化配置和高效利用，提高我国科技创新能力。该网站由国家科技基础条件平台中心管理，建设、运行、维护单位为国家科技资源共享服务工程技术研究中心。

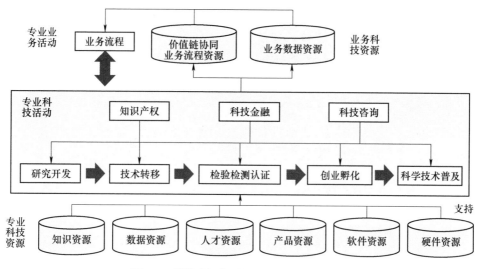

图 2-1 科技资源与科技活动的内容和关系

针对目前我国科研资源分享效率较低的状况，科学技术部、财政部通过总体规划设计，按照"整合、共享、完善、提高"的建设方针，以专项经费支持的方式，对现有各类重要科技资源进行整合与重组，对短缺的资源进行充实，实现各类资源的有效集成和提高，初步形成了由大型科学仪器设备、研究实验基地、自然科技资源、科学数据、科技文献、科普资源六大领域 32 类资源构成的科技条件平台资源体系，汇集了海量科技资源信息。

按照我国工业和信息化部在 2019 年 10 月印发的《关于加快培育共享制造新模式新业态促进制造业高质量发展的指导意见》，可将制造资源分为：

1）生产能力相关资源：生产设备、专用工具、生产线等。

2）创新能力（产品设计与开发能力、科研仪器设备与实验能力）相关资源：知识资源、人力资源、数据资源等。

3）服务能力相关资源：物流仓储、产品检测、设备维护、验货验厂、供应链管理、数据存储与分析等能力。

资源是能力的载体。能力是对资源功能的描述，是资源的本质属性。一种资源可以提供多种能力。一种能力可以由多种资源来提供。资源与能力是多对多的关系。制造资源实质上也是科技资源，但科技资源的范围更广。

目前学术界对科技资源的构成、科技资源分享内容的范围界定还不明晰。不同的学者对科技资源的含义和构成有不同的理解，现有的一些科技资源分类见表2-1。

表 2-1 现有的一些科技资源分类

分类理论	科技资源要素的主要内容
二要素论	科技信息资源、科技实物资源 物理科技资源、信息科技资源 基础性核心科技资源（包括科技人力资源、科技财力资源、科技物力资源、科技信息资源），整体功能性科技资源（包括科技市场资源、科技制度资源和科技文化资源）
三要素论	科技人力资源、科技物力资源、科技财力资源 物力资源（包括大型精密仪器、设备和实验条件等）、信息资源（包括科技文献、图书、资料、科学数据等）、人才资源
四要素论	人力资源、物力资源、财力资源、技术资源 科技财力资源、科技人力资源、科技物力资源、科技信息资源
五要素论	科技人力资源、科技财力资源、科技装备资源、科技信息资源、科技政策与管理资源
七要素论	科技人力资源、科技财力资源、科技物力资源、科技信息资源、科技技术资源、科技制度资源、科技组织资源 科技人力资源、科技财力资源、科技物力资源、科技信息资源、科技市场资源、科技制度资源以及科技文化资源 大型科学仪器设备、研究实验基地、自然科技资源、科学数据、科技图书文献、科技成果、科普资源等

2. 科技资源的内容

科技资源的内容体系框架如图2-2所示，包括知识资源、数据资源、人才资源、产品资源、软件资源和硬件资源等。虽然金融资源对创新作用很大，但最终还是通过其他科技资源实现其价值，因此本书对此不做研究。

科技资源的关系比较复杂，不同科技资源之间的简要关系如图2-3所示。其中人才资源是核心，原因有知识资源最终要靠人来创造，模块、软件和硬件要靠人来开发设计。从数据资源中可以挖掘出知识资源，而软件封装了知识资源，软件建立和固化了数据资源自动流动、处理的规则体系。知识资源、软件资源和硬件资源的开发设计和生产需要知识资源和人才资源的支持。数据驱动软件，软件和数据一起驱动硬件。

（1）知识资源 知识资源是通过人在技术和产品学习、研发设计、制造等过程中得到的资源，其特征主要是：

1）本质性。知识反映了科技资源的本质，是对科技资源的理解和描述。

2）创新性。需要通过创新得到新的知识资源。

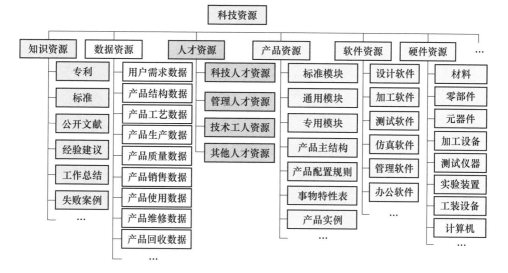

图 2-2 科技资源的内容体系框架

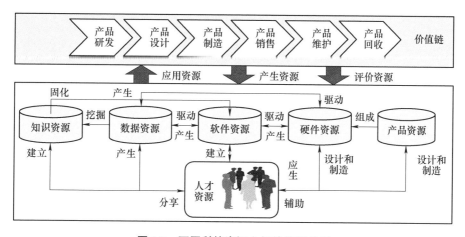

图 2-3 不同科技资源之间的简要关系

3）权力性。知识资源含有产权，可以付费交易。但知识资源容易转移，知识产权保护难往往影响有价值的知识资源的分享。当然也可以放弃知识产权，让大家免费分享。

知识可分为显性知识和隐性知识：

1）显性知识（编码型知识）。显性知识一般是指可以编码和度量的、可以由计算机处理的知识。显性知识可以十分简单地被表述出来，例如，如果出现条件 A，那么最好的解决方法将是 B。这种知识可以通过多种方式转移而保持正确性。目前常用的显性知识的表示方式有产生式规则、语义网络、框架、状态空间、逻辑模式、脚本、过程、面向对象等。

2）隐性知识（意会性知识）。隐性知识一般是指头脑中属于经验、技巧、灵感、想法、洞察力、价值以及判断的那部分知识。许多隐性知识很难表述，因为它们与丰富的语境相联系。"书不尽言，言不尽意"，就是这个意思。本书中的知识资源不包括隐性知识，隐性知识被划分到人才资源中。

人才资源与知识资源紧密关联，知识资源是人才资源发布和评价的，如图2-4所示。可以从知识资源库中知道大部分人才的专业特长和水平，当然有些人才的某些专业特长没有在知识资源库中显示，究其原因，除了保密因素外，还可能这些专业特长是操作技能等，目前还难以将其显性化。但可以通过对人才资源的协同描述、推荐等，帮助大家在需要的时候快速找到相关人才资源，从而找到所需要的知识资源。

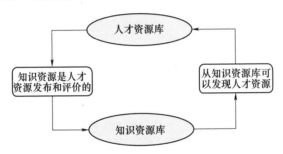

图2-4　人才资源与知识资源的关联关系

知识资源分享的需求主要是：

1）我国企业知识积累不足。对于一些关键产品的设计、制造知识，企业需要通过大量的实验摸索，才能真切掌握。否则，只知其然，不知其所以然。知识积累是一个长期的过程。这不是通过技术引进所能解决的问题。

2）企业员工知识分享的意愿不强。企业员工主要担心知识分享对自己没有多大好处。

3）企业知识有序化程度不高。如果知识杂乱无章、"垃圾"很多，则会导致知识的利用效率降低。因此知识需要评价，需要协同建立知识间的关系，需要对不同水平的员工给予不同的评价权重。员工的权重来自员工所发布的知识的价值和知识评价的水平。这是一种迭代计算优化的过程，有较高的难度。

4）技术创新协同程度不高。每个人专注某一方向的小创新，众多的小创新成果最终集成为大创新成果。但许多人往往有疑虑，担心在协同中吃亏，担心知识被他人窃取，因此喜欢什么事情都自己干，效率很低，失败概率很高。

5）技术创新中的多学科协同优化难。大量复杂算法需要用智能技术来帮助实现，需要集成大量的由实验、现场经验、理论分析得到的知识，并将这些知识标准化，嵌入专业设计软件系统中，提高系统的智能性。

6）知识产权保护难。知识产权保护，一方面保护创新的积极性，另一方面促进协同创新。知识产权保护不力是制约我国创新能力提高的关键因素。

知识资源是创新的基础。科技资源的源头是创新。创新包括原始创新、集成创新和跟随创新。需要分享的知识资源包括论文、报告、专利、标准、网络情报、经验教训、实验结果、想法等。信息平台可以显著提高知识资源分享能力。

例如，万方、中国知网等数据库提供的知识资源有期刊论文、学位论文、科技报告、专利、标准等。这些知识资源是作者、起草者、申请者等共同分享的。

（2）数据资源　数据是数值，也就是我们通过观察、实验或计算得出的结果。数据有很多种，最简单的就是数字。数据也可以是文字、图像、声音等。数据可以用于科学研究、设计、查证等。

数据的一般特征是关于事件和关于世界的一组独立的事实的符号表示。数据可以直接来源于传感器，如产品远程监控获得的温度、振动等数据；也可以是来自生产现场的人工输入的管理数据，如制造执行系统（MES）中的零件加工质量数据、生产进度数据等。

如同石油是工业的血液，未来数据是智能制造时代的血液。

数据资源是科技活动和业务活动在计算机虚拟空间中的反映和表现，其特征主要有：

1）表象性。数据资源反映了科技资源全生命周期中表现出来的现象，如测试仪器采集的产品性能数据。

2）客观性。数据资源是通过对科技资源使用中的客观现象的观察、实验而得到的结果，不包括人的主观判断、分析决策。

3）价值性。数据资源含有价值，一方面数据资源的获取需要成本和技能，另一方面数据资源的应用可以帮助人进行各种决策，产生效益。通过数据资源分享，可以提高数据资源的使用效率、支持其他科技资源的分享、提高创新能力和效率。虽然大多数数据具有低价值密度的特性，但是由于数据量大，结果仍有较大价值。通过数据的分析处理可以获取有价值的数据，过滤掉无价值的数据，这需要软件和知识的支持，如数据智能、数据挖掘等。

4）权力性。数据资源有价值，因此人们不愿意轻易分享数据资源，但数据资源的价值又很难计算，这导致数据资源交易发展缓慢。

工业数据是指制造企业在产品研发、设计、生产、运维等过程中产生的各项关键数据，具有体量大、分布广泛、结构复杂、类型多样化的典型特征，并表现出显著的连续性、逻辑性、精准性和规律性。

例如，海尔智慧家居数据库提供的数据资源主要有各种智能家电的能耗数据、运行数据、室内和室外温度数据等。这些数据资源来自千千万万个智能家电用户，可以用于节能降耗的决策。

数据资源分享将导致大数据的出现。2011 年 6 月，麦肯锡在研究报告《大数据：下一个竞争、创新和生产力的前沿领域》中指出：数据已经渗透到当今每一个行业和业务职能领域，成为重要的生产因素。大数据的特性是：数据量大、数据种类多样、数据产生和流转快速、数据中的价值大且价值密度低。

大数据可分为：①结构化数据，如通过产品或生产线上的传感器而采集的数据；②非结构化数据，如网络日志、音频、视频、图片、地理位置信息等数据。

大数据也可分为：①主动数据，主动数据由网络用户主动提供，例如上传的文档、发表的评论等；②被动数据，例如用户在浏览网页的悬停信息等；③过程数据，即在处理数据过程中产生的数据。

工业和信息化部在 2017 年 2 月发布的《工业大数据白皮书（2017 版）》中将企业大数据定义为：在工业领域中，围绕典型智能制造模式，从客户需求到销售、订单、计划、研发、设计、工艺、制造、采购、供应、库存、发货和交付、售后服务、运维、报废或回收再制造等整个产品全生命周期各个环节所产生的各类数据及相关技术和应用的总称。它以产品数据为核心，极大延展了传统数据范围，同时还包括企业大数据相关技术和应用。

企业大数据与互联网大数据的不同之处主要在于：互联网大数据是用户在互联网的各种系统应用过程中自动产生的，如用户搜索和购买产品时的行为数据，这些数据可以看作用户行为的副产品，是一种被动数据；而企业大数据是企业有意设置而产生的，如为了掌握某台设备的运行情况，在设备中安装大量的传感器，获取设备的各种运行状态数据，企业大数据是一种主动数据。

(3) 人才资源　人才是一种特殊的科技资源，是其他科技资源创新的关键。MBA 智库对"科技人才"的定义是：有品德有科技才能的人、有某种特殊科技特长的人，是掌握知识或生产工艺技能并有较大社会贡献的人。

人才资源的特征主要有：

1）隐性。人才的能力具有较强的隐蔽性，难以识别和表征。

2）条件性。人才资源的利用需要一些条件和环境的支持。拥有人才，并不等于能够利用好人才资源。只有尊重人性，人才资源才能得到有效挖掘和利用。

3）时变性。科技发展很快，人才需要不断学习、实践，否则其能力会退化，人才资源会贬值。

4）综合性。人才资源的价值体现为多方面科技知识的综合能力。

人才在未来的智能制造时代是不可缺少的。因为知识最终要靠人来创造，智能模型要靠人来建立。

通过人才资源分享，使最宝贵的人才资源得到充分利用，创新能力得到有效挖掘，协同创新效率得到极大提高。

例如，万方、中国知网等数据库提供了人才资源知识信息，主要有论文作者的论文数量、引用量等，以及专利申请人的专利数据等。

德勤公司在对全球 200 家成长最快的企业进行调查时设置了这样一个题目——什么是企业管理者最为头痛、夜不成眠的事情？排在最前面的三项答案依次是：如何吸引高素质的人才，如何留住主要员工，如何开发企业现有员工的技能。

(4) 产品资源　产品是企业科技活动的最终且主要的产物，是其他科技资源的主要载体和主要应用对象。狭义的产品资源主要是指硬件和软件资源，广义的产品资源还包括知识、数据、人才（通过服务体现）资源。产品资源对于科技资源分享具有重要的价值，所以本书将产品资源从其他资源中分离出来，单独进行研究和讨论。产品资源与其他资源的区别可以通过这个例子来理解：对计算机生产企业，计算机是产品；对制造装备企业，计算机是硬件资源。

产品资源的特征主要有：

1）离散性。离散性又可分为产品的离散性和过程的离散性。产品的离散性是指产品由许多零部件组成，涉及企业多、影响因素多、影响数据获取难；过程的离散性是指产品制造过程可以分解到不同企业和部门，分别加工，然后组装。

2）层次性。产品具有可逐层分解的特点，产品具有多层结构，每层由若干部件、零件或元器件组成。

3）多样性。产品种类越来越多、批量越来越小，这将面临批量法则的挑战，即产品批量小导致成本高。但用户需要的是价格便宜、多样化和个性化的产品。

各种产品资源分享，可以提高产品标准化和模块化水平，促进不同企业间深度的专业化分工协同，提高产品创新能力和产品大批量定制能力。

例如，四川省现代服务科技研究院的汽车价值链管理平台提供了汽车零部件资源，主要包括零部件的名称、生产企业、故障记录、维修记录等信息，支持不同的汽车整车企业的汽车零部件资源分享，支持面向维修的配件资源分享。

(5) 软件资源　软件中凝聚了大量的知识和数据资源，软件提高了科技创新能力。软件是运行在计算机芯片中的数字化指令和数据的集合，是一系列按照预定的逻辑和格式编辑好的代码序列（程序），其特征主要有：

1）无形性。软件资源没有物理形态，只能通过软件资源全生命周期运行状况来了解其功能、特性和质量。

2）知识性。软件资源是先由人基于任务和知识建立模型，然后将模型嵌入软件系统中而得到的，因此软件资源包含了大量知识和人才资源。人的逻辑思维、智能活动和技术水平是软件资源开发的关键。我国工业软件落后的主要原因之一是我国工业化水平较低，工业化发展时间较短，知识积累不足。

3）环境依赖性。软件资源的开发和运行必须依赖于特定的计算机系统环境，对于硬件、数据库和操作系统等有较强的依赖性。为了提高软件资源的可分享性，软件开发需要考虑可移植性；为了提高软件资源的可集成性，需要对软件的接口、术语本体、数据结构本体等进行标准化、规范化。

4）可复用性。软件资源开发出来后很容易被复制，边际成本很低，软件资源分享的性价比很高。但由此带来了知识产权保护难的问题。

5）可组合性。软件资源应是模块化的，具有较强的可组合性，可以快速组合，满足不同的需求。降低软件资源的分享粒度，可以提高软件资源的分享能力。

6）智能性。智能是软件的发展方向，通过软件与硬件的结合，实现智能系统的状态感知、实时分析、自主决策、精准执行和学习提升，这将促进产品、企业流程、生产方式、企业新型能力、产业生态等方面的创新。

各种软件资源分享，可以提高企业数字化、网络化和智能化水平，提高企业创新能力，提高企业产品质量、降低产品成本、缩短产品交货期。

例如，四川省现代服务科技研究院的汽车价值链管理平台、万方和中国知网等提供了各种软件，以支持科技资源分享。

软件资源对创新的作用越来越大。软件定义制造激发了研发设计、仿真验证、生产制造、经营管理等环节的创新活力，加快了大批量定制、网络化协同、服务型制造、云制造等新模式的发展，推动了生产型制造向生产服务型制造转变。

企业软件资源分享是指通过互联网络平台，分享分散在各个企业的软件资源，最优化资源配置，实现需求端和供应端快速有效对接的网络新型企业模式。它可提高软件资源的利用效率。企业软件资源分享可以满足企业及时性、多样化和个性化的需求，实现多方协作以优化资源利用率并降低成本。

经济新常态下，软件资源分享与企业深度融合，分享基因注入企业的全生命周期活动，成为企业转型升级的重要路径。随着分享平台不断发展和完善，它带来的可观的社会效益和经济效益受到了社会各方的关注。

软件资源分享的目的是：尽可能地减少企业间软件资源重复建设的问题，提高软件资源的利用效率。一些面向创新的工业软件及关系如图2-5所示。

这些工业软件可以帮助提高创新能力，例如：

1）知识管理（KM）系统可以帮助进行知识分享，提高知识的利用效率。

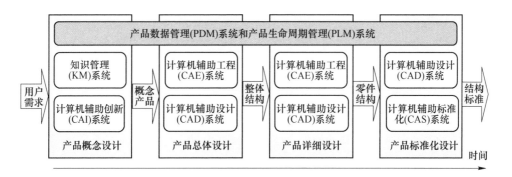

图 2-5 一些面向创新的工业软件及关系

2）计算机辅助创新（CAI）系统可以帮助开展产品创新，提高创新的效率。

3）计算机辅助设计（CAD）系统可以更加准确地表达设计人员的设计意图，使设计过程更加符合设计人员的设计习惯和思维方式，从而使设计人员可以更加专注于产品设计本身，而不是产品的图形表示。

4）计算机辅助工程（CAE）系统可以进行产品的仿真，预测产品的结构及其他功能品质性能，可以开展多学科联合仿真和多物理场耦合研究，提高研发质量和效率。

5）产品数据管理（PDM）系统可以将各个 CAX 信息化孤岛集成起来，利用计算机系统控制整个产品的开发设计过程，通过逐步建立虚拟的产品模型，最终形成完整的产品描述、生产过程描述以及生产过程控制数据。通过建立虚拟的产品模型，PDM 系统可以有效、实时、完整地控制从产品规划开始直到产品使用和报废处理的整个产品生命周期中的各种复杂信息。

6）产品生命周期管理（PLM）系统是管理产品全生命周期内与产品相关的数据、过程、资源和环境等的系统。通过实施 PLM，企业各部门的员工、最终用户和合作伙伴等可以高效地协同工作，最终产品能够达到综合最优。

（6）硬件资源　硬件资源包括科技活动中所需要的材料、仪器、工具、设备、计算机硬件等，其特征主要有：

1）环境影响性。硬件资源的生产和使用都会对环境产生一定的影响，因此需要尽可能地减少硬件资源的生产和使用。

2）生命周期性。硬件资源具有明显的生命周期，会老化磨损、报废。

3）排他性。一种硬件资源在同一时刻一般只能用在一种场合、完成一项任务，因此硬件资源的分享存在时间调度问题。

各种硬件资源分享可以提高企业产品质量，降低产品成本，缩短产品交货期，同时节约社会资源，提高资源的利用效率，节能减排。目前大型仪器设备的分享已经全面推广好多年了，取得了节约资源、提高大型仪器设备利用效率的绿色效果。

例如,四川省现代服务科技研究院的汽车价值链涉及大量整车厂和汽车零部件厂的加工设备、测试设备以及物流设备等硬件资源,这些硬件资源需要分享。

2.1.2 科技资源分享的需求

当前我国企业转型升级所面临的需求主要是高端化、个性化、绿色化和人性化("四化")需求,科技资源分享能够较好地满足这些需求,其需求体系框架如图2-6所示。

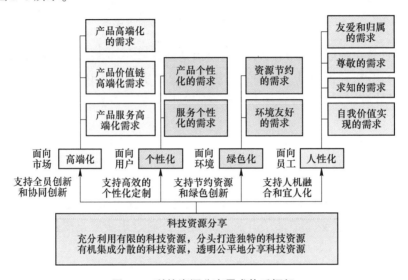

图2-6 科技资源分享需求体系框架

1. 高端化

(1) 高端化的主要表现

1) 产品高端化。产品高端化表现为产品性能卓越、功能独特、安全可靠、做工一流等,如高端家电、高端汽车等。高端产品越来越复杂,设计参数、交叉的专业以及设计迭代的过程阶段越来越多。从时间维看,需要长期的、多阶段耦合的研究、试验、设计、生产、应用、维护和改进,实现数据、知识等科技资源的积累和分享;从空间维看,需要许多不同专业人员的协同,需要科技资源的大范围的分享。

2) 产品价值链高端化。从OEM向ODM和OBM方向发展,从产品制造环节向产品设计、品牌营销等高附加值环节发展,朝"中国设计"和"中国分销"这两端进军,由橄榄形的价值链模式变成哑铃形的价值链模式,在高增值的环节上发掘利润。高端价值链需要集成、整合更多的科技资源,需要更强的科技实力。

3）产品服务高端化。服务类型由劳动力密集型、低附加值、低层次的服务向知识密集型、高附加值、高层次的服务升级；服务方式从批量服务和定制服务向大批量定制服务方向发展；服务范围从产品售后阶段向产品生命周期所有阶段拓展。

（2）高端化的主要需求

1）劳动力成本的不断提高，要求制造业向高端、高附加值方向发展，以便与高劳动力成本相适应。现在我国劳动人口存量已经下降，但对劳动人口的需求量在增加。政府最低工资线在不断上升，年轻人对工资的要求不断提高，因此劳动力成本上升不可避免。同时，低劳动力成本国家代工产业的兴起使得我国劳动密集型产业比较优势不再明显。例如，耐克在其他国家的代工厂的产量已经超过其在我国代工厂的。全球化是双刃剑，低端制造业开始向低成本国家转移，因此我国企业需要向高端发展。

2）我国制造业低端能力过剩，高端能力不足，制造业结构需要优化。当前我国的买方市场，不是一般的供过于求，过剩的是一般性产品和一般性制造能力，而适应市场需求的名、优、特、新产品在市场上销售旺盛。例如，在机械制造业，一方面设备平均开工率只有50%左右，经济效益低下；另一方面，重大工程和高技术产业化所需装备的2/3依赖进口。这就是所谓的供给结构同需求结构的整体错位。

3）高端产品被人"卡脖子"。某些发达国家动辄就对我国企业进行制裁，主要手段就是对企业需要进口的高端装备、高端零部件和高端材料禁运。

（3）高端化并不容易

1）当我国的技术水平和产业水平与发达国家越来越接近，从国外购买技术的可能性也就越来越小。依靠兼并国外企业获取技术的方式会越来越受阻，例如国外政府的限制、原企业工会的抵制和限制等。

2）国外对高端技术管控很严。我国企业想获得高端技术，就需要做别人做过的实验，经历别人所经历的失败，走别人走过的路，一步也不能少，没有捷径可走。

3）有些新技术和新材料的发现是需要灵感的，是在偶然的联想中发现的，这些灵感不一定总会出现，投再多的钱也可能无济于事。所以发现新技术和新材料的难度是很高的。

4）即使新技术和新材料开发出来了，其成熟性和用户体验一般也远远不如成熟的经过多次迭代的技术和材料，成本更高，市场竞争力弱。

所以我国制造业朝高端化方向发展，需要协同创新，需要科技资源分享。单个企业难以拥有创新所需的所有资源，因此需要与外部资源交换合作、全方位分享，形成资源网络，提升企业创新绩效。

在高端化的产品和价值链方面，国外或有专利布局，或控制着领先的技术和市场。我国企业具有明显的后发劣势。要后来居上，一方面需要积极创新和协同创新，另一方面要利用我国的市场优势，从价值链下游向上游推进创新，即用户创新。例如，华为从整机创新向芯片创新推进，阿里巴巴从电子商务创新向大数据、数据库、服务器的创新推进。另外要善于利用专利和标准等知识，聪明地创新。高端化不仅需要知识资源、数据资源等的支持，也需要一流的人才资源、产品资源、软件资源和硬件资源的分享支持。

2. 个性化

个性化的需求主要有：

1）产品个性化。产品个性化是指用户得到的是个性化的产品，同时产品的成本和交货期等也与大批量生产相差无几。需要大批量定制生产模式满足用户的产品个性化需求。

2）服务个性化。需要采用大批量定制服务模式，低成本、快速地满足用户的服务个性化需求。

随着人们生活水平的提高、科技的发展，产品和服务朝多样化和个性化方向发展，同时用户要求产品和服务价格低、交货期短，这就要求尽可能地专业化分工协同，尽可能多地进行科技资源分享，通过批量法则实现大批量定制的目的。

日本电通集团调查早就发现，在20世纪50、60年代，10位用户只有一种声音；到20世纪70、80年代，10位用户有几种声音；到20世纪90年代，一位用户有10种声音。用户需求的多样化导致产品品种数量的剧增。

用户需求的多样化还导致市场的多样化。单一的、同类型的大市场分解为一系列小市场，各有各的需求、特点和经营方式。例如，此前的单一而不变的汽车大市场现在已成为瞬息万变的汽车小市场的集合。

随着市场经济的发展，商品种类越来越丰富，人们的消费观念也日趋成熟，选购的商品向高品质、实用、个性化发展。人们所追求的商品不再是千篇一律，而是个性化的商品。用户需求的多样化和个性化已经逐渐成为世界的潮流。

用户需求多样化和个性化的原因主要有：

1）人们生活水平普遍提高。当低层次的需求（如温饱、安全需求）得到满足以后，人就很自然地提出高层次需求，如对美、个人爱好、感官享受、求知和受人尊敬等方面因人而异的需求。

2）现代科学技术的进步。计算机和网络技术的发展，现代管理技术的发展以及先进制造技术的出现，使得产品设计和制造过程高度柔性化，能够较好地满足用户的多样化和个性化需求。

3）新的生活方式正在形成。任何事物，包括日常生活中所有的事物都可以用审美的态度来欣赏。例如，巴黎的一家生产高档骨质瓷的厂家所生产的系列餐具，大到汤盆、鱼盘，小到烟缸、筷架，上面全都印着个人姓氏。定制餐具的用户，除了有要求印上姓氏的，还有印徽记、照片，甚至自己设计的图案的。

个性化产品遇到的最大挑战是批量法则，即产品批量越小，成本越高。而用户需要的是与大批量生产相差无几的个性化产品，这就要求制造业转向大批量定制生产模式。

工业4.0就是要通过智能制造手段实现大批量定制生产。对于我国而言，需要多管齐下，不仅要大力发展智能制造，还要补工业2.0、工业3.0的课，如成组技术、产品模块化、精益生产、现代生产管理制度、标准化等，开展并实现大批量定制生产。这些都需要知识，需要创新。

实现大批量定制生产，需要专业化分工协同，需要各种资源的分享协同，这实质上也是一种面向用户个性化需求的绿色管理创新。

3. 绿色化

绿色化的需求主要有：

1）资源节约的需求。地球上的资源是有限的。产品资源和硬件资源等分享直接满足资源节约的需求，其他资源的分享则是间接满足资源节约的需求，因为知识、数据、软件等的获取也需要消耗物资资源。

2）环境友好的需求。产品和硬件等的生产或多或少会直接产生"三废"（废水、废气、废弃固态物），其他资源的生产也会间接产生"三废"，对环境产生不良影响。科技资源分享有助于减少科技资源的重复建设，进而减少资源消耗和"三废"。

21世纪的中国面临着非常大的挑战：高速发展工业经济将对环境和资源提出更高的要求，以高能耗和高物耗来取得经济的高速增长必将遇到有限资源和有限市场的制约；而环境的保护和治理、社会安定和社会的健康发展需要经济的高速发展。这些都是影响制造业发展的重要因素。

解决问题的出路是大力开展绿色创新、发展绿色制造。绿色发展已经成为我国的发展战略，绿色制造是其着力点。绿色制造的最大难点是绿色创新，即开发出一大批绿色工艺、绿色材料、绿色制造装备、绿色产品等，它们在经济性和环境友好性方面能取得较好的平衡。这就需要科技资源分享的支持。

4. 人性化

一方面，科技资源分享本身能够满足人的高层次的需求，如：

1）友爱和归属的需求。

2）尊敬的需求。科技资源分享可以满足人们对尊敬的需求。

3）求知的需求。知识资源分享可以有效满足人们对求知的需求。

4）自我价值实现的需求。在科技资源分享中，人们发现自己的工作和创新成果被大家承认、分享，一种自我价值实现的满足感无疑会发自内心地油然升起。

另一方面，科技资源分享最终需要通过人来实现。只有较好地满足员工的需求，员工才愿意积极参与科技资源有序化工作，并积极分享自己的科技资源。海尔集团认为每个人都有两个基本需求，一个是尊严，另一个是公平的机会。为了满足员工的这两个基本需求，海尔集团提出了基于互联网的企业模式，即企业是平台、员工是创客，把三权（决策权、用人权、薪酬权）下放给员工。

产品的设计、制造和应用过程涉及人的参与。人性化是指要让研发设计人员的创新和协同创新的积极性得到充分发挥；而让制造和使用的人感到方便安全，即宜人化。这种满足人性化的管理创新，可以看作一种绿色创新，因为这是有利于员工身心健康的。

通过建立一个透明公平的科技资源分享环境，提高科技资源分享程度，给予相关人员更多激励，提高人们科技资源分享的积极性。

2.1.3 科技资源分享的意义

科技资源分享的意义如下：

1）有助于改变我国制造业科技资源相对稀缺的落后局面，提高我国企业的创新能力。随着新一代信息技术的迅速发展，科技资源分享将变得更加容易。但目前网络上的科技资源处于高度无序状态，有所谓的"丰富的数据，稀缺的知识"之说。科技资源分享平台将帮助企业从海量、无序的数据和信息中便捷地找到所需要的科技资源，这对科技资源相对稀缺的我国企业的发展具有重要意义，对提高我国企业的创新能力具有实际价值。

2）有助于解决我国制造业长期存在的专业化分工与合作程度不高的问题。影响当前我国制造业竞争能力的一个突出问题是"中场企业"（零部件配套生产企业）不发达，专业化分工与合作程度不够，这导致了企业创新在低水平上徘徊和重复。制造的全球化和用户需求的多样化，激烈的竞争、迅速变化的市场和技术，使任何一家企业都不可能承担所有的业务，更不可能在各个方面都达到最优。只有通过专业化分工与合作，企业才能获得最佳的效益，提高创新的成功率。例如，世界主要汽车生产企业的零部件自制率已降到了30%以下，而70%以上的零部件在世界范围内实行最佳采购和协同创新。这样既降低了成本，又提高了产品的质量，促进了汽车的创新。科技资源分享平台将通过利用新一代信息技术，使科技资源得到最佳的优化、配置和充分利用，降低产品成本，提高产品质量，缩短产品交货期和开发周期。

3）有助于提高我国制造企业的市场应变能力和自我控制能力。21 世纪的市场具有更高的开放性和混沌性，我国企业面临更大的压力和挑战。企业及其供应链的复杂度和非线性程度越来越高，变化趋势越来越难以预测，控制难度也越来越高。科技资源分享平台将通过利用新一代信息技术，使企业更贴近市场、贴近供应商，提高企业的市场应变和自我控制能力，降低企业技术改造和产品开发中的风险。

4）有助于提高我国中小企业产品开发和制造水平。我国中小企业的数量约占全国企业的 98%，这些企业中的大多数技术水平较低。科技资源分享平台可以利用有限的资金和人力资源为中小企业提供高水平的技术服务。

5）有助于科技人才的评价、选拔和激励。基于科技资源分享的结果，可以利用大数据技术对科技人才进行全面、长期、深入、客观、科学的评价，避免片面性和主观性，使科技人才在创新和协同创新过程中毫无保留地贡献自己的聪明才智。

6）有助于形成面向科技资源分享的新产业。科技资源分享平台的研究成果有望形成一种新产业。

2.1.4 科技资源分享的研究与应用现状

1. 国外科技资源分享的研究与应用现状

（1）美国　美国主要依靠政策和法律来敦促科技资源的分享，通过制定完善的政策制度和完备的法律体系，保证科技资源的公开和科技资源分享的顺利进行。从 1990 年后，美国政府以全面开放为核心理念，逐步建立和完善了科技资源分享的制度保障体系，用行政手段保障科技资源分享的顺利进行。同时，这种开放的科技资源分享政策，为美国成为全世界的数据和信息中心打下了坚实的基础，为美国在 21 世纪成为并保持其科技强国的地位奠定了科技资源基础。

2012 年 3 月，作为"振兴制造业"战略的重要一环，美国政府宣布启动"国家制造创新网络"计划，该计划由美国先进制造国家项目办公室协同美国国防部、美国能源部、美国航空航天局、美国商务部以及美国国家科学基金等联邦政府部门共同负责实施，以公私合营的方式，建设 15~45 家"制造创新机构"，形成覆盖全美的制造创新网络。

2013 年 6 月，通用电气（GE）提出了工业互联网概念，工业互联网是一个开放、全球化的网络，将人、数据和机器连接起来，其目标是重构全球工业、激发生产力，让世界更美好、更快速、更安全、更清洁且更经济。根据美国工业互联网的定义，工业互联网主要包含三大要素：

1）智能机器。以崭新的方法将现实世界中的机器、设备、团队和网络通过先进的传感器、控制器和软件应用程序连接起来。这可以看作硬件、软件资源的集成。

2）高级分析。使用基于物理的分析法，预测算法，自动化和材料科学、电气工程及其他关键学科的深厚专业知识来理解机器与大型系统的运作方式。这可以看作知识、数据资源的集成。

3）工作人员。建立员工之间的实时联结，联结各种工作场所的人员，以支持更为智能的设计、操作、维护以及高质量的服务与安全。这可以看作人才资源的集成。

2014年2月25日，美国国防部牵头组建数字制造与设计创新机构（DMDII，现已更名为M×D），吸收了波音、洛克希德·马丁、通用电气、罗尔斯·罗伊斯、微软等一批工业企业，相关院校、研究所、商业组织，以及机械制造业、流程制造业、软件业的巨头加入。DMDII将自身定位为美国制造商的"知识枢纽"（Intellectual Hub），主要推动数据在产品全生命周期中的交换以及在供应链网络间的流动，推进数字化、智能化制造。

（2）欧盟　欧盟以地区整治联系为纽带，建立了欧盟内部多国联合共建的科研区域，来实现科研设施的开放分享。欧盟还制定了欧盟跨国科研设施分享计划，规定在欧盟管辖范围内，允许政府投资的科研基础设施向其他国家科研单位分享。以德国为例，其所有由政府投资建设的科研设施都将免费向国内外的科研单位和科研人员分享，而且国家专门成立了协调委员会，以保证科技资源开放分享有序进行。

2013年德国政府发布了工业4.0的发展战略，包括：

1）领先的供应商战略：强调基于标准的智能装备的集成。

2）领先的市场战略：突出了基于网络的专业化分工合作。

工业4.0的发展战略中提出了三大集成模式，包括：

1）纵向集成：企业内产品价值链的集成。

2）端到端集成：围绕产品全生命周期各个端头（点）的集成。

3）横向集成：跨产品价值链的集成，如冰箱价值链和空调价值链的集成。

（3）日本　为保证政府部门投入的科技资源得到高效利用，日本不断出台相关政策和条例，有效促进产学研各个环节科技资源的开放和分享，不仅促进了科技资源在各个主体间的高效利用，而且促进了产学研各个环节的效益提升。其中"设备共享、接受民间委托"是日本科技资源分享思想的核心。

▶ 2. 我国科技资源分享的研究与应用现状

（1）我国科技资源分享的研究现状　随着科技资源分享重要性的日益凸显，科技资源分享吸引了大量学者和管理者的关注。学术界对科技资源分享的研究进入快速增长的阶段，在文章数量和资金支持方面均有所增长。然而，科技资源分享的论文主要集中在各个类别资源的共建分享，对科技资源分享领域总体情况的研究不多，查找到的综述性文章有：陶艳霞等从分享的重要性和必要性、科技文献信息资源分享研究、跨地区跨行业科技资源分享研究、存在问题及制约因素、对策研究、研究趋势等方面进行了科技资源分享综述；吴家喜对近十年国内科技资源分享研究进行了总结和述评，从科技资源分享的内涵、分享模式、分享机制、分享绩效评估、分享立法、政府的作用六方面进行了综述；施国权分2001—2005年和2006—2010年两个阶段对分享资源类型、分享解决方案、高校图书馆与其他类型图书馆的合作三个视角进行对比分析；杨丽对大型科学仪器设备分享进行了综述，涉及分享内涵、运行管理机制、分享模式研究、利用评价研究四个方面；杨行等对国内科技资源分享进行了统计分析，包括年代分析、基金分析、期刊分析、机构分析、作者分析、关键词分析；邵玉昆等对国内、国外的科技资源分享机制分别进行了介绍。

（2）我国科技资源分享的应用现状　20世纪80年代初，我国著名科学家钱学森与其合作者王寿云提出了将科学理论、经验和专家判断相结合的半理论、半经验方法，并于1989年提出了开放的复杂巨系统及方法论，即从定性到定量的综合集成法（Meta Synthesis），后来又发展为从定性到定量的综合集成研讨厅（Hall for WorkShop of Metasynthetic Engineering，HWSME）。这些方法的实质是将专家体系、统计数据和信息资料、计算机技术三者结合起来，构成一个高度智能化的人机结合系统。

李伯虎院士在中国工程院院刊信息与电子工程学部分刊《信息与电子工程前沿（英文）》"Artificial Intelligence 2.0"专题中发文，特别提出了一种基于综合集成研讨厅的群体智能创新设计技术，其中阐述了系统体系架构，在网络环境下基于综合集成研讨模式，实现创新设计决策过程以及创新设计资源推送。

在创新驱动发展的战略背景下，企业面临着转型升级的巨大压力，技术创新成为企业转变发展方式和提升企业经济效益的重要途径。但是，随着经济环境的变化以及企业的不断发展，企业技术创新能力不足的问题凸显，已经成为阻碍企业进一步发展的瓶颈所在。提高企业的技术创新能力，增强企业的发展潜力，是当前企业生存和发展的焦点。

为推动我国创新驱动发展战略实施和建立创新生态系统，2011年，《国家"十二五"科学和技术发展规划》提出加强科技创新基地和平台建设，为我国科技基础条件平台建设及区域科技资源分享平台发展提供了指南和政策支持。目前，上海、北京、重庆、黑龙江等一批区域科技资源分享平台相继建成，并初具规模，为完善区域创新体系和促进区域经济发展做出了重要贡献。

在区域科技资源分享模式方面，重庆市已基本形成线上网络平台、线下服务载体、专业服务机构、政策制度安排"四位一体"的科技资源分享服务体系。杜剑等针对东北地区政府科技资源管理条块分割、部门封闭导致重复建设和分享难的现状，提出东北地区政府科技资源分享应该选择政策驱动模式，并从三个层面提出了方案：国家层面顶层设计、东北地区层面进行技术转移联盟、省级层面进行分享系统设计。黑龙江省科技创新创业分享服务平台从科技需求的时间维度出发，设计出基于现实需求的信息交互云服务模式、基于潜在需求的知识推送云服务模式和基于未来需求的智慧营销云服务模式。毛振芹等针对京津冀地区资源分布不平衡的特点，提出了一个基于创新券的资源分享模式。该模式分为自主运营阶段、统一信息平台阶段和统一运营阶段，该模式有利于中小企业转变增长方式，实现技术驱动。李玥等提出区域科技资源分享平台演化过程的主导优势及服务创新规律，结合分享平台典型服务案例，提出构建基于单点响应的信息对接服务、基于多点组合的知识协同服务和基于网络共生的智慧融合服务等集成服务模式。

(3) 我国科技资源分享中存在的问题　我国科技资源不足且分散孤立、服务协同分享能力薄弱的问题依然突出，主要原因在于：

1) 观念问题。开放分享的观念还未被很多单位或科研人员普遍接受，抱"不求所用，但求所有"意识的大有人在，还有人认为分享就意味着免费，担心自己会得不偿失；担心开放分享后会培养出竞争对手。

2) 体制问题。由于缺乏统一规划与协调，因而利用公共投入建设的科技资源隶属于不同部门，科技资源的使用也主要限制于各自部门或单位内部。这导致科技资源的收藏和管理过于分散、重复，难以构成服务优势。

3) 机制问题。如果科技资源的产权界定不清，科技资源分享的利益平衡机制不健全，参与科技资源分享各方责、权、利不明，就会导致社会提供科技资源分享服务的积极性不足。

4) 平台问题。缺少有效的平台帮助科技资源分享，更缺少对科技资源分享过程的有效监管、对科技资源价值的有效评价。这导致"科技资源孤岛"的出现、科技资源高度分散、科技资源的价值和关系不清。结果是科技资源搜索难、利用难、评价难。

因此打通"科技资源孤岛"、提高科技资源的分享效率是当前我国科技服务、协同创新中的关键问题。随着新一代信息技术的发展，通过新一代信息技术提高资源配置效率、建立透明公平的科技资源分享商业和信息环境将成为科技资源服务的发展趋势。

我国的智能制造系统架构如图2-7所示，其中资源要素、互联互通、融合分享、系统集成和新兴业态是智能制造的主要功能。科技资源分享的研究也将围绕这些功能展开。

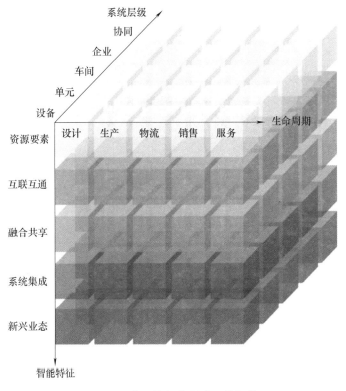

图 2-7 我国的智能制造系统架构

（4）全价值链的科技资源分享 随着社会分工的进一步细化，产品全价值链的任何环节都不再是全部制造企业必备的环节。全价值链的科技资源分享能降低成本、提高效率，为制造业转型升级减负。全价值链的科技资源分享具体环节、需求和案例见表 2-2。

表 2-2　全价值链的科技资源分享具体环节、需求和案例

环　节	科技资源分享的需求	案　例
设计研发	利用自己的研发能力，为其他企业提供服务	宝洁公司将自己的专利分享给其他企业
仓储	自建仓储需要土地和政府的批准，还需要保持较低的空仓率，这就要求衔接好企业的采购、制造、批发零售各环节，极大地限制了企业经营的灵活性。开展仓储分享有利于各方	空调企业的仓储有很强的季节性，在空闲季节将仓储分享出去，可以获取额外收益、降低制造业社会整体成本
运输	运输是典型的重资产模式，需要配备完整的驾驶人、车辆、维修人员队伍，不仅面临资产不断耗损、油耗和汽车维修费用高居不下的客观现实，更要担负交通事故等难以避免的风险	日日顺（海尔旗下综合服务品牌）依靠社会车辆协同承担大家电的配送及安装，每辆车及驾驶人都是一个小微企业，由此分散风险和投资。资源分享，可以帮助企业"减负"

(续)

环 节	科技资源分享的需求	案 例
生产制造	企业生产销售自有品牌的产品，在淡季主动用自己的制造产能帮助其他企业生产产品	浙江月立电器有限公司有自己的品牌，同时为国外企业提供 OEM 和 ODM 服务
制造装备	制造装备通常整体价值高，社会整体使用需求量大但个体无须每日无间断使用，因此，制造装备有分享服务的潜力，特别是价格高的特殊装备或者使用机会不多的装备	叉车的使用存在季节性、阶段性，某家企业自行购买叉车，需要承担采购、维护、能耗、人工等多种成本。如果在同一个工业园区内的多家企业分享叉车，则可以节约成本
销售、服务	不少实力强劲的企业在发展过程中逐步建立了自己的销售、服务平台，在自用基础上可以为其他企业的销售和服务提供支持，不仅能够增加收入，还由于服务体量的增加而带来更好的集成和批量效益	宁波贝发集团的文具销售集成服务将小企业的文具集中起来，通过贝发集团的销售渠道，对接国外大客户的品种齐全、批量大的采购需求

2.1.5 科技资源分享方法和平台框架

1. 科技资源分享方法体系框架

科技资源分享方法的研究意义主要有：

1）对科技资源分享方法进行全面研究，有助于科技资源开放分享标准体系的顶层设计。王志强、杨青海认为，科技资源开放分享过程中产生了数量庞大、种类繁杂的标准规范，这些标准规范对推动科技资源建设发挥了重要作用，但是也存在一些问题，如缺乏全局性顶层设计，没有形成统一的标准化建设体系框架。

2）对科技资源分享方法进行全面研究，有助于完善科技资源开放分享信息平台的顶层设计。科技资源分享平台现在已经有不少，但效果好的不多。

3）将科技资源描述、集成、评价和交易作为一个高度关联的系统进行研究和实践，有助于解决科技资源分享难的问题。只有先对科技资源进行合理的描述、广泛的集成、准确的评价、公平的交易，才能提高科技资源分享的效果。

科技资源分享有助于提高科技资源的利用效率。科技资源的需求、内容和方法的关系如图 2-8 所示。

科技资源分享方法体系框架如图 2-9 所示，主要包括科技资源描述方法、科技资源集成方法、科技资源评价方法和科技资源交易方法四种方法。

科技资源分享方法的关系如图 2-10 所示，主要分为六层：科技资源层、科技资源描述层、科技资源集成层、科技资源评价层、科技资源交易层和目标层。

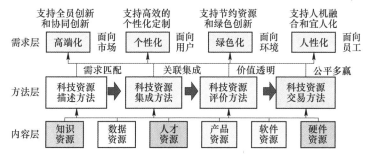

图 2-8 科技资源的需求、内容和方法的关系

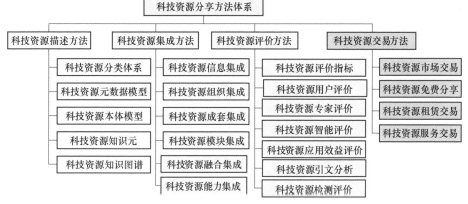

图 2-9 科技资源分享方法体系框架

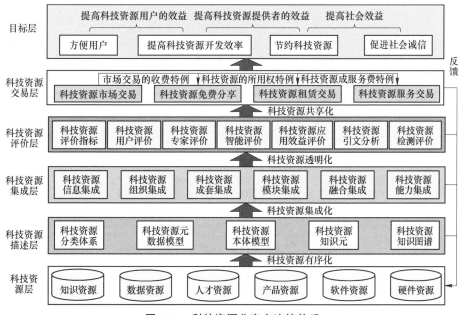

图 2-10 科技资源分享方法的关系

新一代信息技术对绿色创新的影响是巨大的，它使得绿色创新获得了前所未有的发展机遇。要使分散的科技资源更好地集成在一起，以更低的成本、更有效地进行绿色创新，大大降低资源消耗，使制造企业创造出更好、更新的产品，科技资源分享平台是一种十分重要的工具。

2. 科技资源分享平台的框架

科技资源分享平台的框架如图2-11所示。科技资源分享平台的核心由六个资源库组成：知识资源库、数据资源库、人才资源库、产品资源库、软件资源库、硬件资源库。这六个资源库既相互关联，又相互独立。面向分享的科技资源库是一种分布式系统。分布式不等于分散式，它是分散与集中的统一。分散是指大量科技资源由分散的各家企业提供，并且分散储存；集中则是指科技资源高度分享、互联互通。

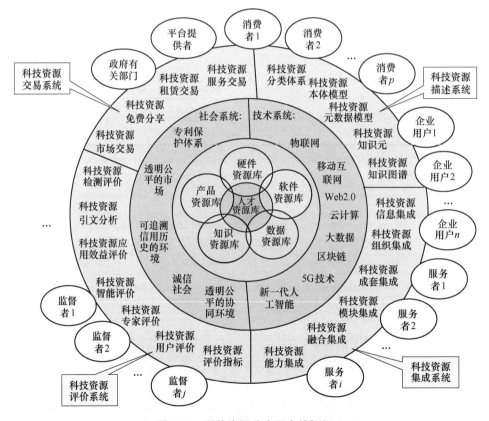

图2-11 科技资源分享平台的框架

科技资源分享平台包括：①技术系统。技术系统主要涉及新一代信息技术，如物联网、移动互联网、Web 2.0、云计算、大数据、区块链、5G技术、新一代人工智能等。②社会系统。因为科技资源分享是一种市场行为,涉及范围广、利益复杂,需要有相应的社会系统的支持。如专利保护体系、透明公平的市场、可追溯信用历史的环境等。

科技资源分享平台的主要系统包括科技资源描述系统、科技资源集成系统、科技资源评价系统和科技资源交易系统。

科技资源库的使用场景主要有:

1)产品市场供应情况检索。企业决策部门根据自己的生产能力决定是否生产某产品时,可以利用科技资源库对相似产品的生产厂家、价格和质量等进行调研,以确定自己的产品是否有市场竞争力,自己的企业能否生产出具有更低价格或更高质量的产品。

企业的设计部门在新产品开发中,为了降低产品成本、缩短产品上市时间、提高产品质量,往往要选用市场上现有的模块资源作为自己产品的部件、附件和零件等。科技资源库可以提供这方面的大量的信息。企业的采购部门在采购标准件时,通过科技资源库可迅速获得价廉物美的产品模块。

2)产品推销。企业的销售部门可以通过科技资源库推销自己的各种产品。

3)征寻生产合作伙伴。企业的生产管理部门在组织产品生产时,要将一些零部件生产任务外包出去,可通过科技资源库征寻合作伙伴。

4)加工任务检索。有些企业的加工设备和人员有富余,企业可以通过科技资源库为其搜索合适的加工任务。

5)新产品合作开发和设计。产品开发部门在新产品开发过程中,可以通过科技资源库寻找合适的企业或人员一起进行新产品的开发和设计。

6)产品设计和加工能力宣传。企业可以通过科技资源库进行产品设计和加工能力的宣传。

案例:宝洁公司参加的三个科技资源分享平台如下:

1)NineSigma.com 分享平台。该平台将宝洁公司与全球 50 多万名研究人员联结在一起。当研究人员有某些重大创新时,他们会优先卖给宝洁公司,如 SpinBrush 电动牙刷技术等。宝洁公司也可以通过在这个网站上发帖子提出技术问题,向世界各地的研究人员征求各种建议性的解决方案。如果宝洁公司看中某个方案,就可以和方案的提出者谈判购买方案的条件,并向 NineSigma.com 支付中介费。

2)InnoCentive.com 分享平台。该平台拥有来自全球 175 个国家的 11 多万名生物学家、化学家、工程师和其他专业人士。这些专业人士争相帮助宝洁公司解决遇到的问题。

3)YourEncore.com 分享平台。这是宝洁公司与礼来公司(一家美国医药公司)一起创办的平台,集成了退休的科学家,请他们为公司提供相关的咨询。

利用外部科技资源开展创新的最大优点是降低了自行研发的费用和失败的概率，不仅无须承担研发过程中的风险，而且缩短了从发现市场机会到获得利益之间的时间。

2.1.6 科技资源分享的发展方向

1. 分布式科技资源分享

（1）分布式系统　分布式系统是一种其子系统既分散又协同、既自主又自律的复杂系统。系统内各子系统之间无主次之分，是一种平等的关系，各子系统之间可以通过网络相互交流、协同。各子系统间的分布式任务求解、信息交互/分享、系统资源的分享管理、冲突消解、群体行为协调一致等问题，是在遵照一定的准则和管理策略的基础上，通过某种机制（如博弈机制、招投标机制、谈判协商机制等），由各子系统相互协商、互相作用、感知外界环境和系统状态，并运用自身所具备的知识和能力进行判断和推理，最终自主做出决策来解决的。分布式系统有分布式计算机系统、分布式软件系统、分布式网络系统、分布式文件系统、分布式数据库系统等。这些是分布式人工智能的基础。

分布式系统的优点是：提高了系统的柔性和快速反应能力，提高了系统的可靠性和鲁棒性，充分利用了系统资源，降低了系统的开发成本。

传统的分布式系统由于各子系统只是针对某一局部环境进行运作和优化的，因此只具有系统局部信息，全局优化能力比较弱。新一代信息技术可以为各子系统提供系统全局信息，提高其协同能力。

生物系统多是分布式系统，如大脑神经系统、各器官的协同工作系统、生态系统等。人工智能系统是一种仿生物的系统，因此智能制造的分布化是智能制造发展的一个重要方向。

分布式科技资源分享也是一种分布式系统，各子系统具有自主和自律统一、分散和集成统一的特点。自主和分散有助于发挥各子系统的积极性、主动性、创造性，自律和集成则有助于协同开展科技资源分享、进行资源最佳配置，以降低成本。但其实现困难重重，需要新一代信息技术的支持。例如，区块链技术支持分布式科技资源分享，为参与者提供前所未有的机会来开发新产品和服务线，创造新的客户群体，进入新市场，寻找新的使用和分享资产的方式。

（2）分布式企业　随着产品朝多品种小批量方向发展，企业逐渐将权力下放，建立各种更加灵活的组织，如事业部、小团队、独立制造"岛"、单元制造系统等。未来的企业将是扁平化组织，基于这种扁平化组织的分布式制造是未来制造业的发展方向，这已经成为国际制造业的共识。

制造企业分布化包括：

1）大企业内的分布化。企业内部组织扁平化会带来管理上的分散化，即权力下放、自我管理、工作的协同化。例如日本稻盛和夫的阿米巴经营理念、海尔的独立经营体和小微企业等。

2）企业间的既独立又合作的分布化。例如淘宝网上的网商。众多平台上的草根网商、小企业以及大中企业内的碎片化组织（小前端）都有公平的机会去协同大平台和生态，从而能与消费者共创良好的产品服务与体验，进而使得人与自然、社会可持续和谐发展。统计数据表明，从20世纪60年代开始，经济合作与发展组织（OECD）成员的企业平均规模就已逐渐变小。原因主要有：

1）便于充分发挥员工的积极性。因为小企业责权利容易统一，特别适合创新型企业。企业中对企业忠诚度最高、创新性最高的是老板。企业小型化的目的是使企业员工都成为企业的"老板"。

2）小企业具有较大的灵活性，能够快速对市场变化做出反应，满足大批量定制的需要。

3）企业管理方便，可实现自主管理。

4）新一代信息技术可以降低协同成本。协同成本包括搜索、联系、考察、询价等的成本。企业的小型化和专业化将导致企业间的协同成本增高。新一代信息技术可以有效支持众多小企业的协同，帮助监管协同过程，防止投机取巧现象的出现，降低协同成本。在分布化制造的环境中，协同和合作的工作量很大，需要利用新一代信息技术帮助管理，提高效率。

分布式制造中企业间的关系如下：

1）企业间的关系更多的是协同而不是零和博弈。过去，企业与供应商进行价格博弈，只买最便宜的；与用户进行促销博弈，尽可能地多卖产品。现在，企业间协同的目的是"多赢"，使企业、供应商和用户都能得到实惠。

2）专业化分工协同。企业规模小，只能专业化；但产品复杂，需要协同。亚当·斯密早在《国富论》中就指出：当劳动者变得专业化，并自行分工时，经济就进入最佳运行状态。同样，在分布式制造中，当企业变得专业化，并自行分工时，经济就进入最佳运行状态。

未来30年是一个巨大的机遇期和挑战期，规模化、标准化的大企业发展压力会增大，企业的灵活性将成为发展关键，这也是大量中小企业和大企业竞争的机会。过去的小企业是没法和大企业竞争的，但技术革命是大量中小企业的机会，中小企业制造业发展速度令人赞叹。全球化仍然势不可挡，中小企业将通过全球化而成为主流。

海尔正在把自己变成一个分布式组织，它认为要适应互联网时代就必须完成转型，相信分布式控制发展比集中式控制发展更能实现第二次高速成长。

分布式制造对产品的要求有两点：①模块化。模块的创新比整机的创新要容易得多，这可以为小企业的创新和生存提供更多机会。例如计算机的模块化促进了硅谷的诞生,大量研发人员跳槽或自办公司,进行计算机模块的创新。②标准化。企业协同需要产品标准的支持,以便简化协同工作内容,提高协同效率。

在分布式制造中,企业对员工的要求包括:①"不求所有,但求所用",即可以采用各种形式的外包、众包;②在企业内部,既推崇统一的企业价值观,也鼓励个性化发展;③以多种形式调动不同类型员工的创新和协同创新的积极性,真正做到"多赢"。

(3) 分布式科技资源分享的定义　分布式科技资源分享是一种多主体自主协同的科技资源分享模式,强调自主和自律的统一、分散和集成的统一。

分布式科技资源分享具有较高的柔性、可靠性、经济性、可扩展性、宜人性等。

分布式服务、科技资源分享和分布式科技资源分享的关系如图 2-12 所示。

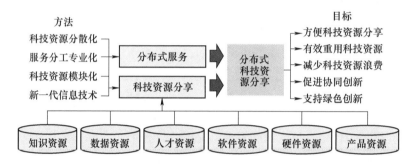

图 2-12　分布式服务、科技资源分享和分布式科技资源分享的关系

(4) 分布式科技资源分享的实施方法　分布式科技资源分享的实施方法如图 2-13 所示,其关键是对高度分散的科技资源间的协同服务、集成和交易等过程进行跟踪、统计、分析等,解决科技资源分散与集成的矛盾、科技资源服务自主与协同的矛盾。

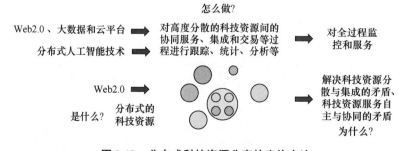

图 2-13　分布式科技资源分享的实施方法

科技资源分布式有序化自组织方法如图 2-14 所示,其关键是利用新一代信息技术自动跟踪、统计和分析科技人员在科技资源分享中的行为,监督科技资

源评价随意性，促进科技资源数据有序化。

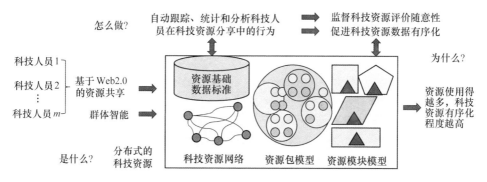

图 2-14 科技资源分布式有序化自组织方法

科技资源分布式管理方法如图 2-15 所示，其中也需要进行从企业到跨企业的分层科技资源集成分享。

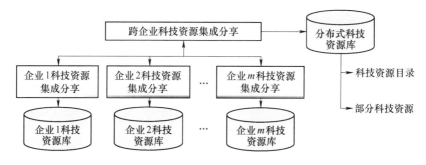

图 2-15 科技资源分布式管理方法

2. 透明公平的科技资源分享

科技资源分享本质上是一种市场行为、经济行为。

在科技资源分享中，如果供需信息不透明，就会导致大量科技资源配置不合理、分享难以开展。一方面大量的科技资源变成库存，造成巨大的社会财富的浪费；另一方面许多工作需要科技资源，却难以找到。另外还会导致大量投机取巧行为的出现，影响社会公平分配，进一步导致专业化分工不足、协同意愿不强。

3. 透明公平的科技资源分享环境的需求

科技资源分享环境是影响科技资源分享的社会基础要素，有显性的社会环境，如制度、标准、金融等，也有隐性的社会环境，如市场、诚信体系、员工的忠诚度、人才流动机制、专利保护力度等。这些社会环境对于科技资源分享的重要性不言而喻。

中国科技资源分享环境存在的主要问题有：

1）一些企业的员工对企业的忠诚度不够，企业对员工的诚信度也不够，导致员工科技资源分享的积极性和协同性不足、对科技资源分享不重视。

2）一些企业的诚信度不高，导致企业间的科技资源分享程度不高、科技资源分享质量不高。

3）一些企业科技资源分享信息不透明、激励不公平，导致员工在科技资源分享中，分享的数量多少一个样、分享的质量好坏一个样，结果是"劣币驱逐良币"。

4）许多科技资源供需信息不透明，导致大量科技资源配置不合理，大量科技资源变成库存，造成巨大社会财富的浪费；同时许多企业缺少创新所需要的科技资源。

因此需要降低市场中的信息分布不对称程度，增大企业承担失信经营代价的概率。

4. 分布式科技资源分享有助于解决诚信问题

分布式科技资源分享面临的最大挑战是诚信问题，包括企业对企业的诚信、企业对员工的诚信、员工对企业的诚信等。如何解决，人们已经给出了答案：

1）世界银行认为，发展中国家贫困的主要原因不是缺少技术，而是缺少属性知识，即产品质量、借款人的信用度或雇员的勤奋度等。互联网的发展可以帮助建立一个可以追溯信用历史的社会，解决这一问题。

2）亚当·斯密就曾断言，人们在追求私人目标时会在看不见的手的指导下，实现社会资源最优配置和增进社会福利。第一只看不见的手是市场规律，但会出现市场失灵；因为市场规律实现社会资源最优配置的一个重要假定是市场是透明的，而实际上市场太大，无数客户与经营者对商品信息的了解总是不透明、不对称的，不仅会造成盲目生产，而且会出现自私经营者的欺诈行为。第二只看不见的手是社会道德规范，但是如果人们的利己主义倾向压倒利他主义倾向，道德规范的力量就会显得苍白无力。新一代信息技术加上制度创新可以使市场透明化，可以依靠大众监督投机取巧行为，建立起可以追溯信用历史的信息社会。

5. 透明公平的科技资源分享环境的需求

透明公平的科技资源分享环境的实现途径如图2-16所示。

（1）市场透明化　利用新一代信息技术建立透明的市场机制，有助于实现科技资源最优配置。

（2）过程透明化　科技资源分享过程透明化是指防止投机取巧、建立透明公平的市场机制，使科技资源分享可以持续发展。过程透明化还包括透明的科技资源动态演化过程，如图 2-17 所示。

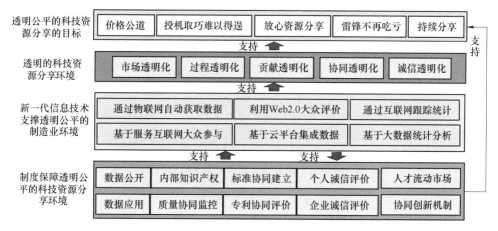

图 2-16　透明公平的科技资源分享环境的实现途径

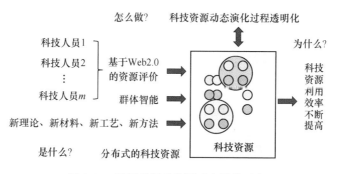

图 2-17　透明的科技资源动态演化过程

（3）贡献透明化　科技资源分享需要企业和员工做出贡献，这些贡献应透明化，以便给予奖励。

（4）协同透明化　建立透明公平的科技资源分享协同机制，使企业和员工充分发挥自己的能力，协同创新、协同保证质量、协同绿色发展。透明公平的科技资源消费质量的协同评价过程如图 2-18 所示。

（5）诚信透明化　利用新一代信息技术，通过跟踪、记录、统计企业和员工在科技资源分享中的表现，使其诚信度透明化、可追溯。

新一代信息技术，特别是区块链技术可以支持上述透明化的实现。但因为透明化有许多阻力，所以仅有技术是不够的，还需要制度保障。要实现科技资源分享，仅有透明化也是不够的，还需要公平化。公平化也需要制度保障，如数据公开、内部知识产权等制度。这些制度的建立和实施需要新一代信息技术的支持。基于透明化的公平化的内容包括：

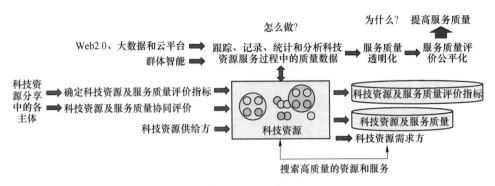

图 2-18 透明公平的科技资源消费质量的协同评价过程

1）任何分享的科技资源都要得到保护，要根据其产生效益的大小给予相应的奖励，对侵权的要给予处罚。分享的科技资源的保护、效益的大小，都需要透明化。

自《中华人民共和国科学技术进步法》实施以来，我国科技资源分享立法工作快速推进，但仍存在许多不足：综合性法律法规有待完善、内容可操作性及立法效果有待加强；未能突出自然科技资源分享的地位和原则；对自然科技资源分享主体及其权利义务的规定不明确；管理体制较滞后等。世界主要发达国家和地区十分重视科技资源分享的立法保障。

2）任何不讲诚信、不顾质量的行为都会被发现，并受到必要的处罚。要实现这一点前提也是透明化。

3）任何科技资源分享的有效性都会被认定，会根据价值大小而给予相应的奖励。

4）科技资源分享数据透明。

透明和公平的关系是：在透明的基础上才有实现公平的可能，而公平则会促进透明的进一步实现和完善。透明是手段，公平是目的。

新一代信息技术为我国透明公平的科技资源分享发展环境的建立带来历史性的机遇。实现科技资源分享的关键是市场、过程、贡献、协同、诚信等的透明化，而新一代信息技术可以有效支持市场、过程、贡献、协同、诚信透明化的实现。透明化有许多阻力，所以还需要建立相关法规和制度来促进透明化。要实现科技资源分享，仅有透明化是不够的，还需要公平化，不仅要有透明公平的市场机制，还要有相关制度和标准，赏罚分明、按功论赏、有效激励。这些相关制度和标准的建立和实施，需要依靠全员参与和监督，这也需要新一代信息技术的支持。

新一代信息技术是实现上述透明公平的科技资源分享的有效支撑。要抓住新一代信息技术带来的历史性机遇，突破我国科技资源分享的瓶颈问题，使我国的绿色创新可持续发展，使我国制造业能够以最经济、最合理、最优化的方式开发和制造出用户和社会满意的产品。

2.2 绿色创新对科技资源分享的需求

2.2.1 科技资源分享与创新的关系

科技资源分享与创新的关系如图 2-19 所示。创新的是实现产品和服务的高端化、个性化、绿色化，而高端化、个性化的产品和服务都需要考虑绿色化。绿色化是一个基本要求。

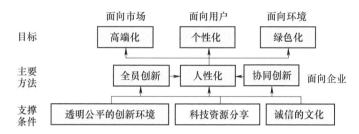

图 2-19 科技资源分享与创新的关系

2.2.2 绿色创新对知识资源分享的需求

1. 绿色创新需要知识资源的支持

1）绿色创新需要大量相关知识资源的支持。目前许多企业绿色创新所需的知识资源严重缺乏，即使已有知识资源，也是高度分散的，在需要的时候很难找到。

2）绿色创新需要高度有序化、高质量的知识资源的支持。现在无论是专利库中的还是互联网中的知识资源，有序化程度都较低，鱼龙混杂，知识"垃圾"很多，需要通过对知识资源的协同应用、评价、优化等，促进知识资源的有序化，提高知识资源的质量，形成有机的知识网络，提高知识资源的利用效率。

2. 知识资源分享的绿色性

知识资源分享的绿色性主要表现在如下方面：

1）避免重复研发创新，节约各种资源。知识的获取需要大量的试验，会有大量的失败，这些都会消耗各种资源。

2）提高绿色创新的成功概率，减少资源浪费。得到大家认可的知识资源经过大量实践检验，具有较高质量，能够帮助企业的研发创新提高一次成功率，节约资源。

案例：尚品宅配公司每天都收到来自国内外的几百个顾客家居一体化设计解决方案制作的要求，它拥有的科技资源的特点主要有：

1）知识资源。拥有家具行业上万件产品的产品库；搜集了大量楼盘、房型的资料，建立了房型库；在设计过程中积累了大量的设计方案，形成了方案库。

2）产品资源。通过高度的产品模块化，形成有序的产品资源库，不仅显著提升了用户的个性化家具中的模块化比例，形成了较大模块生产批量，降低了成本，还有效支持了设计人员快速学习、快速进行个性化家具设计。

3）数据资源。将设计人员与用户的互动中的数据记录下来，获得用户需求大数据。

4）人才资源。为已经遍布全国各地的1万名设计师建立了一个面向设计师的开放平台——"设计岛"。所有设计师都有自己的段位（从0段到10段），有积分，积分来自于设计师的业绩、各种奖励等，可以用积分换礼品，每年有2000万元的礼品发放。

5）软件资源。采用了先进的虚拟现实技术以及智能化的家居设计软件，不仅使消费者在购买前就能免费看到家具摆放到自家的效果，轻松实现了零风险购物，还实现了消费者的家居DIY（自主设计）梦想。

6）硬件资源。采用了智能制造系统进行个性化家具定制，每一块板都有编码，不同家具的面板混合在一起进行数控裁割，以节约板料，然后进行数控加工。

2.2.3 绿色创新对数据资源分享的需求

在当今的大数据时代，数据已经成为一种重要战略资源。

1. 绿色创新需要数据资源的支持

1）绿色创新需要大量相关数据资源的支持。例如产品使用中的能耗数据、"三废"排放数据等支持节能减排，产品的试验数据支持产品绿色性能优化，产品供应链数据支持物流优化，等等。

2）绿色创新需要有序化、高质量的数据资源的支持。通过对数据资源的协同应用、评价和优化，促进数据资源的有序化，提高数据资源的质量，为企业的研发创新提供更好的服务。

2. 数据资源分享的绿色性

数据资源分享的绿色性主要表现在：

1）避免重复试验，节约各种资源。数据资源的获取需要大量的试验，重复试验会消耗资源。

2）减少数据的储存量，节约能源。数据在服务器中的储存需要耗能。2017年，全球各地约有 800 万个数据中心（从小型服务器机柜到大型数据中心）消耗了 416.2TW·h（1TW·h 约为 10 亿 kW·h）的电力。这相当于全球总用电量的 2%。但最新的研究表明：由于人们采用了各种节能措施，例如较老的服务器在活动和不使用时都使用相同的电量，但较新的型号在不使用时仅使用约 1/3 的电量等，因而虽然 2010 年—2018 年全球对数据中心服务的需求增长了 550%，但同期这些设施的能源使用仅增长了 6%。中国电子节能技术协会数据中心数据显示，截至 2019 年 7 月，我国数据中心的耗电量已连续八年以超过 12% 的速度增长。

2.2.4 绿色创新对人才资源分享的需求

《中国制造 2025》提出的五条基本方针是创新驱动、质量为先、绿色发展、结构优化、人才为本。

1. 绿色创新需要人才资源的支持

绿色创新的关键是要形成企业自己的绿色技术创新能力，而技术创新能力主要掌握在人的手中。

1）绿色创新主要依靠人。企业不可能将所需人才都招揽来：人才需要量大，企业养不起；人才需要长时间培养，企业绿色创新任务层出不穷，难以快速培养各种人才；人才是在实践中锻炼培养出来的，如果企业平时不能提供这样的锻炼培养机会，那么人才是难以成长起来的。所以要分享绿色创新所需人才资源，提高人才资源的利用效率。企业只需要拥有涉及企业核心能力、经常需要使用的人才资源即可。

2）绿色创新的人才资源分享的重要前提是了解人才的能力，人尽其才。只有通过对人才能力的协同评价，促进人才能力的显性化，得到比较准确的人才"概貌"，才能帮助企业找到所需要的人才，使人才与企业需求得到较好的匹配，减少人才资源的浪费。

2. 人才资源分享的绿色性

人才资源分享的绿色性主要表现在：

1）企业避免不必要的重复的人才培养，节约企业人才培养中的资源消耗。人才培养需要消耗各种资源，人才资源分享有助于减少这种资源的消耗。

2）提高人才资源的使用效率，减少资源的浪费。人才资源分享可以使各类人才专注于自己的领域，在自己的研究领域深耕细作，提高创新和工作效率。

2.2.5 绿色创新对产品资源分享的需求

1. 绿色创新需要产品资源的支持

1）绿色创新需要充分利用已有的产品资源，降低创新成本，缩短创新周期，提高创新水平，减少各类资源消耗。

2）绿色创新的产品资源分享的重要前提是进行产品的模块化。通过对产品资源的协同评价，得到比较准确的产品模块"概貌"，这有助于企业快速找到所需要的产品模块，使产品模块资源与企业需求得到较好的匹配，减少产品资源的浪费。

3）绿色创新需要对产品资源进行全生命周期和全局的优化。产品越来越复杂，设计参数、所需多专业的知识以及设计迭代的过程阶段越来越多。从时间维看，需要产品生命周期（包括研究、试验、生产、应用等）各阶段长期耦合，实现数据和知识积累；从空间维看，需要许多不同专业的设计人员、工艺人员、维护人员的协同，需要对不同产品进行全局优化，实现绿色创新。

2. 产品资源分享的绿色性

产品资源分享的绿色性主要表现在：

1）避免重复设计和制造相同的产品模块，节约资源。设计一个新的产品零件，所需成本约几千元，还会消耗各种资源。产品资源分享可以减少这种资源的浪费。

2）不同产品中采用相同的产品模块，可以形成较大的成组批量，进而能够采用高效率的制造方法，减少各种资源的消耗。

3）提高产品资源的可重用性、可修复性、可回收性，减少各种资源的浪费。

2.2.6　绿色创新对软件资源分享的需求

1. 绿色创新需要软件资源的支持

1）CAX 等工业软件有助于提高绿色创新的效率和水平。

2）未来的主流工业软件是不同专业人士开发的工业 APP 软件，它们发布在网络平台上，供大家使用。这种分布式软件资源分享模式一方面促进软件的开放式创新，另一方面更好地支持绿色创新。

2. 软件资源分享的绿色性

软件资源分享的绿色性主要表现在：

1）避免重复开发设计相同的软件，节约各种资源。

2）通过大众评价各种网络平台中的工业 APP 软件，得到比较准确的软件"概貌"，提高工业 APP 软件选择的准确性，帮助用户选择其开展绿色创新所需要的软件，减少各种资源的消耗。

2.2.7　绿色创新对硬件资源分享的需求

1. 绿色创新需要硬件资源的支持

1）绿色创新需要充分利用已有的硬件资源，如制造装备、检测仪器等，降低创新成本，缩短创新周期，减少各类资源消耗。如果硬件资源都要自行购买，那么成本就会高，甚至超出企业承受范围，而且会浪费资源。

2）绿色创新的硬件资源分享的重要前提是了解硬件的特点。通过对硬件资源的协同评价，得到比较准确的硬件"概貌"，这有助于企业快速找到所需要的硬件，使硬件与企业需求得到较好的匹配，减少资源的浪费。

2. 硬件资源分享的绿色性

硬件资源分享的绿色性主要表现在：

1）减少购买不常用的硬件，减少资金的浪费，同时也节约了资源。

2）分享空闲的硬件资源，建立共享工厂，提高企业硬件资源的利用率，减少各种资源的消耗。

2.3 新一代信息技术支持科技资源分享

2.3.1 新一代信息技术与科技资源分享和绿色创新

新一代信息技术支持科技资源分享的内容及案例如图 2-20 所示。

图 2-20 新一代信息技术支持科技资源分享的内容及案例

新一代信息技术的发展有力支撑科技资源分享，Web2.0 促进了知识资源的分享，云计算平台为科技资源的集成、储存和分享提供了一种基础设施，物联网使硬件科技资源的信息集成、远程分享使用等成为可能，移动互联网使科技资源分享可以随时随地进行，大数据分析有效解决了科技资源概貌描述、资源匹配、资源推送、资源和服务质量评价中的问题，新一代人工智能技术提高了科技资源分享能力和扩大了科技资源分享范围，区块链有助于解决科技资源分享中的诚信问题。

新一代信息技术在产品生命周期中对科技资源分享和绿色创新的作用见表 2-3。

表 2-3　新一代信息技术在产品生命周期中对科技资源分享和绿色创新的作用

阶　　段	对科技资源分享的作用	对绿色创新的作用
产品研发	透明公平的人才资源、知识资源和产品资源分享；建设分布化企业，共建诚信机制，知识产权协同保护，产品协同创新、协同专利保护；建设透明公平型企业，共建知识网络，内部知识产权保护，创新过程透明，全员协同创新	提高绿色产品协同创新能力和效率，提高企业的绿色产品和技术创新能力和效率，减少重复研究中的资源浪费
产品设计	透明公平的产品资源和知识资源分享；全员参与设计，企业间协同设计，用户参与设计；协同产品标准化和模块化	提高大批量定制设计水平和能力；提高绿色产品设计能力；减少重复设计和资源浪费，减少零部件不必要的多样化，提高零部件批量，减少资源消耗，减少对环境的不良影响
供应链管理	透明公平的产品资源、数据资源和硬件资源分享，利用大数据对供应链进行全程监控和协同优化，进行基于零件库的协同设计和制造	专业化分工协同，提高效率，降低制造成本和资源消耗；提高产品质量，减少资源浪费
生产管理	透明公平的数据资源和硬件资源分享；利用大数据对生产过程进行全程监控，优化生产效率，精细管理，智能管理，质量监控，支持可制造性设计（DFM）	资源消耗透明化，降低制造成本和资源消耗，提高产品质量，减少废品所带来的浪费
产品营销	透明公平的产品资源和数据资源分享；利用大数据，了解用户需求，开展市场分析，开发适销产品	满足用户需求，降低库存浪费，避免产品不适销所造成的资源浪费
产品使用	透明公平的数据资源分享；提供产品平台，支持 APP 服务，了解用户需求，企业、合作伙伴和用户协同完善产品	利用大数据帮助用户节能，帮助用户利用产品创造更多价值
产品维护	透明公平的数据资源分享；利用大数据和物联网进行产品远程监控，改善产品质量，了解产品性能，帮助改进产品	利用大数据和物联网开展产品远程诊断和预维修服务，延长产品寿命；开展节能服务，提高产品利用率，帮助用户节能
产品回收	透明公平的数据资源分享；产品报废信息分享，产品重用信息匹配，逆向物流监控	利用大数据对产品生命周期状态进行监控和管理，提高产品的回收重用率，减少资源浪费

基于新一代信息技术的科技资源分享解决方案与传统工业 IT 架构的解决方案对比，见表 2-4。

表 2-4　基于新一代信息技术的科技资源分享解决方案与传统工业 IT 架构的解决方案对比

对比项目	基于传统工业 IT 架构的解决方案	基于新一代信息技术的科技资源分享解决方案
技术架构	集中式架构，封闭大系统 垂直紧耦合架构 专用接口或中间件 开发周期长 系统整体升级成本高 本地部署	分布式架构，大平台 + 小 APP 微服务模块化架构 开放 API 开发周期短 小范围升级，成本低 边缘 + 云端部署
数据资源	数据资源获取来源有限 数据资源时效性弱 数据资源孤立分散	数据资源获取来源广泛 数据资源时效性强 数据资源易于整合和集成
知识资源	需要外部人员以调查方式获取员工经验 知识转化为模型的周期长 工业知识被封装在工业软件里，无法复用 对于数据、知识的应用，反馈难、激励难	员工经验直接由本人总结为知识，通过平台分享 知识固化成模型，灵活组合和管理 知识、模型、软件组件易于复用 对于数据、知识的应用，反馈及时，公平激励
软件资源	通用的软件系统 软件作为商品可以被购买和使用	个性化的专用 APP 通过云平台将软件资源转化为服务
价值模式	线性价值链 资源封闭自享 技术创新长周期	互联互通的价值网络 资源开放分享 技术创新快速迭代

2.3.2　Web2.0 与科技资源分享

1. Web2.0

Web2.0 的概念是由欧雷利（O'Reilly）媒体公司的戴尔·多尔蒂（Dale Dougherty）在 2004 年提出的，是相对 Web1.0 的新一类互联网应用的统称。目前被业界比较认可的定义是：Web2.0 是以 Facebook、Flickr、Linkedin 等网站为代表，以微信、钉钉、威客（Witkey）、博客（Blog）、维基（Wiki）、掘客（Digg）、播客、社交网络服务（SNS）、Tag 等社会软件的应用为核心，依据六度分隔、分形、XML、AJAX 等新理论和技术实现的互联网新一代模式。

Web2.0 的价值和意义在于为用户带来真正的个性化、信息自主权。原来自上而下的、少数资源控制者集中控制主导的互联网体系，现在转变为自下而上的、由用户集体智慧和力量主导的自组织的互联网体系。

案例：作为一部所有人都可以参与编写的网上百科全书，维基百科词条的总体准确性与专家编撰的大英国百科全书相当。有约580万名网民为维基百科贡献了内容。

Web2.0影响了我们的生活，也正在影响制造业。制造企业内和企业间的许多信息交流和写作通过短信、微信、钉钉实现。

1）微信。微信通过网络快速发送免费语音短信、视频、图片和文字，正在形成一种全新的生活方式，如微信打车、微信交电费、微信购物、微信医疗、微信酒店等。

2）博客。使用者可以在其中迅速发布想法、与他人交流以及从事其他活动。

3）维基。维基作为一种协作式超文本系统，具有使用方便、汇聚功能、主题明确、及时更新、自由开放等特点。它是一种网络上面向社群的多人协作写作的软件。参与者可以在网络上对文本进行创建、浏览、编辑和删除操作，促进社群里知识的分享。

4）掘客。掘客实际上是内容评价网站，它结合了书签、博客、RSS以及无等级的评论控制。用户可以随意提交文章，然后由阅读者来判断该文章是否有用。

5）标签。标签是一种更为灵活、有趣的分类方式，它支持利用用户自由选择的关键词对网站进行协作分类。

6）社交网络服务。社交网络服务软件依据六度分隔理论，以认识朋友的朋友为基础，扩展人脉。

基于Web2.0的各种分布式科技资源分享模式和系统正在出现，如创新2.0、企业2.0、知识管理2.0、产品生命周期管理2.0、服务2.0、营销2.0等。Web2.0技术在利用大众智慧进行数据获取、整理、集成、优化、反馈等方面具有许多优势。

案例：早在2000年3月，位于加拿大多伦多市的小型矿产公司Goldcorp在互联网上公布了公司的地质矿产数据，随后来自50多个国家的虚拟团队帮助它找到的新金矿占了公司全部新发现金矿的40%。这是分布式人才资源分享的成果。

2. 企业2.0

（1）企业2.0的基本概念　哈佛商学院副教授安德鲁·P. 麦卡菲（Andrew P. McAfee）率先提出了企业2.0的概念，并将其定义为：企业内自然出现的社会软件平台，或者企业与其合作者及客户之间自然出现的社会软件平台。

企业2.0可以被看作一种基于Web2.0技术的自下而上的企业管理模式。创新也往往是自下而上的。"80后"的员工对社群关系越来越感兴趣,企业若是能够利用这一特点,就会在产品创新、过程创新与管理创新上有较大突破。目前,制造企业中基于Web2.0的管理越来越普遍,制造企业希望通过Web2.0平台支持沟通与协作。企业2.0的精髓是:集成群体智慧,激活员工活力。

企业2.0有助于培养员工的社区意识,有助于分散在多个地区又需要共同协作工作的团队集成、分享知识以及围绕项目密切协同,有助于利用用户的意见来改进产品、提高销量。未来的管理将变得更加灵活与快速,没有太多的束缚与管制,更多的是自由、发挥每个人的想象力,员工有更多创造空间,并充满热情地去工作。

(2) 企业2.0的内容

1) 企业内部与企业之间的大范围协同。将在综合利用各种Web2.0协同工具的基础上,创造更适合平等交流的平台。互联网与信息技术使"世界是平的",而企业的Web2.0协同平台将会使"企业是平的"。

2) 企业Wiki。基于Wiki的企业内部的知识管理将会是一个人人贡献、人人受益的知识分享和积累平台。

3) 员工个性化平台。在一个大型企业,尤其是部门壁垒森严的企业中,常常会形成漠视的氛围,让员工感觉到自己的微不足道。企业应该给员工自由展示的机会,同时提供员工处理个人事务的平台,应该将人事、行政等种种事务性工作演化为员工可以方便使用的服务。

4) 问题悬赏系统。企业内部的各个部门、项目组甚至个人,都可以将自己遇到的难题公布出来,利用企业所有人的力量寻找解决方案。同时也使用声望系统帮助员工积累声望。

5) 评价系统。员工对企业业务流程的各个活动都可以发表改进意见,提出自己的创新构想,并且可以对改进意见进行评价。企业管理层者关注意见最多的热点并采取行动。

(3) 企业2.0的作用

1) 建立下一代员工信息分享平台。例如,某美国公司采用企业Wiki,将其作为知识管理与分享的工具,减少了50%的电子邮件,提高了信息分享的效率。

2) 提升企业情景应用的效率。例如,复杂产品故障维修知识的利用是一种典型的情景工作模式。维修人员要做出正确的判断,不仅需要关于产品的一系列检测数据,而且需要产品的历史使用和维修记录,同时要凭自己的经验来做判断。一位维修人员的经验有限,因此需要通过多名来自不同行业或由具有不同知识结构的专家集体会诊,分享经验。企业2.0平台可以为工作流上的每个节点增加决策的背景信息。如果每位员工可以在工作流的节点上提供更多的经验输入,那么员工在做出判断时已经累积了多人的经验输入,就提高了决策的准确性。

3）企业内部自下而上的知识分享与创新。例如，美国的一些 IT 企业早就开始建立让员工贡献想法的制度，不过这类活动往往采用将一年的某一天作为创新活动日的做法，并没有渗透到员工的日常工作中。谷歌公司提出了员工可以有 20% 的时间做工作以外的创新。丰田成为汽车巨头的秘诀就是遍及每个员工的"改进偏执"，产生了一种自下而上、持续改进的聚集效应。通过建立企业内部社区，形成一个个的"兴趣社区"，这些社区会产生一些自下而上的创新理念，基于这些理念的创新提高了部门效率，还可能被企业高级管理机构升级为公司级的创新。Web2.0 的思潮启发了草根文化，促使员工大量的需求和想法涌现出来。

4）Web2.0 将改变企业现有的 IT 架构。Web2.0 技术将使每个员工按照自己的喜好组合应用系统，他们可以最大限度地调动企业资源，企业也更容易管理矩阵式的组织架构。知识管理平台将是员工主动发布消息、成果、经验的企业社区。

在 Web2.0 时代，面向员工与客户的 IT 架构是这样构成的：最前端是网络上的社区和实际生活中的社区，网络社区还需要基于 SNS 的客户互动内容；后台是在线客户关系管理（CRM）、企业资源计划（ERP）、供应链管理（SCM）等应用系统。企业的应用系统在保证刚性业务流程的基础上，能更大限度地发挥人的能动性。以人为中心的 IT 架构理念将会日益强化，IT 2.0 时代的 IT 架构不仅是企业与个体的互动，而且是个体与个体的互动。

3. Web2.0 技术如何满足绿色创新的需求

在 Web2.0 系统中，对社会化书签、标签、浏览记录、下载记录、知识发布等信息进行统计分析，可以快速知道哪些用户具有相似的兴趣。然后，将这些用户中某些人感兴趣的知识主动推荐给该用户群的其他人。

Web2.0 技术如何满足绿色创新的需求见表 2-5。

表 2-5 Web2.0 技术如何满足绿色创新的需求

绿色创新的需求	Web2.0 技术的作用
知识的发布、分享的方便性	利用微信、钉钉、博客、社交网络等系统发布知识、找到需要的知识
知识分享和应用效果的及时反馈性	企业微信、钉钉、博客、维客等系统中的链接、评论、标签等功能有助于跟踪知识分享和应用的效果
知识有序化	利用掘客模式，大众阅读知识后的推荐、评价等活动能够促进知识有序化
创新和知识分享的积极性	创新和知识分享活动的成效能够被记录和跟踪，能够得到他人的反馈，可以充分享受到团队（社区）的体验、学习的体验、自我价值实现的体验、受人尊重的体验，提高了创新和知识分享的积极性

(续)

绿色创新的需求	Web2.0 技术的作用
快速找到合适的专家	通过对微信、钉钉、博客、社交网络、社会化书签等系统的统计分析,可以得到专家排行榜,从而有助于快速找到合适的专家
技术创新的协同性	利用威客、个性化搜索引擎和社交网络,公开招标、求解或私下找人进行协同创新
专利保护和利用的有效性	利用掘客、维客和社会化书签等方法,发现隐瞒的"专利地雷",进行专利资源的关联性识别,进行专利侵权的协同发现

2.3.3 云平台与科技资源分享

1. 云平台的实质是分布式计算

云平台的基础是服务器群,每一个服务器群都包括了几十万台甚至上百万台计算机。云平台的服务(简称云服务)主要是:

1)为用户提供基础设施服务。基础设施即服务(Infrastructure as a Service,IaaS)包括 CPU、内存、网络和储存等具体的虚拟化硬件资源的分享服务。云平台可以使服务器的储存率由过去的 20% 提高到 70%,运行效率也大幅提高。

2)为用户提供各类开发平台资源的分享服务。平台即服务(Platform as a Service,PaaS),如 SUN 公司的 J2EE、微软的 Visual Studio 和 Linux GCC 等虚拟化的运行和开发环境资源。

3)云平台为用户提供各种应用软件资源的分享服务。软件即服务(Software as a Service,SaaS),如 CAD/CAM/CAE 软件的分享服务。这样用户就无须一次性购买软件,而是从云端租用相应的软件,既降低了成本,又得到了最新软件的应用技术。用户只需要一台能上网的计算机,无须关心储存或计算发生在哪个云上,可以在任何地点用任何设备,如计算机、手机等,快速地使用云上的软件。

谷歌、亚马逊、阿里巴巴等网络公司有庞大的服务器群,既可以提供各种网络服务,也可以提供具有很强竞争力的服务器的储存服务。

2. 工业云

工业云服务可以通过软件的网上租赁服务,显著降低制造业信息化的门槛和风险。大数据的储存和应用更需要云计算的帮助。企业传统的 IT 架构将逐渐向云计算迁移。安筱鹏认为工业云演进分为五个阶段:

1)成本驱动导向:主要研发工具类软件上云。例如,有限元分析系统提供使用服务。

2）集成应用导向：主要研发核心业务系统上云。例如，成都国龙科技有限公司开展汽车供应链管理的云服务。

3）能力交易导向：主要研发设备和产品上云。例如，由三一重工股份有限公司建立的"树根互联"工业互联网平台能对工程机械设备进行实时监控和智能配置。

4）创新引领导向：主要发展工业微服务和定制化工业 APP。

5）生态构建导向：主要研发第三方主导的通用工业 APP 服务。例如工业 4.0 的智能工厂中的机床 APP 服务等，通过服务互联网开展。

工业云的目标是建立"分散资源集中使用"和"集中资源分散服务"的制造业云服务模式。这也体现了分布式智能制造的特点。

李伯虎等提出的云制造服务平台实际上是一种分布式制造资源分享模式。工业云从技术上使得分布式制造资源分享变得容易实现。

云服务将大规模的计算机阵列连接成一个向全球用户提供计算机服务的社会化机构，用户只需要一个能够上网的设备，就可以享受到更丰富、更快捷、更廉价的互联网服务；而且这种服务不必下载，只需上网即可使用，一切数据的计算和存储全部在云端（远端的网络服务器集群）。

云制造服务融合了先进制造技术和新一代信息技术，将各类制造资源和制造能力虚拟化、服务化，构成虚拟化制造资源和制造能力池，并进行统一、集中的智能化管理和经营，实现多方共赢、普适化和高效的分享和协同。云制造服务平台为用户提供可随时获取、按需使用、安全可靠、优质廉价的制造全生命周期服务。

3. 海尔的工业互联网平台——COSMO 平台

COSMO 平台共分为四层：①资源层，开放聚合全球资源，实现各类资源的分布式调度和最优匹配；②平台层，支持工业应用的快速开发、部署、运行、集成，实现工业技术软件化；③应用层，为企业提供具体互联工厂应用服务，形成全流程的应用解决方案；④模式层，依托互联工厂应用服务实现模式创新和资源分享。

COSMO 平台集成了系统集成商、独立软件供应商、技术合作伙伴、解决方案提供商和渠道经销商，致力于打造工业新生态。用户可以通过智能设备（如智能手机或平板计算机）提出需求，在需求形成一定规模后，COSMO 平台可以通过所连接的九大互联工厂实现产品研发制造，从而产出符合用户需求的个性化产品。

在新冠肺炎疫情暴发初期，COSMO 平台快速集成了各方资源，开展救灾物资的生产。

2.3.4 物联网与科技资源分享

物联网 = 传感器 + 射频识别 + 物流信息 + 互联网 + 移动通信。物联网通过对环境和自身状态的透彻的感知，支持物之间的协同、人机协同，帮助快速找到所需要的产品、硬件等科技资源。

1. 传感器

根据《传感器通用术语》（GB/T 7665—2005），传感器是能感受被测量并按照一定的规律转换成可用输出信号的器件或装置。传感器可以直接支持各种数据资源分享。传感器实时获取产品运行数据，进行远程监控，常见的传感器有温度、压力、加速度、位移、振动等传感器。传感器可以间接支持各种硬件分享，支持硬件远程使用、监控和服务。

传感器是测量系统中的一种前置部件，它能感受规定的被测量，并按照一定的规律将其转换成可用信号，通常由敏感元件和转换元件组成。传感器的微小化、分布化、智能化、多功能化和集成化，使产品和过程的信息获取变得更加容易和可靠。

2. 射频识别技术

射频识别（Radio Frequency IDentification，RFID）技术可通过无线电信号识别特定目标并读写相关数据，而无须在识别系统与特定目标之间建立机械或光学接触。

产品上的 RFID 标签是一个随产品移动的数据库，随时可以通过标签读出其历史信息和质量记录，避免了人工传递书面材料或对远程主机数据库的访问。在每一个离开生产线的成品上贴上 RFID 标签，可以很方便地跟踪每一个产品，使产品和过程数据容易获取和分享。

案例：宝马汽车公司应用 RFID 技术记录所有车辆的生产、使用、报废全过程的数据，并将相关数据传送到企业的 ERP 数据库中，分享给研发人员进行分析、优化。宝马汽车公司的研发人员借助这个庞大的数据库，对产品进行持续的服务和改进。

2.3.5 移动互联网与科技资源分享

移动互联网结合了移动通信和互联网技术，使人、设备、产品等时刻处于"在线"（Online）状态。

第五代移动通信技术（5th Generation Mobile Networks 或 5th Generation Wireless Systems、5th-Generation，简称 5G 或 5G 技术）是最新一代蜂窝移动通信技术，也是继 4G（LTE-A、WiMAX）、3G（UMTS、LTE）和 2G（GSM）系统之

后的延伸。

5G 的性能目标是高数据速率、减少延迟、节省能源、降低成本、提高系统容量和大规模设备连接。

5G 能满足工业环境下设备互联和远程交互应用需求。在物联网、工业自动化控制、物流追踪、工业 AR、云化机器人等工业应用领域，5G 起着支撑作用，能够快速进行数据资源的分享，在此基础上实现人、设备、仪器等的分享。

移动互联网为开展科技资源分享提供了很好的基础设施。

2.3.6 大数据与科技资源分享

大数据（Big Data）指的是数据量增长速度极快，用常规的数据工具无法在一定的时间内进行采集、处理、存储和计算的数据集合。大数据的概念是一个定性的概念，一般认为大数据具有"4V"特征：数据量大（Volume）、结构复杂（Variety）、实时性高（Velocity）、价值高（Value）（大数据价值密度低，但因为其数据量巨大，所以价值就显得高）。大数据是数据分享的结果，没有数据分享就难以形成大数据。从大数据中可以发现新的知识，这些知识可以提高企业决策水平，用于业务流程优化。

大数据与其他新一代信息技术的关系如图 2-21 所示。

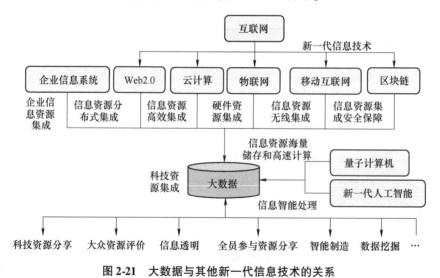

图 2-21 大数据与其他新一代信息技术的关系

大数据与云平台是融合在一起的，因为大数据需要大量服务器的分布式储存和计算。

大数据驱动的人工智能技术发展较快，如智能语言翻译系统，就是学习了大量翻译材料，从大量用户的翻译实践中获得大数据，使其翻译得越来越准确。

但在制造业中，企业间、部门间、员工间数据分享并不容易，企业对数据保密非常敏感。如何促进工业数据分享是一大难题。

案例：大量分布式工业和贸易活动组成大数据，这些大数据也为工业和贸易活动服务。例如，宁波余姚的中国塑料城的大量交易活动产生了大数据，由这些大数据得到了塑料原料价格指数，简称"中塑指数"，为广大塑料行业企业提供了一个反映塑料价格走势、分析价格演变趋势的工具，帮助塑料行业企业更好地把握塑料行情趋势，实现长足发展。

2.3.7 新一代人工智能与科技资源分享

人工智能（学科）是计算机科学中设计研究、设计和应用智能机器的一个分支。其近期的主要目标在于：研究用机器来模拟和执行人脑的某些智力功能，并开发相关理论和技术。

人工智能（能力）体现为智能机器所执行的通常与人类智能有关的智能行为，如判断、推理、证明、识别、感知、理解、通信、设计、思考、规划、学习和问题求解等思维活动。

人工智能可分为大数据智能、新媒体智能、群体智能、混合增强智能、自主智能五大类。其共同特点包括：自感知、自学习、自记忆、自思考、自决策、自执行，多层次多系统的闭环系统。其中自感知与自执行是重要标志。自感知是指将采集的外界信息变为数字、数据，并经过自学习、自记忆、自思考将其转变为知识。

1. 新一代人工智能的特点

2016年5月18日，国家发展改革委等四部门发布了《"互联网＋"人工智能三年行动实施方案》。

2017年7月20日，我国国务院印发了《新一代人工智能发展规划》。该规划提出：经过60多年的演进，特别是在移动互联网、大数据、超级计算、传感网、脑科学等新理论新技术以及经济社会发展强烈需求的共同驱动下，人工智能加速发展，呈现出深度学习、跨界融合、人机协同、群智开放、自主操控等新特征。大数据驱动知识学习、跨媒体协同处理、人机协同增强智能、群体集成智能、自主智能系统成为人工智能的发展重点，受脑科学研究成果启发的类脑智能蓄势待发，芯片化硬件化平台化趋势更加明显，人工智能发展进入新阶段。当前，新一代人工智能相关学科发展、理论建模、技术创新、软硬件升级等整体推进，正在引发链式突破，推动经济社会各领域从数字化、网络化向智能化加速跃升。

新一代人工智能以更高水平、接近人的智能形态存在，并且以提高人的智力能力为主要目标来融入人们的日常生活，比如跨媒体智能、大数据智能、自主智能系统等。

分布式人工智能属于新一代人工智能技术，是一种基于互联网和大数据的群体智能。

2. 人工智能技术的局限性及其对策

虽然人工智能已发展数十年，但是仍存在一些局限性，人们也采取了相应的对策。

（1）以符号主义为代表的人工智能技术的局限性及其对策　人类的思维活动过程是构建在两种信号系统上的，即第一信号系统和第二信号系统。第一信号系统构建在直觉信息基础上，第二信号系统构建在语言文字基础上。人们早已发现的许多"技能"性活动，如游泳、骑自行车、机械加工中的许多技艺等，属于"直觉知识"，这类知识只有从实践中亲身体会才能学会，无法用语言、文字来完全描述。人的高层决策制定、产品设计及工艺设计也往往是构建在"直觉知识"基础上的。在构造专家系统时，有经验的专家的深层知识是只能意会而不可言传的，即无法用语言来表示。这是限制人工智能专家系统广泛而有效利用的主要因素。知识获取、知识表示和知识利用是人工智能的中心问题。

现在可以采用大数据驱动的知识学习技术、群体智能技术等来克服这一局限性。

例如，20世纪90年代研究创成式CAPP（计算机辅助工艺设计）系统的人不少，他们希望将CAD模型直接输入创成式CAPP系统，通过工艺知识的推理而自动生成工艺文件。但是最终创成式CAPP系统都没有达到实用推广的程度。简单的回转体零件可以比较容易自动生成工艺文件，但这没有多大意义，因为员工看到图样，就知道如何加工。复杂的零件模型输入创成式CAPP系统中时，因为没有相应工艺知识的支持，所以无法推理得到新的工艺文件。如果有来自不同企业的工艺知识的大数据，就容易建立起具有实用价值的创成式CAPP系统。

当然新的问题也产生了，企业往往不愿分享工艺知识数据，因为工艺知识是企业的核心资产之一，并且易于保密。如何保障所有者的知识产权、提高工艺知识数据分享的积极性，这成了新的研究课题。在这方面，区块链是值得重视的研究方向。

（2）以联结主义为代表的神经网络的局限性及其对策　神经网络企图用学习的方法来解决知识表示困难的问题，其本质是一个非线性的变换。但当问题变得复杂后，训练集的设计及收敛就成为新的问题。另外，神经网络如何学习和推理对用户而言是一个黑箱，难以被理解。

现在，一方面计算机能力有了极大的提高，满足深度学习的神经网络模型的求解效率有了很大的改善；另一方面深度学习的神经网络模型和算法有了很大的发展，能够较好地克服以联结主义为代表的神经网络的局限性。

在越来越多的专业领域，人工智能的博弈、识别、控制、预测能力甚至超过人脑的能力，比如人脸识别领域。这里的关键是针对具体的问题建立合适的神经网络模型。人工智能的能力强主要在于记忆、搜索、计算等方面。例如，AlphaGo 只能下围棋，不会下象棋，因为模型已经确定好了。但 AlphaGo 学到的棋谱比棋手多，记忆和搜索能力比棋手强，并且每下一盘棋就记住了全部过程，自然 AlphaGo 就能赢过棋手。

（3）以语义网为代表的人工智能技术的局限性及其对策　互联网刚出来的时候，人们就提出了语义网（又称知识图谱）的概念，并认为未来的互联网是一种语义网，人们输入问题后，它就能准确地回答问题。现在，人们把问题输入谷歌、百度中，往往得到几百万个网页，要自行从中寻找答案。其中绝大多数网页的内容是重复的、无关的。因为语义网需要建立各种概念之间的准确关系。准确关系的建立是非常费事的，在许多情况下需要专业人士来建。

如何动员广大专业人士共建语义网，这是知识资源共享的难点。首先要有明确的需求，好的语义网可以提高知识共享利用效率和创新能力；其次要将大家在语义网建立过程中的贡献透明化；最后是激励公平化，使大家愿意共享知识、协同建立语义网。

2.3.8　区块链与科技资源分享

区块链技术还处于发展初期。我国政府已经将其列入新一代信息技术的代表性技术之列。区块链的本质是非信任的分布式环境中的信任服务集成设施，是在分布式系统中多方达成信任的工具。

1. 区块链技术的基本概念

区块链技术被认为是互联网诞生以来最重要的技术之一，它可以构造信任，可能彻底改变整个人类社会价值传递的方式。

区块链 = 区块（储存数据）+ 链（保证区块中储存的数据不被篡改和伪造，可追溯）

区块链可以看作一种分布式的公共数据库（如账本）。任何人都可以对这个公共数据库进行核查，但无法对它进行控制。区块链系统中的参与者会共同维持公共数据库的更新，而且只能按照严格的规则和共识来更新。区块链对于科技资源分享中的信用机制的建立至关重要。

2. 区块链技术的应用案例

区块链技术在科技资源分享方面的一些应用案例见表 2-6。

表 2-6 区块链技术在科技资源分享方面的一些应用案例

序号	领域	作用	案例
1	物流	降低物流成本；追溯物品的生产和运送过程，解决假货问题，提升供应链上信息的透明度和真实性；提高供应链管理的效率	京东集团已搭建"京东区块链防伪追溯平台"，实现线上线下零售商品的追溯与防伪；以色列 OGYDocs 公司对商品在国际贸易运输过程中的所有权进行管理；全球区块链货运联盟（Blockchain in Transport Alliance，BiTA）已经组成
2	身份识别	防止造假	英国 Everledger 公司利用钻石的"4C"（颜色、切工、纯净度、克拉）等特征数据，为每个钻石生成一个独有的标识以用于其身份识别
3	投票	公开公正	西班牙卢戈市政府利用区块链建立了一个公开公正的投票系统
4	能源零售	便于大众在能源零售市场中发挥更大的作用，并显著降低成本	欧洲能源署利用区块链使消费者可以将多余的电量在市场上进行交换和出售
5	学习认证	赋予学习者管理其成绩的更大的自主权；对教育教学中的潜能和价值进行判断；提供可认证的教育经历和学习证书，使学习者的成绩单永远安全地存储在云服务器中；为学习者、教育机构以及雇主带来便利	霍伯顿学校（Holberton School）利用区块链技术向学生颁发学历证书，解决学历造假等问题；日本的"索尼全球教育"已建设了基于区块链技术的全球学习和认证平台，以促进学习者、学校和雇主分享学习过程和学习认证等方面的数据。学习者在获得某一门考试成绩后，可以要求考试提供者向第三方组织分享其成绩，然后第三方组织可以应用区块链技术评估该学习者的成绩，以确定其掌握的知识和技能是否符合组织需要
6	数字版权	对作品进行鉴权，证明文字、视频、音频等作品的存在，保证权属的真实性、唯一性，实现数字版权全生命周期管理，也可作为司法取证中的技术性保障	Ujo 音乐平台借助区块链，建立了音乐版权管理平台新模式，歌曲的创作者与消费者可以建立直接的联系，省去了中间商的费用提成。另外，音乐人可在区块链平台自行发布和推广作品，不需要担心侵权问题；优酷首次试用 BlockCDNs 的区块链内容分发网络，较传统方法可以使成本降低 90%
7	协同制造网络	去中心化区块链模型，增强各产消者之间的信用，产消者可以安全实现产品大规模个性化定制	提出了一种由化学标记构成的防伪方法，利用个性化产品的独特化学特征进行产品签名，将独特的签名数据与区块链及其他功能数据库绑定在一起，使消费者之间的制造服务交易可信度更高 基于智能合约的自动执行机制，建立制造网络产消者之间的去中心化交易模型，通过对区块链中历史交易事件的检索，实现产品生命周期内的防伪验证

2.4 科技资源分享的理论基础

科技资源分享理论包括空间和时间优化理论,其架构如图 2-22 所示。

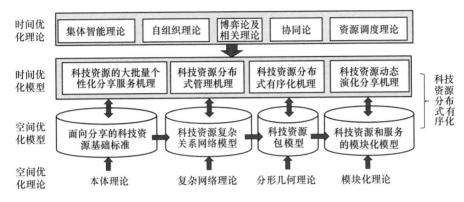

图 2-22 科技资源分享理论架构

2.4.1 科技资源空间优化理论

1. 本体理论

在科技资源分享中,不同行业、不同企业、不同个人对科技资源概念的描述经常有不一致的地方,例如,同一产品、同一知识可能有多种名称,这将导致科技资源集成难和搜索难。因此需要对科技资源描述规范化,本体(Ontology)理论是其基础。

目前比较通用的本体的定义:本体是分享概念模型的明确的、形式化的规范说明,包含概念模型(Conceptualization)、明确(Explicit)、形式化(Formal)和分享(Share)四层含义。

关于本体理论及应用的进一步介绍参见第 3 章。

2. 复杂网络理论

科技资源很多,它们之间有错综复杂的关系,形成一张张复杂的网络,例如知识网络、专利网络、人才关系网络、产品关系网络、数据关系网络等。因此,可以采用复杂网络理论进行描述和分析。

3. 分形几何理论

分形(Fractal)几何是 20 世纪 70 年代由曼德尔勃罗(Benoit Mandelbrot)首次提出的。曼德尔勃罗用非数学语言给"分形"下的定义是:其组成部分与整体以某种方式相似的"形"叫作分形。

分形几何理论用整体与局部具有自相似性来描述，这样复杂系统的生成和描述变得非常简单。分形几何理论在科技资源分享系统建立和描述中的应用有面向产品模块化递归建模的分形几何模型、面向不同知识粒度模块化建模的分形几何模型、面向可重构软件的分形几何模型等。这里的前提是对科技资源的模块化和标准化，通过模块的自相似组织快速、低成本地满足用户的需求。

4. 模块化理论

科技资源模块化包括产品、硬件、软件、知识等资源的模块化。

科技资源模块化的主要工作包括：基于独立性原理的模块划分、基于通用性原理的模块建模、面向模块建模和重用的模块分类编码、基于主结构的资源配置、基于主模型的资源变形等。

科技资源模块化可以有效提高科技资源的分享水平，表现为：

1）资源重用。通过模块化，不同粒度的科技资源可以方便地重用。

2）大批量定制。通过模块化，在快速满足用户多样化和个性化需求的同时，科技资源成本较低。

3）资源节约。通过模块化，减少科技资源不必要的多样化，科技资源的建设成本得到显著降低，质量得到提高。

2.4.2 科技资源时间优化理论

1. 集体智能理论

（1）集体智能的基本概念　一个群体可以比个人更有力量和智慧，即称为集体智能（Collective Intelligence，CI），它来自沟通、协作、竞争和头脑风暴等。集体智能出现在许多领域，如公共决策、投票活动、社交网络、众包、科技资源分享等。

可见，集体智能是一种由无智能或简单智能的个体通过任何形式的聚集协同而表现出的智能行为。它所具有的分布式组织模型为解决复杂组合优化问题、分布控制问题提供了很好的思路。集体智能也是研究一群简单智能体（Agent）集体智能的新兴领域，源于由简单个体组成的群落社会系统。在自然界中，存在一些群体，如蚂蚁、蜜蜂等，其个体只能完成简单的工作，而个体之间通过相互合作可以完成较为复杂的、智能的任务。例如，蚂蚁总能找出最短的途径把食物搬回家。集体智能在科技资源分享中已经得到应用，如共享经济中的网络叫车平台、维基百科、互动问答甚至云端输入法的输入内容优化等。

集体智能利用群体的优势，在没有集中控制、不提供全局模型的前提下，为寻找复杂问题的解决方案提供了新的思路，具有健壮性、灵活性和经济性方面的优势。

（2）集体智能算法　集体智能包括任何启发于群居性昆虫群体和其他动物群体的集体行为而设计的算法和分布式问题解决方法，大都是基于某一种由大量个体表现出来的群体行为，从群体行为中提取模型，为这些行为建立一些规则，从而提出算法，应用于解决实际问题，如蚂蚁优化算法、蚂蚁聚类算法、粒子群优化算、群体机器人等。

（3）集体智能系统的案例

1）集聚大众数据和知识的语音识别智能系统。人们在使用语音识别智能系统（例如百度地图的导航系统中的语音输入）时，输入语音即得到相应的地名，如果显示的地名正确，就使用该地名进行导航，否则就修改地名。所有这些过程都被语音智能系统记住了，并用于改进系统。这是一种利用集体智能的自优化系统。

2）基于知识资源分享的机器翻译系统。一方面机器翻译系统大量学习现有的两种语言对译的文件；另一方面，通过网上人们使用机器翻译系统进行翻译时的操作，不断纠正错误的翻译结果，强化正确的翻译结果。因此机器翻译系统越来越智能。

3）分布式机器学习（Federated Learning）方法。该方法是谷歌在2017年4月提出的，使多台智能手机以协作的形式学习分享的预测模型。所有的训练数据保存在终端设备上，可以实现更智能的模型、更低的延迟和更低的功耗，同时还能够保护隐私。

2. 自组织理论

自组织理论是关于在没有外部指令的条件下，系统内部各子系统之间能自行按照某种规则形成一定的结构或功能的自组织现象的一种理论。自组织理论又称耗散结构理论，是普利高津（Prigogine）于1969年针对非平衡统计物理学的发展而提出的一种科学理论，它回答了开放系统如何由无序走向有序的问题。

自组织结构的形成需要三个条件：①系统必须是远离平衡状态的开放系统；②系统的不同要素之间存在非线性机制；③外界条件达到某一阈值。有序性结构是在耗散的条件下由系统内部非线性动力学过程的推动、通过随机涨落放大而形成的。

科技资源分享是一种市场行为，依赖自组织发展模式。因此需要一种高度开放的环境，即参与科技资源分享的企业是分散和自主的，但又是相互关联和非线性的。正反馈自组织机制是科技资源分享的显著特点之一。正反馈自组织机制利用得好，就可以使科技资源分享步入良性循环、迅速发展；否则就有可能使其走进恶性循环。

3. 博弈论及相关理论

（1）科技资源分享与博弈论　科技资源分享本质上是一种交易活动，因此就会存在交易双方的博弈行为。

科技资源分享中要防止"搭便车""见者有份的大锅饭""投机取巧"等现象的出现，也要防止因奖励力度过大而导致的"钱多了不想奋斗"现象，需要利用新一代信息技术，并结合机制设计，建立一个透明公平的科技资源分享环境，通过信息对称的、重复的合作博弈，促进科技资源的分享。

（2）科技资源分享与市场理论　市场理论是关于市场如何推进人类合作的理论，同样也是关于市场如何推进科技资源分享的理论。

科技资源分享是一种市场行为，主要是人的合作。市场经济下的人类合作是市场经济下的基于分工和专业化的合作，它可以使每个人的潜能和才能得到最大限度的发挥。

人类合作自古以来就存在，但只有在市场经济下，才达到前所未有的广度和深度。传统社会中，人类合作都是熟人之间的合作，也就是相互认识的人之间的合作，合作范围很小。市场能够把人与人之间的合作，扩展到陌生人之间的合作，使科技资源分享的范围和深度得到极大的扩展。

市场理论能够解释市场中人们如何建立信任、声誉机制如何约束人的行为，这也是科技资源分享的需要。

市场中的合作是陌生人之间的合作。陌生人之间的合作依靠市场声誉机制。市场是一个信息存储器和传播器，个体的行为会被储存和传播。在真正的市场经济中，一个人干了任何坏事都会受到惩罚（特别是声誉的损失）；同样，一个人干了好事就可以得到奖赏。正因为如此，诚实才被认为是最好的商业策略。

在声誉机制的形成过程中，企业作为一种人为构建的组织，承担着非常重要的功能，它是整个市场经济声誉的载体。企业需要监控整个供应链，确保其产品质量和经济声誉。

新一代信息技术有助于提高市场和供应链的透明度，提高企业和个人的经济声誉。

科技资源分享是一种市场行为，需要正确的市场理论的支持。

（3）科技资源分享与机制设计理论　机制设计理论把社会目标作为已知，试图寻找实现既定社会目标的经济机制，即通过设计博弈的具体形式，在满足参与者各自条件约束的情况下，使参与者在自利行为下选择的策略的相互作用能够使配置结果与预期目标相一致。

机制设计理论可以看作博弈论和社会选择理论的综合运用，假设人们的行为是按照博弈论所刻画的方式，并且按照社会选择理论对各种情形都设定一个社会目标，那么机制设计就是考虑构造什么样的博弈形式，使得这个博弈的解最接近那个社会目标。

4. 协同论

科技资源分享是一种典型的合作模式。协同论认为，合作是参与合作者为最大化其经济收益或心理收益而进行的交换过程。科技资源分享关系的建立是参与分享者权衡其收入与收益的理性抉择，而分享关系的维持则取决于对分享中的"投机取巧倾向"的有效防范。投机取巧倾向是指行为主体借助于不正当手段谋取自身利益最大化的经济动机。投机取巧倾向造成了企业间和个人间相互关系的不稳定性。在分享关系中，它既不能用价格机制（如在市场交易关系中），也不能用权威手段（如在企业基层组织中）予以抑制和克服。所以如何有效防范投机取巧倾向是科技资源分享中的基本问题之一。

在科技资源分享关系中，对投机取巧行为的控制机制有两种：契约和信任。契约可对参与者的分享投入及在分享过程中的行为做出详尽的规定，分享投入和分享行为都具有量和质两方面的规定，契约能对其可量化的部分实施监控，但对难以量化的部分无能为力。所以契约可抑制投机取巧倾向，但不能有效地消除它。信任被认为是防范投机取巧倾向最有效的机制。基于信任的科技资源分享不仅能避免为签订契约及监督其履行而引起的交易费用，还促使合作者都以积极主动的姿态，增加投入，积极配合，以求在做得足够大的"蛋糕"上分到绝对量更大的一块。正如美国著名管理经济学家托马斯·彼得斯（Thomas Peters）曾指出的，在瞬息万变的市场竞争中，"不要老想着分享市场，而要考虑创造市场。不是取得一份较大的馅饼，而最好是烘烤出一块新的馅饼"。信息高度透明和对称的环境有利于形成相互信任和合作的氛围。

在网络空间中，科技资源分享关系将会发生质的变化。由于在网络上信息透明度高，人们能方便地进行充分的信息交流，信息不对称的现象将显著减少，这将使现在人们常见的不讲信用、投机取巧的现象大为减少。基于信任的科技资源分享将成为主流。各种信息可以在整个网络上很快传遍。在网络空间中，企业间、企业与客户间容易实现科技资源分享、共同受益。

5. 资源调度理论

产品、硬件、人才等非信息类资源在使用中具有排他性，一般不能分身使用，所以需要进行时间调度，合理排队使用。

资源调度理论主要从传统的调度理论发展而来。这里不做进一步介绍，可参考相关文献。

参 考 文 献

[1] 习近平. 在中国科学院第十九次院士大会、中国工程院第十四次院士大会上的讲话

[EB/OL]. (2018-05-28) [2021-01-31]. http://www.xinhuanet.com/2018-05/28/c_1122901308.htm.

[2] 全国科技平台标准化技术委员会. 科技平台 资源核心元数据: GB/T 30523—2014 [S]. 北京: 中国标准出版社, 2014.

[3] 全国科技平台标准化技术委员会. 科技资源标识: GB/T 32843—2016 [S]. 北京: 中国标准出版社, 2016.

[4] 百度百科. 中国科技资源共享网 [EB/OL]. (2019-06-02) [2021-01-31]. https://baike.baidu.com/item/%E4%B8%AD%E5%9B%BD%E7%A7%91%E6%8A%80%E8%B5%84%E6%BA%90%E5%85%B1%E4%BA%AB%E7%BD%91/7054340?fr=aladdin.

[5] 董明涛, 孙研, 王斌. 科技资源及其分类体系研究 [J]. 合作经济与科技, 2014 (10): 28-30.

[6] 吴长旻. 浅析"科技资源共享"[J]. 科技管理研究, 2007, 27 (1): 49-51.

[7] 刘玲利. 科技资源要素的内涵——分类及特征研究 [J]. 情报杂志, 2008 (8): 125-126.

[8] 唐仁华, 伍莺莺, 吴承春. 对促进科技资源共享问题的几点思考 [J]. 科技创业月刊, 2005, 18 (7): 8-9.

[9] 王雪. 区域科技共享平台服务模式与运行机制研究 [D]. 哈尔滨: 哈尔滨理工大学, 2015.

[10] 孙凯. 科技资源共享可行性分析及对策建议 [J]. 西北大学学报 (哲学社会科学版), 2005, 35 (3): 22-26.

[11] 杨雪. 科技资源商务转化机制及其效率评价研究 [D]. 长春: 吉林大学, 2012.

[12] 百度百科. 数据 [EB/OL]. (2019-04-19) [2021-01-31]. https://baike.baidu.com/item/%E6%95%B0%E6%8D%AE/33305?fr=aladdin.

[13] McKinsey Global Institute. Big data: the Nextfrontier for Innovation Competition And productivity [R]. New York: McKinsey & Company, 2011.

[14] CHEN H, CHIANG R H, STOREY V C, et al. Business intelligence and analytics: from big data to big impact [J]. Management Information Systems Quarterly, 2012, 36 (4): 1165-1188.

[15] 张坤, 刘丽梅. 谁是企业青睐的"有用的人"? [EB/OL]. (2002-05-16) [2021-01-31]. https://business.sohu.com/79/92/article200889279.shtml.

[16] 天海互联网. 美国国防部"数字设计与制造创新机构"项目 [EB/OL]. (2016-06-12) [2021-01-31]. http://blog.sina.com.cn/s/blog_16031ae190102wnax.html.

[17] 杨行, 彭洁, 赵伟. 2002—2012 年国内科技资源共享研究综述 [J]. 情报科学, 2015 (1): 155-161.

[18] 陶艳霞, 刘宇, 唐希. 我国科技资源共享研究综述 [J]. 科技信息 (学术版), 2006 (5): 31-32.

[19] 吴家喜. 近十年国内科技资源共享研究进展与述评 [J]. 科技与经济, 2012, 25 (2): 1-5.

[20] 施国权. 新世纪十年国内信息资源共享研究进展 [J]. 图书馆论坛, 2013, 33 (1): 105-109.

[21] 杨丽. 近10年来我国大型科学仪器设备共享研究进展与述评 [J]. 中国管理信息化, 2015 (8): 108.

[22] 邵玉昆, 谭偲媚, 郑鹏, 等. 科技信息资源共建共享机制研究综述 [J]. 科技创新发展战略研究, 2018, 2 (5): 17-22.

[23] 杜剑, 李秀敏. 东北地区政府科技资源共享模式研究 [J]. 东北师大学报 (哲学社会科学版), 2013 (6): 75-78.

[24] 毛振芹, 李岭, 刘亚东. 基于创新券制度的京津冀科技资源共享模式研究 [J]. 中国市场, 2017 (25): 47-49.

[25] 李玥, 张雨婷, 李佳. 演化视角下区域科技资源共享平台集成服务模式研究 [J]. 中国科技论坛, 2017 (2): 32-35.

[26] 工业和信息化部, 国家标准化管理委员会. 国家智能制造标准体系建设指南 (2018年版) [EB/OL]. (2018-10-12) [2021-01-31]. http://www.gov.cn/xinwen/2018-10/16/content_5331149.htm.

[27] 王凤. 用"共享经济"助力建设"制造强国" [EB/OL]. (2019-04-18) [2021-01-31]. http://news.cri.cn/xiaozhi/ca5bc2d6-lc5e-c228-a8b8-d2e04144fb0d.html.

[28] 何家波, 顾新建. 基于互联网的共享仓储的价值分析 [J]. 计算机集成制造系统, 2018, 24 (9): 2322-2328.

[29] 王志强, 杨青海. 科技资源开放共享标准体系研究 [J]. 中国科技资源导刊, 2016, 48 (4): 19-23.

[30] 万锦厂. 基于蚁群Stigmergy协作机制和ANN的多智能制造主体协同方法研究 [D]. 深圳: 深圳大学, 2017.

[31] 区块网. 分布式制造: 区块链创新的下一步 [EB/OL]. (2018-09-23) [2021-01-31]. http://www.chidaolian.com.cn/article-12258-1.

[32] 商意盈, 魏一骏. 马云: 未来30年公司灵活性将成为发展关键 [EB/OL]. (2017-01-25) [2021-01-31]. http://www.xinhuanet.com/fortune/2017/01/25/c_1120381858.htm.

[33] 李安嶙. 海尔品牌年轻化战略 [EB/OL]. [2021-03-01]. https://www.ixueshu.com/document/c668ea97ab3f3214318947a18e7f9386.html.

[34] 世界银行. 1998/99年世界发展报告: 知识与发展 [M]. 北京: 中国财政经济出版社, 1999.

[35] 杨培芳. 社会协同: 信息时代的第三种力量 [EB/OL]. (1999-10-22) [2021-01-31]. https://www.gmw.cn/01gmrb/1999-10/22/GB/GM%5E18217%5E6%5EGM6-2203.htm.

[36] 西部数码. 数据中心能耗和效率问题 [EB/OL]. (2018-07-31) [2021-01-31]. http://www.jifang360.com/news/2018731/n3530105256.html.

[37] 奥莱理, 玄伟盘. 什么是Web2.0 [J]. 互联网周刊, 2005 (40): 38-40.

[38] 中国软件网. IT离"2.0"有多远? CIO还在"1.0"中 [EB/OL]. (2007-12-05) [2021-01-31]. http://www.soft6.com/news/200712/05/120970.html.

[39] ROBINSON R. 企业Web2.0, 第1部分: Web2.0——把握业务创新的脉搏 [EB/OL]. 2008-03-17) [2021-01-31]. http://www.ibm.com/developerworks/cn/webservices/wsenterprise1/index.html.

[40] e-works. Enterprise2.0 从概念走向实施 [EB/OL]．（2008-04-30）[2021-01-31]．https：//articles. e-works. net. cn/SOA/Article52921. htm.

[41] HINCHCLIFFE D. 企业"催化剂"：Enterprise 2. 0 [EB/OL]．（2008-04-30）[2021-01-31]．https：//articles. e-works. net. cn/SOA/Article52925. htm.

[42] 安筱鹏．从工业云到工业互联网平台演进的五个阶段 [EB/OL]．（2017-11-28）[2021-01-31]．http：//www. sohu. com/a/212570305_432250.

[43] 李伯虎，张霖，王时龙．云制造：面向服务的网络化制造新模式 [J]．计算机集成制造系统，2010，16（1）：1-7.

[44] 贺东京．基于云服务的复杂产品协同设计方法 [J]．计算机集成制造系统，2011，17（3）：533-539.

[45] 李伯虎．再论云制造 [J]．计算机集成制造系统，2011，17（3）：449-457.

[46] 黄沈权．制造云服务按需供应的模式、关键技术及应用研究 [D]．杭州：浙江大学，2013.

[47] 快懂百科．人工智能 [EB/OL]．[2020-08-01]．http：//www. baike. com/wiki/%E4%BA%BA%E5%B7%A5%E6%99%BA%E8%83%BD.

[48] 沈烈初．关于智能制造发展战略的八点建议：我对中国工程院提出的《中国智能制造发展战略研究报告（征求意见稿)》的一些看法 [EB/OL]．（2018-01-19）[2021-01-31]．http：//www. cameta. org. cn/index. php？m = content&c = index&a = show&catid = 240&id = 1457.

[49] 颜拥，赵俊华，文福拴．能源系统中的区块链：概念、应用与展望 [J]．电力建设，2017，38（2）：12-20.

[50] 庞邺．区块链将如何重新定义世界？[EB/OL]．（2017-09-21）[2021-01-31]．http：//www. jinse. com/news/blockchain/71118. html.

[51] 聚金数据．今日市场数据 [EB/OL]．（2018-08-17）[2021-01-31]．http：//www. 9dfx. com/p/452883. html.

[52] 许涛．"区块链+"教育的发展现状及其应用价值研究 [J]．远程教育杂志，2017（2）：19-28.

[53] LENG J, JIANG P, XU K, et al. Makerchain：a Blockchain with chemical signature for self-organizing process in social manufacturing [J]. Journal of Cleaner Production, 2019, 234：767-778.

[54] 张太华．产品知识模块本体的集成及应用研究 [D]．杭州：浙江大学，2009.

[55] 张旭．专利大数据分析系统关键技术与应用 [D]．杭州：浙江大学，2019.

[56] 曹洪飞．面向企业需求的专家信息获取和专家推荐方法研究 [D]．杭州：浙江大学，2019.

[57] 刘波．基于群体智能的分布式数据挖掘方法 [J]．计算机工程，2005，31（8）：145-147.

[58] 束建华．群体智能及其在分布式知识管理中的应用研究 [D]．合肥：合肥工业大学，2007.

[59] 黄映辉，孙林岩．论企业的合作生产 [J]．管理现代化，1996（1）：24-27.

第 3 章

科技资源描述方法

规范、合理、科学的科技资源描述方法是解决科技资源分散、重复、低效问题的有效方法之一。科技资源描述方法对科技资源从不同角度进行规范化，有效支持科技资源的集成、评价和分享。本章系统介绍了科技资源描述方法。首先给出了科技资源描述的定义和需求、科技资源描述方法的结构框架、科技资源描述模型的协同共建方法。总结了科技资源分类模型、元数据模型、本体模型、知识元、图谱的定义、需求、描述方法和建立方法。最后介绍了绿色创新科技资源的获取和整理方法。

3.1 科技资源描述概述

3.1.1 科技资源描述的定义和需求

1. 科技资源描述的定义

科技资源很多，要找到所需的科技资源，就需要对科技资源有准确、规范、完整的描述。科技资源描述是对科技资源的一种"画像"，是对科技资源的分类和有序化。

科技资源描述的目的是通过科技资源之间的相互集成，解决数据格式不一致的问题，解决同一概念描述不一致的问题等，帮助用户快速搜索到所需要的科技资源，快速了解科技资源的主要内容。

科技资源描述要求用尽可能少的语言描述尽可能完整的科技资源的信息，用尽可能通用的词汇使不同用户和系统能够相互理解。

科技资源描述方法包括科技资源分类模型、科技资源元数据模型、科技资源本体模型、科技资源知识元模型、科技资源图谱等。

2. 科技资源描述的需求

（1）开展科技资源集成、评价和交易的需要　科技创新是我国发展的关键途径之一，需要科技资源分享和协同创新。科技资源分享是一个系统工程，需要先建立科技资源的描述模型，对科技资源从不同角度进行规范化，在此基础上再进行科技资源集成、评价和交易。规范、合理、科学的科技资源描述方法是解决科技资源分散、重复、低效问题的有效方法之一。科技资源描述方法就是对科技资源从不同角度进行规范化的方法，可以有效支持科技资源的集成、评价和交易。

科技资源描述方法的作用以及与科技资源集成、评价和交易方法的简要关系如图3-1所示。

（2）解决科技资源类型多样性问题的需要　为了把科技资源正确地推荐给

用户，就必须合理选取科技资源的特征，并采用合适的推荐方式。科技资源类型的多样性（文本、音频、图像、视频、软件、数据、产品模型、硬件等）使科技资源描述成为一个突出的问题，特别是那些不能直接从科技资源本身获取特征的表达。

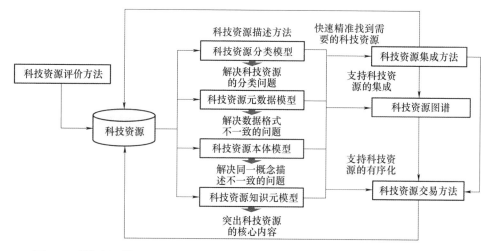

图 3-1　科技资源描述方法的作用以及与科技资源集成、评价和交易方法的简要关系

（3）科技资源供需匹配的需要　科技资源分享需要供需匹配得方便和精准，但存在的问题如图 3-2 所示。例如，在纺织业，国外客户难以快速找到善于生产某种产品（如面料、服装）的生产企业；产品信息（如面料设计图样）精准搜索难，导致生产企业与设计部门匹配难。图 3-3 为纺织业采购难问题的困境和对策。

图 3-2　科技资源供需匹配中的问题

（4）个性化推荐科技资源的需要　只有合理、准确地对科技资源进行描述，才能根据个性化推荐算法，推荐合理的符合需要的特征的科技资源。例如，知识资源可以有知识域、关键字、标签、标题等特征属性以及好评量、浏览量、收藏量和推荐量等评价属性，通过对知识属性的合理表达和挖掘，向用户推荐其需要的知识资源。

（5）科技资源统一描述的需要　现有的研究主要集中在对不同类型科技资源的分别描述，但缺乏对不同类型科技资源的统一描述，这对不同类型科技资源的统一搜索和集成不利。例如，人们对知识图谱研究较多，但对科技资源图谱的研究非常少，科技资源图谱包括数据、产品、人才、软件、硬件等的"图谱"。在中国知网中以"科技资源图谱"作为主题词搜索，搜索到的结果为"0"，而以"知识图谱"作为主题词搜索，搜索到10 505条结果。

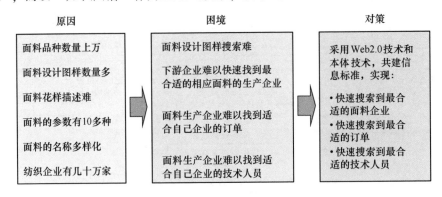

图3-3 纺织业采购难问题的困境和对策

人们已经对一些科技资源的分类模型、元数据模型、本体模型、知识元模型、知识图谱等分别进行了研究，并且已经有一些国家标准。需要进一步对这些模型进行集成统一研究，并将研究成果用于科技资源的描述。

在现有的研究中，对知识资源的描述已经有比较系统的方法，需要将这些方法扩展到其他类型的科技资源的描述中。

科技资源描述模型的规范化，有助于不同类型科技资源的集成分享。通过科技资源的不同类型的描述模型的集成化，形成科技资源描述模型的体系架构，为科技资源全面系统的描述提供整体解决方案，有助于解决科技资源分享难的问题。

3.1.2 科技资源描述方法的结构框架

科技资源描述是对科技资源的一种"画像"，也是对科技资源的分类，还是对科技资源的有序化，能够帮助用户快速搜索到所需要的科技资源、快速了解科技资源的主要内容，有助于科技资源之间的相互集成，解决数据格式不一致的问题，解决同一概念描述不一致的问题。科技资源描述模型的结构框架如图3-4所示。科技资源描述模型间的关系如图3-5所示。

科技资源分类模型描述科技资源的分类信息，以便用户找到所需要的科技资源。科技资源元数据模型描述科技资源主要数据格式，以便科技资源的快速集成。科技资源本体模型对科技资源进行规范性描述，以便用户准确、全面地找到所需要的科技资源。科技资源知识元模型对科技资源内容进行简要描述，以便用户快速了解科技资源的主要内容。科技资源图谱模型简要描述科技资源概念间的关系,以便科技资源的搜索和推理。

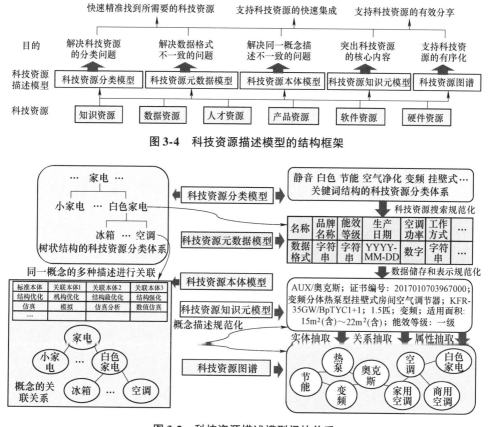

图 3-4 科技资源描述模型的结构框架

图 3-5 科技资源描述模型间的关系

创新和其他科技工作往往需要多种不同类型的科技资源的集成使用,如某研究任务需要有胜任的研发人员(从人才资源中选择)、与研发任务相关的产品资源(参考相似产品,提高研发效率)、知识资源(如产品原理,产品可制造性、可装配性、可维护性等知识)、数据资源(如相似产品的历史使用数据、维护数据等)、软件资源(帮助研发的计算机辅助软件)、硬件资源(如实验设备、测试仪器等)。

科技资源描述方法主要包括:
1)科技资源描述模型,用于说明科技资源如何描述的方法。
2)科技资源模型建立方法,用于说明科技资源模型如何建立的方法。

3.1.3 科技资源描述模型的协同共建方法

科技资源描述模型的建立具有较高难度,需要相应的科技资源描述模型建立方法的支持。

本章介绍了很多科技资源描述模型,并且经常变化,需要通过开放、分布、并行、协同、智能的方法共建,如图3-6所示。科技资源描述模型可以看作一种标准。科技资源描述模型的协同共建方法的目的是解决因模型数量多、参与模型标准制定的企业和人员多,而协调难、工作量大、成本高、周期长等问题。

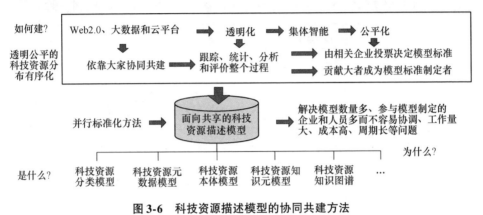

图3-6 科技资源描述模型的协同共建方法

该方法的主要特点是:

1)开放。开放是指将这些模型建设开放给感兴趣的企业,多家企业一起参与。

2)分布。分布是指这些模型建设者是平等的,谁贡献大,谁就是模型起草者;模型起草者按照贡献大小排名。

3)并行。并行是指这些模型的建设与相关系统的建立和开发是并行的,而不是等到方法和技术已经很成熟后再建模型。

4)协同。协同是指这些模型建设者相互协同,资源分享,提高模型的水平,缩短模型建设周期。

5)智能。智能是指这些模型建设过程中将利用大数据分析方法,减少模型建设的工作量;利用新一代信息技术,依靠大众共建模型,依靠科技资源描述过程的大数据智能分析,建立和优化科技资源描述模型;智能地监控模型建设全过程,每个建设者的贡献大小透明,排名公平。

3.2 科技资源分类模型及建立方法

3.2.1 科技资源分类模型的定义和需求

1. 科技资源分类模型的定义

科技资源分类模型的用途是确定科技资源的相互关系,便于科技资源的搜索和分类，提高科技资源分享的效率。科技资源的系统性和层次性是科技资源分类体系产生的根源。科技资源分类模型采用数字或字母的形式，按照分类编码的一般原则与方法，针对其属性或特征，对科技资源进行统一分类和编码，用于描述科技资源的层次性和系统性。

科技资源分类模型是把具有某种属性或特征的科技资源信息归并起来，通过其属性或特征来区别不同类别的科技资源信息。根据科技资源及需求的不同，科技资源分类模型可以分为以下两种：

（1）树状结构的科技资源分类模型 这种结构的模型采用数字或字母的形式，按照分类编码的一般原则与方法，对科技资源进行统一分类和编码，用于描述科技资源的层次性和系统性的特点，确定任一科技资源在科技资源体系中的位置与相互关系。树状结构的科技资源分类模型又称科技资源分类编码体系、科技资源分类目录、科技资源标识体系等。与科技资源分类相近的分类编码体系有制造业信息化服务平台服务资源分类编码、网络化制造环境下的制造资源分类编码、企业信息分类编码等。具体的科技资源的分类编码标准有工艺分类编码、零件分类编码等。

树状结构的科技资源分类模型首先按照科技资源的性质不同进行基本分类。

广义的科技资源包括科技人力资源、财力资源、物力资源以及数字化时代的信息资源。狭义的科技资源包括科技信息资源和科技实物资源两大类，或者科技实物资源、科技信息资源、科技服务资源三大类。

国家标准关于科技资源的定义有两种：

1）用于科技活动的人力、物力、财力以及组织、管理、信息等要素的总称。

2）支撑科技创新和经济社会发展的科技基础条件资源、技术创新资源等。

国际标准分类法（ICS）作为国际、区域性和国家标准以及其他标准文献的目录结构，可以用于产品资源的分类。ICS 由三级类目构成。第一级有 41 个大类，例如道路车辆工程、农业、冶金等。每个大类以两位数字表示。全部一级类目再分为 387 个二级类目。二级类目的类号由一级类目的类号和被一个圆点隔开的三位数组成。二级类目下又再细分为三级类目，三级类目共有 789 个，三级类目的类号由一、二级类目的类号和被一个圆点隔开的二位数组成，例如，43.040.50 表示道路车辆工程-道路车辆装置-传动装置、悬挂装置。

国家标准《科技资源标识》（GB/T 32843—2016）给出了科技资源标识方法，这是一种树状结构的科技资源分类模型，如图 3-7 所示。

其中：中国科技资源代号为 CSTR；科技资源标识注册机构代码为五位码；科技资源类型代码为两位码；内部标识符不定长，由科技资源标识注册机构分配，确保在同一科技资源标识注册机构注册的每个科技资源的内部标识符的唯一性。

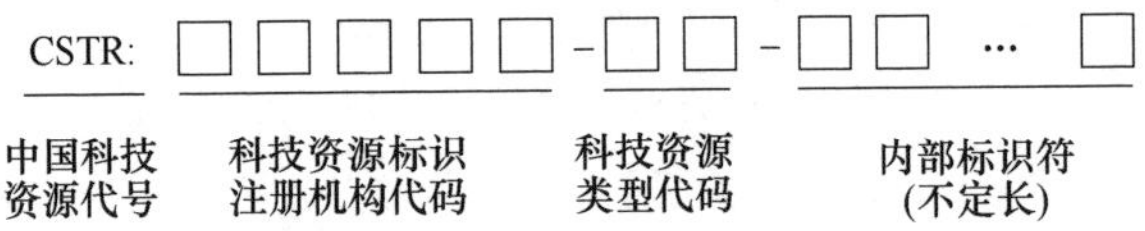

```
CSTR: □□□□□-□□-□□ ... □
      中国科技  科技资源标识  科技资源    内部标识符
      资源代号  注册机构代码  类型代码    （不定长）
```

图 3-7　科技资源标识符结构（GB/T 32843—2016）

该方法的缺点是不同科技资源标识注册机构对同一科技资源（如某科技文献）给出的科技资源标识符是不同的。而且面对如此众多的科技资源，要建立跨科技资源标识注册机构的统一的科技资源标识符也是很难的。

（2）关键词结构的科技资源分类模型　关键词结构的科技资源分类模型又称主题词分类法，采用主题词、关键词、标签（Tag）等方式进行科技资源的属性或特征的表征和描述。因为主题词、关键词、标签往往是大众编制的，所以又称大众分类法。这类分类模型比较适合互联网中的资源分享。

两种科技资源分类模型的比较见表 3-1。

表 3-1　两种科技资源分类模型的比较

比较项目	树状结构的科技资源分类模型	关键词结构的科技资源分类模型
主观性的影响	很强，难以表达成唯一的分类模型	较小；通过大数据的分析，减少个人主观性的影响，反映大众的选择
灵活性	较弱，难修改	很强，难维护
结构性	很强，树状结构本身就体现了分类的严谨的结构	较弱；关键词本身没有反映其相互关系，关键词之间的结构需要通过进一步大数据分析才能得到
编制的复杂性	编制复杂，要兼顾各种科技资源分类的需要，包括知识、数据、人才、产品、软件、硬件等科技资源	编制简单
一致性	较强，由专家讨论统一确定	较弱，人们可能采用不同的术语描述同一概念
持续性	资源描述具有较长的持续性，可以有效保证其在时间历程上的一致性	有时关键词的描述随时间变化而有较大变化，使过去的资源的搜索变得困难

2. 科技资源分类模型的需求

1）有助于科技资源的统一有效组织管理和分享服务。

2）有助于建立科技资源的分级标准，实现对科技资源的安全有序开放分享。

3）具有规范化和标准化的特性，支持科技资源的供需匹配。

4）可以快速定位到所需要的科技资源，支持科技资源分享。

3.2.2 科技资源分类模型的建立方法

1. 树状结构的科技资源分类模型的建立方法

本书主要关注企业、平台的科技资源分类模型。国际、国家的科技资源分类模型比较宽泛，难以满足具体企业、平台的具体需求，企业级科技资源分类往往要更具体、针对性更强。可以在《中国图书馆分类法》、《科技资源标识》（GB/T 32843—2016）、国际专利分类体系（IPC）等分类体系的基础上扩展建立企业或行业、平台的科技资源分类体系。《中国图书馆分类法》是当今国内图书馆中使用最广泛的分类体系。目前国际上主要的专利分类体系有 IPC、日本专利分类体系（FI/F-term）、美国专利分类体系（USPC）、欧洲专利分类体系（ECLA/ICO）以及联合专利分类（CPC）。

知识资源分类可以参考 ICS、《知识管理 第 7 部分：知识分类通用要求》（GB/T 23703.7—2014）等。细分类别的科技资源可以参考一些标准。2020 年 1 月 29 日在国家标准信息查询平台（http://www.gov.cn/fuwu/bzxxcx/bzh.htm）输入"分类"搜索到国家标准 620 个、行业标准 704 个、地方标准 134 个，其中很多都具有参考价值。

科技资源的树状结构分类模型由本领域的专家编制，将科技资源归入对应的子类，检索时可按树状结构一层一层地找到所需的科技资源的分类码。

科技资源的树状结构分类模型的建立应遵循科学性、系统性、可延性和兼容性的规则，要尽可能地请领域专家参与。

科技资源的内容和概念在不断变化，科技资源分类模型需要与时俱进。当科技资源分类模型变化后，需要对已经应用科技资源分类模型的科技资源的编码进行维护，或者在编码搜索系统中建立对应表，实现在不同时期的科技资源分类模型的统一搜索，这样可以解决传统的科技资源分类模型修改难、灵活性差等问题。因此需要建立、维护和应用科技资源分类模型的互联网平台的支持。

2. 关键词结构的科技资源分类模型的建立方法

建立关键词结构的科技资源分类模型主要采用大众分类法，即关键词或标签是由大众自己选择的方法。

关键词是指出现在文献的标题、摘要以及正文中，能够表达文献主题内容、可作为检索入口的未经过规范化的自然语言词汇。

标签是指不依赖于固定分类，由用户针对内容添加简短描述，以方便搜索的分类。

关键词或标签的最大挑战是随意性，这会导致通过关键词或标签去搜索或匹配科技资源的难度大大增加。但在互联网环境中，这种随意性将会显著降低，因为如果科技资源的发布人所采用的关键词或标签太随意、不规范，就会使其发布的科技资源难以被人搜索和利用，达不到其发布的目的；同样，如果科技资源的搜索人所采用的关键词或标签不规范，也会使其难以搜索到想要的科技资源。最终对于同类科技资源，大家就会趋向于采用同样的关键词或标签。这是一种自组织优化的模式。互联网平台要为促进关键词或标签的自组织优化提供良好的环境，例如，当人们输入关键词或标签时，平台提示该关键词或标签是不是常用的关键词或标签。

关键词或标签采用本体模型进行规范化，可以提高基于关键词或标签的科技资源的搜准率和搜全率。

关键词或标签可以与数据字典结合起来使用。数据字典是描述信息或数据等资源对象的数据，其使用目的包括：实现资源对象的有效发现和查找；追踪资源对象在使用过程中的变化；对资源对象进行有效管理和评价。

一般来说，数据字典由多个按照规定的编码语言和编码方式对信息资源属性进行特征描述的元素组成，这些元素按照规定的相互关系和整体结构形成具体的数据字典格式。例如，都柏林核心元素集（Dublin Core，DC）主要用于描述 Web 网页和其他互联网资源，也适用于其他领域。虽然 DC 只规定了 15 个元素，内容较少，但比较通用。FOAF（Friend of a Friend）是一种 XML/RDF 词汇表，用于描述用户 Web 主页中通常会包含的个人信息，如基本信息（姓名、性别等）、兴趣爱好和相关好友等信息。

3.2.3 科技资源的分类

各个行业的科技资源有明显不同，需要按照资源类型分类。

（1）按照资源的虚实特点分类　科技资源可以分为：虚拟资源、实体资源和人才资源。

1）虚拟资源包括数据资源、知识资源、软件资源等。

2）实体资源主要是指硬件资源。

3）人才资源主要是指人头脑中的知识，它是虚拟资源，但人又是其实体。因此，人才资源可以看作虚实结合的资源。

类似的分类还有：信息资源和物理资源。

（2）按照资源的有形和无形特点分类　科技资源可以分为有形资源和无形资源。

1）有形资源主要是指硬件资源、产品资源等。

2）无形资源主要包括知识资源、数据资源等。

人才资源比较特别，可以认为依靠智力创造财富的人才资源属于无形资源，其价值难以确定。一个优秀的程序员可以抵 50 个普通程序员。而依靠体力创造财富的人才资源属于有形资源，可以靠数量确定资源价值多少。

（3）按照软资源和硬资源分类　张霖按照软资源、硬资源和其他相关资源进行分类。软资源包括软件、知识、人力；硬资源包括制造设备、计算资源、物料。软资源和硬资源分类其实是无形资源和有形资源分类的另外一种表述方法。

（4）按照科技资源的组成和关系分类　从创新的角度可以将科技资源分为：

1）基本要素（知识、数据）。

2）主体要素（人才，包括企业家、政府和专家）。

3）体制要素（机制、制度和法制）。

4）投入要素和环境要素。

（5）按照资源排他性的特征分类

1）排他性的资源，即只能在一定时间供一定的用户分享的资源，如汽车和房屋等资源。

2）非排他性的资源，即可以同时被许多用户分享的资源，如数据、知识等资源。

（6）ISA-95 标准的分类　ISA-95 是企业系统与控制系统集成国际标准（The International Standard for the Integration of Enterprise and Control Systems），由仪表、系统和自动化协会（ISA）在 1995 年投票通过，而 95 代表的是 ISA 的第 95 个标准项目。

该标准的开发过程由美国国家标准协会（ANSI）监督并保证其是正确的。目前，MES 主要参照 ISA-95 标准，它定义了 MES 系统集成时所用的术语和模型。

ISA-95 中描述的生产对象模型根据功能分为四类九大模型，四大类是资源、能力、产品定义和生产计划。其中，资源包括人力资源模型、设备资源模型、材料资源模型和过程段模型；能力包括生产能力模型、过程段能力模型；产品定义包括产品定义模型；生产计划包括生产计划模型和生产性能模型。具体介绍如下：

1）人力资源模型。此模型专门定义人员和人员的等级，定义个人或成员组的技能和培训，定义个人的资质测试、结果和结果的有效时间段。

2）设备资源模型。设备资源模型用于定义设备或设备等级，定义设备的描述，定义设备的能力，定义设备能力测试、测试结果和结果的有效时间段；定义和跟踪维护请求。

3）材料资源模型。此模型专门定义材料或材料等级属性，对材料进行描述，定义和跟踪材料批量和子批量信息，定义和跟踪材料位置信息，定义材料的质量保证测试标准、结果和结果的有效时间段。

4）过程段模型和过程段能力模型。过程段模型和过程段能力模型专门定义了过程段，提供过程段的描述，定义过程段使用的资源（人力、设备和材料）、能力和执行顺序。

5）生产能力模型。此模型对生产能力或其他信息进行描述，独一无二地定义设备模型特定生产单元的生产能力，提供当前能力的状态（可用性、确认能力和超出能力），定义生产能力的位置，定义生产能力的物理层次（企业、生产厂、生产区域、生产单元等），定义生产能力的生命周期（起始时间、结束时间），归档生产能力的发生日期。

6）产品定义模型。产品定义模型专门用于定义产品的生产规则（配方、生产指令），并对此规则提供一个发布日期和版本，指定生产规则的时间段，提供生产规则及其他信息的描述，指定使用的材料表和材料路由，为生产规则指定产品段的需求（人力、设备和材料），指定产品段的执行顺序。

7）生产计划模型。生产计划模型用于对特定产品的生产发出生产请求，并对请求提出一个唯一的标识，提供对生产计划以及相关信息的描述，提供生产计划请求的开始和结束时间，归档生产计划发布的时间和日期，指出生产计划请求的位置和设备类型（生产厂、生产区域、过程单元、生产线等）。

8）生产性能模型。生产性能模型根据生产计划请求的执行或某一个生产事件报告生产结果，唯一地标识生产性能，包括版本和修订号，提供生产性能的描述和其他附加信息，识别相关的生产计划，提供实际的生产开始和结束时间，提供实际的资源使用情况，提供生产的位置信息，归档生产性能发布的时间和日期，提供生产产品设备的物理模型定义（生产厂、生产区域、过程单元、生产线等）。

3.2.4 知识资源的分类

1. 按照知识资源的来源分类

（1）公开科技文献资源　文献在现代的解释为"记录有信息和知识的一切有形载体"。具体来说，文献是将知识、信息用文字、符号、图像、音频等记录在一定物质载体上的结合体。

从学术的角度看，文献是为官方或民间收藏的、用来记录群体或个人在政治、经济、军事、文化、科学以及宗教等方面活动的文字或其他载体的材料。

公开科技文献资源包括论文、科技报告等。

（2）企业内的文档资源

1）研发类文档。研发类文档指导研发设计人员研发和设计产品，提供产品原理、设计手册、设计规则、产品模型、产品设计BOM、设计总结等相关文档的支持。

2）制造类文档。制造类文档指导工艺和制造管理人员制造产品，提供工艺文件、工艺设计规则、制造 BOM、生产计划等相关文档的支持。

3）营销类文档。营销类文档是提供给客户及销售人员的文档，如产品宣传手册、产品销售指导文件、产品销售计划、产品使用说明书等，其目的在于使客户有购买欲望，使销售队伍学习销售产品的策略及方法。

4）培训类文档。培训类文档是指提供给客户、销售队伍、售后人员的培训文档和课程，使客户有购买欲望，使销售队伍及合作伙伴学会销售产品。

5）售后服务类文档。售后服务类文档指导售后队伍维修一个产品，如产品维护手册、产品故障分析等文档。

这些文档资源是显性知识，并且具有较高的规范性。

(3) 专利资源　专利资源主要是指在经济社会中用来创造财富的有效专利。专利，即专利权的简称，主要分为发明、实用新型及工业设计三种类型。

(4) 标准资源　《中华人民共和国标准化法》是我国标准制定和管理的根本大法，它将标准（含标准样品）定义为农业、工业、服务业以及社会事业等领域需要统一的技术要求。标准包括国际、跨国区域（联盟）、国家、行业、地方、团体、企业标准。

(5) 互联网资源　互联网资源主要是指互联网中大众发布的文档、图片、视频等，包括来自微信、博客等平台的信息。对企业而言，有价值的互联网资源有：

1）用户需求，即来自各个电子商务网站的企业产品的销售数据以及用户对产品的评价、意见和建议等。

2）竞争情报，即来自各个产品和技术社区的新技术、新产品信息，来自互联网中的竞争对手的信息等。

2. 按照用户需要分类

(1) 权威知识（重要知识）　权威知识如企业重要标准、规范、制度、设计手册等。

(2) 外部知识　外部知识是指公开的知识资源，如专利、文献等。

(3) 日常知识　日常知识如员工发布的知识。

3.2.5　数据资源的分类

1. 产品监测数据

企业在越来越多的产品上安装了越来越多的传感器，用于产品监测，帮助预防和诊断故障。条码、二维码、RFID 等能够唯一标识产品，传感器、可穿戴设备、智能感知、视频采集、增强现实（AR）等技术能实时采集和分析产品生命周期数据，这些数据能够帮助企业在产品生命周期的各个环节跟踪产品，收集产品使用信息，从而实现产品生命周期的管理。例如，越来越多的产品上有一张电子身份证（如 RFID），可以通过它获取产品全生命周期过程的数据。一旦发现问题产品，企业或监管部门就可以立即采取措施。

2. 制造过程数据

产品制造过程很复杂，有许多工序，设备和工件有许多状态，从而有大量数据。许多产品在其生命周期的不同阶段中有不同的制造企业参与。为了保证产品质量的可追溯性，使产品维护维修以及产品回收时能够查询到必要的产品历史状态数据，需要对产品状态数据进行管理。

案例：模具钢材的状态数据有钢厂名、出炉时间、检验数据等；模具毛坯的状态数据有锻造厂名、锻造时间、锻造工艺、检验数据等；模具设计的状态数据有设计单位和设计师名、设计时间、设计图、各种设计文档等；还有模具热处理、各道加工工序、试模、返工、工作、维护、保养、维修、再制造等状态数据。

3. 企业信息系统中的数据

（1）PDM 系统中的数据　企业多年来积累了大量的产品数据和模型。随着用户需求多样化和个性化趋势的增强，产品品种增多、批量减小，产品数据和模型也急剧增多。例如，雅戈尔的服饰总共有 52 000 余款，每一款服饰还有很多尺寸和面料颜色的变化。假设这些服饰的彩色款式图片、工艺文件等每套存储量是 10GB，则有超过 500TB 的存储量。这些数据的快速重用和优化组合有助于提高企业的创新能力。

（2）CAX 系统中的数据　CAD、CAPP、CAE 等系统所产生的产品模型的数据量是很大的。如果将各种实验的数据、分析的数据整合进 CAX 系统的模型库中，数据量就会更大。这些数据可以使产品设计和分析的经验得到重用，使 CAX 系统能够支持企业的快速创新和设计。

（3）PLM 系统中的数据　PLM 系统中的数据不仅包括了 PDM 系统中的数据，还包括了大量的产品销售和售后状态的数据，特别是产品使用和维修的数据。

（4）ERP 系统中的数据　企业多年来积累了大量的生产和管理数据。需要研究如何充分利用这些数据，帮助企业更好地决策和优化业务过程，使 ERP 系统应用更上一层楼。例如，雅戈尔 ERP 系统中的数据量达到 2TB。这些数据的利用可以帮助分析企业的生产和管理效率，发现影响企业发展的瓶颈问题，加强企业内部控制。目前这些数据的量不够大，不够细致、完整和准确，作用发挥得还不够。

（5）MES 中的数据　生产现场变化很快，数据很多，但大部分数据的价值很低。一些大型服装企业有生产流水线及监控系统，可以获得大量车间现场的实时数据。

（6）SCM 系统中的数据　一些大型企业有 SCM 系统。例如，方太厨电将本企业的"6S"管控方式植入第三方，保证了整条供应链管控的严密性，同时减少了产品因物流业务外包所造成的残损。这种"6S"管理会产生数据，并能提高方太厨电的供应链一体化管控能力。

（7）企业制造服务系统中的数据　例如，宁波永尚机械有限公司为每一位客户、每一台产品建立档案，跟踪回访，进行预防性维护服务，由此获得大量数据。宁波量子星自动化设备有限公司致力于自动化系统成套解决方案，集聚了大量数据。宁波帮手机器人有限公司提供数字化工厂的整体解决方案，包括生产数据采集分析管理系统，分析车间利用率、空闲率、报警率、零件生产情况，生成相应报告，制订针对性的管理措施。

4. 企业知识管理系统中的数据

企业知识管理系统中不仅会有大量的知识，而且有员工下载、阅读、评价知识的行为数据，其作用有：

1）有助于实现知识管理全过程的透明化、可追溯。
2）可以帮助评价员工知识分享和知识水平，促进知识分享。
3）有助于实现知识自动有序化，提高知识利用效率。
4）可以支持知识产权协同保护，促进协同创新。
5）有助于企业对员工的全面评价和充分使用。
6）有助于员工找到最合适的专家。
7）有助于企业产品创新。

3.2.6 产品模块资源的分类

1. 模块资源编码系统的构成

编码是对事物或概念赋予一定规律性的、易于人或计算机识别和处理的符号、图形、颜色、缩略词等，是人们统一认识、统一观点、交换信息的一种技术手段。

在长期的生产实践中，企业积累了大量产品数据和文档资源，这些资源以不同的形式（纸质文件、电子文档等）存在于不同的部门和信息系统中。快速、有效地检索并充分利用这些资源是实现产品快速开发设计的根本保证。建立统一、简洁、完善、无二义的编码系统是支持资源检索及重用、成功进行产品信息标准化和模块化的重要基础工作。

完整的模块资源编码系统一般由三个部分组成,即分类码、识别码和视图码,如图 3-8 所示。三部分编码之间具有十分密切的联系,在使用过程中可以按照使用目的的不同而以各种组合方式出现,或者单独使用。这种模块资源编码系统在编码理论中被称为平行编码系统。

图 3-8 模块资源编码系统的构成

(1) 分类码　分类码(事物特性表编码,Sach-Merkleisten-ID,简称 SML-ID 码)定义了对应模块的对象类,如螺钉、法兰、联轴器和气缸等。每一类模块都有唯一的 SML-ID 码。分类码的主要作用是对模块进行分类,向开发设计人员和管理人员提供有效的分类检索手段。

(2) 识别码　识别码(Part-ID)用来对同一对象类中的不同对象进行区分和标识,每一个模块都有唯一的识别码。目前越来越多地采用顺序编号作为识别码,一般的 ERP 系统或 PDM 系统都提供流水码发生器。

(3) 视图码　在模块化产品开发设计中,为了更好地重用设计资源,需要对模块的每一个视图都分别加以识别,以便在需要时可以分别加以检索和利用。为此,可以按照 DIN FB14 中的约定对视图以及视图的重要特性进行编码即产生视图码(View-ID)。

▶ **2. 模块资源编码系统中的分类码**

模块资源编码系统中的 SML-ID 可以根据德国工业标准 DIN4000 的规定来编制,并根据实际需要做必要的扩充。SML-ID 的结构如图 3-9 所示。

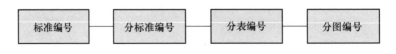

图 3-9 SML-ID 的结构

(1) 标准编号　SML-ID 中的标准编号用来区分不同的标准,用两位数字表示。如:

1) 00:表示 DIN 4000(GB 10091)标准。

2) 01:表示 DIN 4001 标准。

3) 08,09,99:备用。

4) 10~98:表示企业标准。

其中，DIN 4000/4001 标准用于标准件和外购外协件（称为 C 类零部件）；企业标准用于典型的变型零部件（称为 B 类零部件）和与客户需求有关的特殊零部件（称为 A 类零部件）。

（2）分标准编号　SML-ID 中的分标准编号对应相应标准所属的分标准。

例如，在 DIN 4000 中，编号为 2 的分标准是"螺钉和螺母"标准，编号为 8 的分标准是"法兰"标准，编号为 11 的分标准是"弹簧"标准，等等。

（3）分表编号　一个分标准可以包括属于一个大类的很多小类标准，分表编号表示检索对象在分标准中所属的小类编号。

例如，在 DIN 4000 中，编号为 2 的分标准是"螺钉和螺母"标准，其下属编号为 1.1 的分表是"利用外部工具拧紧"的"有头螺钉"的标准，编号为 1.2 的分表是"利用内部工具拧紧"的"有头螺钉"的标准，等等。

（4）分图编号　分图编号是指用图形表示的、对分标准中的小类进一步说明的编号。

例如，在 DIN 4000 中，编号为 2 的分标准是"螺钉和螺母"标准，其下属编号为 1.1 的分表是"利用外部工具拧紧"的"有头螺钉"的标准，其下属编号为 1 的分图表示"六角螺钉"，下属编号为 39 的分图表示"四角螺钉"，等等。

图 3-10 表示了按照上述分类方法对六角螺钉进行分类的例子。图中 SML-ID 为 00-2-1.1-1 的六角螺钉的事物特性表中包括了不同螺纹直径和不同长度的所有六角螺钉，不同尺寸的六角螺钉分别具有不同的 Part-ID。

3. 模块资源编码系统中的识别码

Part-ID 是用来对同一对象族中的不同对象进行区分和标识的编号，通常采用由计算机自动产生的顺序编号作为识别码。要求 Part-ID 具有唯一性，即能唯一地定义对象。在已经有零部件编码系统的企业中，只要这些零部件编码具有唯一性，就可以作为 Part-ID 使用。

4. 模块资源编码系统中的视图码

模块资源编码是直接面向图形的，因此必须利用 View-ID 对零部件的各种不同视图进行标识。

图 3-11 表示了按 DIN FB14 编制的 View-ID 结构。

View-ID 中包括几何图形种类、显示等级、视图号、组装状态变形、视图变形等信息。

5. 模块资源编码系统的应用

图 3-12 表示了一个 SML-ID 为 11_35_1_1 的模块族的各种编码。该模块族的描述信息主要包括三个组成部分，即表格部分、视图部分和主文档部分。主文

档包括主图、主工艺过程规划和主 NC 程序等，为简洁起见，图 3-12 中仅表示了零件族的主图。

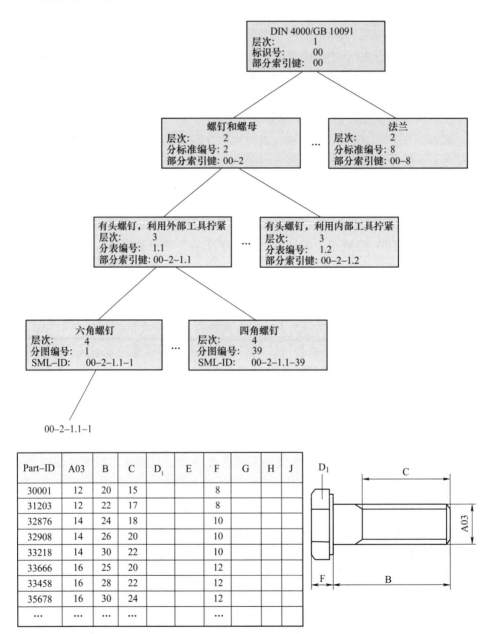

图 3-10　对六角螺钉进行分类的例子

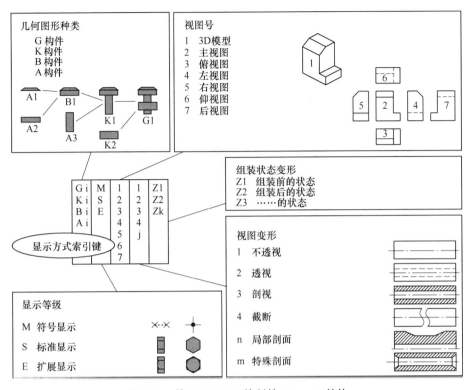

图 3-11 按 DIN FB14 编制的 View-ID 结构

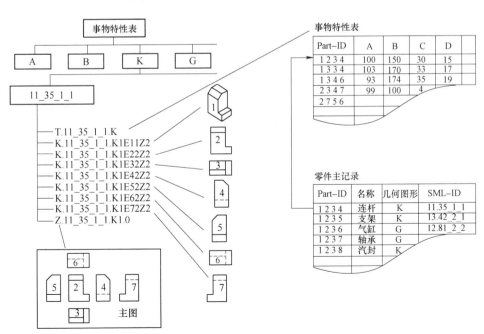

图 3-12 模块资源编码系统体现了图、表、码三位一体的思想

1）表格部分用"T"开头的代码标识，由事物特性表和零件主记录两部分组成。前者描述了零件族的事物特性，在事物特性表中包括了同一零件族的所有零件；后者描述了该零件的基本属性。事物特性表和零件主记录通过唯一的Part-ID相连。

2）视图部分用"A""B""K""G"开头的代码标识，例中的"K"表示零件，包括了零件的各个视图及其变形。

3）主图部分用"Z"开头的代码标识，描述了该类零件的公用信息。

模块资源编码系统体现了图、表、码三位一体的思想，通过事物特性表实现了各视图的关联，通过引入主图的概念，更方便地进行产品建模和零部件的变形设计。

3.2.7 科技资源的标识解析体系

科技资源的标识解析体系给予除人才资源外的每个科技资源以唯一地址，支持科技资源互联互通分享。标识相当于科技资源的"身份证"。科技资源的标识解析体系与计算机IP地址的比较如图3-13所示。类似互联网领域的域名解析系统（DNS），标识解析体系赋予产品、知识、数据、硬件、软件五类资源中的每一个科技资源唯一的"身份证"，从而实现科技资源的区分和管理。企业原有的产品编码可以加在标识的后缀上。

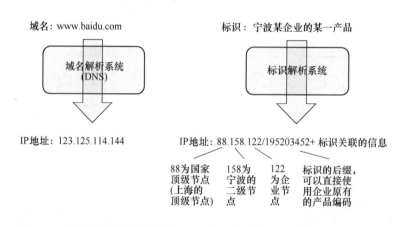

图3-13 科技资源的标识解析体系（右）与计算机IP地址（左）的比较

标识编码的载体有两种：①实体载体，通过条码、二维码、RFID等的方式表示；②虚拟载体，通过计算机某存储空间的一串二进制数据表示。

标识服务，即利用标识对机器和物品进行唯一性的定位和信息查询，是实现全球供应链系统和企业生产系统的精准对接、产品的全生命周期管理和智能化服务的前提和基础。

标识管理，即通过国家工业互联网标识解析体系，实现标识的申请、注册、分配、备案，为科技资源分配唯一的编码。标识解析体系由二级节点、顶级节点和企业节点等组成。

在科技资源分享平台，利用标识解析可以按需分享来自科技资源的数据，优化经营分析管理。标识解析体系可以联通产品、机器、车间、工厂，实现底层标识数据采集成规模、信息系统间数据分享，进行数据挖掘和分析应用，支持供应链管理、产品质量追溯、库存可视化管理、核心零部件追溯机制等。

3.3 科技资源元数据模型及建立方法

3.3.1 科技资源元数据模型的定义和需求

1. 科技资源元数据模型的定义

科技资源元数据模型是规范科技资源描述属性的方法，是描述数据的数据，用于描述科技资源的内容、覆盖范围、质量、管理方式、数据的所有者以及提供方式等有关信息的数据。统一规范地描述科技资源对象，有助于对科技资源的组织、集成、检索、发现和管理。例如，图书元数据包括书名、作者、出版发行机构、出版日期、出版书号等。

国家标准关于元数据的定义也不同：

1）关于数据的数据。
2）定义和描述其他数据的数据。
3）关于数据或数据元素的数据（可能包括其数据描述），以及关于数据拥有权、存取路径、访问权和数据易变性的数据。
4）描述数据及其环境的数据。
5）描述物联网数据及其相关信息的数据。
6）关于数据的数据，主要是描述数据属性（Property）的信息。
7）描述科技报告的一种结构化数据，用于实现检索、管理、使用、保存等功能。

科技资源的元数据包括科技资源名称、类型、发布者、发布时间、存放地点、关键词等。不同的科技资源，如知识、数据、人才、产品、软件、硬件等资源，有进一步的元数据模型。需要考虑尽可能采用已经有的标准。

2. 科技资源元数据模型的需求

不同的人对科技资源描述空间的维度往往有不同的定义，这就导致了科技资源集成难和搜索难。

科技资源元数据模型的需求主要有：

1) 解决科技资源难于管理的问题。因为有了元数据模型的描述，科技资源都被贴上了"标签"，所以提高了科技资源的管理水平。

2) 解决科技资源难于发现的问题。因为可以利用描述科技资源的元数据去检索科技资源实体，所以科技资源的发现变得"有据可查"。元数据指导用户"读懂"科技资源，以帮助决定哪些科技资源是他们所需要的。

3) 解决科技资源难于获取的问题。元数据中包含科技资源的位置、类型等信息，因此科技资源的获取会变得容易。这提高了科技资源的利用率，便于科技资源的维护和更新。

4) 解决信息类科技资源难于分享和整合的问题。若信息类科技资源都采用统一或相互兼容的元数据模型来描述，那么就为分布的、由多种信息类科技资源有机构成的资源体系（如数字图书馆）提供了整合的工具与纽带。

5) 支持一致、有效的信息类科技资源的描述，便于不同机构之间的信息类科技资源交换。为此，信息类科技资源描述需要依据一定的描述规范进行，需要根据检索系统的要求，确定描述的成分和特征，按一定的次序和形式记录。

3.3.2 科技资源元数据模型的建立方法

1. 建立科技资源元数据参考模型库

调查搜集尽可能多的科技资源元数据，建立科技资源元数据参考模型库，以便参考已有的科技资源元数据模型，快速建立合适的科技资源元数据。

元数据模型标准很多，其主要原因有：

1) 不同的资源类型需要不同的元数据模型来描述。

2) 用户需求驱动。

3) 网络化信息环境使得元数据模型的创建和使用变得更容易。

目前，与图书馆关系比较密切的元数据模型的标准就有很多，主要有：

1) 描述档案信息的元数据标准，如 EAD（Encoded Archival Description）。

2) 描述艺术类信息的元数据标准，如 CDWA（Categories for the Description of Works of Art）、VRA Core。

3) 描述音像资料的元数据标准，如 MPEG-7、MusicBrainz、NISO/CLIR/RLG、CDL。

4) 描述网络资源的元数据标准，如 DC（Dublin Core Metadata Element Set）、URCs（Uniform Resource Characteristics/ Citations）。

5) 描述人文及社会科学信息的元数据标准，如 TEI（Text Encoding Initia-

tive) Headers。

6）描述教育资源的元数据标准，如 IEEE LOM 元数据、GEM 元数据、DC-Education。

7）描述政府信息资源的元数据标准，如 GILS（Government Information Locator Service）、DC-Government。

8）描述地理空间信息的元数据标准，如 FGDC（Federal Geographic Data Committee）。

9）描述资源集合的元数据标准，如 UKOLN Simple Collection Description、Collection Descriptions、RSLP 239.50 Profile for Access to Digital Collections、RDF Site Summary 等。

10）描述技术报告的元数据标准，如 RFC1807。

科技资源元数据可以参考一些相关标准。2020 年 1 月 29 日在国家标准信息查询平台（http：//www.gov.cn/fuwu/bzxxcx/bzh.htm）输入"元数据"搜索到国家标准 66 个、行业标准 53 个、地方标准 24 个。

例如，目前已经有《物联网　信息交换和共享　第 3 部分：元数据》（GB/T 36478.3—2019）、《重要产品追溯　核心元数据》（GB/T 38154—2019）、《产品标签内容核心元数据》（GB/T 37282—2019）、《全国主要产品分类　产品类别核心元数据》系列标准（GD/T 37600）、《信息与文献　期刊描述型元数据元素集》（GB/T 35430—2017）、《科技人才元数据元素集》（GB/T 35397—2017）、《科技报告元数据规范》（GB/T 30535—2014）、《科技平台　资源核心元数据》（GB/T 30523—2014）、《科技平台　元数据标准化基本原则与方法》（GB/T 30522—2014）、《机械　科学数据　第 3 部分：元数据》（GB/T 26499.3—2011）、《信息与文献　都柏林核心元数据元素集》（GB/T 25100—2010）、《电子商务　产品核心元数据》（GB/T 24662—2009）、《信息技术　元数据注册系统（MDR）》（GB/T 18391—2009）、《标准文献元数据》（GB/T 22373—2008）等。

从科技资源元数据参考模型库中，根据需要选择合适的科技资源元数据。元数据数量太多，则使用不便；元数据数量太少，则描述不完整。需要进行元数据的相关性分析，去掉相关性较大的两个元数据中的一个；需要进行元数据的重要性评价，把对科技资源描述价值相对较小的元数据去掉；元数据的数量最终要考虑科技资源描述的完整性、特征可识别性、可分类性等；元数据的数量还与科技资源的其他具体描述需求有关；元数据选择与元数据建立和管理的信息化水平有关，当信息化水平较高时，元数据的数量可以多些。

要尽可能地利用已有标准中的核心元数据。关于核心元数据，不同的标准也有不同的定义：

1）描述科技资源最基本信息的元数据最小集合（修改自 GB/T 30523—2014）。

2）一组关于产品的核心描述信息的元数据元素和元数据实体。

标准文献核心元数据的字典表示主要包括：记录状态（定义、英文名称、数据类型、值域、注解）、记录识别符、标准号、发布日期、发布单位、标准状态、实施或试行日期、确认日期、中文标准名称、英文标准名称、被代替标准、修改件、补充件。

元数据的建立方法可以参考《科技平台 元数据标准化基本原则与方法》（GB/T 30522—2014）《机械 科学数据 第 3 部分：元数据》（GB/T 26499.3—2011）。

2. 确定科技资源元数据类型

科技资源元数据类型可以由专家协商确定，也可以通过大数据分析得到，或者由专家协商和大数据分析共同得到。

3. 协同建立科技资源元数据模型的标准

这类标准涉及面广、用户多，因此可以采用 Wiki 模式，组织广大用户参与，协同提出和修改科技资源元数据模型的标准。

3.3.3 知识资源库中的元数据模型

DC 作为一个国际化标准，其优势是高度概括，而劣势则是不能"面面俱到"。中国知网、CALIS 重点学科导航项目、美国加州大学图书馆的 InfoMine、英国的 SOSIG 等都是参照 DC 元数据模式和规范制定相应元数据模型的。由于知识资源库中的知识资源类型、属性与数字图书馆、信息门户存在诸多的一致性，因而可以借鉴数字图书馆、信息门户建设所采用的元数据模型制定和应用理念，广泛吸取国内外先进经验，参照 DC 元数据模式和规范，建立知识资源库中的元数据模型。

知识资源库中不同类型的知识资源的具体构造虽是不同的，但存在一定的通用结构，因此便于用元数据模型描述。知识资源库需要对其每一个知识节点进行简要描述，这种描述既要明确又不能太复杂。图 3-14 说明了知识资源库中知识资源的通用结构，以及其与 DC 的对应关系。

从图 3-14 可以看出，知识资源库中资源的公共（基本）属性与 DC 对应得较好，而其他描述信息需要在 DC 基础上添加或修改元数据模型。

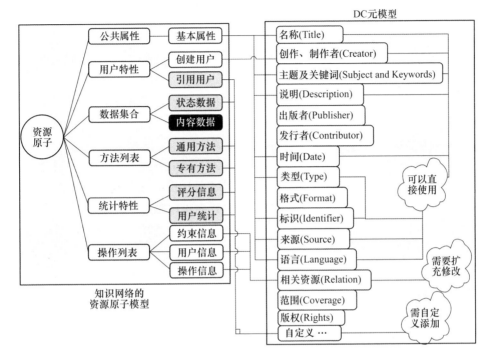

图 3-11　知识资源库中的元数据模型

3.4　科技资源本体模型及建立方法

3.4.1　科技资源本体模型的定义

科技资源本体模型规范了同一科技资源的名称术语及不同名称术语间的关系，帮助解决同一概念的名称多样化问题和概念混乱带来的问题，使科技资源分享者能够快速、全面地搜索到所需要的科技资源，提高科技资源的搜全率和搜准率。本体模型和方法在知识资源分享中应用较多。

本体没有统一的定义，以下是一些来自不同标准的定义：

1）在大数据语境下，它是一些约束后续各种不同层次逻辑模型的语义模型。

2）计算机科学领域的一种模型，用于描述用一套对象类型（概念或者类）、属性以及关系类型所构成的世界。

3）被表述为一系列相互关联的概念与定义。这种表述类似于叙词表中的术语。但是，本体不是术语标准。

4）使用计算机能够处理的语言对论域的描述。

3.4.2 科技资源本体模型的需求

1. 科技资源分享中的问题

不同的人对于科技资源往往有不同的名称术语及名称术语的关系，这就导致了科技资源集成难和搜索难。

面对繁多的科技资源和名称，存在的问题有：

1）同一科技资源有多种名称术语，一种名称术语描述多种不同的概念。这给科技资源的集成带来诸多不便。一方面需要通过标准化、规范化的方法解决这些问题，例如采用数据字典等方式；另一方面可以通过本体方法，建立标准本体和关联本体。标准本体对应描述某一概念的标准术语，关联本体对应描述这一概念的其他术语。在信息搜索时标准本体与关联本体一起用于搜索。科技资源本体模型通过对科技资源对象进行统一规范的描述，有助于对科技资源的组织、集成、检索、发现和管理。

案例：有一次，我国订购日本三菱集团的一艘船，由于救生衣性能有防寒和不防寒两种，我国在合同中只写了救生衣，结果船上配备的是不防寒的救生衣，重新装备造成很大的经济损失。后来，全国科学技术名词审定委员会审定公布的石油名词中，才有了"［防寒］救生服"的定名。

同一科技资源有多种名称术语这一情况的出现还有人为的因素。例如，在专利申请时，为了在公开专利以后，尽可能地不让竞争对手发现这些专利，有些申请者有意为产品或技术取一新名称。也有些申请者试图通过自己创造的名称将垃圾专利蒙混过关。

2）同一科技资源有多种概念结构，这给科技资源的集成带来诸多不便。

本体是用于解决同一概念的名称多样化问题和概念结构混乱带来的问题的。名称多样化问题会进一步导致科技资源分享和利用中出现如下问题：①搜索到的科技资源信息不完整；②搜索到的科技资源信息不准确；③科技资源信息集成难。概念结构混乱会带来科技资源分类混乱、资源集成难和搜索难的问题。

2. 本体模型对科技资源分享的作用

1）提高科技资源搜索的效率和质量。对于同一科技资源，不同专业和知识背景的人，甚至同一人在不同时期会给出不同的术语描述；不同科技资源间的关系，也同样会被给出不同的描述。这会严重影响科技资源搜索和利用的效率及质量，例如用术语（又称关键词）搜索，有可能搜索到大量无关的知识，也有可能搜索不到所需要的科技资源——其实科技资源库中存在这类科技资源，只是科技资源的名称与搜索用的术语不一致。科技资源本体通过对术语及术间关系的规范化，有助于解决这些问题，满足企业科技资源库统一检索、企业科技资源图谱建立、技术路线图共建、技术进化图共建、科技资源推送等需求，提高科技资源的有序化。

2）支持不同软件资源的集成。信息系统中也存在大量的术语及关系。大型企业往往有10种以上的信息系统，这些信息系统往往是在不同阶段、由不同单位开发的，存在数据异构问题，这严重影响不同信息系统之间的集成。科技资源本体通过对术语及术语间关系的规范化，有助于解决这一问题，支持对软件资源的统一描述和搜索，满足不同阶段和不同单位开发的不同的信息系统之间集成的需要，主要是不同数据库中字段名的映射、不同数据结构的映射等的需要。

3）支持不同专业员工间的协同。产品开发设计需要多专业多学科的协同。不同专业的员工具有不同的背景，对知识的描述各有差异。需要通过科技资源本体，实现对同一概念的统一描述，减少在概念描述上产生的误解和问题，提高知识沟通和协同创新的效率；需要通过本体支持对人才资源的统一描述。

3.4.3 科技资源本体模型的描述方法

1. 标准本体、同义本体和候选本体的概念

科技资源本体模型可以帮助企业提高科技资源搜索的效率和质量，支持不同科技资源的集成，支持不同专业员工间的协同。

科技资源本体模型可分为标准本体、同义本体和候选本体，基本分类及例子如图3-15所示。

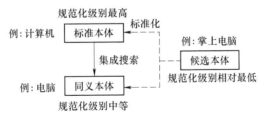

图3-15 科技资源本体模型的基本分类及例子

（1）标准本体 标准本体是作为描述某一概念的最基本的本体，一般是本专业所达成共识的术语及术语间的关系，往往体现在专业权威的教科书、设计手册和词典中。要求在建立和发布科技资源的过程中，首先选用标准本体作为科技资源的标引。一般在不引起概念混乱的情况下，标准本体简称为本体。

（2）同义本体 同义本体描述某一概念的标准本体以外的相似术语及关系。相似术语的产生往往是由不同专业背景或其他原因而造成的。在科技资源本体

体系中需要将标准本体与同义本体集成后进行搜索，以提高科技资源的搜全率。要求在建立和发布知识过程中，尽可能不选用同义本体，而选用标准本体，以促进科技资源术语的规范化。

（3）候选本体　候选本体是标准本体的候选者。当使用次数增加到一定程度时，可以选为同义本体。

例如，图3-15中的计算机是标准本体，电脑是同义本体。在科技资源库中将计算机和电脑这两个术语用本体概念关联后，输入"计算机"就可以同时找到采用"电脑"术语的科技资源。

2. 科技资源本体模型结构框架

科技资源本体模型结构框架的示例如图3-16所示。它由三个维度组成：科技资源维描述不同粒度的科技资源本体，时间维描述产品生命周期中不同阶段的科技资源本体，专业维描述不同细分行业的科技资源本体。

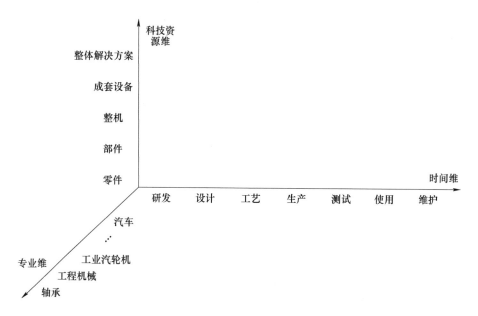

图3-16　科技资源本体模型结构框架的示例

在时间维进一步展开，可以得到产品资源本体模型结构在时间维展开的示例，如图3-17所示。

在图3-17中，实线框中的内容需要根据提示填入科技资源本体，用于科技资源库搜索；虚线框中的术语是分类用的本体，不一定都用于科技资源库搜索；没有线框的术语为同义本体，一般由科技资源管理系统进行关联搜索。

科技资源本体模型结构在科技资源维展开的示例如图3-18所示。

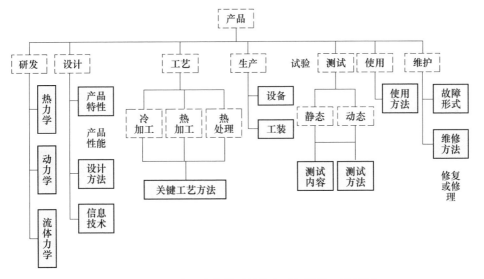

图 3-17 产品资源本体模型结构在时间维展开的示例

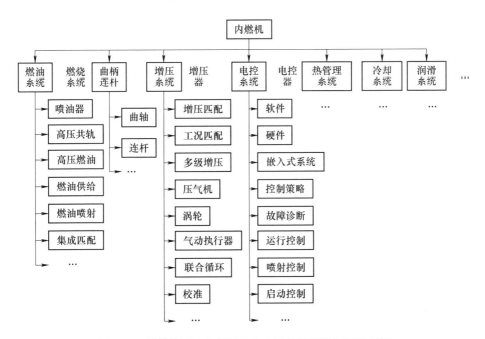

图 3-18 科技资源本体模型结构在科技资源维展开的示例

3. 科技资源本体模型的特点

1) 科技资源高度细化、变化迅速，需要一线科技人员参与制订本体的工作。例如，对于复杂产品，其知识越来越细化，发展也越来越快，需要一线科技人员分专业进行知识本体的制订。

2）科技资源本体以产品结构分类为主。产品是企业的主要研制对象，因此科技资源主要围绕产品结构展开，如产品原理、产品工艺、产品试验、产品故障、产品维护等专业知识资源和数据资源，以及各种 CAX 软件资源和硬件资源。

3）产品资源本体应与产品 BOM 系列一致。产品 BOM 系列包括产品设计 BOM、制造 BOM、维修 BOM 等，应从产品 BOM 系列获取候选本体，然后进行标准化，使其成为标准本体。尽管企业只负责产品设计，但目前产品生命周期设计、DFx、并行工程等正在成为主流设计模式，设计人员在产品设计中要充分考虑产品的可制造性、可装配性、可维护性、可回收性等。同时，设计人员要充分掌握和利用来自产品制造、装配、使用和维护等方面的科技资源，提高产品设计的水平。

4. 科技资源本体粒度的确定

科技资源本体粒度是指所覆盖的知识概念范围。科技资源本体粒度太大，会导致搜索的知识过多，难以精确定位所需要的知识；本体粒度太小，会导致本体数量过多、本体选择时间长等问题，并且所搜索到的知识可能会很少。因此需要确定合适的科技资源本体粒度。

5. 科技资源本体模型的定义

科技资源本体模型包括科技资源本体术语模型和本体关系。

科技资源本体术语的定义包括术语、英文名称、基本定义等内容。如有必要，可以给出相关的例子、说明等，以帮助理解。

术语：曲轴。

英文名称：Crankshaft。

基本定义：发动机的主要旋转机件，装上连杆后，可将活塞的往复运动变成旋转运动。

科技资源本体关系有多种关系，如同义关系、反义关系、上下位关系、整体-部分关系、蕴含关系等，并以此为基础建立完整的概念体系。

同义关系采用标准本体和关联本体的方式来描述。

同一科技资源本体类间的上下位关系（属分关系）描述了概念内涵相容、外延宽窄不同的本体术语间的关系，整体-部分关系、蕴含关系也可以用上下位关系描述。

1）上位词（S）。概念外延宽的本体术语为上位本体术语，用"上位词（S）"表示，例如"活塞环"的上位词（S）为"活塞"。

2）下位词（X）。概念外延窄的本体术语为下位本体术语，用"下位词（X）"表示，例如"活塞"的下位词（X）为"活塞环"。

6. 本体之间的关联关系的定义

本体之间的关联关系描述了不同概念之间的相关性。例如，螺栓与螺母具有较强的关联关系。在本体网络中描述这种关联关系，有助于提高科技资源搜索的效率。

3.4.4 科技资源本体建立方法

合适的建立方法有助于减少企业在科技资源本体建立过程中的大量重复性工作，支持企业设计人员在使用知识管理系统获取知识时，能够快速、全面地搜索到所需要的知识，提高知识的搜全率和搜准率。

科技资源本体建立使用和维护过程参考模型如图 3-19 所示。首先由专业人士协同建立科技资源本体标准，然后知识用户使用科技资源本体进行知识的搜索、匹配等。在使用中发现本体描述问题，就需要修改维护科技资源本体，另外科技资源内容本身也在随时间变化，也需要修改维护科技资源本体。

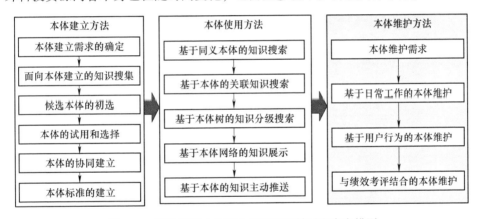

图 3-19 科技资源本体建立使用和维护过程参考模型

科技资源本体建立方法和过程如图 3-20 所示。

1. 本体建立需求的确定

1）确定科技资源本体的应用范围。这主要取决于企业科技资源分享的战略。科技资源本体的应用范围较多，如：

① 知识资源分享。知识资源分享满足企业知识资源库检索、企业知识分布地图建立、专家知识领域描述、技术路线图共建、技术进化图共建、知识资源推送等需求，提高知识资源库的有序化。

② 软件资源分享集成。软件资源分享集成满足不同阶段和不同单位开发的不同软件资源之间集成的需求，主要是不同数据库中的字段名的映射、不同数据结构的映射等的需求。

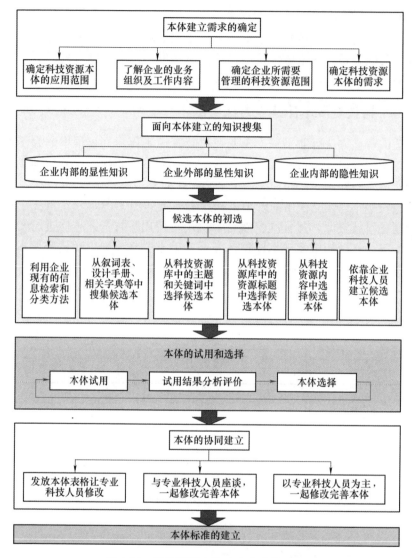

图 3-20　科技资源本体建立方法和过程

③ 人工智能系统。人工智能系统支持知识间逻辑关系的建立、推理机的实现，支持人工专家系统、智能辅助决策系统等的建立等。

科技资源本体建立方法主要是面向科技资源信息管理，通过建立高度有序化的科技资源信息管理系统，支持科技资源分享和协同创新。采用大粒度本体建立科技资源信息网络，有助于快速和有效的搜索；而小粒度本体用于建立语义网络，进行知识推理。不同需求导致不同粒度的科技资源本体（见图 3-21）。

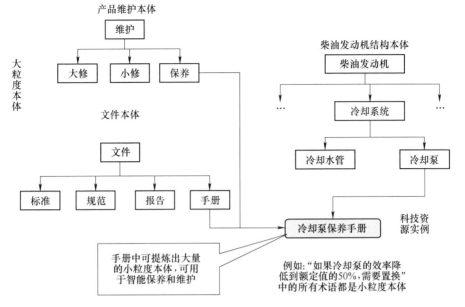

图 3-21　不同需求导致不同粒度的科技资源本体

2）了解企业的业务组织及工作内容。用组织图描述企业或企业群的业务组织及工作内容，如图 3-22 所示。不同层次的组织有各自不同的科技资源分享内容。

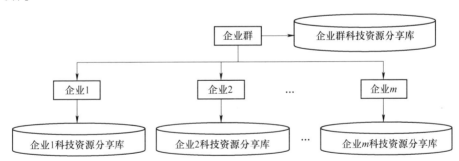

图 3-22　企业群的业务组织与知识库

3）确定企业所需要管理的科技资源范围。通过企业调研，了解企业所需要管理的科技资源范围。

① 科技资源的专业范围，包括：科技资源的时间维，如产品生命周期不同阶段（研发、设计、工艺、生产、测试、使用、维护等）的科技资源，如图 3-23 所示；科技资源的空间维，如产品-部件-零件（柴油机-曲柄连杆-连杆）的科技资源，这可以通过企业的 BOM 获得，如图 3-21（右）所示。

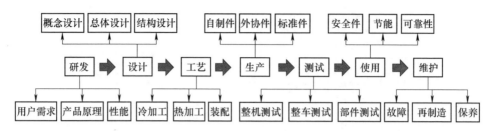

图 3-23 科技资源的时间维的示意

② 科技资源的类型，如论文、专利、标准、设计手册、研究和设计报告、实验数据等。需要确定哪些科技资源进入科技资源库，以便针对这些科技资源建立本体。

4）确定科技资源本体的需求。

① 科技资源本体的覆盖面的需求，即满足哪些知识的搜索需求。

② 科技资源本体粒度大小的需求，即满足知识搜索精准度的需求。可以结合 BOM 树和专业分类树进行科技资源本体粒度的需求确定。

2. 面向本体建立的知识搜集

本体需要从相应的知识中提取和建立，相应的知识主要包括企业内部知识和企业外部知识。

1）企业内部知识。企业内部知识可以分为显性知识和隐性知识。具体内容包括研究和设计报告、工作总结、失败案例、内部文章、合理化建议等，形式包括知识关键词、知识标题、知识摘要、知识全文等。这些知识往往分散在不同的数据库和科技人员的计算机中，甚至分散在员工的笔记本等纸质文档中，需要进行调查搜集，有的还需要输入计算机中。

2）企业外部知识。企业外部知识主要是显性知识，如万方数据和中国知网等中的科技文献、标准、专利，以及网络上的各种文章等。这些知识的数量极大，质量差别较大，需要依靠阅读和分类甄别，减少大量无用和无关的知识对企业知识库的"污染"。

3. 候选本体的初选

科技资源本体是通过对候选本体的试用分析而得到的，因此选择合适的候选本体对于建立科技资源本体至关重要。

1）利用企业现有的信息检索和分类方法。企业现有的知识检索和分类方法中往往包括了一些候选本体，利用现有的知识检索和分类方法可以减少候选本体初选的时间和成本。

2）从叙词表、设计手册、相关字典等中搜集候选本体。利用叙词表可以方便地将叙词转化为本体。国外的叙词表数量不少于千种，我国的叙词表也已超过130种。我国目前使用最广泛的叙词表为《汉语主题词表》。但一般叙词表的范围很大，只有少部分叙词可以用于上层的科技资源本体的建立，并且许多专业叙词表还不存在。从设计手册中可以获得较完整的本体定义和关系，从相关字典中可以获得较完整的本体定义。

名称本体与术语概念类似，可以参考《术语工作 原则与方法》（GB/T 10112—2019）《建立术语数据库的一般原则与方法》（GB/T 13725—2019），其中同义词、近义词相当于关联本体。

2020年1月29日在国家标准信息查询平台输入"术语"搜索到相关的国家标准有1172个，行业标准有840个，地方标准有932个。绝大多数是各种产品、技术的术语标准，这些术语完全可以作为科技资源本体，但其数量还比较少，需要适当增加。

3）从科技资源库中的主题和关键词中选择候选本体。科技资源库中的许多科技资源有主题或关键词。这些主题或关键词是比较实用的候选本体，但由于主题或关键词往往比较多，设置比较混乱，因而需要进行有序化和精简化，主要方法是：

① 将各种科技资源的主题或关键词存放在数据库中。

② 对各种科技资源的主题或关键词的出现频率进行统计。

③ 对主题或关键词出现的频率按照从大到小的顺序进行排列。

④ 将出现频率大于某一阈值的主题或关键词初选为候选本体。阈值根据本体数量而确定。候选本体数量较多时，阈值选大些；候选本体数量较少时，阈值选小些。

4）从科技资源库中的资源标题中选择候选本体。标题往往反映科技资源的主要内容，因此通过分词方法可以从中选择候选本体，其主要方法如下：

① 通过分词方法，从科技资源库中的标题中分离出候选本体，并存放在数据库中。

② 对候选本体出现频率进行统计。

③ 对候选本体出现的频率按照从大到小的顺序进行排列。

④ 将出现频率大于某一阈值的候选本体留用。阈值根据本体数量而确定。本体数量较多时，阈值选大些；本体数量较少时，阈值选小些。

5）从科技资源内容中选择候选本体。

① 首先识别专业术语和非专业术语，然后通过分词方法，从科技资源内容中分离出出现频率高的3~5个专业术语为候选本体，并存放在数据库中。

② 对来自不同科技资源的候选本体的出现频率进行统计。

③ 对候选本体出现的频率按照从大到小的顺序进行排列。

④ 将出现频率大于某一阈值的候选本体初选为本体。阈值根据本体数量而

确定。本体数量较多时，阈值选大些；本体数量较少时，阈值选小些。

6）依靠企业科技人员建立候选本体。发放科技资源本体调查表或征求意见表，组织企业科技人员初步建立候选本体。这需要调查人员有较强的沟通能力，并要求企业科技人员能够积极配合，同时也要注意尽可能地减少科技人员的工作量。例如可以采用征求意见表的形式，表中填好已经从其他渠道获得的数量较多的候选本体，让科技人员进行删除，得到合适的本体。删除比增加要方便得多。

4. 本体的试用和选择

1）科技资源本体的试用方法。需要多次试用候选本体以确定合适的本体，这是一种螺旋式上升的过程。关键是要有一套数量合适、内容完整的知识库供试用和分析。知识数量太多，试用分析困难；知识数量太少，无法起到试用分析的作用。建议知识数量在 1000~3000 条为宜。

2）本体选择的原则。主要包括：

① 本体术语的数量要适宜。

② 同一概念尽可能采用一个本体术语；需要多个本体术语描述同一概念时，选择最常用的本体术语为标准本体术语，其他本体术语为同义本体术语。

③ 根据需要选择不同层级的本体术语。例如，知识推送时选择层级低的本体术语，进行文献综述时选择层级高的本体术语。

④ 本体选择的目标是使科技资源的搜准率和搜全率尽可能高。

科技资源搜准率 Z 的计算公式如下

$$Z = k/j \tag{3-1}$$

式中　j——在科技资源分享系统中搜索到的所有科技资源条数；

　　　k——在科技资源分享系统中搜索到的所需要的科技资源条数。

$Z=1$ 是追求的目标。

科技资源搜全率 Q 的计算公式如下

$$Q = m/n \tag{3-2}$$

式中　m——在科技资源分享系统中搜索到的所需要的科技资源条数；

　　　n——在科技资源分享系统中应该搜索到的所需要的科技资源条数。

$Q=1$ 是追求的目标。

由于有些知识名称术语不规范、多样化，因而知识搜索到的知识不完整，出现知识搜索遗漏问题。如有的知识名称为"仿真"，有的为"模拟"，其实是同一内容，使用"仿真"进行搜索时，就搜索不到使用"模拟"一词的知识。可见，这降低了科技资源搜全率。利用本体技术可以提高科技资源搜全率。

5. 本体的协同建立

1）发放本体表格让专业科技人员修改。

2）与专业科技人员座谈，一起修改完善本体。

3）由专业科技人员担任专业科技资源本体企业标准主要起草人，充分发挥他们的积极性，以专业科技人员为主，一起修改完善本体。

6. 本体标准的建立

将专业科技资源本体作为企业标准有助于提高科技资源本体的规范性和严肃性，有助于发挥专业科技人员的积极性和创新性。专业科技资源本体标准的建立必须以专业科技人员为主，而企业标准的设立使他们有了用武之地，并给了他们明确的任务、压力和激励，使他们能够承担起并能够完成好建立本体标准的任务。

科技资源本体标准的建立原则主要包括：

1）科技资源本体优化原则，即使用户能够以尽可能少的本体及组合，通过尽可能少的步骤找到所需要的知识。

例如：因为只有齿轮泵有齿轮泵困油问题，所以对"齿轮泵困油"就可以不拆分。而由于磨损、失效、变形、裂纹等现象可能在多个零部件中存在，因而需要对这些本体进行拆分，以减少本体数目。科技资源本体优化的示例如图3-24所示。

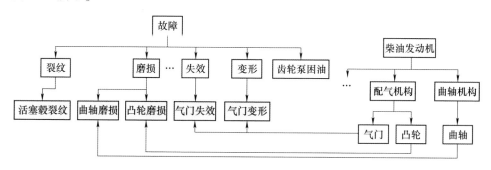

图3-24 科技资源本体优化的示例

2）本体树建立原则，即按本体的性质逐层展开，便于类参数的继承。科技资源本体树建立的示例如图3-25所示。

3）科技资源本体最小覆盖范围原则。知识实例中，并非每一个专业术语都能成为本体，只有当术语在不同知识实例中至少出现 m 次时，才可考虑将其作为科技资源本体。建议本体最小覆盖范围 m 的计算公式

$$m = \lg n \tag{3-3}$$

式中　n——知识实例数量。

例如，$n = 10$，100，1000，10 000时，本体最小覆盖的 m 分别是1，2，3，4个。

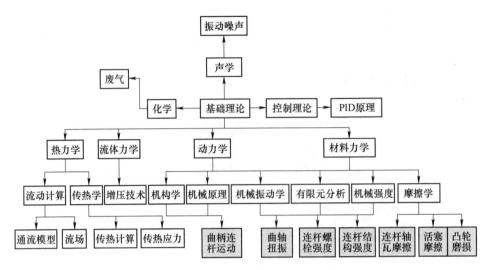

图3-25 科技资源本体树建立的示例

4) 描述多维概念的本体树建立原则。该原则是指同一对象有多种属性，比如既是部件又是通用件。如果这些属性都比较重要，则需要归类处理，建立不同的本体树。产品本体树的分类如图3-26所示。

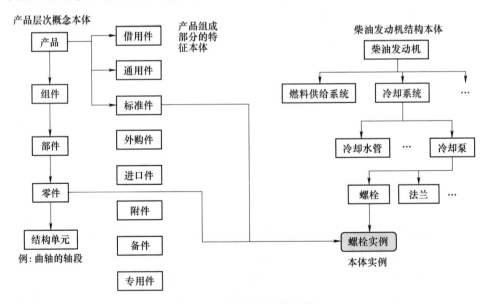

图3-26 产品本体树的分类

5) 需求驱动原则。本体的建立是需求驱动的，这里的需求是指知识实例，通过需求建立不同维度的本体树。图3-27中的知识实例与结构、参数等本体有关，为业务流程所用，因此需要建立结构、参数、业务流程本体树。

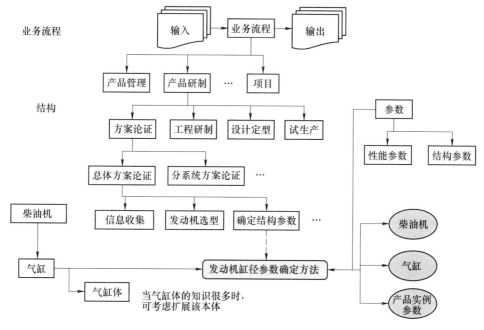

图 3-27　需求驱动本体树的建立

6）提高知识搜全率和搜准率的系统性原则。知识搜全率和知识搜准率并不完全取决于本体的完整性和准确性，还与用户本体使用的规范性、本体维护的及时性和主动性有关。片面追求本体的完整性和准确性，而忽略本体使用的规范性、本体维护的及时性和主动性，代价会很高，效果最终也不会好。所以要系统地、动态地提高知识搜全率和搜准率。

3.4.5　科技资源本体使用方法

1. 基于同义本体的知识搜索

利用同义本体，将具有不同名称的、描述同一概念的知识快速搜索关联在一起。例如，关于"动平衡"的知识和关于"惯性力平衡"的知识，其实是同一类知识，可以关联搜索。

2. 基于本体的关联知识搜索

利用科技资源本体间的关系，将一组关联的知识一并搜索，并分类提供给用户，可以显著减少用户的搜索工作量。例如：输入"曲轴"，可将相关的设计、试验、工艺、故障、维护等方面的知识都一起发掘出来，用户也可选择其中的某几类知识。

3. 基于本体树的知识分层搜索

利用本体树，用户可以分层搜索知识，得到一定数量的、比较精准的知识。

4. 基于本体网络的知识展示

科技资源本体网络不仅展示了科技资源本体间复杂的关系，如相似关系、递阶关系等，还可动态展示知识间的复杂关系。

5. 基于本体的知识主动推送

在用户使用科技资源本体的过程中，知识管理系统记录了用户所使用的科技资源本体，在一定程度上得到了对用户知识领域的描述，并可根据用户使用知识的情况，了解用户知识水平。在用户以后的工作中，知识管理系统可以根据用户使用知识的场景和知识水平，主动推送相关新知识。

6. 本体的使用原则

1）常用本体优先原则。在对知识进行本体标注时，尽可能使用常用的本体，这样可以提高该知识被搜索到的概率。同样，在对知识进行搜索时，尽可能使用常用的本体，这样可以提高搜索到所需要知识的概率。

2）结构本体优先原则。进行产品设计所需要的知识一般是以产品结构名称本体为核心的，如曲柄、连杆等。

3）原理本体优先原则。在进行产品原理研究时，如果需要了解一般的原理，则所需要的科技资源本体一般是以原理名称本体为核心的，如强度、疲劳、动力学等。

3.4.6 科技资源本体维护方法

1. 本体维护需求

知识在不断出现，新的研究方向在不断拓展，科技资源本体也需要不断发展完善。科技资源本体的维护需要企业一线相关人员的参与，他们最了解新的发展方向、新的科技资源本体。但企业一线相关人员都很忙，而且他们不一定对科技资源本体维护感兴趣，因此需要建立发挥他们参与科技资源本体维护积极性的制度和方法。

2. 基于日常工作的本体维护

将科技资源本体的维护工作与企业相关人员的日常工作相结合，让他们在使用本体进行知识建立和搜索的同时，也进行科技资源本体的维护。

例如：在进行知识搜索时，用户发现某条科技资源本体术语有很高的搜索效率，就给予"好评"，或者发现某条科技资源本体术语不能进行有效的搜索时，就给予"差评"；在某条新知识建立时，发现找不到相适应的本体术语，就可自己提出新的本体术语。

3. 基于用户行为的本体维护

科技资源管理系统应记录用户使用科技资源本体的行为，如点击科技资源本体、使用本体作为知识标签、使用本体进行知识搜索等，对这些行为进行加权求和，得到各种科技资源本体的使用次数排名。这些排名在很大程度上反映了科技资源本体的价值。

科技资源本体建设与维护的自组织机制如图 3-28 所示。自组织机制的目标是提高本体的覆盖度和准确度，即首先要将所要搜索的知识"一网打尽"，其次使无关的知识尽可能少地出现。可采用 Wiki 模式进行本体建设与维护。

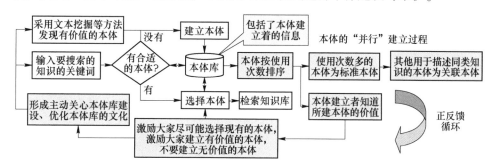

图 3-28 科技资源本体建设与维护的自组织机制

科技资源本体建设与维护的自组织机制及假设是：

1）将科技资源本体评价活动与科技资源本体的日常使用相结合，包括科技资源本体使用、新建、关联、评论等。科技资源本体与标签结合在一起，对科技资源进行多角度描述；本体与语义网结合在一起，对科技资源进行语义描述。使用本体时，要尽量选用通用的科技资源本体。

2）计算本体的日常使用活动对员工的科技资源评价权重的影响。

3）计算本体评分。

4）面向科技资源的本体评价的优化目标是用尽可能少的本体，尽可能精确地描述科技资源及其联系。

4. 与绩效考评结合的本体维护

将科技资源本体的维护工作与企业相关人员的绩效考评相结合，使他们积极、认真参与科技资源本体的维护。知识管理系统应记录用户建立和使用科技资源本体的情况。对于用户提出的新本体，如果使用人较多、使用次数较多，就可成为标准本体，提出本体者将得到相应的奖励。知识管理系统应及时向提出本体者反馈相关知识，增强他们对自己工作的兴趣和成就感，进而激励更多的员工更积极地参与科技资源本体的维护。

3.4.7 知识模块本体描述方法

1. 需求

随意建立产品模型会导致制造成本的激增，而随意建立知识不会产生后续的制造成本，特别是在人们的日常生活中、小说等文艺作品中都需要个性化的语言，用以呈现丰富多彩的世界。

但在人工智能技术发展还处于弱人工智能阶段的今天，在科技界，要有效进行知识资源的智能分享和集成，就希望对个性化的描述进行限制，对知识进行规范化描述。

知识本体是对术语层面的概念的规范化描述，便于知识资源的搜索和推送。对于更高层次的知识，目前人们还是从自己的角度去描述，这导致知识图谱建立难、知识推理难。

知识资源模块化的思想和方法就是试图解决这一问题的。

2. 产品知识模块本体描述方法

在产品知识资源分享中，构建相应的知识模块本体具有如下优点：

1）可把不同零件级的知识模块本体组合成部件级的知识模块本体或产品级的知识模块本体。反之，可将产品级的知识模块本体分解成部件级的知识模块本体或零件级的知识模块本体，零件级的知识模块本体又可分解为更小的知识模块本体。

2）对产品知识的结构进行正规化处理并形成相应的知识模块本体，从而减少不同产品知识的结构的相互影响。

3）帮助建立产品知识结构上的不同层次的模块本体间的语义关系。

由此可见，采用模块本体描述方法对产品知识进行组织和管理，构建相应的产品知识模块本体，有利于进行产品知识资源的集成，为产品知识的分享和快速重用提供服务。

例如，设计开发新的搪瓷内胆所需要的知识涉及用户需求、设计、制造和服务等方面。由于设计人员知识表达的不一致，因而需要构建搪瓷内胆知识本体，以统一认识，便于知识重用。因此，首先由储水式电热水器内胆专家，根据构建搪瓷内胆所需的知识，通过语义分析，构建如图3-29所示的储水式电热水器搪瓷内胆知识本体的概念模型，然后采用基于W3C的网络本体语言（OWL）进行形式化描述，最后通过本体编辑工具如Protégé 4和Web服务封装，对上述概念及关系进行分享，以便从相关知识库中快速找到所需的搪瓷内胆相关的知识，为新内胆的开发提供技术支持（本体的构建是一个复杂的系统工程，这里只简单说明其构建的过程）。

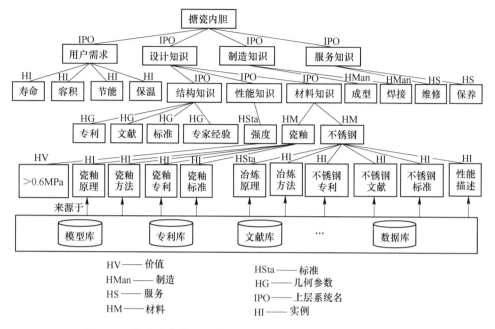

图 3-29 储水式电热水器搪瓷内胆知识本体的概念模型（部分）

图 3-29 所示的内胆知识模块本体中，概念集合 C = {搪瓷内胆，用户需求，设计知识，制造知识，服务知识，寿命，容积，节能，保温，结构知识，性能知识，材料知识，成型，焊接，维修，保养，专利，文献，标准，专家经验，强度，瓷釉，不锈钢，瓷釉原理，瓷釉方法，瓷釉专利，瓷釉标准，冶炼原理，冶炼方法，不锈钢专利，不锈钢文献，不锈钢标准，性能描述}；属性集合 P = {上层系统名，制造，材料，服务，几何参数，实例，标准，价值}；公理集合 A = {搪瓷内胆的知识包括用户需求、设计知识、制造知识和服务知识，搪瓷内胆的结构知识，搪瓷内胆的强度标准为压力 > 0.6MPa，搪瓷内胆的材料是瓷釉和不锈钢，搪瓷内胆的制造包括成型和焊接两个方面的知识等}；实例集合 I = {>0.6MPa}。

通过以上产品知识模块本体四元组的表示，可以建立起规范的产品知识描述，其作用是：①减少概念和术语上的差异，使不同领域或不同操作平台人员之间的知识分享成为可能；②对产品知识做一般化的语义解释，易于在语义层次上实现知识的分享和互操作；③可以提高产品知识获取的效率，为产品创新开发提供服务支持。

3. 产品知识模块本体集成的方法

产品知识模块本体的集成与一般的模块本体集成过程不一样，集成时不仅要完成产品知识结构层次和语义层次的集成，还要完成特性层次上的产品知识集成，这些知识主要包括设计知识、制造知识和服务知识，且分布于不同产品知识库（专利数据库和文献库等）中。因此产品知识模块本体特性层次的集成是产品知识模块本体中知识集成的重点。

产品知识模块本体的集成由两个阶段构成：第一阶段是采用模块化方法对产品知识结构进行模块划分，得到不同的产品知识模块，然后根据划分的产品知识模块构建对应的产品知识模块本体；第二阶段是根据已构建的产品知识模块本体，通过关系桥规则进行产品知识模块本体集成（或叫连接），完成产品知识模块本体的集成任务。产品知识模块本体的集成方法如图3-30所示（图中$BR_1 \sim BR_4$为关系桥规则）。

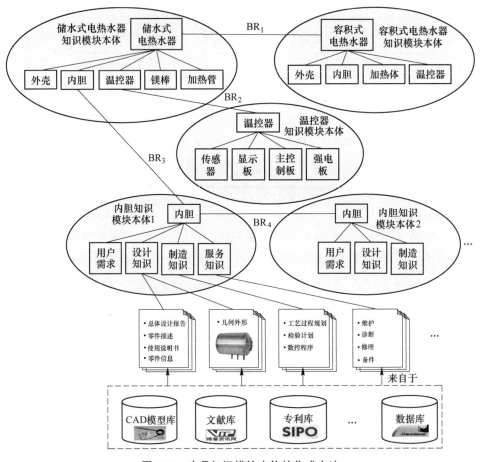

图3-30　产品知识模块本体的集成方法

产品知识模块本体的关系桥规则是指通过本体的概念、属性和关系桥公理，来描述产品知识模块本体与其子知识模块本体的关系（如图3-30中储水式电热水器知识模块本体与内胆知识模块本体1的关系），或同内涵的不同知识模块本体之间的关系（如图 3-30 中内胆知识模块本体 1 与内胆知识模块本体 2 的关系），或其他不同知识模块本体之间的关系的规范。

3.5 科技资源知识元及建立方法

3.5.1 科技资源知识元的定义和需求

1. 科技资源知识元的定义

知识元的概念主要有：

1）每篇文献的知识都是人类知识结构中的一个知识单元，知识单元与知识结构组成了个性知识与共性知识的知识系统。

2）个性知识单元由最小的知识元素——"知识元"组成，知识元的不同排列构成了不同知识单元之间的差异。由知识元组成新的知识单元，这就是知识学习与知识创新的过程。

3）知识元、知识单元、知识结构都以知识信息的方式表现出来，信息转换为知识是实现知识标引与检索的关键。

4）从人工智能观点看，知识是对事实进行合理推理的结果。知识的表达与处理可以有多种方法，且已有许多优秀成果，但最关键的是如何实现知识元与知识单元、知识结构之间的继承性，如何实现它们之间的消息通信。

5）知识检索是在知识结构中获取知识的过程，用户可以通过知识单元间接地获取知识，更可以通过知识元直接获取知识；信息检索只能通过间接获取文献而获取知识。

科技资源知识元将文献的知识元扩展到所有的科技资源。科技资源知识元是从科技资源中进一步提炼而成的最核心和最精练的科技资源的相关知识。它往往以摘要、简要介绍等方式展示。科技资源知识元描述可以看作一种描述具体科技资源的知识网络。科技资源知识元可以让用户快速地了解有关科技资源的主要特点，以便进一步的分享。

知识元也可称元知识。元知识就是知识的知识，主要用于对知识的内容和一般结构特性进行描述，比如知识产生背景、描述的范围、知识的可信程度和知识的重要性等。

有标准将知识元定义为：在应用需求下，表达一个完整事物或概念的不必再分的独立的知识单元。

知识元首先是从文献领域发展起来的。早在 20 世纪 70 年代后期，美国专家就指出：文献数量膨胀之后，知识的控制单位将从文献深化到文献中的数据、公式、事实、结论等最小的独立的"知识元"，知识元可以被称为文献管理的最小单位。知识元不仅可以用于情报管理中的文献处理，而且可以表示其他种类知识载体，如专利等。将知识中的概念、论据、论证以及创新点等知识核心以知识元的方式呈现，以此作为知识管理、知识评价以及知识发现的最小单元。

2. 科技资源知识元的需求

如果说，90%的知识资源是没有用的，那么知识元是将10%有用知识资源中的10%精华提取出来而得到的。它将最有用的1%的知识资源整理给大家使用，不仅提高了知识资源的直接利用效率，而且方便了知识元链接和配置，进行知识元的再组织，直接促进知识创新。

科技资源知识元可以让用户快速了解有关科技资源的主要特点和内容。

科技资源知识元可以支持知识图谱的建立，其内容为知识图谱提供基本素材。每篇文献都是由一个个独立知识元依据逻辑关系而组成的知识单元，知识元间所依存的逻辑关系称为知识元链接。

科技资源知识元可以与其他科技资源的知识元集成，支持快速组成科技资源知识网络。

3.5.2 科技资源知识元的建立方法

为了提高科技资源的搜索和利用效率，需要按照科技资源元数据模型，采用标准本体来描述科技资源。科技资源知识元的建立需要依靠大家，采用Web2.0的方法。建立科技资源知识元时需要考虑适应科技资源图谱建立的需要。同时，由科技资源图谱可以快速推导出科技资源知识元。科技资源知识元的内容主要有：

1）目的/意义，简要说明科技资源的需求、干什么用（为什么，Why）。例如，某科学仪器检测的目的是什么。

2）方法/过程，简要说明科技资源的建立和应用方法（怎么用，How）。例如，某科学仪器的检测原理及检测精度。

3）结果/结论，简要说明科技资源的内容和应用结果（是什么，What）。例如，某科学仪器的具体检测内容，检测后可以得到什么结果。

例如，"科技资源描述模型和建立方法"的知识元为：

1）目的/意义。科技创新是我国发展的关键途径，需要科技资源分享和协同创新。科技资源分享是一个系统工程，先要建立科技资源的描述模型，在此基础上进行科技资源集成、评价和分享。

2）方法/过程。本文提出科技资源描述模型的结构框架，包括科技资源分类模型、科技资源元数据模型、科技资源本体模型、科技资源知识元模型、科技资源图谱模型等。其中，科技资源包括知识、数据、产品、人才、软件、硬件等资源。本文说明了科技资源描述模型的特点和作用，并给出了科技资源描述模型的建立方法。

3）结果/结论。本文的主要贡献有：①科技资源描述模型的规范化，有助于不同类型科技资源的集成分享；②通过对科技资源的不同类型的描述模型的集成研究，形成科技资源描述模型的体系架构，为进行科技资源的全面系统描述提供整体解决方案，这有助于解决科技资源分享难的问题；③提出了科技资源描述模型的建立方法，其特点是利用新一代信息技术、依靠大众共建模型，依靠科技资源描述过程的大数据智能，建立和优化科技资源描述模型。

以理想助力特性曲线为例，助力特性曲线是转向助力系统设计中的一个重要概念。所有涉及转向助力系统的设计，设计者都需要尽量使助力系统有好的助力特性，充分协调好转向轻便性与路感的关系，并为驾驶人提供与手动转向尽可能一致的、可控的转向特性，以及路感值与助力之间的关系曲线，也即助力特性曲线，来表征助力特性。要注意的是，知识元的对象名称由于习惯、文化或者其他因素而表达不统一，那么就需要在创建知识元的时候考虑同义词表征问题。理想助力特性曲线的知识元表示如图 3-31 所示。

名称：理想助力特性曲线
别名：折线形助力特性曲线
内容：理想助力特性曲线可以分为直线行驶区
Ⅰ、强路感区Ⅱ和轻便转向区Ⅲ。直线行驶区对应无转向或转向角非常小的中心区域；轻便转向区是转向盘力矩较大区域，此时要求助力大；强路感区介于二者之间。

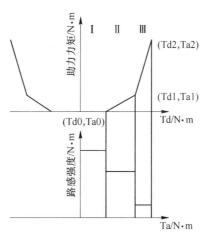

作用：理想的助力特性应能充分协调好转向轻便性与路感的关系，并为驾驶人提供与手动转向尽可能一致的、可控的转向特性。
链接：液压转向助力特性曲线，电动转向助力特性曲线，电液混合助力特性曲线。
知识来源：王军．重型汽车转向系统的结构分析与设计方法研究［D］．武汉：武汉理工大学，2006。

图 3-31　理想助力特性曲线的知识元表示

可以采用 Web2.0 技术，由有关人员共同参与，对知识元的版本进行共同管理，任何技术人员一旦发现更好的知识元版本就可以对其进行新版本的添加，也可以针对某一版本的内容进行评论。

3.6 科技资源图谱及建立方法

3.6.1 科技资源图谱的定义

人们早已认识到，人类的知识是一个有机的整体，是一个类似于蛛网或蜂窝的网络。但知识网络（Knowledge Network）的研究始于 20 世纪 90 年代中期，其概念最早是由瑞典工业界提出的。

科技资源图谱的概念是在知识图谱基础上发展起来的。知识图谱实质上是一种知识网络，是一种构建实体间关系的语义网络，它可以形式化地描述客观世界中的事物及其相互关系，包括科技资源。如今，知识图谱被用来指代各种大规模的知识库。2012 年，谷歌率先提出了知识图谱的概念，旨在增强搜索引擎的理解能力，提高搜索质量和用户体验，最终达到成功的应用效果。知识图谱以其强大的开放性、互联性和语义处理能力为互联网中的知识互联奠定了基础。将传统的基于关键词的搜索模型升级为基于语义的搜索模型。知识图谱最大的优点在于它强大的数据描述能力，可以很好地表现复杂的关联关系，从语义层面理解用户意图，弥补机器学习在描述能力上的不足。

科技资源图谱是一个庞大的科技资源库，通过统一的规范将科技资源信息进行连接和存储，可以将其比作一个巨大的语义网络图。三元组是科技资源图谱一种通用的表示方式，即

$$G = (E, R, S) \tag{3-4}$$

式中　$E = \{e_1, e_2, \cdots, e_{|E|}\}$ 表示科技资源库中的实体（Entity）集合，共包含 $|E|$ 种不同的实体；

$R = \{r_1, r_2, \cdots, r_{|R|}\}$ 表示科技资源库中的关系（Relationship）集合，共包含 $|R|$ 种不同的关系；

$S \subseteq ERE$，代表知识库中的三元组集合。

三元组的基本形式主要包括实体-关系-实体和实体-属性-属性值等。每个实体（概念的外延）都可用一个全局唯一确定的 ID 来标识，每个属性-属性值对（Attribute-Value Pair，AVP）都可用来刻画实体的内在特性，而关系可用来连接两个实体，刻画它们之间的关联。

科技资源图谱是显示科技资源发展进程与结构关系的一系列图形模型，采用可视化技术描述科技资源及其载体，挖掘、分析、构建、绘制和显示科技资

源及它们之间的相互联系，是对科技资源的全方位关联关系的描述。

科技资源图谱至少应该包括两方面的内容：①科技资源的名称，包括其基本属性、种类、重要性等；②各科技资源之间的相互关系。科技资源图谱的最终指向是知识、数据、人才、产品、软件、硬件等资源，它必须指出在何处人们能够找到解决问题所需的科技资源，通过连接一个或多个可寻址的（Addressable）信息资源等方法实现。

科技资源图谱的内容和需求如图 3-32 所示。

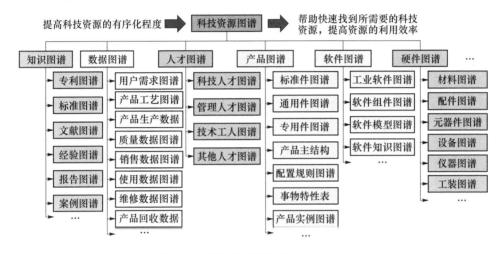

图 3-32　科技资源图谱的内容和需求

（1）知识图谱　知识图谱以知识分类体系或关键词为核心，建立知识之间的各种关系，如关联关系、层次关系、衍生关系、相似关系等，集聚知识的属性。

图 3-33 是"科技资源描述模型和建立方法"的知识元所转化的知识图谱的例子。

主题图与知识图谱的概念有些类似，它包括主题（Topic）、关联（Association）和主题资源（Occunence），简称主题图三要素（TAO）。

目前常用的显性知识表示方式有语义网络、产生式规则、框架、状态空间、逻辑模式、脚本、过程、面向对象等。语义网络就是一种知识图谱。其他知识表示方式如何采用知识图谱表示值得研究。

（2）数据图谱　数据图谱说明数据之间的关系。例如，面向某机床的加工质量的原因分析的数据，包括机床振动数据、机床热变形数据、刀具加工声发射数据、刀具磨损视觉监控数据、工件加工表面质量数据等，由数据图谱集成，目的是便于数据的管理和利用。数据图谱还关联获取这些数据的人、传感器、软件等，关联相应的机床、刀具、工件等参数，数据图谱的目的是使这些数据能够被其他研究者分享重用，提高数据的生命力和价值。

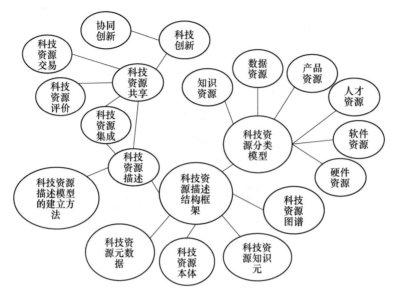

图 3-33 知识图谱的例子

（3）人才图谱　人才图谱以知识分类体系或关键词为核心，建立人才之间的各种关系，如师生关系、合作伙伴关系、竞争对手关系、专业相似关系、专业互补关系等，并集聚人才的各种成果。

（4）产品图谱　产品图谱以产品分类体系或关键词为核心，建立产品之间的各种关系，如层次关系、相似关系、成套关系、变型关系、配置关系、进化关系（可用不同版本表示）等，并集聚产品的各种信息。

（5）软件图谱　软件图谱建立软件之间的各种关系，如可组合关系、可变型关系、可置换关系、进化关系等，并集聚软件的各种信息。

（6）硬件图谱　硬件图谱建立硬件之间的各种关系，如层次关系、相似关系、成套关系、进化关系等，并集聚硬件的各种信息。硬件种类很多，差别很大，因此首先需要对硬件分类。

3.6.2　科技资源图谱的需求

科技资源之间具有一定的关联性，可以采用科技资源图谱进行描述。科技资源图谱有助于快速搜索到系统化的科技资源，提高科技资源的利用效率。例如，数据之间的关系通过数据图谱可以完整获得。

科技资源可以通过科技资源图谱有序化集成和全方位描述，使其便于分享。科技资源图谱可以起到缩短科技资源获取时间、加速科技资源分享、提供多途径科技资源获取方式等作用。

3.6.3 科技资源图谱的建立方法

科技资源描述的难点是科技资源描述的工作量很大，并会因人而异，需要采用透明公平的方法激励大家参与科技资源描述及描述的规范化，需要采用大数据和群体智能的方法提高科技资源描述的自动化水平和准确性。

由于不同的专家所擅长的细分领域不同、科技水平和素养不同，在科技资源图谱建立中需要给予他们不同的权重。

知识图谱的构建模式分为自顶向下和自底向上两种。自顶向下是指首先定义本体库和数据模式，再向知识库中添加一系列事实，即先模式层后数据层。自底向上是指先提取文本分析数据，再由数据驱动，设计知识库的模式层，即先数据层后模式层。一般的知识图谱是自底向上构建的，比如谷歌的知识库。然而，垂直领域的知识图谱，在处理复杂和不稳定的业务需求时，需要特定行业的专业知识和高质量的数据，更倾向于采用自顶向下的方法。

最基本的知识图谱由实体和实体间联系两个要素组成，如图3-34所示。

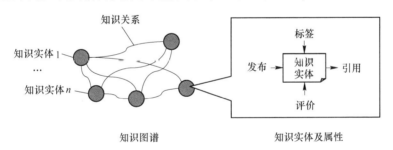

图3-34 最基本的知识图谱和知识实体

知识实体可以逐层分解，一直到知识因子为止。知识因子是组成知识的不可再分解的最小成分，如一个概念或事物的名称。

知识关系类型主要有知识完善关系、知识替代关系、知识综合关系、知识分解关系、知识抽象关系、知识相似关系等。

知识实体是模块化的和分层的，即模块具有不同的粒度，如规则型知识、条目型知识、结论型知识、摘要型知识、完整型知识、综述型知识、评论型知识等。

科技资源图谱架构是基于有序的科技资源实体间的关系的管理的，它不仅有网状的结构，也有科技资源实体之间的上下层次的结构。同一层内的科技资源实体之间主要以相关关系相连接，而上下层之间的科技资源实体之间主要以依赖/被依赖关系相连接。

在科技资源图谱架构中，有三个重要的概念：容器、节点和关系。科技资源图谱由容器、节点和节点间的关系构成，容器是整个科技资源图谱的"外壳"，节点是内部的实体，节点与节点之间有互相联系的关系。

（1）容器　容器是容纳所有科技资源实体及其关系的逻辑结构，容器可以对其内部的科技资源实体与关系进行管理。容器提供了对科技资源实体与关系的操作接口，对用户而言，容器的内部实现方式是透明的。容器最主要的作用就在于封装了对节点的操作。用户通过接口函数访问科技资源图谱内部的节点。这些操作包括：

1）插入节点。如果用户输入一个完整的节点，容器就将该节点插入科技资源图谱中；如果用户没有提供一个完整的节点，容器的"插入节点"操作就应该提示用户，并通过交互的方式要求用户输入节点信息。

插入节点操作的关键是插入策略。当向科技资源图谱中插入一个节点时，该节点会存在与其他节点的关系，因此要同时插入这些关系。增加的关系有可能影响科技资源图谱中现有的关系，因此，插入节点操作会引起科技资源图谱中其他节点的关系的重新计算，并产生连锁反应。插入策略首先应该保证逻辑上的正确性，其次要考虑性能。

2）删除节点。与插入节点操作相对应的是删除节点操作。用户提交删除某个节点的请求时要明确指定要删除哪个节点，这个指定是通过提交一个节点的ID来实现的。根据节点ID，容器能够迅速找到该节点，并在完成一系列操作之后删除该节点。与插入一个节点对整个科技资源图谱的影响相对应，删除一个节点也具有同样的影响。首先，与指定待删除节点相关的所有关系都要删除。其次根据关系之间的关联性，对科技资源图谱中其他节点的关系进行重新计算，并产生连锁反应。与插入策略一样，对删除策略的评价标准首先是正确性，其次是性能。

3）更新节点。更新节点操作可以通过调用插入节点与删除节点两个操作来完成。但考虑到更新节点操作在逻辑上的独立性，以及为了提高效率，还是将更新节点操作作为一个单独的原子操作。更新一个节点，不仅是更新了这个节点内部的信息，而且更新了这个节点与其他节点之间的关系。更新节点操作可以通过插入节点操作和删除节点操作来完成，更新策略也同样是插入策略和删除策略的有机组合。根据以结果为导向的原则，更新策略应该以最终的节点状态为参照，决定如何调用插入策略和删除策略中的方法。

除了提供以上这些针对节点的操作之外，容器还应该提供关于科技资源图谱的全局性的信息。这些信息包括：科技资源图谱名称标识、内部节点的个数、索引。索引给出了所有节点的扼要信息，可以帮助用户决定一个适当的切入点。

（2）实体　实体在科技资源图谱中就是节点。实体的属性包括：

1）实体的编号。
2）实体的名称。
3）实体对应的科技资源内容的地址。
4）实体的上层关联实体列表。
5）实体的下层关联实体列表。
6）实体的相关实体列表。

实体还封装了若干方法，这些由实体提供给容器调用的方法称为实体级的方法。这些方法包括：

1）初始化操作。
2）析构操作。
3）对上下层关联列表的操作。
4）对同层相关关系列表的操作。

在科技资源图谱中，科技资源实体不是孤立的，而是互相关联的。这种关联性就表现为节点之间的关系。

（3）关系 关系是科技资源图谱中节点与节点之间的相互联系。在科技资源图谱中，节点之间的关系可以分为两大类：强关系和弱关系。

强关系是科技资源图谱中节点间的主要关系，也是科技资源图谱不可缺少的一部分。强关系的存在与否仅仅与连接在关系两端的节点有关，而与其他关系无关。在科技资源图谱中，"依赖"与"被依赖"是强关系。

弱关系的特点是：如果缺少部分弱关系，虽然会影响科技资源图谱的性能，但不会对科技资源图谱的主体结构造成影响。在科技资源图谱中，"相关"是一种弱关系。

不同类型的科技资源的逻辑关系有所不同，例如产品资源和硬件资源的逻辑关系可以归结为以下八种：①存在作用关系，如密封圈与其密封功能的本体与属性关系；②作用相对关系，如汽车空调的制热功能与制冷功能的相对关系；③组合作用关系，如汽车零件总成的部件之间的层次链接；④进化区别关系，如液压助力转向系统在融入电动控制原理后，进化为液电混合助力转向系统，二者以进化关系链接；⑤性状既区别又不可分的关系，如螺母与垫圈之间的作用不同却无须细分的关系；⑥对称平衡关系，如悬架系统的左减振器与右减振器作用的对称平衡关系；⑦转移转化关系，如汽车发动机在某些转向助力系统中提供驱动力；⑧确定变化关系，如制动功能可以由不同构造原理的驱动系统提供。在实际应用中可以选用八种关系中的部分关系。

又如，在知识领域中常用的逻辑链接关系类型是：层次关系、属性关系、相似关系以及进化关系等。

绿色创新知识图谱有效支持产品生命周期各个环节的绿色创新，同时来自这些环节的知识又可以进一步完善知识图谱，如图 3-35 所示。

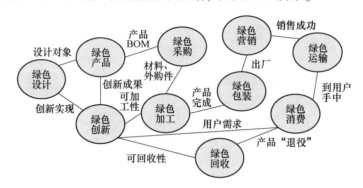

图 3-35　绿色创新知识图谱（部分）

3.7　绿色创新科技资源的获取和整理

绿色创新需要产品设计、制造、使用和维护等方面的科技资源，这些科技资源从何而来？科技资源数量很大、有序化程度低，如何有效利用？这些都是制约绿色创新水平提高的瓶颈。图 3-36 描述了绿色创新科技资源的获取和整理的基本概念。

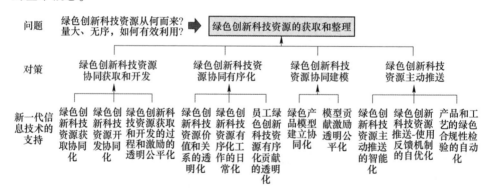

图 3-36　绿色创新科技资源的获取和整理的基本概念

▶ 1. 绿色创新科技资源协同获取和开发

（1）问题　绿色创新需要大量的科技资源（包括知识、数据和软件等），需要依靠广大员工协同获取。绿色创新科技资源往往还需要大众协同研究和发展。相关问题有：如何使员工有积极性和有能力去获取和开发绿色创新科技资源？如何让员工协同获取和开发绿色创新科技资源？

（2）对策　绿色创新科技资源协同获取和开发的基本过程如图 3-37 所示。

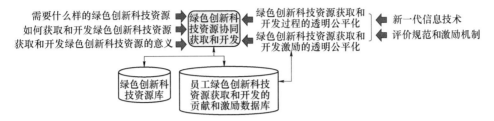

图 3-37　绿色创新科技资源协同获取和开发的基本过程

1）绿色创新科技资源获取和开发协同化。首先要让员工清楚需要什么样的绿色创新科技资源，其次需要知道如何获取和开发这些科技资源，最后要让员工知道获取和开发这些绿色创新科技资源有什么好处。需要利用 Web2.0 技术支持绿色创新科技资源获取和开发协同化。科技资源开发需要在以往科技资源的基础上进行，需要做大量的试验和创新。

2）绿色创新科技资源获取和开发过程的透明公平化。利用新一代信息技术对员工在绿色创新科技资源协同获取和开发方面的贡献进行跟踪、统计、分析和评价，使整个过程透明化，以便在此基础上实现激励公平化。

3）绿色创新科技资源获取和开发激励的透明公平化。在绿色创新科技资源获取和开发过程的透明公平化的基础上，对员工在绿色创新科技资源获取和开发方面的贡献进行公平的激励。这里的激励有精神的和物质的。

2. 绿色创新科技资源协同有序化

（1）问题　绿色创新科技资源很多、很杂，导致其利用效率不高。而绿色创新科技资源有序化的工作量很大，绿色创新科技资源发展又很快，并且细分程度越来越高，因此需要一线专家参与，并需要广大员工的协同。但是一线专家很忙，无暇抽出大块时间专门做有序化的工作。

（2）对策　针对上述问题的主要对策如下：

1）绿色创新科技资源价值和关系的透明化。利用新一代信息技术，依靠员工对绿色创新科技资源进行有序化，包括知识价值的评价和知识关系的评价。员工具有不同的评价权重，如本专业专家的权重要远大于新来的大学生的。

2）绿色创新科技资源有序化工作的日常化。绿色创新科技资源有序化工作量很大，需要与员工日常工作结合起来，需要记录员工对绿色创新科技资源的搜索、评价、使用、推荐等情况，然后进行统计分析。

3）员工绿色创新科技资源有序化贡献的透明化。对绿色创新科技资源的生命周期进行跟踪，内容包括绿色创新科技资源发布、评价、完善、应用、效益等，对绿色创新科技资源进行全方位评价。同时对员工的知识水平和绿色创新科技资源有序化的权重进行自动评价，给予激励。利用知识社区、博客、维基、微信等 Web2.0 技术，为员工发布绿色创新科技资源提供便利的环境；并对员工的绿色创新科技资源分享和知识水平进行评价和排名，激励员工积极认真参与绿色创新科技资源分享和评价。激励员工积极参与绿色创新科技资源分享和评价的方法如图 3-38 所示。该方法在第 5 章中介绍。

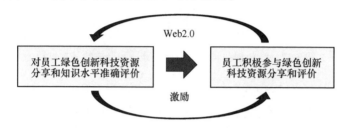

图 3-38　激励员工积极参与绿色创新科技资源分享和评价的方法

图 3-39 为绿色创新科技资源的协同有序化的基本过程。

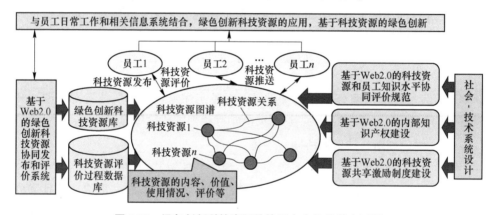

图 3-39　绿色创新科技资源的协同有序化的基本过程

▶ 3. 绿色创新科技资源协同建模

（1）问题　绿色产品模型是重要的绿色科技资源，如轻量化设计模型、产品结构优化模型（如汽轮机叶片模型）、通用模块模型等。这些模型是高度标准化、可操作性和复用性强的绿色科技资源，既可以提供给用户直接使用，也可以嵌入软件中，以快速进行绿色创新。

模型建立和优化需要集成许多专家的知识，得到大众的认可，因此需要开展绿色产品模型的协同建模。但大范围的协同建模比较难，传统的方法费用高、周期长，并且参与者较少，导致模型的作用有限。

（2）对策　绿色产品模型协同建模的基本过程如图 3-40 所示。

1）绿色产品模型建立协同化。利用 Web2.0，开展协同建模，并由大众进行评价，从众多候选模型中投票选出最佳模型。

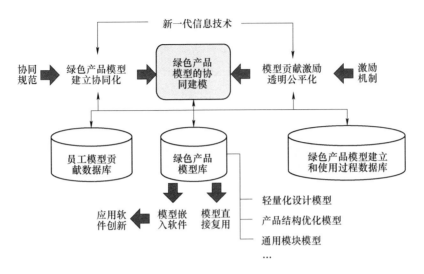

图 3-40 绿色产品模型协同建模的基本过程

2)模型贡献激励透明公平化。对员工参与绿色产品模型建立的全过程进行记录、统计和分析,在此基础上,给予透明公平的激励。

(3)绿色产品模型的价值

1)节约建模时间,减少重复研究。

2)模型复用,产生应用价值。这些价值的评价是否合理,很重要,又很难。

4. 绿色创新科技资源主动推送

(1)问题 绿色创新需要相应科技资源的支持,并受许多绿色法规和标准的制约。开展绿色创新的整个过程都需要经常应用各种绿色科技资源,对接这些绿色法规和标准。

主要问题是:许多员工不熟悉这些知识(包括法规和标准等),往往遗漏这方面的考虑或重复研究。但也不能推送太多的知识内容,使员工不知所措。

(2)对策 绿色创新科技资源主动推送的基本过程如图 3-41 所示。

1)绿色创新科技资源主动推送的智能化。需要有信息系统能够及时推送与绿色创新相关的科技资源,避免遗忘。例如,产品的能耗标准等。

2)绿色创新科技资源推送-使用反馈机制的自优化。员工使用这些服务后,要及时给出反馈,以便今后推送更精准的内容。

3)产品和工艺的绿色合规性检验的自动化。最好有信息系统能够自动检测所设计的产品和工艺的绿色合规性,减少人工检验的工作量。

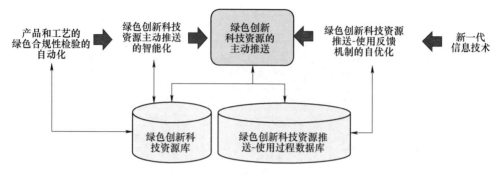

图 3-41　绿色创新科技资源主动推送的基本过程

（3）绿色创新科技资源主动推送的模型

1）基于员工知识领域和水平的主动推送。式（3-5）表示如何选择合适的绿色创新科技资源推送给合适的员工。

$$若 Z(R_i,L_i) \in S(R_1,L_1;R_2,L_2;\cdots)，则取 Z(R_i,L_i) \qquad (3-5)$$

式中　$Z(R_i,L_i)$——某绿色创新科技资源 Z_i 的领域和水平；

$S(R_1,L_1;R_2,L_2;\cdots)$——某员工 S 的知识的领域和水平。

例如，某员工的知识的领域和水平为 S（1,8；…；23,6；…），根据任务要求推送的绿色创新科技资源是材料力学的知识（$R=23$），选择 Z（23,6）附近的知识加以推送，$Z(23,6)$ 表示某知识的领域是材料力学、水平是 6 级（助理工程师级）。

还可以进一步采取模糊匹配的方法。

2）员工知识领域和水平的自优化。员工知识领域和水平的定义将随着知识的应用更新不断优化。

如果员工 S 的知识领域和水平在绿色创新科技资源选择和应用中得到该员工的认可，则其 $S(R_1,L_1;R_2,L_2;\cdots)$ 保持不变；如果员工 S 提出选择更高水平的绿色创新科技资源，则其 $S(R_1,L_1;R_2,L_2;\cdots)$ 将做相应变化。$S(R_1,L_1;R_2,L_2;\cdots)$ 主要是受员工所发布的绿色创新科技资源和评价绿色创新科技资源的水平的大数据的影响。

3）绿色创新科技资源领域和水平的自优化。绿色创新科技资源的领域和水平的定义将随着绿色创新科技资源的应用更新不断优化。

如果绿色创新科技资源 $Z(R_i,L_i)$ 在绿色创新科技资源选择和应用中得到员工的认可，则 $Z(R_i,L_i)$ 保持不变；如果员工认为该绿色创新科技资源的水平不符合过去的定义，则做相应改变。这种改变需要投票确定，投票的权重与员工的知识领域和水平等相关。

参考文献

[1] 董明涛,孙研,王斌. 科技资源及其分类体系研究 [J]. 合作经济与科技,2014(10):28-30.

[2] 孙凯. 科技资源共享可行性分析及对策建议 [J]. 西北大学学报(哲学社会科学版),2005,35(3):109-112.

[3] 科学技术部. 科技平台 资源核心元数据:GB/T 30523—2014 [S]. 北京:中国标准出版社,2014.

[4] 科学技术部. 科技资源标识:GB/T 32843—2016 [S]. 北京:中国标准出版社,2016.

[5] 顾复,陈芨熙. 一种基于标签的产品和零部件网页的自组织分类编码方法 [J]. 成组技术与生产现代化,2007,24(2):57-60.

[6] 刘婧,闫春. 开放式创新与合作创新的比较研究 [J]. 中国市场,2016(41):85-86.

[7] 张霖. 制造云构建关键技术研究 [J]. 计算机集成制造系统,2010,16(11):2510-2520.

[8] 陈宏愚. 关于区域科技创新资源及其配置分析的理性思考 [J]. 中国科技论坛,2003(5):36-39.

[9] 百度百科. ISA-95 [EB/OL]. [2019-07-11]. https://baike.baidu.com/item/ISA-95/1517611?fr=aladdin.

[10] 祁国宁,萧塔纳,顾新建,等. 图解产品数据管理 [M]. 北京:机械工业出版社,2005.

[11] 全国信息与文献标准化技术委员会. 信息与文献 期刊描述型元数据元素集:GB/T 35430—2017 [S]. 北京:中国标准出版社,2017.

[12] 中国标准化研究院. 信息技术 元数据注册系统(MDR):GB/T 18391—2009 [S]. 北京:中国标准出版社,2009.

[13] 工业和信息化部. 信息技术 词汇 第17部分:数据库:GB/T 5271.17—2010 [S]. 北京:中国标准出版社,2010.

[14] 全国信息技术标准化技术委员会. 物联网 术语:GB/T 33745—2017 [S]. 北京:中国标准出版社,2017.

[15] 全国信息技术标准化技术委员会. 物联网 信息交换和共享 第3部分:元数据:GB/T 36478.3—2019 [S]. 北京:中国标准出版社,2019.

[16] 全国信息与文献标准化技术委员会. 科技人才元数据元素集:GB/T 35397—2017 [S]. 北京:中国标准出版社,2017.

[17] 全国信息与文献标准化技术委员会. 科技报告元数据规范:GB/T 30535—2014 [S]. 北京:中国标准出版社,2014.

[18] 刘春燕,安小米. 基于生命周期的科技信息资源共享元数据研究 [J]. 情报理论与实践,2018,41(5):39-43.

[19] 全国科技平台标准化技术委员会. 科技平台 服务核心元数据:GB/T 31073—2014 [S].

北京：中国标准出版社，2014.

[20] 赵启阳，张辉，王志强．科技资源元数据标准研究的现状分析与新的视角［J］．标准科学，2019（3）：12-17.

[21] 熊华兰．基于语义本体的数字档案资源知识管理模型研究［D］．沈阳：辽宁大学，2019.

[22] 全国信息技术标准化技术委员会．信息技术 大数据 术语：GB/T 35295—2017［S］．北京：中国标准出版社，2017.

[23] 国家新闻出版署．新闻出版 知识服务 知识资源建设与服务基础术语：GB/T 38377—2019［S］．北京：中国标准出版社，2019.

[24] 全国信息与文献标准化技术委员会．信息与文献 文化遗产信息交换的参考本体：GB/T 37965—2019［S］．北京：中国标准出版社，2019.

[25] 全国信息技术标准化技术委员会．信息技术 互操作性元模型框架（MFI）第3部分：本体注册元模型：GB/T 32392.3—2015［S］．北京：中国标准出版社，2015.

[26] 交通部．智能运输系统 数据字典要求：GB/T 20606—2006［S］．北京：中国标准出版社，2006.

[27] 自然资源部．基础地理信息要素数据字典 第1部分：1∶500 1∶1000 1∶2000比例尺：GB/T 20258.1—2019［S］．北京：中国标准出版社，2019.

[28] 张太华，顾新建，白福友．基于产品知识模块本体的产品知识集成［J］．农业机械学报，2011，42（3）：214-221.

[29] 张太华，顾新建，何二宝．产品知识模块本体的评价指标体系［J］．贵州师范大学学报（自然科学版），2012（1）：94-99.

[30] 张太华，顾新建，何二宝．产品知识模块本体的构建［J］．机械设计与制造，2012（1）：261-263.

[31] 温有奎，徐国华．知识元链接理论［J］．情报学报，2003（6）：665-670.

[32] 毕经元．基于Web2.0的知识元链接网络系统［D］．杭州：浙江大学，2010.

[33] 姚堪．地理资源知识关联工具研究与实现［D］．徐州：中国矿业大学，2018.

[34] 波普尔．客观知识：一个进化论的研究［M］．舒炜光，译．杭州：中国美术学院出版社，2003.

[35] 郝云宏，李文博．国外知识网络的研究及其新进展［J］．浙江工商大学学报，2007（6）：70-75.

[36] SINGHAL A. Introducing the knowledge graph［R］．［S. l.］：Official Blog of Google，2012.

[37] 杜鹏程，吴婷，王成城．科技人力资源研究领域的知识图谱分析［J］．中国科技论坛，2013（8）：83-89.

[38] 顾新建，马步青，倪益华．透明公平的制造业发展环境探讨［J］．计算机集成制造系统，2017，23（1）：186-195.

[39] 彭锦．知识网络架构研究与原型系统设计［D］．杭州：浙江大学，2005.

第 4 章

科技资源集成方法

科技资源分享的前提是要有一套行之有效的规范、合理、科学、公平的科技资源集成方法。

本章提出一套科技资源集成方法。科技资源集成可以提高科技资源分享的水平和效率。科技资源集成需要信息、组织集成的支持,并需要向模块集成、成套集成、融合集成和能力集成方向发展。科技资源信息集成是最基本的集成模式;科技资源模块集成和成套集成分别是利用科技资源相似性和相关性的优化集成,体现了先优化后集成的思想;融合集成是各种资源的有机集成、融会贯通,可以形成适合新的应用场景的科技资源;最终综合各种科技资源形成科技资源能力,提供科技服务。

4.1 科技资源集成概述

4.1.1 科技资源集成的定义和需求

1. 科技资源集成的定义

科技资源集成方法将分散的、相关的、相似的科技资源集成为一体,提高科技资源分享效率,促进协同创新和提高企业竞争力。

科技资源集成不仅是技术问题,也是管理问题。因此解决科技资源分散的问题,需要研究科技资源集成方法和商业模式。

2. 知识资源集成的需求

(1) 企业创新的需要　企业竞争越来越成为知识资源的竞争,创新是企业发展的不竭动力,知识资源是创新的力量源泉。知识资源的创造和发展大大降低了企业对自然资源的依附性,传统的生产要素(劳力、土地、资本)已逐渐失去主导地位,知识资源成为科技创新的战略性首要因素。

在知识经济中,知识要素的影响要超过50%。在发达国家经济增长中,其作用实际上已超过60%。在美国航空工业的一个案例中,技术,特别是以计算机为基础的技术的作用占38.1%,劳动者素质占14.3%,资金的使用效率占25.4%,规模经济占11.7%,资源分配效率占9.5%,其他占1%。前三种因素与知识要素有关,其作用占77.8%。

美国麻省理工学院斯隆管理学院教授Eric von Hippel对企业的一份调查显示,在当代企业的利润增长中,技术创新因素占40%,资源因素占20%,人均资本的增加因素占15%,规模经济的因素占13%,劳动力素质的提高占12%。这些数据表明:以前认为规模经济和人均资本的增加是创造利润的主要因素,但在当前它们两者之和也只有28%,而技术创新和劳动力素质的提高,却占了 52%。

此外，在商业活动中，知识资源分享方面的失败可能导致大量财务损失。根据国际数据公司（IDC）的数据，财富 500 强公司由于知识不能充分分享而每年损失高达 315 亿美元。

（2）企业分布化的需要　在分布化的组织中，知识资源集成的作用有：①帮助知识型员工集成和合作；②对员工的知识进行有效的管理和集成；③减少由于人员的调动、退休而造成的知识流失。

（3）企业快速反应的需要　当前市场呈现多变性和混沌性，其表现为：①用户需求的多样化和个性化趋势增强；②产品生命周期越来越短；③新技术和新产品层出不穷；④市场变化越来越难以预测；⑤影响市场的政治、金融、军事、环境、经济等因素错综复杂。企业要在这样一个瞬息万变的环境中生存和发展，需要有很强的适应能力、反应能力和竞争能力。这些能力来自于知识：产品和过程创新所需要的知识；应付复杂环境的知识；满足用户需求的多样化和个性化的知识；对市场变化进行预测的知识；等等。知识就是力量。

（4）企业向服务业拓展的需要　越来越多的制造企业向服务业拓展，例如，IBM 的 35 万名员工中，从事制造的不足 2 万人。通用电气公司从事的不只是制造，更多的是服务。服务需要管理更多新的知识，如用户服务的知识、关于用户的知识等。由于用户服务具有很强的个性化特点，因此它涉及大量的知识资源，服务过程中价值实现的重要形式便是知识资源的应用。

（5）企业间协同的需要　现在企业间的竞争正在成为供应链之间的竞争。一个高效的供应链需要企业间密切的协同。这里的协同包括：①企业间协同创新，因为产品生命周期的缩短不容许企业将过多的时间用于所有相关技术的研究，所以企业必须与其他企业协同创新，知识分享；②企业间协同制造，产品越来越复杂，产品协同制造过程中需要知识交流与分享。

▶▶3. 数据资源集成的需求

（1）协同设计和制造的需要　协同设计和制造是实现技术创新和大批量定制的有效途径，诚信是关键。对人和企业的日常行为的跟踪和评价的大量数据的集成有助于了解人和企业的诚信度。数据集成能够促进信息的透明化和可追踪，这有助于建立信用社会，支持协同设计和制造。

（2）知识价值评价的需要　创新能力与知识质量有关，要提高知识质量，需要集成知识评价数据、知识评价行为数据、知识生命周期数据等，需要依靠广大员工协同评价知识，提高评价知识价值的能力，发挥员工创新和协同创新的积极性。

（3）大批量个性化定制产品开发的需要　用户需要个性化定制产品，同时也要求产品成本低、交货期短，即大批量个性化定制产品。需要集成大量的用户需求数据、个性化定制产品的零部件数据，挖掘不同的个性化需求中的共性部分和相似零部件，采用统一的解决方法进行处理，满足用户大批量个性化定制产品的需要。

（4）市场预测的需要　电子商务的快速发展、信息系统的普及，使企业获得越来越多的市场数据，这些数据分散在不同的平台和系统中，需要对这些数据进行集成，以支持企业了解用户需求，开展精准的产品营销和快速反应，开发出用户真正需要的产品。

（5）产品服务的需要　现代企业将承担越来越多的产品服务任务，为了完成好这些任务，需要大量的产品使用状态的数据、用户需求的数据，并需要集成这些数据，以分析产品使用中的规律，支持节能服务、维修服务等。

（6）绿色设计和制造的需要　通过集成各种环境监控传感器获取的数据，对企业的"三废"排放进行监控；通过对产品生命周期评价中的大量数据的集成，支持产品的绿色设计和制造。

4. 人才资源集成的需求

（1）人才资源信息集成的需要　企业需要集成企业内外的人才资源信息，以便在需要的时候可以快速找到所需要的人才资源信息，实现"世界就是我的人力资源部"。

（2）开放式创新的需要　越来越多的企业将创新性工作外包或众包，充分利用外部人才资源。

（3）协同创新的需要　一方面，当前创新越来越重要，也越来越难，因此需要协同创新。另一方面，当前技术变化的速度使得企业在发展过程中不可能在所有技术领域上都是领先的，即便企业技术力量雄厚也不可能拥有创新所需要的全部科技资源。成功的企业必须开展与外部企业的大量的协同创新。

（4）人才成长的需要　在互联网时代，人才成长的最佳环境是资源分享的环境，使自己在分享中成长。如果人仅是一个单点，不与其他人协同，就无法放大自己的价值，也不能满足未来协同组织对人的更高要求。所以人才需要找到自己的定位点，与所关联的其他点集成，与所关联的线去结网，建立所在面中的反馈闭环。

5. 产品资源集成的需求

（1）产品资源信息集成的需要　对相似产品零部件信息进行集成，有助于进行零部件的标准化、模块化和系列化，减少零部件的变化，提高批量，降低成本。

（2）面向大批量定制设计的需要　面对用户个性化定制产品设计的需求，利用产品模块化设计平台所集成的产品模块资源，可以快速配置出用户所需要的个性化定制产品。

（3）面向产品创新的需要　在产品创新中，充分利用已经有的产品模块资源，可以有效提高产品的创新效率和质量，实现绿色创新。

6. 软件资源集成的需求

（1）企业遗留软件资源集成的需要　使现有的应用程序和数据库等软件资源适用于新的环境，发挥新的作用，使得新增加的数据和资源能够与原有的软件资源一起协同工作。

据 META Group 的统计，一家典型的大型企业平均拥有 49 个应用系统，33% 的信息技术预算是花费在系统的集成上。随着企业信息化程度的不断提高，企业不同应用软件系统之间的集成问题已成为企业信息化中的一个瓶颈。

（2）不同企业间的软件资源集成的需要　企业间由于组建动态联盟或虚拟企业而需要进行应用软件系统的交互和集成。企业兼并了其他公司，也会经常遇到软件系统间不兼容的问题，需要进行集成。

（3）异构数据库集成的需要　异构数据库集成主要解决模式异构问题，即数据源的存储模式不同所带来的问题。数据库存储模式主要包括关系模式、对象模式、对象关系模式和文档嵌套模式等，其中关系模式（关系数据库）为主流存储模式。同时，即使是同一类存储模式的数据库，其模式结构也可能存在差异。

异构数据库系统中的模式结构冲突分为以下两类情况：

1）相同模式结构冲突，包括值-值冲突、属性-属性冲突、表-表冲突。

2）不同模式结构冲突，包括值-属性冲突、值-表冲突、属性-值冲突等。

不同的企业信息系统有时采用不同结构的数据库，数据库间的数据格式和访问形式不统一，其集成难度视数据库开放性的不同而不同，有时甚至需要开发专门的集成接口软件来解决集成问题。

异构数据库集成是数据库领域的经典问题，尽管目前已经有不少的数据集成方法和相应的工具投入实际应用，然而由于企业信息系统的复杂性、异构数据源的多样性等诸多因素的制约，特别是企业新的应用需求，企业数据集成过程变得相当复杂。

目前企业的重要数据往往存储在异构的系统中，包括 PDM 系统、CRM 系统、ERP 系统等。数据资源集成就是要使数据在不同信息系统之间流通。

（4）数据属性语义的集成　数据属性语义的集成主要解决数据冲突问题，包括以下几种情况：

1）数值冲突：如由二进制、十进制等数值表示不一致所引起的冲突。

2）数据表示冲突：由相似对象用不同的数据类型（如整型、长整型、单精度浮点型等）或格式（数据保存在文件或记录中的编排格式，可为数值、字符或二进制数等形式)表示引起的冲突。

3)数据单元冲突:由使用不同的计量单位而引起的冲突。例如,有的数据以"元"为单位,有的数据以"万元"为单位。因此,在数据集成时,需要进行数据单位的转换,使其保持一致。

4)数据精度冲突:由不同精度或不同数据粒度表示而引起的冲突。例如,有的数据要求保留小数点后面两位,有的要求三位。

目前数据的不准确、不完整和不及时已经对数据资源集成产生非常不利的影响。例如,在实施ERP系统时,人们发现困难不在于技术,而在于基础数据的准备,有人认为:ERP是三分技术、七分管理、十二分数据。因此在数据集成时,需要充分考虑到这些问题,尽可能做到先"数据准确化",后"信息化"。

(5)计算机软件系统集成的需要 计算机软件系统集成主要解决系统异构问题,即企业信息系统、数据库管理系统乃至操作系统之间的不同所带来的问题。

计算机软件系统的集成主要是它们之间传递的数据和模型的集成。例如,由于不同CAD系统的原理不同,所产生的产品模型也不同,往往导致CAD系统A所产生的产品模型在CAD系统B中打开使用时出错。又如,不同的PDM系统集成不同CAD系统或不同ERP系统的能力差别也很大。

案例:我国各财务软件采用不同的数据库平台和各自独立的数据库结构设计,形成了各自不同的体系结构,这最终导致各财务软件之间不能互相交换数据,形成一个个数据孤岛,给其他软件系统获取财务数据造成了障碍。为获取财务软件的数据,软件开发商不得不采用专用接口软件、人工二次输入等方法。从整个社会的角度讲,这无疑是一种浪费,同时也影响了财务软件和其他软件的发展。引起这一现象的深层次原因是,我国的财务软件厂商为保证自己的用户和安全,对自己产品的数据存储格式加以保密,以致该软件所含的信息不能被其他软件调用,从而人为割裂了财务软件市场。当企业发展到一定规模时,各下属机构很容易形成使用不同财务软件的局面,这样就不可避免产生了数据孤岛。

集成的方法之一是软件的标准化,如《财经信息技术 企业资源计划软件数据接口 第1部分:公共基础数据》(GB/T 32180.1—2015)、《财经信息技术 企业资源计划软件数据接口 第2部分:采购》(GB/T 32180.2—2015)、《财经信息技术 企业资源计划软件数据接口 第3部分:库存》(GB/T 32180.3—2015)、《财经信息技术 企业资源计划软件数据接口 第4部分:销售》(GB/T 32180.4—2015)、《财经信息技术 企业资源计划软件数据接口 第5部分:预算》(GB/T 32180.5—2015)、《财经信息技术 企业资源计划软件数据接口 第6部分:资金》(GB/T 32180.6—2015)、《物联网 信息交换和共

享 第4部分：数据接口》（GB/T 36478.4—2019》等。

硬件资源集成的目的是支持硬件资源分享，提供整体解决方案，协同工作。硬件资源种类繁多，硬件资源集成的需要和场景自然也层出不穷，举不胜举。例如，德国工业4.0强调智能制造装备的集成，协同工作，要求这些装备"说同一种语言"，这就是标准。标准涉及硬件接口标准、通信协议等。

硬件资源集成的典型案例是集装箱，标准的集装箱可以很方便地与集装箱货车、轮船、仓库等集成。

4.1.2 科技资源集成的相关研究

1. 科技资源集成模式

科技资源集成模式的分类有多种，如：

1）二模式分类，即异质资源集成和同源集成模式。

2）三模式分类，即政府主导型科技资源集成分享模式、创新主体主导型科技资源集成分享模式、市场主导型科技资源集成分享模式。

3）四模式分类，即大学资源开放模式、行业资源集聚模式、孵化器整合资源模式、中介机构整合资源模式。

2. 科技资源集成平台的案例

案例1：海尔COSMO平台。该平台集成了1000多个工业APP，而且数量在不断增多。业务相关的工业APP组成了功能模块，COSMO平台通过这些模块，正在为3.5万家企业的3.2亿位用户赋能，加速产品创新和智能制造。

案例2：航天云网平台。航天云网平台主要包括工业品营销与采购全流程服务支持系统、制造能力与生产性服务外协与协外全流程服务支持系统、企业间协同制造全流程支持系统、项目级和企业级智能制造全流程支持系统四个子系统。航天云网科技发展有限责任公司的发展路径主要是：搭建工业领域的云平台，打造云制造产业集群生态，把资源配置与业务流程优化工作放在中心地位，从省钱、赚钱、生钱三个层次逐步递进，配合我国工业企业的逐步转型，沿着"自上而下逐步深化"的路径，最终实现从云制造到协同制造、从协同制造到智能制造的逆袭，把分散在不同地区的生产设备资源、智力资源和各种核心能力通过平台的方式集聚。

案例3：英国石油公司的专门技术人才图。英国石油公司的以Notes为基础的项目管理数据库对专门知识进行详细的分类编目。在发生不测事件时，英国石油公司就使用员工和承包人花名册，以便迅速确定谁（如经理、地质专家、财务人员、领班或渡轮人员等）该去应付这一不测事件。人才资源分享首先要知道哪些是可用的、恰当的人选。

案例4：中国工程院的中国工程科技知识中心（CKCEST）（http：//www.ckcest.cn/）。其主要功能包括专业搜索、知识应用、数据资源、代查代检、数字期刊平台、"双创"平台。该平台的主要目标是解决目前互联网上搜索引擎远远不能满足工程科技"深度搜索"需求的问题。例如，想要研究钢铁材料，在搜索引擎中得到的信息大多只是钢铁相关商业信息，而关于钢铁生产的技术参数，钢材本身的材料韧度、强度、耐火性等数据，在互联网搜索结果中几乎找不到，必须去查找专业的数据库。

4.1.3 科技资源集成方法体系的参考架构

科技资源集成方法包括科技资源信息集成、组织集成、模块集成、成套集成、融合集成、能力集成等方法。科技资源信息集成是最基本的集成模式；科技资源模块集成和成套集成分别是利用科技资源相似性和相关性的优化集成，体现"先优化后集成"的思想；融合集成是各种资源的有机集成、融会贯通，形成适合新的应用场景的科技资源；最终综合各种科技资源而形成科技资源能力，提供科技服务。这些方法的概念和关系如图4-1所示。

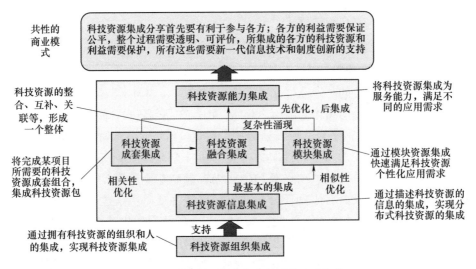

图4-1 科技资源集成方法体系的参考架构

图4-2给出了科技资源集成方法的作用，以及与科技资源描述、评价和交易方法的简要关系。

科技资源集成的特点主要有：

1) 科技资源集成不是为集成而集成，要以满足用户的需求为根本出发点。

2) 科技资源集成是要集成最适合用户的需求和有高性价比的科技资源，而不是选择最好的科技资源的简单行为。

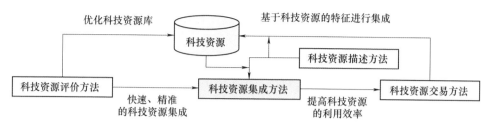

图 4-2 科技资源集成方法的作用，以及与科技资源描述、评价和交易方法的简要关系

3）科技资源集成包含技术、管理和商务活动等方面，是一项综合性系统工程。技术是科技资源集成工作的核心，管理和商务活动是科技资源集成成功实施的可靠保障。科技资源集成不仅是一种技术行为，也是一种商业行为、管理行为。

科技资源集成实施并不容易，需要相应的商业模式的支持。科技资源集成商业模式的特点主要有：①科技资源集成分享首先要有利于参与各方；②需要保证各方的利益分享公平；③整个科技资源集成过程需要透明、可评价；④需要保护所集成各方的科技资源和集成分享所产生的利益。

科技资源集成的难点有：

1）科技资源存在大量多源异构问题，导致集成难。

2）人们往往不愿参与科技资源集成，担心自己的利益得不到保障。

3）科技资源开放集成后，面临最大挑战是科技资源安全问题。2016 年 9 月 7 日，我国工业互联网产业联盟发布《工业互联网体系架构（版本 1.0）》，指出网络、数据和安全是工业互联网体系架构的三大核心，"安全"是网络、数据以及工业融合应用的重要前提。2019 年 10 月，工业互联网产业联盟发布《工业互联网体系架构（版本 2.0）》，指出网络、平台和安全是工业互联网体系架构的三大功能体系。

新一代信息技术和制度创新可以有效支持科技资源集成，并需要相应商业模式的支持。

对商业模式并没有统一的定义。商业模式至少要考虑给集成各方带来的利益，没有利益就无法集成；还要考虑科技资源集成和利益实现的可行的方法。

科技资源集成的商业模式要透明公平，否则企业就不愿集成科技资源。

4.2 科技资源信息集成

4.2.1 科技资源信息集成的定义和需求

1. 科技资源信息集成的定义

科技资源信息集成通过科技资源的描述信息的集成，实现科技资源集成。

在科技资源描述规范的基础上,集成科技资源描述信息,支持科技资源的统一搜索和分享。对信息类的科技资源,如知识资源、产品模型资源、软件资源等,以基于平台或数据库的方式直接集成,便于这些科技资源的统一搜索和利用。对非信息类的科技资源,如人才资源、硬件资源等,不仅需要集成其描述信息,还需要集成其定位信息,才可以快速找到这些资源。科技资源信息集成平台支持这些集成的实现。

科技资源信息集成包括:

1)科技资源描述信息集成。在科技资源描述规范的基础上,集成科技资源描述信息,支持科技资源的统一搜索和分享,实现分布式科技资源的集成。

2)信息类科技资源直接集成。以信息的形式表现的科技资源,可以储存在计算机中,可以通过网络调用,如知识、数据、产品数字模型等资源。

科技资源信息集成是科技资源集成的基础。科技资源信息集成的内容如图 4-3 所示。

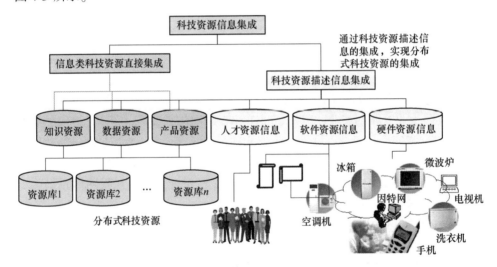

图 4-3　科技资源信息集成的内容

科技资源信息集成有技术上的问题,更有管理上的问题。这里主要讨论管理问题。

▶ 2. 科技资源信息集成的需求

(1)信息类科技资源集成的需求　信息类科技资源集成可以直接支持这些科技资源的搜索、直接分享和线上分享,提高科技资源的利用效率。信息类科技资源集成主要可以分为:①知识、数据、产品等资源的集成;②软件资源的集成。

1)知识、数据、产品等资源的集成。对于企业发展而言,最有价值的是互联网、物联网和信息系统中的内容。例如,企业所建立的大量产品模型比 CAD 系统本身更有价值,ERP 系统和企业销售管理系统中多年累积的数据比系统本身更有价值。随着知识、数据、产品模型等资源的快速增加和集成,所形成的科技资源将对制造业的转型升级产生重大影响。

绿色创新对知识、数据、产品模型等资源的需求主要有:

① 知识重用和更新的需求。研发过程是一个持续的过程,经常会遇到需要重复利用以往的知识等情况。试想一下,如果一位工程师设计的图样牵涉到各个环节,而等到实施发现问题的时候他却出国深造了,其他工程师对图样又有不同的理解,整个研发完全被打乱了。在众多产品开发作业中,研发人员会遇到许多问题,这些问题的解决思想和方法都是宝贵的知识资产。如果没有系统工具协助人员将这些知识记录并储存,并提供给其他人员参考,就将导致公司丧失宝贵的知识资产。

② 研发人员工作时获取知识、数据、产品模型的需要。一位研发人员在进行设计时,需要许多参考资料,这些资料来自内部和外部,其中包含上游厂商的技术信息、签约厂商提供的技术信息、过去项目的成果、公司目前库存零件项目及数量、零件成本等信息。这些信息有的来自于外部,有的来自公司内其他部门,有些则是其他研发人员的工作成果。不仅资料格式种类很多,而且并未被统一搜集并保管,这导致研发人员必须自行收集所需的信息,人力资源浪费严重,影响产品开发的速度及品质,对新进人员的影响则更大。

③ 获取产品开发有关标准规范的需要。企业的产品开发包含多个阶段及步骤,需要标准规范进行集成。

案例:家电开发涉及拟定产品规格及开发计划、产品设计、组件配置、结构设计、样本制作、测试工作以及试产作业等工作。每一项工作都需要知识,这些知识包含标准作业程序、标准工时、作业规范、输入及输出文件等。这些知识需要集成。

④ 同步工程的需要。同步工程可以满足企业快速反应的需要。但在同步工程中会经常遇到一些问题。一是知识资源没有及时集成。企业产品研发设计制造的各项作业是同时进行的,但是成果文件与资料要等研发作业完成后,才会交到资料中心。在此之前由相关员工自行保管,并未主动对外提供。二是项目之间的知识分享程度低。研发部门一般同时进行多个产品研发项目,然而其他部门并不了解研发人员的工作结果,例如设计是否变更、工艺计划是否要跟着修改等,这导致工作协调性差。三是企业价值链上下游之间的知识分享不畅通。研发人员在工作时也会遇到许多来自下游的问题,如产品测试时出现的瑕疵、工艺变更等,缺少适当的机制可供上下游彼此讨论解决方法,或是发表意见。四是部门之间的沟通和协调能力差。在流程与项目进度方面,部门之间的工作

责任和关系不清晰,各项作业的标准作业流程没有用一致的方式表达,各部门投入每个项目的人力资源及排程的规划不一致,增加了沟通的障碍,造成进度管控的困难。五是合作单位的数据分享不透明,无法掌控其提供的服务的完成情况。

⑤ 员工培训的需要。持续有新的研发人员加入团队,目前大多数企业除了师徒制外,还需要提供其他培训渠道,提供新人的学习环境,使之快速适应环境;此外研发人员之间也需要互相学习的平台。

2)软件资源的集成。传统的企业信息系统存在"自动化孤岛"问题,局部系统的自动化程度很高,但跨系统的集成很难,以下的案例就说明了这一问题。

案例:某企业的财务部门在政府推动下实现了财务信息化,随后又在人事部门的要求下,开展了人力资源管理信息化。结果出现了两个孤立的信息化系统。如果要计算该企业某经理的工资,就会发现工资数据分散在这两个部门的这两个不同的系统中,其中的数据定义和操作很难严格一致。当总经理要求提供一张人员工资汇总表时,可能拿到来自两个部门的两张不一致的报表。虽然局部系统自动化程度提高了,但整体自动化程度和效率却不高。

(2)实物类科技资源信息集成的需求 科技资源描述信息集成有助于实现实物类科技资源的集成,主要集成内容有:

1)实物类科技资源的搜索。知道科技资源在哪里、有哪些、性能如何等。

2)实物类科技资源的调度。实物类科技资源的使用具有排他性,不能同时被分享使用,因此需要安排科技资源的使用计划和实时调度。

3)实物类科技资源的评价。集成用户对科技资源的评价,帮助用户选择科技资源。

实物类科技资源的直接集成主要是在线下,例如产品模块的集成、硬件的集成。

4.2.2 科技资源信息集成技术

1. 科技资源信息集成技术和方法的比较

科技资源信息集成技术和方法的比较见表4-1。

表4-1 科技资源信息集成技术和方法的比较

集成技术	最关心该集成的人	集成对象	目标	特点
基于信息分类编码标准的科技资源集成	标准化人员、管理咨询人员	各种科技资源,特别是复杂的产品资源信息	方便科技资源信息的搜索、分类,方便对相似科技资源信息的简化处理	为科技资源信息集成建立良好的基础

(续)

集成技术	最关心该集成的人	集成对象	目标	特点
基于科技资源本体的集成	标准化人员、管理咨询人员	不同粒度的科技资源模块	使科技资源信息在不同系统中能被正确地识别和理解	通过本体定义,使计算机可理解不同来源的科技资源信息
基于软件组件的集成	软件设计师	软件组件	快速和低成本地满足用户的信息系统定制要求	有限数量的软件组件组合成无限数量的个性化信息系统
基于软件平台的集成	企业业务人员	业务模型和信息系统	转向以业务为导向的快速软件开发	在开发信息系统时,只需关注业务模型,无须关心技术平台与相关实现细节
基于工作流的集成	企业架构师和信息主管(CIO)	企业的业务过程与各种信息系统	通过将工作活动分解成定义良好的任务、角色、规则和过程来执行和监控,达到提高生产组织水平和工作效率的目的	将任务划分成业务过程和可执行组件,通过API、适配器和包装器集成在一起,建立一个能快速响应外界变化的信息系统
基于中间件的集成	应用架构师	客户/表示层和数据/服务器层	解决不同信息系统之间的数据传输问题	耦合度低,集成和部署非常灵活
基于Web服务的集成	企业架构师和CIO	Web上存取的业务、应用和系统	使得信息系统之间可通过共同的网络标准相互连接使用	动态进行系统组合,构成极其复杂和灵活的信息系统
基于网格的集成	企业架构师和CIO	分布很广的异构信息系统和信息资源	将跨地域的多台高性能计算机、大型数据库、贵重科研设备、通信设备、可视化设备和各种传感器等集成为一个巨大的超级计算机系统	支持复杂的科学计算和科学研究
基于SaaS模式的集成	中小企业的业务人员	企业需要的软件和数据库	企业方便地使用各种信息系统的服务	低建设成本、低维护成本、低应用门槛、低投入风险
基于云计算的集成	企业的业务人员	企业需要的软件和数据库	企业方便地得到各种强大的计算服务	使用信息系统如同使用自来水和电一样方便

2. 不同层次的信息集成技术的应用范围

不同层次的信息集成技术都有自己的最佳应用范围,因此不能只注意发展高端的信息系统集成技术,而忽视低端的信息系统集成技术。在企业实践中,信息系统集成技术有不同的应用层次和集成深度。例如,当两个信息系统间只需要数据的同步,不需要流程的集成,而且实时性要求也不高时,可以采用数据抽取技术解决数据的分布性和异构性问题。

Web 服务在应用程序跨平台和跨网络进行通信时也是非常有用的。Web 服务技术适用于信息系统集成、企业对企业集成、代码和数据重用,以及通过 Web 进行客户端和服务器通信的场合。但 Web 服务不是万能的,在有些情况下,Web 服务会降低应用程序的性能。例如,在一台计算机或一个局域网里运行的同构信息系统就不应该利用 Web 服务进行通信。

虽然基于 Web 服务的集成方法很引人注目,但它与面向信息和过程的集成相比较为昂贵。因为面向信息和过程的集成方法一般并不需要修改目标应用,而基于 Web 服务的集成方法则不同,除了要修改应用逻辑外,还要对修改的应用进行测试、集成和重配置,工作成本比较高。

3. 信息系统集成技术的演变

(1) 从紧耦合集成向松散耦合集成的演变 为了实现信息系统间的集成,企业最初都采取了一种紧耦合的集成方法,如采取数据集中管理的办法,将相关的数据集中到一个中心设备里。这种方式存在以下问题:

1) 设备庞大,数据的集中需要足够大和足够快的计算设备支持,其成本非常高,难以适应数据的快速增长。

2) 实时更新困难,很难保证数据的时效性。

3) 中心设备负载大,系统容错性能差,中心设备出现故障时可能导致整个系统瘫痪。

4) 可能产生部门、行业、地域之间的信息壁垒和网络拥塞的障碍。

相对于紧耦合集成方法而言,松耦合系统的好处在于灵活性、可持续性。当应用程序内部结构发生改变时,松耦合系统能够继续存在。目前实现开放式企业信息系统集成的常用技术是消息中间件(也叫集成代理和消息代理)、工作流技术、应用服务器以及 Web 服务技术。

(2) 从点对点集成到面向服务的体系结构集成的演变 "点对点集成→应用集成中心集成→企业服务总线集成→面向服务的体系结构(Service-oriented Architecture, SOA)集成"的演变是随着系统复杂程度的不断提高而出现的(见图4-4)。

1) 点对点集成。点对点集成将企业中需要互通信息的系统通过专门定制的接口两两连接起来。但在企业系统众多的情况下，连接的数量急剧增加，接口难以开发，后期维护更加困难。

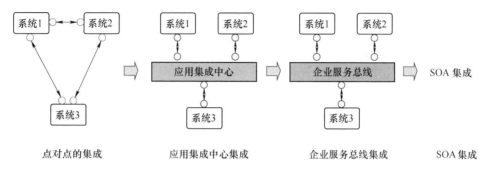

图 4-4　系统集成技术中的不同集成模式

2）应用集成中心集成。应用集成中心集成提供一个应用集成中心（Hub），该中心有自己的连接协议，所有需要集成的系统都与该中心相连。原来每集成一个系统，都要考虑该系统与其他所有系统的点对点连接的协议、数据结构的转换，而在集成中心结构里，只需要考虑系统与集成中心的点对点连接。这样，原来 n 个系统之间的 $n(n-1)/2$ 个点对点连接减少为 n 个连接。集成中心和各个系统的连接及相应的转换通常使用所谓的适配器来完成。同时，这种方式也使得集中管理以及流程集成成为可能。它的缺点是：集中式结构容易造成效率瓶颈，同时存在单点失效的问题。

3）企业服务总线集成。该体系结构将各个系统点对点连接转化为多个系统对中心的连接。但在这种体系结构中，集成中心被扩展成可以分布在多个物理节点上的总线，从而有效解决了应用集成中心集成模式的单点失效和效率问题。企业服务总线本身提供消息路由、数据转换等各种企业应用集成（EAI）模式的支持。这种总线一般以成熟的消息中间件作为其物理消息传递部件，保证消息在分布式环境下可靠高效的传输。同时，企业服务总线作为应用集成系统的基础框架，大多数采用面向组件的技术，这实际上是一种 SOA 的雏形。

4）SOA 集成。SOA 的体系结构一般来说也需要企业服务总线的支撑，只是 SOA 对总线上的服务以及总线本身的作用和位置有着更加明确的要求。

（3）从面向数据的集成、面向过程的集成到面向服务的集成的演变

1）面向数据的集成。常见的面向数据的集成有数据复制、数据聚合、接口集成等几种形式。

2）面向过程的集成。面向过程的集成方法将一个抽象和集中的管理过程置于多个子过程之上，而这些子过程是由应用程序或人工来执行的。面向过程的集成方法按一定的顺序实现过程间的协调以及数据在过程间的传输，其目标是

通过实现企业相关业务过程的协调和协作来实现业务活动的价值最大化。此外，面向过程的集成方法还可以减少错误，并且可以通过业务过程的自动化来加速业务结果在过程中的传递。

3）面向服务的集成。目前主要是通过 Web 服务机制来提供企业内外信息系统的集成业务。面向服务的集成允许动态地集成信息系统。可以通过互联网、分布式服务器和中心服务器提供访问的方法。

案例：某服装零售企业拥有 500 家国际连锁店，常常需要更改设计来顺应时尚的潮流，包括更改服装的款式和面料、更改制造商等。如果零售商和制造商之间的系统不兼容，那么从一个供应商到另一个供应商的更换可能就是一个非常复杂的软件流程。通过利用 Web 服务接口在操作方面的灵活性，每家企业都可以将它们的现有系统保持现状，而仅仅匹配 Web 服务接口并制定新的服务级协定，这样就不必完全重构其软件系统了。

4. 科技资源信息集成过程的描述

图 4-5 为科技资源信息集成的基本过程。

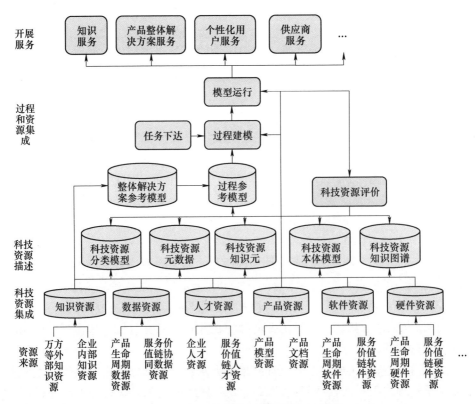

图 4-5　科技资源信息集成的基本过程

(1) 事前准备充分　事前工作即准备工作，主要包括：
1) 建立科技资源分类模型。
2) 基于科技资源信息的元数据模型，建立科技资源信息索引库。
3) 建立科技资源知识元库。
4) 建立科技资源本体库。
5) 在科技资源本体库基础上建立科技资源知识图谱。
6) 建立企业业务过程参考模型。
7) 将企业业务过程各个环节所需要的科技资源类型集成到企业业务过程参考模型。

(2) 事中快速反应　事中工作即开展工作，内容主要有：
1) 接到任务，寻找合适的企业业务过程参考模型。
2) 对于所选择的企业业务过程参考模型，针对各个子任务进行科技资源配置，所选择的企业业务过程参考模型成为企业业务过程执行模型。首先选择合适的科技资源包，如果没有，则分别从各个科技资源库中搜索所需要的科技资源。如：从知识资源库选择相关的文件模板、标准以及其他知识；从数据资源库选择相关的数据作为参考；从人才资源库选择合适的人员执行某任务；从产品资源库选择所需要的产品模型供使用或参考；从软件资源库选择所需要的软件；从硬件资源库选择所需要的硬件。其中，人才资源、软件资源、硬件资源的选择不仅要求合适，还要求使用时机可行。这需要调度。科技资源包有助于减少资源配置的工作量。
3) 启动合适的企业业务过程执行模型，按照时间顺序，分别启动各个子任务，在每个子任务的执行过程中，利用各种科技资源完成任务。

(3) 事后工作　事后工作即工作总结和提高。
1) 在利用科技资源完成任务的过程中，执行子任务的员工需要对所应用的科技资源进行评价，以便今后应用的效率更高。
2) 子任务的合作者、用户、过程的下游员工等需要对该子任务的完成质量进行评价，以便更好地完成任务。
3) 执行子任务的员工需要总结经验，积累知识。
4) 所有这些评价信息和过程知识也将成为一种科技资源，不断优化各种科技资源库。

通过上述三个阶段的工作，企业业务过程参考模型、各种科技资源库会越来越完善。

4.2.3　软件资源集成技术

软件资源集成技术有很多，这里主要介绍三种技术。

1. 基于软件虚拟化的软件资源集成技术

软件资源放在云服务器上。通过对服务器的虚拟化，为软件资源提供多个独立的运行环境。软件虚拟化把应用程序的输入输出逻辑（应用程序界面）与计算逻辑指令隔离开来；当用户访问服务器发布的应用时，服务器会为用户开设独立的会话，占用独立的存储器空间，应用程序的计算逻辑指令在这个会话空间中运行，应用程序的界面会通过网络传送到用户计算机上；用户计算机只需要通过网络把键盘、鼠标及其他外设的操作传送到服务器端，从服务器端接收变化的应用程序界面并且在用户端显示出来，就可以获得和在本地运行应用一样的访问感受。最终实现用户客户端使用人员不受终端设备和网络带宽的限制，在任何时间、任何地点，使用任何设备、采用任何网络连接，都能够高效、安全地访问服务器（集群）上的各种应用软件。在软件资源的使用过程中，云平台服务器提供动态迁移、快照等功能。但这种方法接入的资源具有占用CPU、内存等计算资源较多，同一时间不适合多个用户使用的特点。

2. 基于微服务的工业APP软件资源集成技术

基于工业互联网平台的APP软件，可以形成微服务；不同的微服务可以有效集成，满足特定应用场景需求。

工业APP可采用微服务架构实现灵活构建，把一个应用程序分解为功能粒度更小、完全独立的微服务组件，这使得它们拥有更高的敏捷性、可伸缩性和可重用性。通过工业互联网平台实现网络化调用，形成一种可重复使用的微服务组件，可推动工业技术、经验、知识和最佳实践的模型化、软件化与再封装。基于微服务架构松耦合、易开发、易部署、易扩展等特点，工业APP可以实现灵活组态、持续更新和快速部署。从软件的技术架构看，工业APP是一系列工业微服务组件的再封装。

我国工业互联网产业联盟发布的《工业互联网体系架构（版本2.0）》的核心是平台，包括工业APP、资源管理与配置、数据采集。

3. 基于企业服务总线的软件资源集成技术

企业服务总线（Enterprise Service Bus，ESB）是一种可以提供可靠的、有保证的消息技术的最新方法。ESB的概念是从SOA发展而来的。SOA描述了一种IT基础设施的应用集成模型，其中的软构件集以一种定义清晰的层次化结构相互耦合，其中，一个ESB是一个预先组装的SOA实现，它包含了实现SOA分层目标所必需的基础功能部件。

ESB是传统中间件技术与XML、Web服务等技术相结合的产物，ESB的出现改变了传统的软件架构，可以提供比传统中间件产品更为廉价的解决方案，同时它还可以消除不同应用之间的技术差异，让不同的应用服务器协调运作，实现不同服务之间的通信与整合。从功能上看，ESB 提供了事件驱动和文档导向的处理模式，以及分布式运行管理机制，它支持基于内容的路由和过滤，具备了复杂数据的传输能力，并可以提供一系列的标准接口。

ESB 提供了一种开放的、基于标准的消息机制，通过简单的标准适配器和接口，来完成粗粒度应用（服务）和其他组件之间的互操作，能够满足大型异构企业环境的集成需求。它可以在不改变现有基础结构的情况下让几代技术实现互操作。

简单地说，ESB 就是试图将应用服务器上的多种逻辑迁移到总线以及连接点上，从而降低企业内部信息分享的成本。

ESB 产品有很多，其共有特性包括：连接异构的 MOM（Microsoft Operations Manager），利用 Web 服务描述语言接口封装 MOM 协议，以及在 MOM 传输层上传送简单对象访问协议（SOAP）传输流的能力。

通过使用 ESB，可以在几乎不更改代码的情况下，以一种无缝的非侵入方式使企业已有的系统具有全新的服务接口，并能够在部署环境中支持任何标准。更重要的是，充当"缓冲器"的 ESB（负责在诸多服务之间转换业务逻辑和数据格式）与服务逻辑相分离，从而使得不同的应用程序可以同时使用同一服务，无须在应用程序或者数据发生变化时，改动服务代码。

ESB 不是万能的，它既不是一个应用程序框架，也不是一个企业应用的解决方案。它只是一个基于消息的调用企业服务的通信模块。

大规模分布式的企业应用需要相对简单而实用的中间件技术来简化和统一越来越复杂、烦琐的企业级信息系统平台。SOA 能够将应用程序的不同功能单元通过服务之间定义良好的接口和契约联系起来。SOA 使用户可以不受限制地重复使用软件、把各种资源互联起来，只要 IT 人员选用标准接口包装旧的应用程序、把新的应用程序构建成服务，其他应用系统就可以很方便地使用这些功能服务。

4.2.4 硬件资源信息集成技术

1. 基于鸿蒙操作系统的物联网集成

2019 年 8 月 9 日华为正式发布了鸿蒙操作系统，支持人与物、物与物的集成。它的特点是采用更安全的微内核、面向跨终端无缝协同的分布式架构。鸿蒙操作系统将手机、计算机、平板计算机、电视、汽车、智能穿戴等设备统一在一个操作系统之下，形成万物互联的情景。该系统是为面向下一代技术而设计的，能兼容全部安卓应用的所有 Web 应用。

2. 智能家居集成

1）华为推动的 Hi-Link 标准。该标准将家电厂家和产品通过一个标准和系统统一起来，是得到最广泛支持的智能家居协议，目前已集中 260 个品牌、3000

种设备。

2）海尔的智能家居。海尔智能家居以 U-home 系统为平台，采用有线与无线网络相结合的方式，把所有设备通过信息传感设备与网络连接，从而实现了"家庭小网""社区中网""世界大网"的物物互联，并通过物联网实现了 3C 产品⊖、智能家居系统、安防系统等的智能化识别、管理以及数字媒体信息的分享。海尔智能家居使用户在世界的任何角落、任何时间，均可通过打电话、发短信、上网等方式与家中的电器设备互动。

3）智能家居国家标准。2018 年 7 月 1 日，我国的智能家居三项国家标准正式实施，包括《物联网智能家居 设备描述方法》（GB/T 35/34—2017）、《物联网智能家居 数据和设备编码》（GB/T 35143—2017）、《智能家居自动控制设备通用技术要求》（GB/T 35136—2017）。

3. 计算设备资源的集成

主要采用网格方法进行计算设备资源的集成。

案例：2003 年，旅美华人科学家、耶鲁大学医学院遗传学助理教授许田参与领导的 D2OL 网格计算项目，将严重急性呼吸综合征（SARS）病毒列为运算目标之一。他利用网格技术，集成社会上的 5.5 台个人计算机，利用它们的闲置运算能力，形成一台虚拟的超级计算机，其计算能力超过了 10 台超级计算机的计算能力，加速了抗"非典"药物的筛选。这些计算机自动从网站获取数据包，运算完成后自动发送回去。

4. 数控设备资源的集成

现在的中高档数控设备都具有强大的联网通信功能，以及在线感知和控制功能，很多系统还具备 OPC（OLE for Process Control）模块。这类设备只要获得企业允许，就可以通过数控系统的二次开发，植入类似"木马"的控制模块，实现设备的远程接入、感知、集成和控制。

5. 非数控设备资源的集成

对于那些非数控设备，或者不能实现在线联网的资源设备，可以采用类似"机顶盒""掌上机"的装置接入方式。通过手工、RFID、条码阅读机等方式采集设备的数据，通过 4G/GPRS/ZigBee 等无线网络方式或者离线的人工键盘输入等方式，将采集到的数据上传到网络服务器和云制造平台服务器。

4.2.5 科技资源信息集成模式

知识、数据、产品模块等信息资源常常分散在不同企业、部门中，这些信

⊖ 3C 产品是计算机类（computer）、通信类（ommunication）和消费类（consumer）电子产品的统称。

息资源不集成就难以发挥其作用。但信息资源的集成并非易事，这里既有技术方面的原因，如数据异构问题，也有管理方面的问题。例如，将自己所据有的信息资源（特别是知识资源）看作私有财产、权力象征，不愿轻易分享；又如，唯恐数据资源分享后会带来一些意料不到的后果。因此需要有好的商业模式支持科技资源信息集成。

1. 科技资源信息集成的通用模式

（1）组织集成支持科技资源信息集成　将所要集成的科技资源的拥有者组织在一起，例如，万方和中国知网等联合高校、专利部门、期刊杂志社等有发布知识资源需求的组织，由此实现科技资源信息集成。这类面向科技资源信息集成的组织可以是紧密型集成的，也可以是松散型集成的。当然，组织集成紧密程度越高，信息集成就越容易。

（2）科技资源信息集成的实现方法

1）先规范化，后集成化。采用规范统一的方法对各种科技资源进行信息描述，如分类编码、元数据模型、本体模型、知识元、知识图谱等。

2）信息化支持集成化。以信息平台作为载体，将科技资源的描述信息集成在一起；通过信息分类编码、信息本体模型等帮助科技资源信息搜索和集成；对不同的信息"孤岛"进行信息集成，进而实现科技资源的集成，例如，输入一个关键词就能够将存放在不同信息系统的相关知识和信息"一网打尽"，全部搜索到。

3）通过信息集成实现科技资源集成。将科技资源的描述信息等进行集成，如专家库、产品目录、专利摘要库、硬件信息库等，这有助于搜索和利用科技资源。

4）将信息类的科技资源集成。将信息类科技资源集成，如知识资源库、零件资源库、软件资源库等，这便于搜索、应用、评价。可以通过工业互联网平台、云制造平台等将不同信息类的科技资源库集成在一起。

案例：Web零件库（如TraceParts零件库，http://www.traceparts.com）在互联网平台中集成了大量的零部件信息——3D零部件CAD模型。这些零部件信息是零部件生产企业提供的，它们通过Web零件库免费分享这些信息的目的是推销自己生产的零部件。其他企业的新产品设计人员利用Web零件库中的3D零部件CAD模型组成3D的新产品CAD模型，并可以进行计算机仿真测试。一旦新产品设计确定，设计人员就可以将模型交给采购人员。这些提供零部件CAD模型的企业就理所当然地成为采购的首选企业，因为它们具有生产这类零部件的专业能力，可以形成较大批量，降低成本，保证质量。由此通过零部件资源信息的分享，实现了零部件制造能力资源的分享。

（3）科技资源供需匹配服务模式　科技资源集成的商业模式要满足科技资

源集成者的利益，使他们愿意集成。例如，在科技资源集成的基础上可以实现供需匹配服务，使科技资源的需求方快速获取所需要的科技资源，得到更好的服务，使科技资源的供给方快速找到需求方，实现科技资源价值。图4-6描述了科技资源供需匹配服务模式。该模式需要新一代信息技术的支持，以实现供需匹配过程的透明化，保证提供诚信的服务；需要优化供需匹配相关本体，支持准确高效的供需匹配。

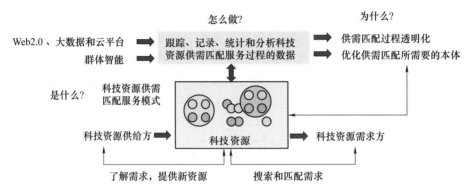

图 4-6 科技资源供需匹配服务模式

2. 知识资源集成模式

（1）知识资源集成的四种模式　现代制造企业的成功不仅依赖于各位员工将自己的聪明才智发挥出来，而且要求分布于员工中的知识能得到充分分享，使知识资源得到有机整合，取得"1+1>2"的整体效果。知识资源集成主要有四种不同的模式：

1）意会型知识之间的集成，即知识在员工之间的转移、分享和集成。企业的创新在很大程度上依靠意会型知识之间的集成，关键是如何使员工积极主动地将自己的知识在企业集体中分享，这里需要能促进知识集成的企业文化、组织管理机制和集成工具。

2）编码型知识之间的集成。随着互联网的普及，编码型知识呈"爆炸"增长态势。需要利用知识挖掘工具，从浩渺的知识海洋中快速找出企业所需的知识，开发出新的知识。

3）从意会型知识到编码型知识的集成，即将人们头脑中的经验和诀窍总结出来，并进行集成。企业要取得成功，必须很好地开发、积蓄和利用自己的知识资源，创造更多的价值。依附于员工个人身上的零散知识应尽量通过各种方式转化成具体的书面手册、作业流程或信息系统，甚至正式申请为组织的专利、著作或商标，这样才能将知识转化成有价值的企业资产，进而有效地扩散到企业中其他员工身上。如某位销售人员在销售中的一些成功经验和重要发现要及时加以总结，并向企业内其他销售人员推广。这需要奖励机制和知识提取（发现）工具。

4）从编码型知识到意会型知识的集成，即通过培训学习和先进的知识传播工具将书本知识转化为人们头脑中的知识，这是因为创新最后要通过人进行。多媒体技术和虚拟现实技术可以提供这方面的支持。

知识集成包括不同的方法，从改变管理观念到建立支撑技术，再到知识集成工具的开发和应用。知识资源集成涉及制度规范、约束激励、沟通交流、知识转化、资源分配、企业文化、人力资源开发和知识集成工具等一系列问题。

（2）知识资源集成的挑战　真正有价值的知识资源集成并不容易。中国工程院谢友柏院士认为其条件有：

1）要有大量的专家愿意在高度细分的专业领域潜心研究，开展知识资源处理、集成和建设，有利用知识资源为大众服务的远大志向。

2）这些专家不是凭借一点老经验、陈旧知识，而是不断钻研，提供新知识。

3）所提供的知识，表达要清晰，易搜索，便于计算机集成，完整性和可信性高，能够让不同领域的人理解和消费。

4）社会上要有足够多的知识消费者，使得细分和专业化的知识资源集成服务能够得到相应回报。需要让知识消费者感到，使用知识资源集成服务要比一切都自己做更"多快好省"。

现在还没有这样的网站和团体。因为将知识资源转变成效益需要较长时间，知识资源又是大家的吃饭本领、争取项目的利器，要发布和集成有价值的知识资源难度很大。

3. 数据资源集成模式

（1）基于工业互联网平台的数据集成　国内多个主流的工业互联网平台不仅集成来自设备传感器的数据，也集成用户行为数据。例如浪潮 M81 平台推出了一系列基于物联网数据的应用，包括制造工艺与产品质量优化分析、设备监测与预测性维护、全程品质控制与预警、企业经营风险管控和预测、个性化精准服务与营销预测、供应链与供应商优化、用户行为分析与微服务推送等。

案例：山东能源集团的正通煤业公司依托 M81 平台对作业环境和设备运行状态进行监控，同时，结合作业人员位置信息和现场视频，形成人员精准"画像"，精准定位异常节点，实现了 30 余个数据源的 2 亿多条数据的整合，实现了人与人、人与机器间的互联互通。

（2）支持数据确权、安全、分享的数字对象体系架构　数字对象体系架构（DOA）及 Handle 系统是世界互联网之父、TCP/IP 共同发明人、图灵奖获得者、美国科学家罗伯特·卡恩（Robert Kahn）博士发明和推动的，是解决信息互通的架构技术。

DOA 将互联网上所有事物抽象成数据对象（DO）并给予全球唯一的标识，而标识解析体系是互联网架构中标识层的重要支撑，是识别和管理物品、信息、机器的关键基础资源，是整个网络实现互联互通的关键基础设施。

DOA 及 Handle 系统是下一代互联网络关键基础技术体系，具备为各类物理实体与数字对象提供全球唯一标识、信息解析、信息管理与安全控制等服务能力，是数据资源管理体系的关键基础设施。

（3）提高数据质量的社会-技术系统方法　对 ERP 等管理信息系统而言，有"三分技术、七分管理、十二分数据"一说，可见数据质量的重要性。数据不全面、不准确和不及时已经成为阻碍数据资源集成的主要原因之一。

提高数据质量是一项社会-技术系统工程，其社会系统部分的工作主要有：

1）将任务与利益相分离。有些数据处理工作，其结果如果上报，可能会影响上级对自己的评价。这部分工作都集中在同一个部门，就可能会加大数据失真成本。应当把这部分数据处理工作交由专职机构完成。

2）减少数据传递的中间环节。随着数据化建设的深化，企业组织结构将向扁平化方向发展。这种扁平化的企业组织将可以最大限度地降低数据失真成本。

3）建立避免数据失真的保障制度和办法。例如，在企业里对那些虚假数据的提供者要给予相应的处罚。

4）数据或数据专人负责制。任何一项数据或数据，由一个部门的一位员工负责，在规定的时间，录入系统，存储在指定的数据库中，按照一定的算法进行加工处理。因此，同样的数据不再需要第二个部门或任何其他员工再录入一遍。很明显，这样可以减少重复劳动、提高效率、避免差错。人们从系统中很容易根据录入数据的员工口令查明每一个数据的来源和录入时间，做到责任分明。

技术系统部分的工作主要有：

1）实施实时的前端数据质量管理系统，以保证在数据进入企业时其质量就已得到保证。在呼叫中心、Web 站点、销售系统点及所有的客户接触点上都需要实施该系统。

2）对内部处理流程进行监视、分析和报告，使企业领导能监控企业并确定程序及管理问题所在。

3）提供数据接口，保证系统间的数据流畅通。

4）采用提取、转换和加载（ETL）技术。将多个数据源的数据提取出来，并将其整合为数据，然后再存入一个数据仓库中。企业还需要想办法将整理后的数据送回到数据源。

5）数据到源头、流程不落地。无论数据化建设到哪一步，业务数据及流程在系统中的实施都应该推进到其发生源头，系统之间集成的数据传递不能采用手工输入的方式,因为手工输入容易出错、延迟。

6)减少人为因素的影响。手工统计和输入数据速度慢,容易出错,甚至人工输入会出现造假等问题。因此需要通过各种传感器、信息系统等实现数据自动获取和输入。

7)采用六西格玛(6Sigma)管理方法。西格玛是希腊字母 σ 的中文译音,统计学上用来表示"标准偏差",即数据的分散程度。六西格玛意为"6 倍标准偏差"。例如,某汽轮机制造企业一年生产 500 多台工业汽轮机,每台有 6000 ~ 10 000 个零件,每个零件有 10 份以上文档资料,每份文档资料有 10 个以上数据。如果不考虑合理化,则有 500 000 000 条数据。在数据输入质量方面,六西格玛表示每 100 万条数据的不良品率(PPM)不大于 3.4,这意味着每 100 万条数据中最多只有 3.4 条数据输入出错,即数据输入合格率为 99.999 66%。对于每年的 5 亿条数据,这意味着最多只有 1700 条数据输入出错。

案例:携程呼叫中心成立于 2000 年,最早只有两三个人,但是伴随着携程业务的发展,如今的呼叫中心已经有 2400 多个席位,是目前亚洲旅游业最大的呼叫中心之一。虽然业务量巨大,但是其 20s 接通率高达 90%,携程咨询准确率从 98.1% 提高至 99.8%,订单回复速度也从 93.9% 上升到 99.9%,这一切都得益于携程是国内旅游行业中第一家实行了六西格玛管理的。

引入六西格玛的先进管理方式,对携程服务质量的提高是全方面的。在携程,每一个呼入电话都有分类的标准处理流程供参考;每一个订单的回复都有专人监控;每一次订单完成时间都有统计并追踪改进;每一次通话都有录音储存在资料库中,供考核和查询;每一个部门的考核指标都逐一分解到个人和每道工序;一线服务人员每周要接受几十项定性定量的评估,通过计算机控制,任何一个错误都会被记录下来。就是在这样严格、明确和细致的指标下,携程将其服务产品的合格率控制在了 99.9% 的水平。

4.2.6 科技资源信息集成的案例

1. 知识资源信息集成的案例

案例:知识管理缺陷在××飞机失事惨剧中扮演重要角色

××飞机失事调查机构的最后报告表明,知识管理系统的失败在这次惨剧中扮演重要角色。

依赖于非正式的交流手段来管理航天飞机的运作,以及机构内部各自为政的文化,最终将风险和危险转换为灾难。该机构依赖非正式的电子邮件通信手段来管理飞机在起飞时的飞行损伤分析。这导致一系列的讨论发生在真空中,很少有跨部门的交流,而那些关注飞机安全的低级工程师向高级管理人员反映的情况又常常得不到反馈。管理和决策方面失误的主要原因是无法综合关键的安全信息和分析。

实际上该机构已经拥有一套自动化系统来追踪关键的安全问题,但这套系统极其笨拙,在任何层次上都难以操作。系统虽然包含了 5000 条以上的"关键条目"和 3200 条以上的安全"声明书",但是很少有人使用。

2. 制造企业产品全生命周期多源异构数据集成的案例

制造企业产品多样,产品设计研发、制造、销售和售后阶段有大量的多源异构数据和数据分享的需求(见表 4-2)。数据集成应为各管理活动层提供平滑的数据流动,允许多个数据库之间的数据自由交换和分享。

表 4-2 企业产品全生命周期阶段数据

阶段	子阶段	数据及数据源
产品设计研发阶段	需求分析	CRM、ERP 系统中的市场和用户需求数据
	方案设计	PLM/PDM/CAD/CAE 系统中的产品原理和方案数据、专利数据、制造数据等
	总体设计	PLM/PDM/CAD/CAE 系统中的设计知识、计算仿真和分析数据、产品模块数据等
	详细设计	PLM/PDM/CAD/CAE 系统中的产品模块数据、零部件数据、制造数据
	试制及试验	PLM/PDM/CAD/CAE 系统中的产品试验数据、制造数据和试验标准知识
	变型设计	PLM/PDM/CAD 系统中的产品主模型数据、变型规则
	配置设计	PLM/PDM/CAD 系统中的产品主结构数据、配置规则
产品制造阶段	零部件采购	ERP 系统中的 MBOM(制造 BOM)数据、零部件及属性数据、供应商数据
	工艺规划	CAPP/ERP 系统中的产品工艺数据、制造数据
	零件制造装配	CAM/ERP 系统中的产品制造和装配数据
	质量管理	ERP/CAQ 系统中的质量检测数据、设计质量数据、质量分析知识
	产品入库	ERP 系统中的产品库存数据
产品销售阶段	产品销售	ERP 系统中的产品数据、客户数据、订单数据等
	产品出库	ERP 系统中的产品库存数据、订单数据等
	产品物流	ERP 系统中的产品物流及运输信息数据
产品售后阶段	产品使用	PLM/CRM 系统中的产品运行数据、能耗数据等
	产品维护维修	PLM/CRM 系统中的产品维修数据、检测数据、维修知识等
	报废和回收	PLM/CRM 系统中的产品报废数据、逆向物流数据、回收处理数据

3. 信息集成模式及应用的案例

1) "运满满"的管车配货服务（http：//www.ymm56.com/）。"运满满"成立于2013年，拥有450万个货车驾驶人、100万个货主，日成交量达百万量级，是全国最大、最活跃的运力平台之一。在其所属细分市场的500万个驾驶人群体中，"运满满"占有70%以上的市场份额。"运满满"提供免费手机APP应用服务，为公路运输物流行业提供高效的管车配货工具，同时为车找货（配货）、货找车（托运）提供全面的信息及交易服务；提高了车主配货效率，降低了空返率；提升了货主找车效率，改善了整体物流行业的运行效率，实现了节能减排。

2) "好活"的人才资源分享的服务模式（http：//www.51haohuo.com/）。"好活"通过集成各企业之间的信息，对企业的"有活缺人"和"有人缺活"进行大数据匹配，使企业之间实现人才资源分享，共同创收。例如，互联网公司和传统企业经常需要进行线下服务或者线下推广，但又不可能长期固定雇用一批线下人员，因为成本太高。与此同时，线下一些企业或团队有的时候人力闲置。通过平台对接，解决了这些问题。"好活"的这种B2B2C的人才资源分享的服务模式，避免了个人兼职却难以追责等问题。"好活"平台的盈利模式是：平台与接包方分成，目前抽佣在10%左右。

4.3 科技资源组织集成

4.3.1 科技资源组织集成的定义和需求

1. 科技资源组织集成的定义

科技资源是组织和人所创造或拥有的，因此科技资源大多归属于某一特定组织，或是知识产权的归属，或是资源本身的归属。

科技资源组织集成是通过科技资源拥有者（组织和人，如面向过程的组织、专利联盟、创新联盟、协同开发组织等）的集成，支持科技资源的有效集成。科技资源组织集成有助于降低科技资源集成的难度，其关键是要让科技资源的拥有者成为利益共同体，这需要建立在透明公平的集成环境基础上。

2. 科技资源组织集成的需求

科技资源属于不同的组织，是组织的重要资源，科技资源有巨大的商业价值，有些组织是不愿轻易分享的，需要有好的组织模式和商业模式支持科技资源的有效集成。要实现有效的科技资源集成，首先应进行科技资源相关组织的集成。不同的科技资源对组织集成的需求是不同的。

1）软硬件资源集成的需求。软硬件资源可以通过市场机制和信息平台实现集成分享，因此它对组织集成的需求不大。例如手机应用商店中的 APP 软件就是广大程序员开发提供的。

2）产品资源集成的需求。例如产品零部件集成分享需要有产品联盟的支持，甚至需要通过企业兼并实现产品资源集成。

产品联盟是以分享资源和市场、降低成本、分担风险为目标的，在经营过程中主要利用外部规模经济实现资源分享，提高利用效率，以减少企业开发研究的沉没成本，降低转置成本。20 世纪 80 年代初，进入我国的合资企业就采用产品联盟经营模式，大多是外国企业出技术、出资本、出设备，利用我国出人力和市场。这种产品联盟的实质是单向的知识资源流动，当时的跨国公司多属于知识资源流动的提供方。

3）知识资源集成的需求。公开的知识资源集成已经由万方、中国知网等平台实现。围绕产品研发等过程的知识资源集成需要组织集成的保障，知识联盟就是这样一种组织。

表 4-3 对知识联盟与产品联盟进行了比较。实际上，许多联盟介于产品联盟与知识联盟之间。而且同一个联盟，对一方而言是产品联盟，对另一方来说也许是知识联盟。如许多发达国家企业与发展中国家企业建立战略联盟的主要动机是占领市场和获得产品，属于产品联盟；发展中国家企业参与联盟的动机则是获得知识资源，属于知识联盟。无论何种联盟，某种程度的知识资源分享都可能会无意识地发生。但这里的知识联盟是指一种带有明确学习目的、以分享知识和创造新知识为中心任务的联盟，也可以称为学习联盟。

表 4-3 知识联盟与产品联盟的比较

比较项目	知识联盟	产品联盟
联盟主要目标	通过结盟，学习、分享及创造知识，改变企业的核心能力，或者帮助企业扩大其技术能力，使企业获取新的竞争优势	以产品生产为中心，合作的目的在于填补产品空白、降低资金的投入风险和项目的开发风险，以实现产品生产的技术经济要求，而学习所扮演的角色是微不足道的
联盟成员涉及范围	能够在任何拥有专业能力、可以对合作有贡献的组织中形成，只要该组织有利于提高参与者的专业能力	竞争者或潜在的竞争者
联盟战略	进攻性战略，目的是使企业获得新的知识和能力	防御性战略，通过分散在全球各地的合作伙伴迅速获取产品、占领市场
联盟实施中的困难	隐性知识的转移相当困难；因信息不对称、机会主义行为和不确定性的存在，知识产品难以用市场价格机制进行交易	产品或零部件的转移比较容易，可以用市场价格机制进行交易

(续)

比较项目	知识联盟	产品联盟
联盟经营模式	股份制比较合适，改善相互信赖关系，给联盟各方带来更多的学习机会；半内部化经营形式有助于克服知识产品市场失灵	一般采用供应链模式
联盟成员的紧密程度	比较紧密，偏于企业化；企业之间为学习、创造和加强专业能力，相关人员必须一起紧密工作；追求的是互相学习交叉知识	相对不紧密，偏于市场化
联盟潜力	能够帮助企业扩展和改善其核心能力	可以帮助企业抓住商机、保存实力

4）数据资源集成的需求。互联网中的数据资源集成有很多组织在做，但不同系统间的数据资源集成需要有组织集成的保障。

5）人才资源集成的需求。有集中式和分布式两种人才资源集成模式。集中式人才资源集成模式是将人才纳入自己的企业，如企业兼并等；分布式人才资源集成模式是给予人才很大的自主权，或者组织社会上独立的企业形成联盟。利用新一代信息技术集成和监管。新一代信息技术的发展为人才资源集成提供了便利条件，并出现了群智设计，即聚集多学科资源开展协同创新设计的一种活动。群智设计不仅关注设计专家团队，还通过互联网组织结构和大数据驱动的人工智能系统，吸引、汇聚和管理大规模参与者，以竞争和合作等自主协同方式来共同应对挑战性任务。

3. 科技资源集成组织模式的选择

跨企业的科技资源组织集成涉及面广，对企业间的协同要求较高，需要有好的商业模式的支持。

1）需要根据科技资源的特点，选择合适的科技资源集成组织模式。组织集成模式有很多，可以从企业化到市场化维度对组织进行分类，如图4-7所示。

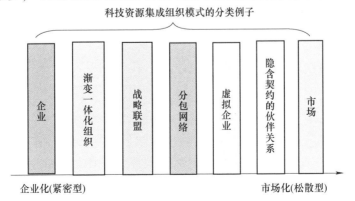

图 4-7 科技资源集成组织模式的分类

2）需要建立支持科技资源组织集成的商业模式，保障科技资源供给方和需求方的利益，如知识产权制度、激励机制等。例如，期权分配是对科技资源集成分享后所产生的未来效益的一种预分配。

4.3.2 面向业务流程的横向组织集成模式

面向业务流程的横向组织集成模式的架构如图 4-8 所示，企业之间（包括企业与供应商、客户之间）围绕某一业务环节开展协同，建立协同组织模式，这种往往是虚拟的、临时性的、松散的组织。面向业务流程的横向组织集成的共性模式有：①科技资源相似性的识别和集成模式。例如相似零部件资源高度分散、不同企业对其描述和存储方法不一致，导致其识别和集成难，如何使各方采用统一的科技资源信息描述和集成的标准，需要有好的模式的支持。②科技资源组织集成模式。围绕同一业务环节开展协同的组织不少是竞争对手。物运公司、驾驶人的信息集成显然能够提高物运效率，但在物运公司之间、驾驶人之间存在竞争关系。竞争对手的协同需要有好的集成模式设计。③知识产权评价和保护的商业模式。知识、数据等科技资源集成后容易被大家分享，需要有很好的知识产权评价和保护发明的商业模式。它们既促进这些科技资源的集成分享，又能保证提供这些科技资源的企业和个人的利益，使他们愿意分享。

图 4-8　面向业务流程的横向组织集成模式的架构

下面对产品生命周期各个环节的横向组织集成模式做简要介绍。

1. 研发环节的科技资源组织集成模式

（1）价值主张　从客户的角度定义，即回答企业向客户提供哪些价值的问题。价值主张在很大程度上决定了客户对企业提供科技资源的认同并愿意接受的程度，如果用户愿意支付的价值超过企业提供科技资源所需的成本，那么企业的科技资源就具有盈利能力。

面对日益复杂的产品、快速变化和竞争激烈的市场，企业需要快速进行产品研发，但独自研发往往需要花费较长的时间和较多的成本，这是相当有风险的。通过科技资源组织集成支持协同研发，可以减少研发成本和风险。

案例：浙江吉利控股集团并购沃尔沃汽车（Volvo AB）后向沃尔沃汽车（Volvo AB）的工程团队提供资源以开发新车型，降低了成本。

（2）集成模式　研发环节的科技资源组织集成模式主要有：①通过知识产权协同评价和保护使各方放心地集成科技资源；②通过模块化技术，将复杂的产品分解为一系列弱关联的模块，便于协同；③建立透明公平的服务交易环境，使各方愿意分享有价值的知识，愿意对知识进行认真的评价。

例如知识联盟（或称知识链）、产品研发联盟、专利联盟、创新联盟、协同开发组织等科技资源组织集成模式。所要集成的科技资源主要是人才资源、知识资源。通过协同研发、知识分享，形成知识网络或知识图谱，最终提高各方知识资源分享和利用的效率。

案例1：永康市电动车、滑板车行业130多家企业在政府部门的组织下，签署了《永康市电动车汽油机滑板车行业协会维权公约》。根据该公约的规定：会员企业专利新产品一旦遭到仿冒侵权或人才被"挖"，可向维权委员会申请维权，维权委员会可责令仿冒侵权企业销毁模具，没收仿冒产品，已形成销售的还要处以销售收入4倍的罚款；对"挖"专业技术、外贸人才造成侵权的，由维权委员会责令侵权企业停止侵权；继续侵权的在特定场所和媒体上进行曝光。

案例2：2007年3月，IBM推出了创新梦工场，将Web 2.0的服务功能引入企业协作创新领域。这些Web 2.0的服务功能包括社区、线上书签、电子档案和博客等。利用在线社区加速员工、合作伙伴、软件开发人员和用户之间的协作创新进程，了解专家的观点，并与之交流，可实现更快的内部创新。这些功能更容易发现和利用隐藏在企业内部的专业知识，帮助企业提高生产效率。

案例3：超级高铁是一种以"真空钢管运输"为理论核心设计的交通工具，具有超高速、高安全性、低能耗、噪声小、污染小等特点。超级高铁公司HTT（Hyperloop Transportation Technologies）公司有200名工程师和设计师，其中很多都是兼职人员。任何人只要每个星期为HTT工作并完成任务，就可以获得该公司的股票期权，公司借助每周一次的电话会议以及Google Docs，将团队的不同成员紧密地联系在一起。

这些兼职人员的效率甚至超过全职员工。他们每个人都有自己的专长，在自己的领域都独树一帜，甚至比全职研发人员更专业，他们都是重要的专家。这种新颖的众包模式不仅新潮而且非常实用。

案例4：在汽车行业，跨国公司之间通过兼并、控股、参股等方式，2006年时已初步形成了跨国集团，如通用-菲亚特-铃木-富士重工-五十铃集团、福特-马自达-沃尔沃轿车集团、戴姆勒-克莱斯勒-三菱集团、丰田-大发-日野集团、大众-斯堪尼亚集团、雷诺-日产-三星集团，这六大集团的年产量均在400万辆以上。

案例5："人造太阳"的研发将为人类带来巨大福祉。但是其技术挑战大，研发困难重重，因此需集全球之力共同来进行。基于此，国际热核聚变实验堆（ITER）计划于2006年应运而生，中国、美国、欧盟、俄罗斯、日本、韩国和印度七方参与。其中，中国承担了大约9%的采购包研发任务。

案例6：IRDR联盟。机构科研数据知识库（Institutional Research Data Repository，IRDR）是由科研机构建立，专门用于收集、存储、组织、管理和分享本机构研究人员产出的科研数据的知识库。IRDR联盟即由两个及以上的研究机构基于对科研数据的统一监管和统一服务而构建的一种科研数据管理与分享机制联合体。IRDR联盟牵涉到不同联盟成员的利益关系，需要构建一套科学的数据治理方案，以实现指导和维护，解决联盟中的数据质量、数据安全与隐私、数据知识产权等一系列问题。

▶ 2. 设计环节的科技资源组织集成模式

1）同行企业的科技资源组织集成模式。价值主张主要是实现跨企业、大范围产品模块化；因为产品模块通用范围越大，效益越好，这就需要应用相似模块的企业从产品设计就开始集成，形成模块的较大批量，降低成本。集成模式的目的是建立利益共同体，如国际上一些汽车集团联合进行汽车模块化，共同分享资源和利益。

2）整机厂与零部件企业的科技资源组织集成模式。价值主张主要是整机厂与零部件企业通过组织集成，提高协同设计能力和快速反应能力，有效降低整机厂与零部件企业的生产成本。商业模式如丰田汽车公司与其零部件供应商相互拥有股份，形成关系紧密、休戚与共的精益供应链系统。克莱斯勒公司与罗克韦尔公司通过协议建立长期合作伙伴关系，在汽车的设计阶段紧密合作。罗克韦尔公司为克莱斯勒公司的总装、冲压件、焊接、电力设备等部门设计计算机控制软件，以便降低成本、缩短制造周期等。

3）案例：雷诺-日产联盟在2015年通过协同效应节省开支达43亿欧元，较2014年同比上升13%，这主要归功于采购、工程设计和制造三大领域协同效应的突出表现，通用模块架构体系（Common Module Family，CMF）模块化平台起了很大作用，许多新品均是基于CFM-C/D模块化平台打造的。

▶ 3. 采购环节的科技资源组织集成模式

（1）价值主张　价值主张是形成规模采购优势，增强企业的议价能力，降低采购成本。虽然供应商所供应的商品价格下降，但由于获得大额订单，因而生产成本和交易成本降低了。

（2）组织集成　组织集成有联合采购组织、供应链协同联盟、联合采购门户等科技资源组织集成。所集成的科技资源有需要采购的产品信息、协同采购平台软件、采购人才等。

（3）集成模式　集成模式有两种：一种是"拼多多"模式，小企业通过联合采购门户，抱团采购；另一种是大企业建立供应商销售平台，吸引供应商到该门户销售产品，以便采购到丰富、价廉物美的外购件。例如海尔的"海达源"模块商平台，平台中不仅有模块商发布的大量模块，还有关于模块的评价、历史使用、价格、交货期等信息，方便设计人员和采购人员的选择和评价。又如，通用汽车、福特汽车以及戴姆勒-克莱斯勒汽车公司共同建立零部件采购的电子商务市场——科比新特（www.covisint.com），吸引了大量零部件供应商以及汽车整车厂。

▶ 4. 生产（加工＋装配）环节的科技资源组织集成模式

（1）价值主张　价值主张是专业化分工协同，形成较大批量，降低生产成本；分享加工品牌资源、制造资源等，快速提高小企业的竞争能力。

（2）组织集成　组织集成有联邦式组织、质量联盟、协同制造组织等科技资源组织集成，所要集成的科技资源种类繁多。

（3）集成模式　有的采用联邦制集团模式，也有的采用分享工厂模式，实现协同各方的利益实现；或者通过产品质量标准联盟，建立区域标准，并建立强有力的监督机制，保证区域产品质量，提高区域品牌影响力，使各方共同提高产品质量，最终使区域内的同类企业实现"多赢"。

案例1：联邦制集团模式。浙江省绍兴的永通集团主要做外贸印染业务，其下属的20多家印染企业都是独立法人，外贸业务员都是单干户。他们分享品牌资源、用户资源、金融资源，协同治理"三废"。永通集团管理简单，因为是为自己干，所以大家干劲十足。

案例2：共享工厂模式。在我国许多地区有产业集群，可以依托产业集群进行科技资源集成。围绕产业集群中各类企业的共性环节，建设共享工厂，集中配置通用性强、购置成本高的生产设备，依托线上平台打造分时、计件、按价值计价等灵活服务模式，满足产业集群的共性需求。产业集群内企业通过分享物流、仓储、采销、人力等方式，聚焦核心能力建设，提升企业竞争力。

案例3：产品质量标准联盟模式。2009年，广东佛山南海区盐步数百家内衣生产及配套企业面临困境：贴牌多、名牌少，利润下跌甚至为零。为此，2010年年底，南海区标准化研究与促进中心、盐步内衣协会等单位联合七家内衣龙头企业发起并成立了广东南海区盐步内衣标准联盟。该标准联盟制定了盐步内衣联盟标准，此标准高于国家标准或行业标准水平，并且要求联盟内的企业严格执行。几年下来，盐步内衣已成为全国中高档内衣品牌最集中的产业集群之一，在全国内衣行业二线品牌中占据重要的份额，其中，文胸、内裤、美体塑身衣等产品在国内销售占比很高，产品畅销国内和全球30多个国家和地区，先后荣获"中国内衣名镇""中国时尚品牌内衣之都"等荣誉称号。盐步内衣产业从标准资源分享走向商标和品牌资源分享，注册了"南海盐步内衣"和"盐步内衣"两个集体商标，以"盐步内衣"区域品牌为核心，不断提升集群的核心竞争力。

5. 销售环节的科技资源组织集成模式

（1）价值主张 通过企业销售集成，形成强大的销售能力和接单能力；通过产品销售数据集成，使产品生产企业快速了解市场与用户需求、快速做出反应，降低销售成本。

（2）组织集成 组织集成如全球连锁销售组织、加盟店、集成供货服务模式等科技资源组织集成模式。

（3）集成模式 在组织集成基础上，利用新一代信息技术集成分散的信息；采用统一品牌，统一进货、统一配送，降低库存成本，保证质量。

案例：宁波贝发集团采用"文具全品类、一站式选择"的集成供货服务模式。贝发集团是集制笔和文具研发、生产、销售以及国际商贸服务于一体的大型文具"航母"、全球产量最大的书写工具制造商之一。2007年，贝发集团开始从原来以单纯加工制造为主的工贸结合型模式，转变为以"市场采购+组合包装+出口配送"为基础的集成供货服务模式。整个业务流程通过电子商务平台进行，如图4-9所示。过去国内许多文具企业只能赚到5%的利润。大量"质

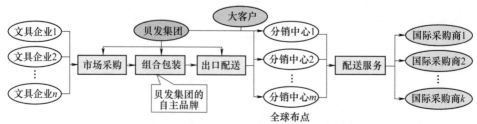

图4-9 贝发集团的集成供货服务模式

优价廉"的文具因为销售渠道不畅而只能贴牌廉价卖给欧美的采购商，让国外采购商赚了大钱（20%的利润）。打造现代文具供货集团，实现销售渠道分享，可以让我国更多的文具企业实现自有品牌出口。这不仅可以提高附加值，掌握出口销售的主动权，还能提高文具业的凝聚力。

6. 服务环节的科技资源组织集成模式

（1）价值主张　中小企业联合开展服务，降低服务投入成本，为用户提供更好的服务，使用户满意，增加模具的订单，提高企业接单能力。

（2）组织集成　组织集成如协同服务组织等。

（3）集成模式　利用新一代信息技术进行透明公平的服务过程监控，使各方愿意协同售后服务。例如模具企业大多数规模很小，而我国的模具出口量越来越大，海外服务难度也越来越大，需要模具企业组成海外服务联盟，分享资源，协同提供海外服务，降低服务成本。需要利用新一代信息技术使服务成本和收益的分配透明公平化。

4.3.3　面向业务流程的纵向组织集成模式

图 4-10 描述了面向业务流程的纵向组织集成模式概况。

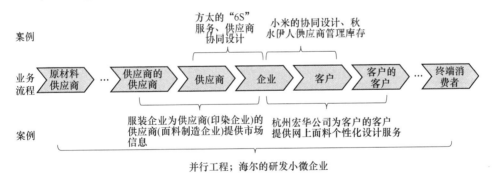

图 4-10　面向业务流程的纵向组织集成模式概况

1. 企业与客户的科技资源组织集成模式

（1）价值主张　客户的需求对于企业而言具有非常大的价值。企业只有满足用户的需求，才有可能盈利。客户对企业产品的忠诚度越高，企业的产品价值就越大。

（2）集成模式　在设计环节，企业与客户的协同设计是提高客户的满意度和价值的主要方式，同时也提高了企业的产品销量和品牌知名度，还为企业创新提供了灵感。

在销售环节，通过供应商管理库存，由供应商监控和主动补充库存。一方面供应商了解库存和消费者需求，不仅有助于更好地安排生产，而且有助于设计和制造出消费者所需要的产品；另一方面销售商店的管理更加简单，产品销售更加对路。

企业通过互联网开展与客户的协同设计服务，让用户自己在网站中设计所需要的产品，然后由企业加工制造。

（3）案例

案例1：在小米手机的协同设计平台，用户参与手机设计，小米手机1/3的功能是用户设计的。

案例2：浙江秋水伊人服饰有限公司是一家专业设计、生产、销售女装的全国知名服装公司。该公司采用了供应商管理库存和实时补货策略：①卖一补一，整条供应链由公司持续补货，直到季末。每件衣服的销售信息都会反映到全国联网销售系统，品牌总部和总代理都会看到，然后及时地按"卖一补一"补上。②全国盘货流转，根据店铺的需求进行全国店铺的大调拨。③终端店铺零库存，一般采取这种模式的加盟商的利润同比增长了50%~500%。④实现100%退货，这使得店铺数量快速增加，一年左右网点数量翻一番。⑤一套自成一体的货品流转体系，这套体系对货品的首批订单、中间的补单、区域间的调拨以及最后的下单时点，都有严格时间规定，所有参与这套供应商管理库存（Vendor Managed Inventory, VMI）全退货模式的总代理和下线客户必须严格按这套流程执行。当接到公司的"卖一补一"的指令时，必须全部接受货品；当接到公司的退货指令时，必须在第一时间退货，否则总公司将无法营运，将会被库存压死。而过去采用的零售商管理库存模式，由于订货的销售计划不准、订货首单订得不准、补货补得不准，又没有完善的调拨机制，虽然业绩每年增长，但有瓶颈；而且虽然应收账款和库存率不断增高，但真正卖掉的货品只有50%，其他50%是库存。这剩余的50%库存的分布情况是：15%的库存在零售商；15%的库存在代理商；20%的库存在公司总部。

案例3：华东某客车底盘生产厂家，在产品概念开发阶段，就深入客车制造企业的下游客户公交公司等终端用户处，了解它们的使用环境、使用方法、未来的线路规划、对客车的需求等，然后与客车制造企业一起讨论新一代底盘技术的开发和使用。现在，该企业已成为行业龙头。

案例4：台积电为了改变与客户之间联系比较复杂的状况，设计了一套基于互联网的同步作业系统。客户企业的设计人员在系统中设计画图时，台积电的工程师可以在网页上进行同步修改，提高了协同效率；它还将客户在芯片设计中可能用到的所有专利技术和产品汇集在网上，便于客户挑选，由客户直接付费给取得专利的公司。最终产品设计和制造周期从过去的半年缩短到现在的一个月。

外部创新最大的优点是降低了自行研发的费用和失败的概率，它无须像对待公司员工那样管理外部研发人员。更重要的是，由于研发成果是现成的，拿来即用，它不仅无须承担研发过程中的风险，而且缩短了从发现市场机会到获得利益之间的时间。

2. 企业与"客户的客户"科技资源组织集成模式

（1）价值主张　现代企业不仅要了解客户的需求，为客户提供满意的服务，还要了解"客户的客户"的需求，为"客户的客户"提供满意的服务，最终使客户满意，促进产业价值链的迅速发展。例如，制造装备制造企业需要了解使用该制造装备的企业的客户需求，以便及时开发出市场适销的装备。一般情况下，这里的客户是企业客户，"客户的客户"可以是企业，也可以是最终消费者。

如果说过去是客户出现问题了才需要服务，那么现在最大的变化就是：企业要主动帮助客户预见到会发生哪些问题，如何防范并及时解决问题，甚至帮助客户解决他的客户的问题。因此，企业不仅要了解直接客户的业务需求，还要了解下游和终端客户的市场需求。也就是说，这不是简单的 A 到 B 的关系，而是 A 到 C 或 A 到 D 的关系。

（2）集成模式　企业的"客户的客户"一般是直接从企业的客户得到产品和服务的。有的企业提供给客户的是整体解决方案等，这种方案满足了企业的"客户的客户"的需求，使其获得了想要的价值，同时也就满足了企业客户的需求，使其获得了想要的价值。这是一种多赢的模式。

"客户的客户"认同客户的产品和服务，这就为制造企业带来了更多的机会。例如有的企业通过提供面向"客户的客户"的服务，帮助企业客户促销其产品和服务，最终达到优化自己企业产品和服务的目的。

（3）案例

案例 1：美国英特尔公司通过帮助客户（计算机企业）的客户（计算机用户）开发高性能的复杂计算软件，达到推销自己的高性能的新型芯片的目的。

案例 2：杭州宏华公司通过为客户（数码印花企业）的客户（购买面料的消费者）提供网上面料个性化设计服务，达到推销自己的数码印花机的目的。

案例 3：沃尔沃卡车公司在设计整体方案时，都是和中间客户一起努力设计方案来满足最终用户需要的。只有最终客户需要全部得到满足，才能满足中间客户利益，最终满足沃尔沃卡车公司自己的利益。沃尔沃卡车公司的利益和整个价值链所有客户的利益是一致的。

案例 4：美满电子科技（Marvell）公司是全球集成芯片解决方案的领导厂商，其主要客户是家电和照明器材企业。美满电子科技公司在智能家电和 LED 照明领域发布了两款智能能源管理平台，使"客户的客户"（终端消费者）可以轻松利用这两款平台在世界上任何地方管理自己的智能家电和照明设备，最大限度地减少了能源的浪费，并且极大地促进了与智能家电无缝互联的生活方式。

案例5：华为公司为电信运营商提供从硬件、软件到服务的电信服务整体解决方案，其客户是电信公司、移动通信公司等，其"客户的客户"是通信消费者。

3. 企业与供应商的科技资源组织集成模式

（1）价值主张　价值主张主要是通过企业与产品用户的协同设计，一方面提高用户的满意度和价值，另一方面提高企业的产品销量和品牌知名度，并为企业创新提供灵感。

（2）集成模式　企业通过互联网开展与产品用户的协同设计服务，让用户自己在网站中设计需要的产品，然后由企业加工制造。

（3）案例

案例1：方太将本企业的"6S"[整理（Seiri）、整顿（Seiton）、清扫（Seiso）、清洁（Seiketsu）、素养（Shitsuke）、安全（Security）]管控方式，植入第三方，保证了整条供应链管控的严密性，同时降低了产品因物流业务外包所造成的残损。

案例2：佛吉亚集团每年都聘用欧洲的技术人员对合作的供应商进行辅导，并向供应商提供技术支持，帮助它们提高技术水平，此过程也加深了供应商与佛吉亚集团的合作意向，促进了双方合作更稳定地发展。

案例3：丰田与零部件企业相对牢固的联系和合作，显著提高了快速技术创新能力。丰田倾向于在研发设计过程中主要起协调作用，而将大部分的研发、设计、生产工作都交由零部件企业去完成。零部件有三种：

1）零部件企业的专有零部件。这是指通过产品目录出售给整机企业的标准产品，零部件企业全权负责产品的概念产生、设计和生产整个过程。

2）零部件企业的黑箱零部件。这是指由整车企业和零部件企业共同研发的零部件。整车企业负责提供成本、性能、外形、接口以及其他以整车总体布局规划为基础的基本要求的设计资料。

3）由整车企业完全控制的零部件。其设计工作包括蓝图都是由整车企业来完成的，只有工艺工程和生产工程才是由零部件企业负责的。

20世纪90年代初，日本汽车零部件企业平均供应零部件中的黑箱零部件占62%，完全控制的零部件占30%，而美国则仅有16%是黑箱零部件，需要整车企业花费大量精力开发的完全控制的零部件占81%。更为关键的是丰田黑箱零部件，通常交由几家企业就产品的开发速度和质量进行竞争，但是一般价格暂不竞争；最后丰田与在最短周期开发出最好样机的企业签订订单，并且在生产过程中还经常给予其技术辅助。正是由于汽车零部件企业早期介入整车商的研发设计工作中,并且在同一零部件的设计性能及时间等方面开展激烈的竞争,丰田才得以有效提高效率、质量和市场效果。

4. 企业与"供应商的供应商"的科技资源组织集成模式

(1) 价值主张　现代企业要取得基于价值链的竞争优势,不仅要服务好供应商,还要服务好"供应商的供应商"。因为企业供应商的及时供货、降低成本、提高质量与"供应商的供应商"有密切关系。例如,服装企业的快速反应,就需要供应商(印染企业)的供应商(面料制造企业)的快速反应。

"供应商的供应商"积极支持企业的产品生产和服务,这就为制造企业带来了更多的价值。例如有的企业通过提供面向"供应商的供应商"的服务,帮助"供应商的供应商"了解下游情况,最终达到优化自己企业产品和服务的目的。

(2) 集成模式　企业与"供应商的供应商"建立密切联系,沟通信息,甚至直接为"供应商的供应商"提供服务,提高其能力。例如,有的品牌服装企业通过为供应商(印染企业)的供应商(面料制造企业)提供市场信息,指导面料制造企业根据市场需求及早准备不同规格的面料,实现服装敏捷供应链建设的目的。

(3) 案例　杭州某公司为了攻克数码印花机喷头这一关键部件的研发难题,就与喷头材料供应商、墨水供应商、微细孔加工设备供应商、微细孔测量仪器供应商等协同开发,它们几乎覆盖了喷头产业价值链的所有环节。

5. 面向业务全流程(如产品生命周期)的科技资源组织集成模式

(1) 价值主张　将业务全流程(如产品生命周期)的科技资源分享集成,可以提高业务流程整体效益。

(2) 集成模式　在面向业务流程的纵向组织集成的基础上,利用新一代信息技术集成产品全过程的所有节点的数据和信息等资源,建立透明公平的利益分配机制,使各方围绕业务全流程优化贡献自己的力量。需要有信息平台支持面向产品生命周期的科技资源组织集成。科技资源组织集成中的人员和企业往往都是分散的,并且数量庞大,需要信息平台帮助集成。

在科技资源组织集成的基础上进行科技资源的集成,需要有标准来支持面向产品生命周期的科技资源组织集成。

(3) 案例

案例1:并行工程(Concurrent Engineering,CE)是一种集成地、并行地设计产品及其相关的各种过程(包括制造过程和支持过程)的系统方法。这种方法要求产品研发人员在一开始设计时就考虑产品整个生命周期中从概念形成到产品报废处理的所有因素,包括质量、成本、进度计划和用户要求等。并行工程的目标有:①提高整个制造过程(包括设计、工艺、制造和服务)的质量;

②降低产品生命周期费用（包括产品设计、制造、销售、服务、用户使用直到产品报废的全部费用）；③缩短产品研发周期（包括减少设计反复、缩短制造中各环节的时间）。并行工程的基本组织结构是产品研发组，研发组由各方面专家，如设计、质量保证、制造、采购、销售、售后服务及计算机辅助设计等方面的专家组成，即人才资源的集成。并行工程要求所有数据资源集成分享，要求参与人员之间能够及时交流信息。

案例2：海尔的研发小微企业。产品开发人员负责产品全过程，其收入与产品利润挂钩，这样一来，产品开发人员就会主动根据市场的需要来开发新产品，并会在开发过程中积极控制产品成本。

4.4 科技资源模块集成

4.4.1 科技资源模块集成的定义和需求

1. 科技资源模块集成的定义

科技资源模块集成是一种基于科技资源相似性的集成，将科技资源分解为相互独立的模块资源，并对模块资源进行标准化、通用化和系列化。通过模块资源集成，快速组成新的科技资源，满足科技资源个性化应用需求。产品资源、软件资源、硬件资源、知识资源等比较适宜采用科技资源模块集成方法，可以形成如产品模块、软构件（组件）、知识模块等。

科技资源模块集成方法主要有：
1）将科技资源划分成一系列相对独立的模块。
2）对科技资源的模块使用记录进行使用频率分析。
3）对使用频率较高的模块进行规范化和标准化，建立模块资源的主模型和事物特性表。
4）对模块之间的接口进行标准化。
5）建立基于模块配置的科技资源主结构，支持快速配置出满足特定需要的科技资源。

2. 科技资源模块集成的需求

科技资源模块集成有利于模块资源的重用，提高模块资源利用效率，形成较大的模块批量，降低单件小批量产品的成本，提高产品质量，缩短产品生产周期。

当前全球汽车企业通过共享平台进行科技资源模块分享，在满足用户多样化和个性化需求的同时降低成本（见图4-11）。

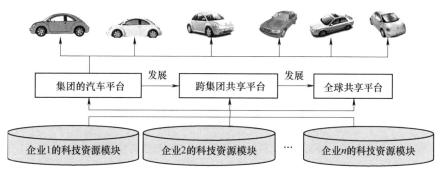

图 4-11 通过共享平台进行科技资源模块分享

产品资源、软件资源、硬件资源等科技资源具有可分解性，下层的模块资源比上层的模块资源具有更广的适用性。不同的科技资源之间存在大量的相似或相同模块，识别、挖掘和利用这些相似性，可以进一步提高科技资源的分享水平。

4.4.2 科技资源模块集成模式

1. 透明公平的科技资源模块化和集成化

科技资源模块化包括产品、硬件、软件、知识等资源的模块化。其中产品和硬件的模块化效益最好，因为批量法则发挥了主要作用。

模块化工作的特点是模块化工作比较辛苦，对科技资源的应用现状和未来的应用趋势要有全面了解，要花费较多精力，而模块化的收益是在未来的。因此科技资源的模块化工作难度较大。模块化的范围越大、涉及企业越多，难度就越大。企业往往考虑自己的利益，考虑近期的利益。

因此需要利用新一代信息技术记录科技资源模块全生命周期的情况，包括模块的建立、评价、应用和效益情况，以便对科技资源模块化工作论功行赏，激励各方积极参加模块化工作。

要开展自下向上的产品模块化工作，企业发布的模块标准化程度越高、批量越大，其成本越低、采购价格越便宜，越能吸引大家选择这些模块，从而批量更大、成本更低，由此形成自组织的正反馈循环优化，使模块的标准化程度越来越高。

总之，透明公平的科技资源模块化可以有效支持科技资源模块集成，支持大批量定制服务，如图 4-12 所示。

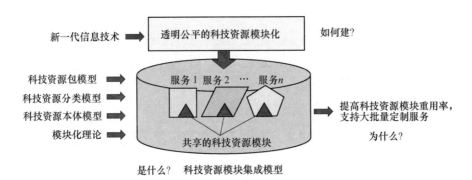

图 4-12 透明公平的科技资源模块化支持科技资源模块集成

2. 科技资源模块化和科技资源定制点后移

科技资源模块化可以有效支持科技资源定制点后移，降低科技资源使用成本，缩短科技资源建立、集成和应用的时间，如图 4-13 所示。科技资源定制点是科技资源的大批量生产与定制生产的分离点。定制点后移（图 4-13 中为右移）可以增加大批量生产的环节，减少定制生产环节，利用批量法则降低成本和资源消耗。

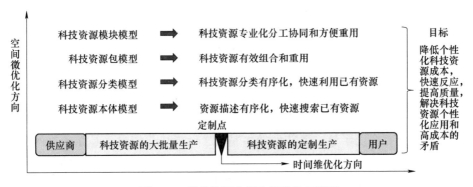

图 4-13 科技资源定制点后移的示意图

3. 零件资源模块集成模式

零件资源属于产品资源。

（1）零件模块的概念 零件模块是在零件族中所选择的拥有结构要素最完整的一个零件，以此为基础采用"减"的方法，去掉一些结构单元，得到新的零件。对零件模块可以采用主模型/主图的形式描述，零件族中的所有零件都可以在主模型/主图的基础上，结合事物特性表加以描述，如图 4-14 所示。零件模块化的目的是控制零件变化的多样性，提高零件的生产批量，降低成本。

（2）基于 Web 的零件库 CAD 零件库，特别是基于 Web 的 CAD 零件库

（简称 Web 零件库）是模块化设计中重用零部件资源的有效工具。Web 零件库对于设计人员来说，可以加快产品设计、提高产品质量；对零部件供应商来说，既可以满足客户的要求，又达到了销售和宣传本企业产品的目的。国外对零件库技术一直给予充分的重视。典型的零件库如 TraceParts（tracepartsonline.net），目前免费用 20 种语言为用户提供超过 200 家制造商的零部件目录和 1 亿份零部件 CAD 图样及相关技术数据，是目前全球规模最大的 Web 零件库之一。TraceParts 可与当前主流 CAD 系统和 PDM/ERP 系统实现无缝集成；可以根据 ICS 查询，也可以按照企业名录查询零件。

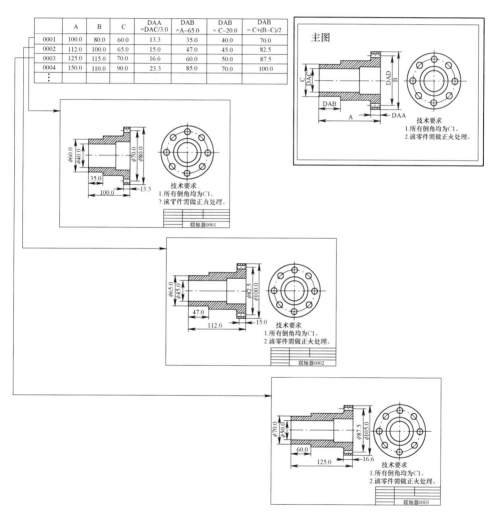

图 4-14　主图 + 事物特性表的描述方法

(3) 场景描述　对企业已有订单中的用户需求进行分析，分析近五年企业不同种类的零部件的使用频率、不同种类的企业产品产量，并开展市场调研以对未来的需求进行预测；按照模块的功能独立性原则，对产品进行模块划分；按照模块的通用性原则，建立产品族，简化产品主参数，建立模块主模型和事物特性表、产品主结构；在分布式系统（如不同企业的PLM/PDM系统）中进行模块主模型和事物特性表、产品主结构的存储和管理；通过模块化设计平台搜索所需要的模块，标准件和外购件的模块一般可以直接下载使用，有些模块资源需要付费使用；模块下载后可以直接在企业自己的系统中组装使用；用户在使用模块后对模块进行评价，促使产品数据资源库不断完善。

图4-15为基于科技资源模块集成的分布式研发设计模式。

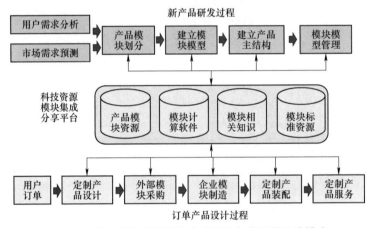

图4-15　基于科技资源模块集成的分布式研发设计模式

(4) 集成模式　零件资源模块集成的商业模式是：零件资源模块发布者往往是零件生产企业，它们通过在零件库中发布零件资源模块模型，宣传自己的零件；产品设计人员在零件库中选择和应用零件资源模块模型，以此带来加快设计速度的价值；设计完成后，提供零件资源模块模型的企业常常被选择作为供应商，因为这些企业专门生产这类零件，批量大、成本低、质量好。这是一种"多赢"的商业模式。

图4-16描述了从传统的每个人的"单打一"的产品设计（即每人仅负责一种型号的产品开发工作）到企业设计人员协同开展的模块化产品设计。模块化产品设计中的零部件模块可以用于不同产品，形成较大批量，降低生产成本。不同产品的设计人员要尽可能采用通用模块，因为根据批量法则，通用模块批量大，会显著降低成本。

4. 软件资源模块集成方法

(1) 背景　2017年11月，国务院印发了《关于深化"互联网+先进制造业"发展工业互联网的指导意见》（以下简称《指导意见》），明确提出：到2020年培育30万个面向特定行业、特定场景的工业APP的目标任务；到2025年，形成3～5个具有国际竞争力的工业互联网平台，培育百万工业APP，实现百万家企业上云，形成建平台和用平台双向迭代、互促共进的制造业新生态。

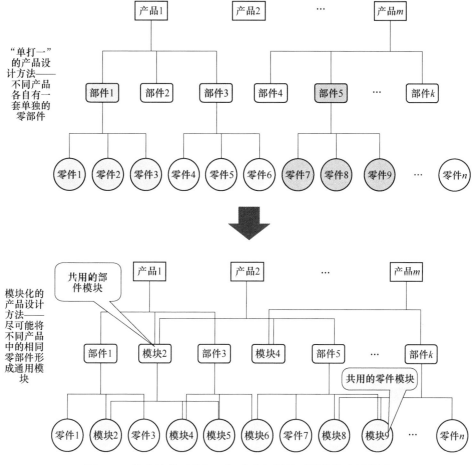

图4-16　从传统的"单打一"的产品设计到模块化产品设计

为落实《指导意见》，加快培育工业APP，充分发挥软件赋能、赋值、赋智作用，推动工业提质增效和转型升级，工业和信息化部组织编制了《工业互联网APP培育工程实施方案（2018—2020年）》。

工业APP的出现促进了工业技术沉淀、传播和应用效率的极大提升。大量的工业知识靠人形成，保存在人脑、图文文献等载体中。这种方式不利于传承，不利于持续改进，不利于知识管理。要解决这些问题，不仅要把人脑中的隐性知识外化为显性知识，还要将知识标准化、代码化，固化在软件中。

还有大量的知识隐藏在数据之中，需要通过统计、分析、机器学习等方法对现有的工业大数据的分析与挖掘，找到故障模式、缺陷特征、最佳工艺参数等人难以把握的知识，将其固化在软件中。将工业知识和工业技术软件化，利用模块化、组件化的方式将工业知识变成工业 APP。目前西门子的 MindSphere 平台或者通用电气的 Predix 都在通过封装知识和技术，推动工业 APP 的发展。这些技术和知识在统一语言标准之后，可以在工业生产过程中分享和协作，从而发挥出更大更强的作用。

（2）工业 APP 的主要特点

1）功能独立。每一个工业 APP 都是可以独立完整地表达一个或多个特定功能、解决特定具体问题的工业应用程序。

2）集成工业知识。每一个工业 APP 都是一些特定工业技术的集合与载体，封装了解决特定问题的流程、逻辑、数据与数据流、经验、算法、知识等工业技术。

3）小轻灵，可组合，可重用。工业 APP 目标单一，只解决特定的问题，不需要考虑功能普适性，相互之间耦合度低。因此，工业 APP 一般小巧灵活，不同的工业 APP 可以通过一定的逻辑与交互进行组合，解决更复杂的问题。工业 APP 集合与固化了解决特定问题的工业技术，因此，工业 APP 可以重复应用到不同的场景，解决相同的问题。

4）结构化和形式化。工业 APP 是产品模型、流程模型、方法、数据、经验、知识等科技资源的结构化整理和抽象提炼后的一种显性表达，一般以图形化方式定义这些科技资源及其相互之间的关系，并提供图形化人机交付界面，以及可视化的输入输出。

5）轻代码化。工业 APP 的开发主体是具备各类科技资源的开发人员。工业 APP 具备轻代码化的特征，以便于开发人员快速、简单、方便地将科技资源进行沉淀与积累。

（3）工业微服务 工业微服务是工业互联网平台的载体。工业微服务实现机理模型算法的模块化、软件化，支撑工业互联网平台中的工业 APP 的开发运行。在工业互联网平台中，工业微服务正发挥着承上启下的关键作用。

一方面，工业微服务的方式将不同行业、不同领域经验知识所提炼出来的各类原始机理算法模型集成起来，封装成可独立调试运行的单一功能或服务模块，提升易用性和可维护性。另一方面，在工业互联网平台中基于工业微服务模块进行工业 APP 开发，既能够借助工业微服务并行开发、分布运行的特点，又能够有效发挥平台海量开发者接入、资源弹性配置、云化部署运行等优势。

工业微服务的特点主要有：

1）工业微服务颠覆传统工业软件研发模式。工业互联网平台中，可采用工业微服务的方式将传统工业应用软件拆解成独立的功能模块，实现对原有生产体系的解构，随后在平台中构建起富含各类功能与服务的微服务组件池，并按照实际需求来调用相应的微服务组件，进行高效率和个性化的面向用户的工业APP研发。整个软件研发的技术门槛和投入成本大大降低，原来需要专业团队和雄厚资金支持的精英化软件研发开始向大众化研发转变。

2）工业微服务打破工业知识封闭传承体系。将一些老师傅、老专家的经验知识用软件代码的方式固化下来，转化为平台中的工业微服务之后，因为平台具备积累沉淀和开放分享特性，所以这些经验知识就变成了整个企业、整个行业的宝贵财富，能够被更多的人分享学习和使用，创造出更多的价值。同时，新的专业技术人员还能够在充分消化吸收原有知识的基础上实现进一步提升和创新，推动整个工业知识体系的传递延续和迭代更新。

3）工业微服务创造全新平台开放价值生态。随着工业互联网平台中微服务组件池的构建和行业经验知识的持续积累，整个平台既能够为广大第三方开发者提供众多低门槛、易操作、高效率的开发支持手段，形成以工业APP开发为核心的平台创新生态，也能够为制造业用户提供以工业微服务为基础的定制化、高可靠、可扩展的工业APP或解决方案，形成以价值挖掘提升为核心的平台应用生态。

工业微服务的价值主张是：以构建工业微服务能力为抓手，助力百万工业APP培育工程。

智能工厂的APP平台把企业服务型制造的分布化推向极致。试想一下，企业中有很多种零件要进行数控加工，加工机床有不同种类。过去企业需要养一批编程员，编程员要为不同机床、不同零件、不同工艺编程，这需要一定的学习时间，并且编程的质量可能不是最好的。而互联网上的编程员各自专门编某一类型零件的数控程序，如齿轮加工的数控程序，他们对业务专注、精通，所编写的程序成本低、质量好。

与传统单体架构相比，微服务架构可实现工业APP的灵活组态、持续更新和快速部署，具有以下四项优点：①松耦合，每个模块只负责一项功能，比如只负责用户登录功能、身份验证功能、位置服务功能、故障诊断功能或可视化功能等；②易开发，模块可由小团队负责，支持不同的开发语言、数据存储技术和技术堆栈，可大幅提高开发效率；③易部署，可以对模块进行持续更新、持续部署、持续交付；④易扩展，每个模块都运行在隔离的容器环境中，有自己的独立进程，可以单独扩展每一个模块。

工业互联网微服务可包括产品建模服务、工业可视化服务、工业模型微服务、组态工具、报表工具、工业知识组件等。

有人这样设想：在新的云架构下，通过百万工业APP的沉淀，大而化之，积少成多，积沙成塔，通过各种功能性微服务 APP 的互联串接，构建起灵活的应用需求。这也是我国工业软件变道超车的一条途径。为了满足未来大而复杂的业务需求，不应去构建一个类似 ERP 的大系统，而应像串糖葫芦一样把各种功能的 APP 串接起来形成一个复杂的高级应用。这串"APP 糖葫芦"是由不同的开发商开发和组合起来的。也许过 5～8 年的时间，我国的工业软件产业就由此而获得长足的发展。

5. 知识资源模块集成模式

知识资源模块化的目的是提高知识组合和再用的效率。

（1）人工智能中的知识资源模块化　知识资源的模块化是人工智能中知识表示的一种有效方法。产生式系统、框架系统、语义网络、面向对象系统的设计都是最典型的积木式设计，各组成部分具有相对的独立性，因而便于相对独立地进行扩展和修改。

（2）面向任务的知识资源模块化　任务模块化就是对企业业务运营中存在的所有任务集进行模块化分解，每个模块化任务都对应着一个功能模块，相关联的所有模块化任务借助功能模块组成了企业的工作流。在此基础上，依赖知识与资源管理系统的管理插件技术将企业长期运营所积累的知识、经验和规则固化起来，加载到原有流程当中，形成知识流，与信息流、资金流、物流并行处理、统筹规划。当企业组织结构、任务分配、工作流程等发生改变时，便可再次重组相关的模块化任务，建立新的流程。这种模块化的结构可以较好地应对企业管理中的细微变化，不仅可以对当前企业进行高效的管理与控制，还可以在企业发展的过程中，通过对模块化任务的调整容易地实现企业重组。

案例：贵州神奇集团自引入知识与资源管理（Knowledge & Resource Management，KRM）系统以来，已成功地将企业内部 100 多个岗位的工作分解为 1800 个不可再分的操作单元即模块化任务，借由对这些小任务的精细化管理，实现了对过程的原子级控制。据统计，KRM 上线以后，贵州神奇集团应收账款下降了 48%，库存下降了 35%，销售费用降低了 45%，而年利润却提高了 58%。

（3）设计知识资源模块化　产品设计中有大量的重复性工作，需要用到大量以往的知识。

设计知识资源模块化以及在此基础上建立以用户对产品的设计要求为驱动的设计平台，有助于提高设计效率，使用户在设计产品时，不需要从细节或最底层开始。例如，当用户要求开发电磁轴承支承系统时，用户可通过计算机进入电磁轴承中间开发平台，平台根据用户所提供的完全或不完全的描述，直接给出一种或多种电磁轴承的最终设计方案与结果，用户不需要与最基本的点、线、面和几何图形打交道，也不需要熟悉电磁轴承中诸如动作单元、控制单元、放大器单元等这些更底层、更基本的（从专业知识来说，属于更深层次的）局部细节。

通过对已有专业化知识的组织、整理、描述及使用，可使设计知识在不同设计师之间得到最大限度的分享和再用，缩短产品设计周期，使设计师能为用户提供更多的、更好的个性化产品。

4.4.3 科技资源模块集成的案例

1. 海尔的产品资源模块集成的案例

图 4-17 是海尔的各种产品模块化过程间的关系。

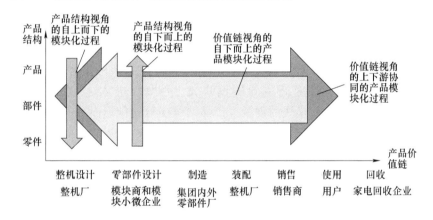

图 4-17　海尔的各种产品模块化过程间的关系

产品结构视角的自上而下的模块化发生在模块化初期，主要完成产品模块分解的任务，是一种产品结构重组的大创新。显然这是一种一次性的、集中式的模块化工作。以此为基础，便于开展自下而上的产品模块化过程，即由模块商和模块小微企业自主进行模块优化，分别针对不同模块不断进行创新，新模块容易组合到产品中去，提升产品的性能。显然这是一种经常性的、分布式的模块创新工作。

价值链视角的自下而上的产品模块化体现了产品价值链下游对上游的设计模块化的需求。设计是关键，直接影响下游环节的成本和周期。价值链视角的上下游协同的产品模块化过程说明了产品模块化需要上下游多次迭代优化。

（1）产品结构视角的自上而下的模块化过程　产品结构视角的自上而下的模块化过程是指从整机开始逐层往下推行零部件模块化。

海尔在 2008 年开展全集团的产品模块化。当时采取突击的方法，组织各产品事业部的若干人员，成立模块化小组，集中力量攻关，取得了明显效益。家电产品设计人员开展自上而下的模块化设计，即分析现有产品的零部件分布情况、将产品分解成模块、梳理模块定义和接口定义、确定产品的模块化架构、对模块的变化进行规范化和标准化、建立模块主模型和事物特性表、建立产品主结构等,并在 PLM 系统中建立模块化设计平台,开展家电的配置设计和变型设计,从而提升零部件模块化程度、降低零部件的多样化。

在产品结构中,产品是由零部件组成的,如果这些零部件之间高度相关,则产品设计和修改维护就会比较困难,"动一发而牵全局"。在模块化产品中,产品是由模块组成的,模块之间的关联性较弱、独立性较强。一个模块的更新对其他模块的影响很小。这样便于专业化分工的开展。

20 世纪 60 年代,IBM 的计算机模块化(产品结构视角的自上而下的模块化)导致大量面向计算机模块的创新小企业的诞生,这些小企业专注于某一种模块的创新,又进一步推动了计算机的创新发展。海尔目前也想通过 COSMO 平台和模块化技术打造这样一个推动家电企业和用户协同创新的全生态系统。

(2) 产品结构视角的自下而上的模块化过程 产品结构视角的自下而上的模块化过程是由模块供应商主导的模块化。例如,进入 21 世纪后联发科(Media Tek)的手机芯片模块的创新(产品结构视角的自下而上的模块化),推动了智能手机的专业化分工和快速发展。

海尔主要是通过模块小微企业促进整机模块化。用户需求在不断变化、技术在不断更新、新产品在不断出现,因此产品模块也需要不断更新。产品模块化需要有一支稳定的队伍,需要持之以恒,仅靠短期突击的方法是不行的。

为了解决大企业病,海尔开展企业平台化、员工创客化、用户个性化活动,利用互联网带来的机遇,将企业权力下放,组建各种小微企业(开始时叫独立经营体),实现所谓的"人人都是 CEO",目的是解决大企业病相关问题,使员工有更高的积极性和创新性。企业平台的任务是为各种小微企业的创新创业提供资源支持。例如,产品科技人员变成研发小微企业主,负责某一产品的全过程,其工资是由用户发放的,即按照产品销售后的利润提成。产品科技人员不再像过去那样等着上面给任务,而是千方百计地设计市场欢迎的、成本较低的新产品。

这时遇到的问题是:研发小微企业主只关心自己的产品,不知道其他同类产品的情况,如何继续开展跨产品的模块化呢?海尔为此推出了模块小微企业(又称模块经理)来专门负责跨产品的产品模块的开发,并将模块推销给研发小微企业主。产品模块开发得好,研发小微企业主就会选用,选用的量大,成本就会降低,模块小微企业主和研发小微企业主的收入也都会同步增加。由此形成产品模块化发展的正循环,这是一种模块化迭代过程,如图 4-18 所示。

磁悬浮中央空调中磁悬浮压缩机模块的创新就是海尔研发小微企业主开展模块创新的案例。海尔还有大量模块需要依靠外部模块供应商的创新,如节能电动机的创新等。

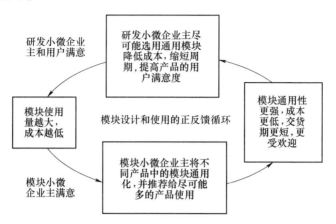

图4-18 产品模块化发展的正循环（模块化迭代过程）

（3）价值链视角的自下而上的产品模块化过程 价值链视角的自下而上是从产品价值链的下游倒逼上游进行产品模块化，包括：①销售环节的家电批量减小，要求制造环节的成本不变，倒逼设计环节的产品模块化；②通过总装的半散装件（Semi Knocked Down，SKD）剥离倒逼产品模块化设计，实现由零件到模块的转变。

（4）价值链视角的上下游协同的产品模块化过程 价值链视角的上下游协同的需求主要有：

1）海尔的产品模块化需要上游企业的支持，否则海尔设计的模块方案不被上游企业采纳，会影响海尔模块化的落地。这需要上下游企业的协同，实现"双赢"。

2）用户的一些需求需要海尔和零部件企业的协同支持。

3）产品模块化创新经常需要上下游协同进行。具体措施有：

① 海尔与上游企业的协同。海尔加强了关键零部件模块的自主研发，有了自己的核心技术，就有了发言权。例如，海尔开发的直线压缩机模块，不仅授权给压缩机企业生产，获得专利授权费约1.5亿元，而且在直线电动机驱动的压缩机模块化方面处于主导地位。海尔还通过大资源整合，吸引全球一流模块商事先参与模块设计，通过模块的创新引领家电的创新。

② 海尔的上游企业与海尔下游的用户的协同。海尔的COSMO平台支持海尔的模块商与用户的交互，大致分为三类互动模式：a. 模块商参与前端设计；b. 模块商可以根据与用户信息交互的订单获取到用户的信息和需求，并根据这些需求提供相关模块；c. 售后交互，用户有什么抱怨，模块商第一时间能收到，例如，压缩机模块商已经通过一个APP的交互终端即时分享用户抱怨信息，也

可以与海尔一起去给用户解决问题。在海尔的平台上，用户在下单给整机企业时，订单信息也同步实时传递到模块商。

案例：模块化是沈阳海尔冰箱工厂实现自动化、数字化和智能化的重要支撑。目前，该厂已经实现了设计模块化、采购模块化、制造模块化。在模块化层面，沈阳海尔冰箱工厂目前已经吸引到100多家模块商参与前端设计，吸引了6家模块商在厂内设线建厂。例如，匀冷产品温控器照明模块通过设计上的优化升级，大幅度优化了用户体验，实现了零缺陷目标，并将过去的4个零件整合为1个模块，4家零件商整合为1家供应商。又如，匀冷冰箱产品共有500多个零部件，该厂把它们整合为23个模块。

（5）基于平台的产品模块化　PLM系统主要是在海尔内部使用，而模块化需要外部企业参与，因此用互联网平台比较适合。2012年年底海尔再度提出转型——正式实施网络化战略，将过去封闭的传统企业组织变成一个开放的生态平台，与上下游的关系从零和博弈变成利益分享。海尔集团通过以下平台进一步促进产品模块化：

1）模块商资源平台。海尔自2014年3月开始建立模块商资源平台（"海达源"平台），该平台具有自注册、自抢单、自交互、自交易、自交付、自优化等功能。"海达源"平台引入外部的模块商，实现开放式创新，鼓励模块商提出模块化方案和产品模块，家电科技人员在平台中选择模块。不仅海尔集团的科技人员，其他企业的科技人员也可以选择模块，进行快速设计，降低产品成本，促进全行业的产品模块化。现在海尔要将其打造为模块商、模块小微企业等与家电科技人员、创客等的双边平台，如图4-19所示。

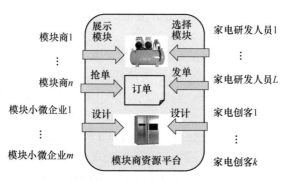

图4-19　模块商、模块小微企业等与家电科技人员、创客等的双边平台

海尔的"海达源"模块商资源平台中已经有28 262个供应商，用户需求有26 496个，资源方案有79 637个。例如，福耀玻璃想进入家电行业，2015年在"海达源"平台上抢单后15天内，福耀玻璃就成了海尔的合作伙伴，良好的使用体验是促成合作的首要因素。

在模块商资源平台上，零部件供应商转型为模块商，提供模块化解决方案，满足用户个性化需求，采购模式由封闭的零部件采购模式转型为开放的模块商与科技人员交互体验的平台。以后，海尔集团的产品开发过程必须对所有的供应商开放，所有的供应商都可以全流程参与用户交互，参与产品设计和制造的每个环节，双方的关系由单纯的买卖关系转变为共同面对用户的共创分享的利益共同体。

海尔对原有供应商提出模块化升级的要求，只有具备模块化能力的供应商才能够进入"海达源"平台。模块商在"海达源"平台上能够直接看到用户需求，根据自身的能力和兴趣自抢单、自交易，围绕特定需求与海尔内部的研发小微企业共同组成一个开发用户体验解决方案的利益共同体。供应商的收益与小微企业一样，来源于产品销售的利润。通过平台化转型，海尔不仅实现了自身产品的模块化，同时也推动了整个家电制造生态圈的模块化。

案例：海尔的3kg壁挂式迷你干衣机是设计人员花了六个月的时间，收集了10万条来自妈妈的创意，汇总成为八大痛点，然后有针对性地设计出的产品。

2)"众创汇"平台。近几年海尔上下游协同的产品模块化中的下游已经延伸到最终用户。2015年3月，海尔集团建立了"众创汇"平台（又称智家定制平台，diy.haier.com/）。

在"众创汇"平台上，用户成为创客，不仅可以提出自己的需求，还可以自己设计产品。"众创汇"平台上接入了专业的设计师和研发资源，帮助用户将创意转化为可行的产品设计。与众筹模式类似，"众创汇"平台上的创意项目，在获得足够数量的用户支持之后，将被推送至智能制造平台，将用户创意转化为现实产品。这种全新的产品开发模式与用户需求的匹配程度高，用户参与感强，全流程体验更好。在"众创汇"平台上，海尔向全球一流模块商发布用户需求，模块商凭借满足需求的模块解决方案无障碍地进入平台抢单。现在海尔要将其打造为家电用户、模块商、科技人员和海尔的多边平台，如图4-20所示。

用户可以通过三种方式参与交互定制，从需求、创意和设计三个层面满足用户的交互需求：

① 模块定制。用户通过对产品模块的自主搭配选择，来满足对产品的个性化需要。

② 众创定制。用户通过提出需求来发起设计，由全球的设计师或者发起跨界合作完成设计，最终由海尔来实现专业化的生产。

③ 专属定制。用户可以通过"众创汇"平台提出个性化需求，由海尔完成后期设计、制作，最后产出一台个人专属的、世界上独一无二的产品。

众创定制和专属定制的背后也需要模块化的支持，否则成本就会很高、交货期就会很长。例如，在传统经济时代，要想找到1000个母婴用户，可以说是相当难的。如今在互联网时代，基于"众创汇"平台搭建的母婴社群，在短时间内就能聚集超过10万个母婴用户，更重要的是他们的参与感很强，都愿意表达自己的需求，提出自己的想法。很多人会在社群上分享几百字甚至上千字的家电创想和使用心得。

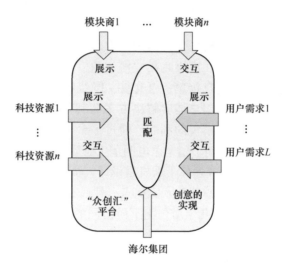

图4-20　家电用户、模块商、科技人员和海尔的多边平台

传统制造业企业是金字塔结构，对市场的反应取决于顶层，顶层以下各层的工作都是按顶层的要求生产的。目前海尔把一个大企业拆分成几百个"小微主"单元，也就是模块商。

用户可以与模块商直接对话，反馈自己的需求，实现用户需求指导生产的各环节。这样做还有一个好处，供应商与海尔变成了利益共同体，而非采购上下游的博弈关系。同时，海尔的大数据部门会"监控"用户抱怨，在海量碎片化的抱怨中分析出市场的导向。

在模块化的基础上，众创产品变得可行。登录海尔的"众创汇"平台后，用户可以选取不同的模块进行组合，以实现不同的功能。以洗衣机产品为例，共有五类26个模块，可以产生超过1万种组合。

▶ 2. 软件资源模块集成的案例

目前，基于海尔工业互联网平台（COSMO平台）上的工业APP有1000多个，而且数量在不断增加。业务相关的工业APP组成了功能模块，成为工业互联网平台上的小平台。工业APP构建了七大模块，贯穿用户交互、研发、采购、制造、物流、服务等各节点，COSMO平台通过这些模块，为3.5万家企业的3.2亿个用户赋能。

4.5 科技资源成套集成

4.5.1 科技资源成套集成的定义和需求

1. 科技资源成套集成的定义

科技资源成套集成又称整体解决方案,是一种基于科技资源相关性的集成,典型案例有:成套工业装备;基于中央空调的楼宇温度保障系统;工业用动力空气保障系统;针对某类复杂零件的加工系统;等等。

科技资源成套集成针对某一项目或任务,围绕完成该项目或任务集成所需要的科技资源,形成科技资源包。科技资源包可以重用,从而提高科技资源包的建立效率。在应用中,科技资源包将不断完善,其使用价值不断提高。科技资源包的每一次应用都需要用户进行评价,并且信息系统将记录下其中哪些科技资源被经常使用,哪些很少使用,以及科技资源包的使用环境。在使用中,科技资源包内的科技资源不断变化,配置组合不断优化,科技资源包的质量和科技资源的利用效率不断提高。

2. 科技资源成套集成的需求

(1) 企业用户的需求　对于一些复杂产品和系统,企业用户往往需要一种整体解决方案,这样用户省心省事,企业也可以获得更多的利润,并能更好地了解用户的需求。

企业用户面临变化莫测的市场,需要快速反应。整体解决方案服务能够提高企业用户的市场反应能力。例如,希望在短时间内加工出某种复杂零件的企业用户需要的是整体解决方案服务,包括机床、刀具、夹具、量具、工艺、数控程序等。它们往往没有时间和精力从不同企业购买或自己开发这些设备和工装。

(2) 消费者用户的需求　科技资源成套集成模式较好地将产品和相关服务融合在一起并提供给消费者用户,使企业与消费者用户获得"双赢"。科技资源成套集成以用户需求为中心,为用户提供"一站式"服务。例如家居装饰市场上有许多企业提供"家纺整体解决方案""瓷砖与卫浴整体家居解决方案""家具整体解决方案"等。提供整体解决方案需要产业链各环节建立合作关系,需要多学科的协同,需要各种资源的集成。

(3) 科技资源应用服务的需求　科技资源的应用往往不是单一资源的应用,而是各种科技资源的成套集成应用。为了完成某一项目或任务,需要集成多种科技资源,形成科技资源包。如果信息系统中存储了使用过的相似项目的科技资源包,那么在进行项目研究时,首先应寻找以前使用过的相似的科技资源包,可以提高科技资源的利用效率,提高项目或任务的完成能力,提高基于科技资源的工作质量。

4.5.2 科技资源成套集成模式

1. 科技资源成套集成服务

(1)科技资源成套集成模型　成套集成服务可以减少客户的许多麻烦,正在成为许多产品服务的发展方向。例如,居民住房的厨房、卫生间等因空间、个人爱好等的不同,其中的各种设备、家具、电路等的配置和集成有显著的不同,在整体解决方案服务中,模块化技术可以以"不变"或"少变"应"万变"。

科技资源成套集成工作具有"为他人作嫁衣裳"的味道,其好处不在当前,而在未来。因此,关键是要让大家愿意面向未来、面向全局,协同进行科技资源成套集成,为团队、企业提供高度有序化的科技资源包。这需要对员工在科技资源包建设中的贡献进行评价,以便公平激励,提高员工建设科技资源包的积极性和主动性。

要利用新一代信息技术对科技资源包进行智能的信息描述、分类和管理,对员工在科技资源应用中的行为、对科技资源包的长期使用情况,进行自动跟踪、统计、分析,自动形成并不断优化科技资源包,并在员工工作时自动、主动推送相关的科技资源包,提高科技资源利用效率。

图4-21描述了透明公平的科技资源成套集成的实施方法。科技资源成套集成是一种相互嵌套的自相似关系模型,大的科技资源包由小的科技资源包(科技资源模块)组成。科技资源模块可以多层、递归产生。这种自相似性可以用分形几何理论描述。将分形几何图形的一部分放大,其形状与全体(或者大部分)相同。这是一种整体与部分无穷嵌套的自相似关系。

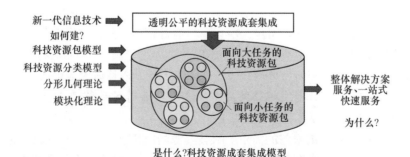

图4-21　科技资源成套集成的实施方法

分形几何使复杂自然界中的系统构造变得很简单。雪花是典型的分形几何结构。人体与其部分之间就存在着"分形",如穴位群、血管分布、脑神经分布等。

(2) 科技资源成套集成方法　科技资源成套集成方法如图4-22所示。

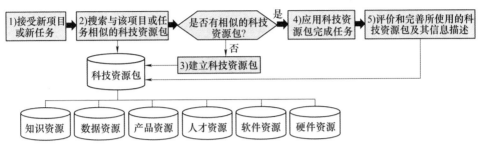

图4-22　科技资源成套集成方法

1) 接受新项目或新任务。

2) 搜索与该项目或任务相似的科技资源包。如果有,对该科技资源包进行修改、重用,进入阶段4);如果没有,进入阶段3)。

3) 针对某一项目或任务,围绕完成该项目或任务集成所需要的科技资源,形成科技资源包,并对科技资源包进行信息描述。

4) 应用科技资源包完成任务。

5) 项目或任务完成后,对所使用的科技资源包进行评价和完善,对科技资源包的信息描述进行评价和完善,以利于未来的重用。

科技资源包一般是较为独立的设计要素集合,具备特定的设计对象、资源和可交付成果,是设计师在某一设计阶段的整体解决方案,提供了设计的具体步骤,描述了设计对象的具体设计方法。科技资源包又称工作包,该方法已经在中车集团开始应用。

图4-22中的"3) 建立科技资源包"模块可以进一步展开,如图4-23所示。这里将科技资源分为科技资源包库、科技资源模块库、科技资源库三层,通过自相似的方法建立。

(3) 科技资源成套集成的两种服务模式　由于需求不同,因而科技资源成套集成服务有两种模式:同步服务模式和异步服务模式。

1) 科技资源成套集成同步服务模式一次性提供所需要的科技资源,如图4-24所示。例如,在设计时需要设计师、设计软件、相关数据、标准和知识等。

2) 科技资源成套集成异步服务模式多次性提供所需要的科技资源,如图4-25所示。例如,产品生命周期中的不同环节需要不同的科技资源。

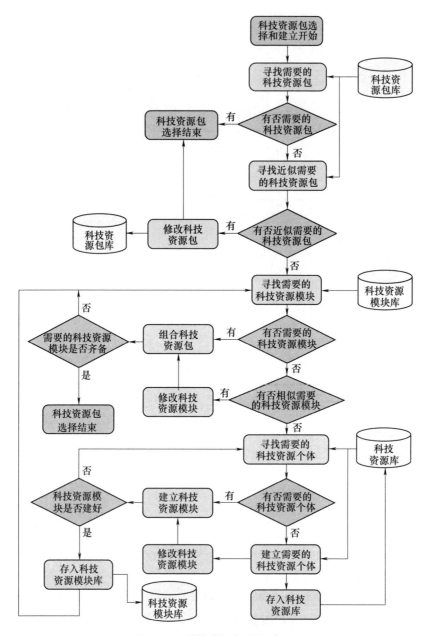

图 4-23　科技资源包建立过程

2. 基于科技资源包的模块化设计方法

科技资源成套集成服务是高度个性化的，涉及学科多，整合难度大。模块化技术可以有效降低科技资源成套集成服务的难度。基于科技资源包的模块化设计方法的核心是集成所有相关科技资源的产品技术平台，这些科技资源已经过完善论证，并是有序化的和模块化的，以科技资源包的形式提供，使不同粒度的科技资源及组合可以快速重用。

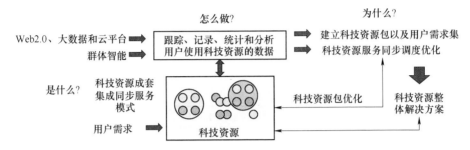

图 4-24　科技资源成套集成同步服务模式

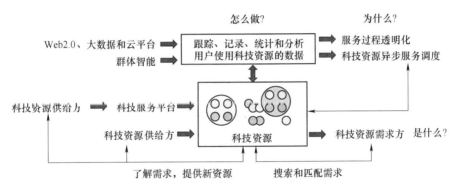

图 4-25　科技资源成套集成异步服务模式

此处的模块化是广义概念，其对象不仅是零部件等实体，还包括与之相关的各类资源及设计过程。模块化的科技资源要素包括已有的产品结构、零部件模块资源、各类文档、表单、模型的模板、设计时所采用的软件等。

在科技资源模块化的基础上，将产品技术平台中模块化科技资源按科技资源包聚集，再通过信息化方法嵌入集成化的软件系统中，使得设计过程能够得到计算机系统的辅助支持，这就形成了基于科技资源包的模块化设计方法，如图 4-26 所示。

图 4-27 表示了实体产品的一种设计流程网络图典型案例。其中，最先执行科技资源包 1 和 2 为关键方案设计，然后执行科技资源包 3 和 4 为结构总体设计，最后进行详细设计时，一般可以按照不同部件或子系统的分组，如科技资源包 5 和 6，进行相对独立的设计。并且，部件或子系统的科技资源包也可以根据需要进一步细分。因此，设计流程网络图的科技资源包之间存在以下四类关系：

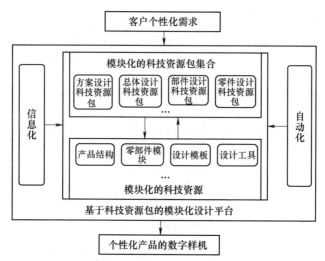

图 4-26 基于科技资源包的模块化设计方法的基本概念

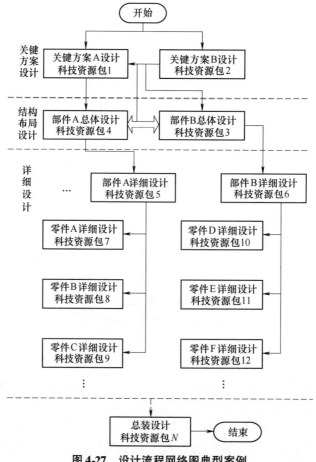

图 4-27 设计流程网络图典型案例

1）串行关系，即只有执行了前置科技资源包，后置科技资源包才能够启动，如科技资源包4和5。

2）并行关系，即可以同时开展，从而缩短整体周期，如科技资源包1和2，科技资源包5和6。

3）交互关系，如科技资源包3和4，两者之间需要共同决定某些设计内容，存在较为复杂的数据交互逻辑，必须同时开展。

4）包含关系，如科技资源包5包含了科技资源包7、8、9，可支持专业化分工协同，降低设计系统的复杂性，从而压缩设计周期、提高设计质量。

基于科技资源包的产品技术平台的整体架构如图4-28所示。该平台已经在中车集团的下属企业得到应用。

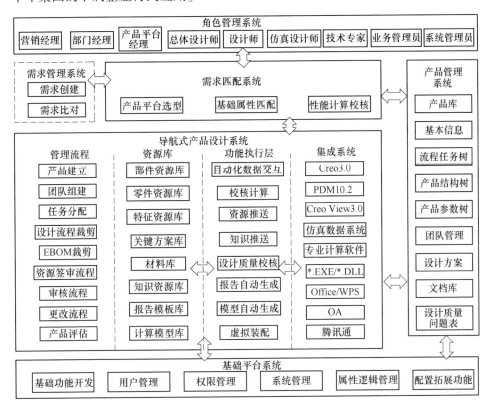

图4-28 基于科技资源包的产品技术平台的整体架构

4.5.3 科技资源成套集成的案例

1. 宁波的科技资源成套集成异步服务模式

宁波的科技资源成套集成异步服务模式又称科技管家服务模式，如图4-29

所示，是一种深度服务，采用"多对多"服务模式，就是利用社会上的科技服务机构和科技资源一起为企业提供科技服务。面对成百上千家科技型中小企业，面对企业从项目申请到知识产权保护、从财务分析到技术咨询等科技服务，一家服务机构的资源是微不足道的。需要联合许多服务机构、聚集多种科技资源，一起为企业服务。

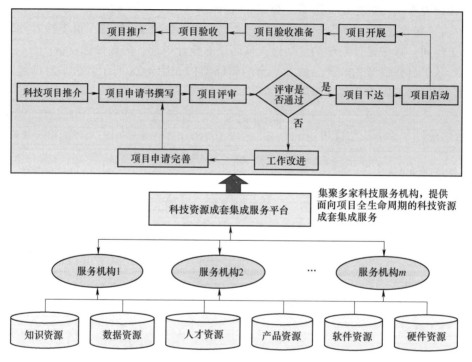

图 4-29　宁波的科技管家服务模式（科技资源成套集成异步服务模式）

2. 零件加工的科技资源成套集成服务

零件加工的科技资源成套集成服务的特点有：
1）组合加工某类零件所需要的全部技术、产品和服务资源。
2）面向某类零件加工的整个生命周期。
3）实现客户所需要的最终功能，为客户带来很大的方便。

一些制造企业希望设备制造商或刀具制造商提供零部件加工的整体方案服务。这也是一种双赢的策略：制造企业扩展了服务业务，对自己的产品有更透彻的了解；客户可以节省大量的协同成本和时间，快速生产出自己需要的产品。

3. 其他案例

家电企业的一些整体解决方案服务如图 4-30 所示。
案例 1：空调机制造商开利公司开展室温控制服务的整体解决方案服务。为此，需要与其他公司合作，使建筑物的设计更有效率，对空调需要量大大减少甚至根本就不需要空调，但能产生同等水平的舒适度。

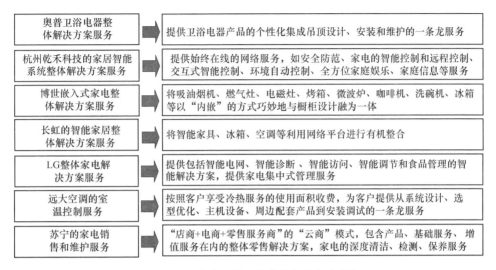

图 4-30 家电企业的一些整体解决方案服务

案例2：海尔开展成套家电及成套家电服务。随着生活节奏的加快，工作压力的加大，越来越多的白领产生了新的消费需求：希望买一个家电品牌能够满足所有需求，希望送货上门并一次性解决所有家电的配送安装，希望随时一个电话就能够得到所有家电问题的解答。于是海尔成套家电服务方案应运而生，不仅满足了客户的新需求，而且提高了高端产品的销售比例，销售毛利率也随之提高2%。

案例3：浙江省的一些注塑机生产企业开始提供注塑整体解决方案，这些整体解决方案包括注塑机、机械手、模具、工艺等。由注塑机生产企业全面负责实现某些复杂塑料制品的成型要求。这既为用户带来了很大的便利，塑料制品生产企业也不再需要配备高水平的注塑机调试工。同时，注塑机生产企业也更加了解用户的需求，能够开发出更贴近用户需求的产品。

4.6 科技资源融合集成

4.6.1 科技资源融合集成的定义和需求

1. 科技资源融合集成的定义

科技资源融合集成是在科技资源信息集成、模块集成、成套集成的基础上，实现科技资源的整合、互补、关联等，形成一个整体，取得"1＋1＞2"的效果，促进科技资源更有效地分享利用。该方法比较适合知识、数据、人才和产品模块资源。

科技资源融合集成是科技资源的一种深度集成。如果说科技资源的信息、模块、成套集成是物理层的集成，那么科技资源融合集成就是一种化学层的集成。科技资源在融合分享后可以发挥更大的作用。例如，智能空调的历史能耗数据、室外温度变化的预测数据等融合分享，有助于更准确地预测空调未来的能耗趋势。

科技资源融合集成是一种"混搭"（Mash-up）模式，例如，谷歌地图能与房地产、地震或流行病学数据融合集成起来，创造出一种新颖的应用。更强的科技资源融合集成会催生更重大的创新。

2. 科技资源融合集成的需求

知识、数据、人才、产品模块等科技资源融合集成会取得"1＋1＞2"的效果，可以发挥更大的作用，促进科技资源的分享利用。

1）知识资源融合集成会形成一种高度有序的知识网络，不仅反映了各知识的价值，也描述了知识间的关系，有助于快速找到知识创新的方向，发现知识薄弱环节。知识网络的形式有多种，如图 4-31 所示，可以利用知识网络进行 LCA，选择对环境不良影响（LCA 值）较小的技术、材料和零部件，实现绿色创新、设计和制造。

我国的知识资源目前比较分散，文献资源主要分散在中国知网和万方等网站，专利主要分散在知识产权管理部门的网站，而标准则主要分散在国家标准化管理部门的网站以及企业标准信息公共服务平台等（http：//www.cpbz.gov.cn/）。例如，早在 2017 年 11 月，就有 123 591 家企业上报了 499 270 项标准，涵盖 820 568 种产品，其中国家标准 76 230 个，行业标准 42 221 个，地方标准 2158 个，企业标准 378 662 个。这些知识的融合集成，对于专利审查、标准建设、论文评价等都具有很大的价值。

2）数据资源融合集成会形成大数据，有助于发现数据内隐含的关系和知识。

3）人才资源融合集成会产生崭新的创意，形成强大的创新团队，提高协同创新能力。俗话说"三个臭皮匠，顶个诸葛亮"，就是一种融合集成。又如头脑风暴法，参加头脑风暴讨论会的人对特定的选题自由谈论自己的看法并和小组其他成员分享，最后形成比较全面的解决方案，完成知识融合与创新。

4）产品模块资源融合集成会形成有序的零件库，提高专业化分工协同生产能力。

科技资源融合集成会产生一种自组织的复杂系统演化模式，如图 4-32 所示。

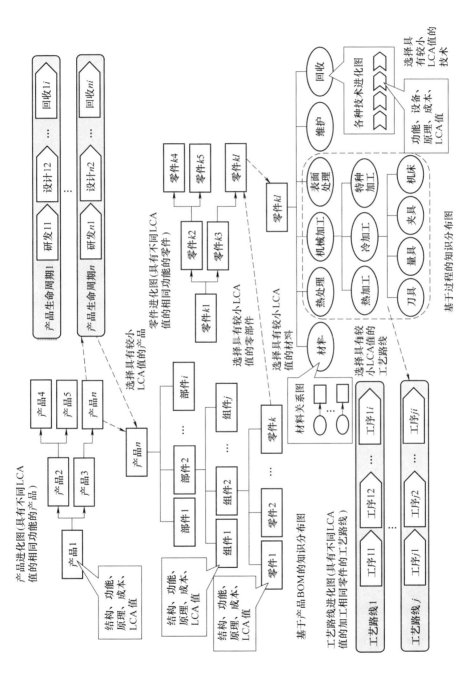

图 4-31 基于知识网络的绿色创新、设计和制造

例如，大量的汽车驾驶人手机中的全球定位系统（GPS）数据可以提供一种精准、实时的导航服务。

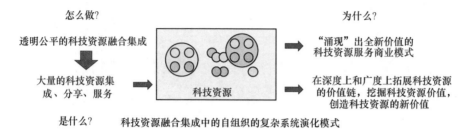

图 4-32　科技资源融合集成中的自组织的复杂系统演化模式

4.6.2　科技资源融合集成模式

不同的科技资源有不同的融合集成模式。

（1）知识资源融合集成模式　首先要对知识资源有比较完整和准确的描述，包括知识的价值和知识间的关系，这些描述既可以依靠大家协同建立，也可以通过对用户的知识使用行为进行跟踪、记录、统计和分析来实现。随着知识资源内容的丰富和有序化程度的提高，知识资源融合集成为一个知识网络，这有助于发现知识间的关系、获得新的知识、确定创新的方向等。

（2）数据资源融合集成模式　首先要获取各种不同来源、描述不同特征的数据。其次对数据进行预处理，并通过数据仓库进行数据关联存储。最后根据使用需求建立数学模型，将不同数据融合在一起，以做出决策。例如，智能空调的历史能耗数据、室外温度变化的预测数据等融合集成，有助于更准确地预测空调未来的能耗趋势。

（3）人才资源融合集成模式　人才资源融合集成可以形成高效的研究团队，知识互补，相互激励。例如，跨学科的创新团队协同开发出创新的产品。

（4）产品资源融合集成模式　首先对每个产品模块资源的特征要有准确的描述，其次对模块资源的历史应用都要完整和准确记录。这些数据达到较高水平，有助于用户快速找到实现某些功能的最合适的产品模块资源，可以更有效地支持产品专业化协同设计和制造。

4.6.3　科技资源融合集成的案例

1. 综合集成研讨厅

（1）综合集成研讨厅的背景　钱学森于 1989 年提出了开放的复杂巨系统及方法论，即从定性到定量综合集成法（Meta Synthesis），后来它又发展为从定性到定量综合集成研讨厅（Hall for WorkShop of Metasynthetic Engineering, HWSME）。其实质是将专家体系、统计数据和信息资料、计算机技术这三者结合起来，构成一个高度智能化的人机结合系统，并创立了系统工程的新理论。

钱学森指出，要将专家群体、数据和各种信息与计算机仿真有机地结合起来，把有关学科的科学理论与人的经验、知识结合起来，发挥综合系统的整体优势，建立应用于科学决策的从定性到定量综合集成系统，用于研究复杂巨系统问题。

（2）综合集成研讨厅的三个关键主题

1）从定性到定量。把专家的定性知识与模型的定量描述有机地结合起来，实现定性变量和定量变量之间的相互转化。对于复杂巨系统问题，需要对各种分析方法、工具、模型、信息、经验和知识进行综合集成，构造出适于问题的决策支持环境，以利于解决复杂问题。对于结构化很强的问题，主要用定量模型来分析；对于非结构化的问题，更多的是通过定性分析来解决；对于既有结构化特点又有非结构化特点的问题，就要采取紧耦合式的定性定量相结合的方式。

2）综合集成。集成系统的各种资源，包括专家群体头脑中的知识、系统中的模型库、数据库和知识库。

3）研讨。分析人员群体协同工作，充分利用定性定量模型和数据库等工具，实现人机的有机结合。研讨过程既是分析人员的知识与计算机系统的数据、模型和知识的不断交互过程，也是研讨人员群体智慧的结合和综合。这样，即可实现定性定量的综合集成研讨。

（3）综合集成研讨厅的两种工作方式

1）通用研讨。该方式针对一般性的专家研讨会，在计算机上实现系统分析领域的一般分析方法，以及模糊决策、人工智能的理论方法等，并汇总专家意见，提高专家研讨会的质量和效率。它能在资源分享的网络环境中主持会议、发表意见、查询和浏览专家的公开意见，实现发言内容的记录和显示，完成专家意见的收集和电子表决功能，并充分利用各种系统工程方法、信息资源、知识库、定性定量模型等。

2）面向特定问题的研讨。该方式利用研讨厅环境，针对某类应用问题，先明确特定问题的解决步骤和方法，再选择综合集成研讨厅的通用研讨功能和与此类问题有关的模型、数据、知识，建立并生成一个自主式的、人机交互的系统。

系统提供分布式的专家研讨环境，专家可在不同的用户终端上发表见解，对其他专家的意见进行评价；还可在用户终端进行必要的数据信息查询，以获得问题的背景信息；并可利用研讨厅提供的统一的公用数据和模型，对研讨人员的决策后果进行评价或判断。

（4）综合集成研讨厅的核心支撑技术　从定性到定量综合集成研讨厅的核心支撑技术有：①分布式网络技术；②超媒体及信息融合技术；③综合集成技术；④模型管理技术和数据库技术；⑤人在回路中的研讨技术；⑥模糊决策及定性推理技术。

分布式网络环境是研讨厅的支撑环境，各种系统都建立在它的基础上。模型库、数据库和知识库是系统各种资源的载体，它们集成了各种已有的信息、各种分析和解决问题的方法或算法，以及各种相关的规则、知识等。它们通过模型管理系统、数据库管理系统和知识处理系统进行访问、利用、综合和处理。在知识处理中用到模糊决策技术及定性推理技术、专家系统及德尔菲（Delphi）法等的系统工程方法。回路中的人通过综合集成模块对各种资源进行处理、加工，然后把综合集成得出的信息送入信息融合模块，得出有用的、互相支持的信息，并通过多媒体及虚拟现实技术将信息展现给回路中的人，回路中的人再利用研讨系统开展研讨。

信息网络是不断增长的，专家的经验随着经历或阅历不断增长，而且随着专家之间的相互补充、相互激发，不断产生创新性的知识，因此，拥有机器体系和专家体系的综合集成研讨厅体系的知识也是不断增长的。

因此，综合集成研讨厅不仅具有知识和信息的采集、存储、传递、调用、分析与综合的功能，还具有产生新知识的功能，是知识生产系统，因集智慧之大成而被称为"大成智慧工程"，既可用于研究理论问题，也可用来解决实际问题。

▶ 2. 智能家电集群短期用电的优化调控——数据资源的融合集成

（1）背景　城市群智能家电运行中所产生的海量数据，可以用于智能家电集群的电力负荷预测与分析，融合集成城市群总的电力负荷预测数据，可以开展智能家电集群短期用电的优化调控。一方面进行主动的削峰填谷，降低峰电发电成本；另一方面依据智能家电用户体验进行调节，同时将节约电力成本的一部分奖励给家电企业和家电用户，实现"多赢"。电力部门节约了发电成本，电网也更加安全；智能家电用户在不影响用电体验的情况下增加收入；城市群获得节能减排的社会效益。

这里的关键问题在于：需要进行精准的智能家电集群的短期负荷预测，并且需要根据用户使用习惯对不同的智能家电进行调节，在不影响用户体验的情况下优化用电。

（2）智能家电集群的短期负荷预测　在海量、多维度、高噪声的数据中寻找潜在的规律，深入理解智能家电使用知识，通过统计分析挖掘智能家电用电特征，通过合理的假设、精准的数据分析，建立简化的多变量时间序列融合模型，进行智能家电集群的高效自适应的短期负荷预测。

智能家电具有上传带有时间戳的数据记录的功能，因此可获得每台家电不同时间下的各种传感数据，如温度、风速等。

1）数据清洗。对获取的数据进行概括与分类，将其分为智能家电状态（包括型号、年限等字段）、环境因素（包括室外温度、室内温度等字段）、用户习惯（包括用户使用时间、使用频率等字段）三大类，通过这三大类数据对智能家电、环境总体情况进行完整描述。

2）重采样。数据中存在缺失值与异常值，例如在智能家电断网的情况下，上传数据缺失或采用数据库默认值填充，这类数据在进行时间窗口聚合前将被删除，以确保数据的可靠性。并且由于数据上报策略是在检测到的任何一个字段数值改变后立即上报的，因此每条上报数据的时间间隔是不恒定的，这对于数据建模工作来说，将导致邻近的记录会有大量字段处于重复的状态。对此，综合考虑电力控制的精度、数据稳定性、训练成本与模型性能后，用重采样的方法将时间间隔统一采样至小时级。对于能耗标签数据，计算 1h 内的累计值，对于温度这类连续数据，计算 1h 内的平均值，对于运行模式这类离散的类别变量，计算 1h 内的众数，来表明在该采样区间内的累计能耗、平均温度以及多数情况下的运行模式。

3）特征构建和筛选。在数据的有效性与可靠性得到保证后，通过特征工程构建出时滞性或有实际含义的特征，对构建的这些特征与因变量（电力负荷）进行回归建模，筛选出相关性大于 0.7 的特征，由此确保特征的高相关性并降低多重共线性的可能性。例如对于空调数据，原始特征均为当前时刻下的各个参数（如室内温度、室外温度、设定温度、风速、设定模式等），可以发现前 1h 室内温度与设备能耗有 0.74 的 Pearson 线性相关系数，是明显的正相关关系。通过回归可筛选出前 1h 室内温度、室内温度与设定温度之差、室外温度和风速，共四个与目标强相关且互相弱相关的特征。

4）时间序列平稳化处理。在这些选取得到的高相关性特征中观察时间序列特征，使用线性回归去除趋势项，使用差分去除周期项，以保证建模的稳定性。

以上为输入特征预处理的主要步骤：数据清洗、重采样、特征构建和筛选、时间序列平稳化处理。针对不同的家电，仅在最后输入模型的特征方面有变化，根据这套特征预处理步骤可以有效分析与处理每一种家电的使用数据。

由于单一模型容易遇到假设违背、异常值干扰、捕捉信息面单一的问题，因而通过模型预测误差最小、模型间的相关性最小等原则，最终选择移动平均模型（MA 模型）、线性回归模型（LR 模型）和残差自回归优化模型（AR(2)）三种不同性质的模型，并进行融合以降低数据不稳定性。根据每个模型的误差比例进行权重粗调、确认范围后，使用网格搜索得到三个模型的权重依次为 0.3、0.4、0.3。

加权平均后得到的融合模型比单独模型性能更好,测试集的平均相对误差达到了 4.59%,最大相对误差为 10.22%。

除了模型精度,还需要对残差进行检验以判断预测模型是否能够有效捕捉周期、趋势与自相关性。一个有效模型预测的残差应该符合白噪声的特征,表明残差中已经不存在其他可以进一步被捕获的特征。对残差进行自相关检验,若在各个时滞下的自相关系数均处于不显著范围内,则证明残差的自相关性已被模型成功捕获;对残差进行 Q 统计量检验,若各个时滞下的 P 值均大于 0.05,则表明未能在 5% 的显著性上拒绝原假设 H_0,即残差序列为白噪声。

至此完成了模型的构建与性能检验,在时间序列稳定时,模型预测相对误差约可以控制在 4% 以内,在时间序列不稳定时,模型性能略有下降,相对误差会上浮到 6%。

(3) 节假日效应的模型建模 对于节假日效应,节假日系数为前一年同期假日能耗的指数加权平均与全年平均能耗得到的比值,确保接近的时间有更高的权重。节假日分为双休日(2 天的日常假期)、短假(3 天的假期)以及长假(7 天的假期)三个类别,在日期的对应上考虑农历时间点,分别根据日历判断属于哪种节假日,再对预测值乘以相应的节假日系数。在该逻辑下,模型在模拟数据集上性能提升约 19%,平均误差可以降低至 3.7%。

对于能耗模式,用统计分析研究智能家电能耗的影响因素,发现这些影响因素呈现出一种时滞性。例如当前的能耗与前一小时的室内温度与设定温度之差有较强的正相关性,以这个现象为基础能够建立环境、设备、用户操作对当前智能家电能耗的模式识别模型。将能耗作为标签,影响因素作为特征,输入机器学习模型中进行拟合,目的在于加入外部因素对智能家电能耗的影响,从模式识别的角度进行修正。

以空调为例,其中有环境因素(室内外温度、湿度等)、设备因素(空调基础参数,如能耗等级、使用年限、款式等)以及用户因素(使用操作,如设定温度、设定模式等)。运用这些特征来拟合一个模型,直接根据上一时段的各种因素状态对下一时段的能耗做出预测。

使用前 1h 的外部因素搭建多元线性回归基准模型。在不输入任何时间序列特征的情况下,平均误差约为 14%。

(4) 基于数据融合集成的用电调控 用电调控可以分为三大步骤:负荷精准预测,用电策略设计与智能家电远程控制。在完成各类智能家电的特征工程后,可统一使用该模型进行预测,将各类联网智能家电的能耗预测值相加则可得到总负荷预测值,用于电网控制。

调控策略需要满足下面三个要求:保证用户体验、降低用电成本、降低负荷波动性。因此将用电设备分为两类:一类是类似电热水器的用电设备,支持空闲运作，效果可保留较长时间，例如电热水器在空闲时刻烧水，保温至早上或者晚上供用户使用，因此这种使用模式在远程设备控制的前提下能够很好地削峰填谷；另一类如空调，其使用方式是必须在用户需要时实时运作，虽然不能够在空闲时刻运作，但可以通过调节运行模式，一定程度上削减运行能耗。注意，在调控时每个区域智能家电应有计划地错开变动以减小对电网的冲击。

通过 H 公司提供的联网电热水器设备数据训练得到的预测控制图如图 4-33 所示，预测出了 8 月 1 日—4 日的用电量，并给出通过均值加减 1.5 倍标准差得到的高峰线与低谷线。根据预测值，预计在 18：00—21：00 的 3h 内出现用电高峰期，每天约有 0.5～1.5h 超出高峰线水平，00：00—6：00 为用电低谷，每天约有 4h 低于低谷线水平。

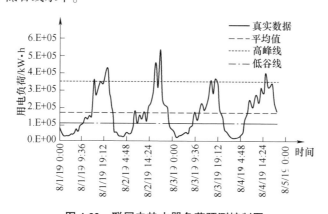

图 4-33 联网电热水器负荷预测控制图

注：横坐标的 8/1/19 表示 2019 年 8 月 1 日，余同；纵坐标 6.E+05 表示 6×10^5，余同。

通过智能家电负荷和电力总负荷的预测数据、发电成本与电力定价，可估算区域电力部门可降低的发电成本与区域用户节省的用电成本。如果实行此类削峰填谷，对于发电系统，每天 3h 内可以削峰 83 万 kW·h 电量，这些需要额外产生的电力负荷如果移至谷段，以燃煤脱硫标杆电价的 0.395 元/kW·h 为例，可节省发电成本约 33 万元；对于用户，根据国家峰谷电定价规则，8：00—22：00 为峰段，执行峰电价为 0.568 元/(kW·h)，22：00—次日 8：00 为谷段，执行谷电价为 0.288 元/(kW·h)，这些联网用户可节省电费 20 多万元。

智能家电用电调控还能够降低区域负荷高峰并提升低谷用电量，减少电网的波动压力。例如在 2018 年 8 月 1 日到 8 月 4 日的真实数据中，未平衡负荷的电力使用标准差为 122 578kW·h，而经过错高峰、填低谷的方式，在测试数据上能够将标准差控制到 92 313kW·h，波动率下降 24.7%。

以上为 H 公司某城市已联网电热水器数据下的电力成本节约量与电网波动

率估算。虽然家电种类复杂，但是数据采样、模型建立方法是可以通用的，其中的区别点主要在模型选用的特征上。随着更多家电的数据上线，更准确的用电预测与削峰填谷将带来更大规模的电力利用。

图 4-34 为 H 企业使用的智能家电数据传输与远程控制系统原理图：智能家电传感器实时采集数据并将其通过网络模块传输至物联平台，物联平台通过用户的 APP 终端对用户进行通知提醒；上传的数据存入大数据平台统一进行分析处理，并进行模型预测；在用户允许智能节电协议后，远程控制模块将根据能耗预测值、高峰低谷限额与设备用电类型，对城市群内的智能家电进行分时段随机抽样的直接控制，以达到对电网冲击尽可能小的削峰填谷方案。

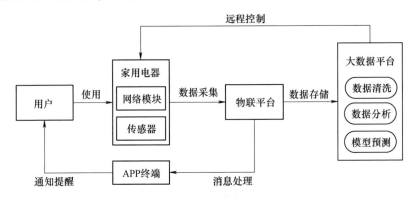

图 4-34　智能家电数据传输与远程控制系统原理图

▶3. 通过跨专业的知识资源分享，促进创新

案例 1：美的集团对科研的持续投入催生了大量颠覆性技术。将源自航空涡轮的对旋技术应用于空调，实现可控风感；借鉴导弹从潜艇中发射的降噪技术，利用微穿孔降噪来降低产品使用过程中的噪声，将降噪技术成功地应用在吸尘器、破壁机、电饭煲等产品上；参考太阳能光热发电，创新家电相变蓄热技术，实现高蓄能密度，大幅缩小储水热水器的体积，比普通热水器体积缩小了 60%，但热效应非常高，能够出更多的水，且安全无水垢。

案例 2：2007 年，美国溢油防治技术研究所提供 2 万美元奖金，给第一位能将沉在阿拉斯加海底 18 年的溢油成功抽出来的人。直接把石油抽出来没有用，因为当它到达海面时，冰冷的阿拉斯加空气会让石油和水的混合物凝固，使它无法从平底船抽上来。一位住在伊利诺伊州的化学家，虽然不太懂石油，但他非常懂水泥，而且他知道只要一直振动，水泥就不会凝固。他得到了奖金。放在过去，传统知识生产机制很难应付这种新问题，它的基本套路是利用公司研究院、大学实验室，成立专项小组寻找解决办法。但代价通常是高昂的研发经费支出和可能漫长的时间等待。通过互联网可以为跨界知识融合提供条件，问题反应速度更快,寻找方案的效率越高,解决问题的能力越大。

案例3:松下公司开发出自动面包机。松下公司请来三个群体的"知识分子":一是原来制造米饭机的人员,二是制造面包烘烤机的人员,三是制造食品加工机的人员。自动面包机综合了第一群体的计算机控制专长、第二群体的感应加热经验和第三群体的回转电动机技术。这种有意创造复杂性和矛盾性、在融合中开发的新产品,使已有的同类产品概念发生了根本动摇。在自动面包机开发过程中,三个群体共涉及1400人,起初这些人说的是"几乎完全不同的语言",很难沟通,但他们最终完成了这个产品的开发,制造出完全不同于同类产品的革命性产品。

案例4:对隐性知识进行集成。20多年前,温州有一家机械企业,先后邀请了五六批专家来做重大技术攻关,都以付出很高的代价而失败。一位一直陪同专家的技术工人主动向公司请缨,用一个月时间完成了任务,公司只付出了2000元奖金,这与已经花掉的20万元相比,零头也算不上。这位技术工人实际地体验到了各位"师傅"对同一问题的看法以及研究过程,知道解决这个问题的各个组分的关系,就有进一步突破的可能了。

4.7 科技资源能力集成

4.7.1 科技资源能力集成的定义和需求

1. 科技资源能力集成的定义

我国工业和信息化部在2019年10月印发的《关于加快培育共享制造新模式新业态促进制造业高质量发展的指导意见》提出:共享制造是共享经济在生产制造领域的应用创新,是围绕生产制造各环节,运用共享理念将分散、闲置的生产资源集聚起来,弹性匹配、动态共享给需求方的新模式新业态。共享制造新模式新业态中的资源与能力共享主要是三种能力共享,如图4-35所示。

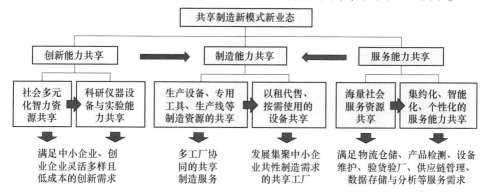

图4-35 共享制造新模式新业态中的资源与能力共享

科技资源能力以需求导向，集聚不同的科技资源，满足优化资源配置、提升产出效率、促进制造业高质量发展的需求。科技资源能力包括图 4-35 所示的三种能力，它们是在匹配集成各种科技资源的基础上实现的，科技资源能力拥有者直接服务用户，产生效益。

例如，科技资源协同开发主要是围绕特定产品资源、软件资源和硬件资源等而开展的人才资源的分享模式。在协同开发中会有知识、数据、产品、软件等资源的分享，在协同开发后所获得的科技资源一般也会在协同开发者中分享。例如，海尔与供应商协同开发的直线压缩机、磁悬浮压缩机等，不仅海尔用，在一段时间后供应商也可以为其他家电提供这类产品。

2. 科技资源能力集成的需求

科技资源能力集成首先是利益需求驱动的。这里的需求来自科技资源能力服务方与被服务方，仅有一方的利益需求是不够的。例如，工程机械租赁服务能力是需求驱动的，包括工程机械用户降低投资风险和门槛的需求、工程机械生产企业快速发展市场的需求。工程机械租赁服务能力集聚了设备资源、远程监控和服务软件资源等。目前，科技资源能力供需双方的需求错位、不匹配的现象比较严重，一方面许多科技资源闲置，另一方面存在大量的科技资源分享需求，这影响科技资源能力服务的健康持续开展。

4.7.2 科技资源能力集成模式

科技资源能力集成需要获得和组合形成某一科技资源能力所需要的科技资源，需要解决分享意愿不足、发展生态不完善、数字化基础较薄弱等问题。

1. 科技资源能力集成的条件

（1）科技资源能力集成需要专人、专门的平台推动　需要有专门的机构利用新一代信息技术建设分享平台，将分散的科技资源汇聚集成，形成科技资源在线发布、智能报价、智能订单匹配、协同开发、协同生产、智能排产、智能监测、协同服务、支付保障、质量和信用评价等服务能力，发展"平台接单、按专业和工序分解、多企业协同、大众评价"的透明公平的科技资源分享模式。

戴尔公司依托 IdeaStorm 众包平台，吸引了大量创新设计者为其 IT 产品提供优秀的设计和创意方案；美国亚马逊公司的 Mechanical Turk 平台通过奖励报酬的方式让大众解决实际难题；淘宝网启动了众筹平台，定位于创新创意者的孵化；京东众筹整合了全平台资源，为设计人员的创意和产品孵化服务；海尔、小米等企业也将线上众包定制设计环节嵌入自己的供应链中，设计了如天樽空调、小米手机等时尚产品。此外，乐高集团 Lugnet、IBM 集团 GlobalInnovation Jam、猪八戒网等也建立了设计众包平台。

（2）科技资源能力集成需要有透明公平的市场机制　①鼓励企业释放闲置资源，推动研发设计、制造能力、物流仓储、专业人才等重点领域开放集成分享，增加有效供给；②推动高等院校、科研院所构建科学有效的利益分配机制与资源调配机制，推动科研仪器设备与实验能力开放集成分享；③创新激励机制，引导利益相关方积极开放生产设备的数据接口，推进数据分享；④完善资源分享过程中的知识产权保护机制。

（3）科技资源能力集成需要有安全保障体系　科技资源能力集成中人们最担心的是资源、信息等的安全问题，所以需要强化平台、软件、网络、数据、知识、控制和设备等的安全保障，建立健全科技资源分级分类保护制度，强化科技资源集成分享企业的公共网络安全意识，打造科技资源集成分享安全保障体系。

2. 科技资源能力集成模式的案例

（1）基于零部件库的绿色创新设计和制造模式　这是面向大批量定制的协同设计和制造网络的核心。零部件库中的三维零部件模型由专业零部件生产企业提供，可由整机厂的设计人员选择和下载，装配成产品的数字样机，进行仿真。零部件库记录并集成了每一种零部件的各种数据（名称、材料、几何要素、物理、化学、工艺、制造成本、维修成本等方面的数据）以及在不同产品中的使用情况，以便用户选择。而被用户选择较多的零部件，将由于批量效应而实现成本大幅下降，这又进一步提高了其被用户选择使用的可能性，从而形成一种减少零部件多样化、降低零部件成本，同时满足产品多样化和个性化需求的正循环机制。而那些使用量少的零部件由于价格高，使用量可能会越来越少。这样，大数据促进了大优化，提升了绿色创新设计和制造能力。图4-36描述了基于网络的零部件库支持绿色创新设计和制造的模式。

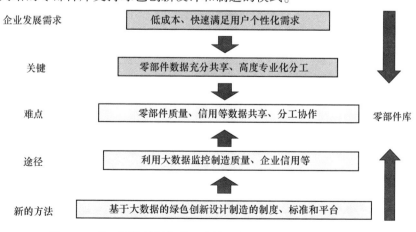

图 4-36　基于网络的零部件库支持绿色创新设计和制造的模式

（2）基于零部件库的模块化协同模式　零部件库记录了每一种零部件在不同产品中的使用情况，根据这些大数据就可以进行模块化和标准化。首先对使用量大的零部件进行标准化。其次对变化较多、每种变化的使用量不大的相似零部件进行标准化。最后对使用量大的相似零部件进行模块化和标准化，进一步减少零部件的数量，提高零部件的模块化和标准化水平，促进专业化分工。这里以市场行为为主，标准化管理部门发挥引导作用为辅。

（3）基于零部件库的供应链协同网络模式　零部件库记录并集成了每一种产品的所有零部件供应商信息、每一位供应商的数据，如名称、规模、厂址、关键设备，以及所制造的零部件名称、价格、交货情况和信誉等。用户可以很容易地找到最合适的供应商，以便合作。这样就形成了基于零部件库的供应链协同网络，不同的企业在这里可以确定自己的生态位。新的合作的信息也记录在供应链协同网络中，使网络不断完善。这将使设计产品和组织生产变得简单，企业小型化成为趋势，终端用户甚至可以自己动手设计和制造。越来越多的人将 DIY（自己动手做）作为自己的兴趣和爱好。这里需要依靠大家一起建立信用体制和协同网络，建立零部件名称的本体标准等。

（4）基于网络的用户需求和企业生产匹配模式　用户需求是制造业的原动力。搜集和汇总各种产品的用户需求数据，并将其与企业生产能力匹配，将改变制造业中的信息不对称情况，降低生产中的盲目性和库存量，减少资源的浪费。这里需要用户和企业转变观念，从刺激消费、盲目消费、铺张浪费到理性消费、低碳消费、绿色生活。特别需要大家一起建立描述用户需求和企业生产能力的术语本体体系，使用户需求和企业生产能力的描述完整、准确，提高匹配能力。例如，服装面料种类多、图案花样多、工艺方法多，面料加工需求和企业生产能力匹配一直是个难题，需要花费很多时间。通过大家协同建立用户需求和企业生产匹配平台，就有可能解决这一问题。基于网络的用户需求和企业生产匹配模式如图 4-37 所示。

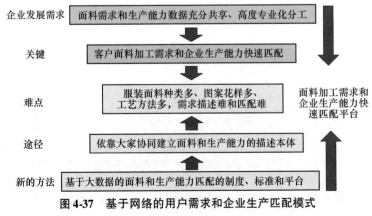

图 4-37　基于网络的用户需求和企业生产匹配模式

案例：1688.com 网站是阿里集团旗下的批发采购网站，有一个产品（栏目）叫作淘工厂，目前主要针对服装行业，有许多工厂把自己的空余档期（比如，给大企业做代工的工厂，每年都会有一段时间没有生产需求）展现出来，让淘宝网上的中小服装卖家可以根据需要下单采购这些制造能力，进行服装生产。在大数据的支持下，构建一个用户需求和企业生产匹配平台，是非常有价值的。

（5）大众为大众的设计服务模式　如图 4-38 所示，大众为大众的设计服务模式集聚大众的设计服务能力，是一种分布式的服务，可以利用大数据监控服务质量、帮助开展服务，其难点是如何快速实现设计服务的匹配和质量保证。

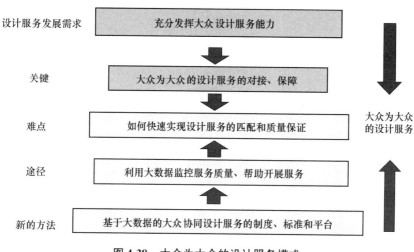

图 4-38　大众为大众的设计服务模式

4.7.3　科技资源能力集成的案例

1. 海尔的"海创汇"平台

"海创汇"平台（http://www.ihaier.com/）目前拥有海创汇基金及海星种子基金，已形成完整的投资链条，可以覆盖不同成长阶段的创业企业，满足其不同阶段的融资需求。

"海创汇"平台整合海尔生态产业资源、海尔的分享服务资源以及开放的社会资源，全面助力创业项目成功。

"海创汇"平台的科技资源能力集成模式如图 4-39 所示。

案例 1：为了迅速有效找到解决"空调病"的健康送风方案，海尔 HOPE 平台向全球资源发出邀请，在一个月时间内吸引到众多国内外一流资源。其中一家公司的"风洞"方案胜出，与海尔进行了创新合作，获得前期开发费用以及

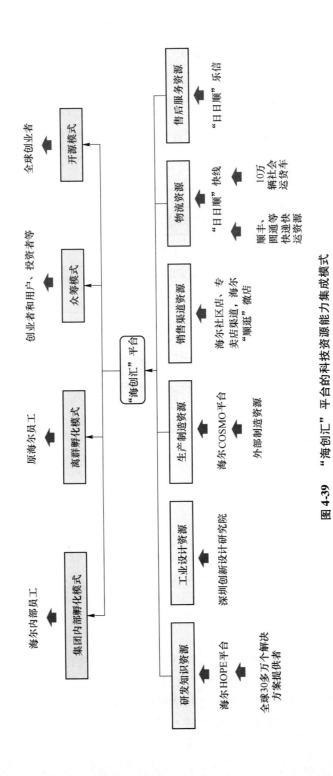

图 4-39 "海创汇"平台的科技资源能力集成模式

后续项目优先合作权。

案例2：为了彻底避免燃气热水器在燃烧过程中的一氧化碳泄漏的潜在危险，海尔热水器研发部门在海尔开放创新平台 HOPE 上发布了技术需求，在全球范围内征集相关的研发企业。技术需求发布后，经过 HOPE 平台在全球的资源网络和大数据技术的自动筛选，最终有 16 家公司符合这次技术研发的需求。经过专家团队对技术资源进行评估，最终 B 公司和 Z 研发机构与海尔达成了技术合作协议。多方协同组建了联合研发实验室，最终成功研制出采用 NOCO 技术的燃气热水器，此技术应用航天净化技术，能够催化还原燃烧产生的一氧化碳，使最终排出的一氧化碳量降低到国家安全标准的 1/20，相当于一只点燃的蜡烛释放出的一氧化碳量，从源头上杜绝洗澡时一氧化碳中毒的隐患。

2. 小米生态圈

小米的生态圈模式是：小米的品牌 + 各行业中的利润丰厚的产品 + 小米的渠道。

小米生态圈的本质就是互联网产品孵化平台，因为这个品牌已经很知名，它要做的就是找到利润丰厚的产品，把握质控，发挥渠道优势进行营销。从 2013 年下半年到 2019 年，小米已经投资了超过 280 家公司，总账面价值达到 287 亿元。

小米生态圈的重点是设计合理的商业模式，负责整个生态圈运转所需的核心环节投入，确保整个生态圈的稳定性，并依靠小米整体的供应链、销售渠道、营销团队、品牌形象等优势来让生态圈企业快速成长，实现长期共赢。

小米生态圈对小米的战略意义主要在于：

1）帮助小米从单一产品型公司转变为生态型公司。小米生态圈不仅降低了小米单一智能手机业务的潜在风险，还使小米得到了更多的收益，如销售生态圈产品的利润分成、生态圈企业估值提升的投资收益等。

2）小米手机与生态圈产品实现互相引流，提高用户消费频次，实现共赢。起初很多用户是因为小米手机才关注生态圈产品的，随着生态圈产品口碑的形成，很多生态圈产品的用户也开始关注小米手机，实现了双向引流。

3）小米矩阵式全方位孵化生态圈企业，能够最快完成物联网的布局。如果只通过小米内部孵化，除了速度慢，还会出现创新的困境。让小米生态圈中的兄弟公司专注自己的领域，才能最快地扩大智能硬件和物联网的布局。这是一种分布式的发展模式。

3. 其他案例

（1）案例1：航天云网　航天云网公司作为国家工业互联网行业领航者，基于 INDICS + CMSS 工业互联网公共服务平台，建设规划了以"平台总体架构、平台产品与服务、智能制造、工业大数据、网络与信息安全"5大板块为核心的"1+4"发展体系,以"互联网+智能制造"为支撑,面向社会提供"一脑一舱两室两站一淘金"服务,同步打造自主可控的工业互联网安全生态环境,建设云制造产业集群生态,构建适应互联网经济的制造业新业态,有力推动我国建设成为引领世界制造业发展的制造强国。

(2)案例2:模具产业云平台　模具是工业生产中重要的基础工艺装备,素有"工业之母"的美誉,模具技术水平是衡量一个国家制造业水平的重要指标。广东省东莞市横沥镇是"广东省模具制造专业镇""中国模具制造名镇",已形成模具制造产业集群。横沥镇政府与航天云网公司紧密合作,围绕模具产业转型升级工作构建了横沥模具产业云平台。

模具产业云平台是以模具制造企业为核心构建起来的云端模具行业生态圈。该平台围绕模具行业所需的交易、工具、技术、知识、管理等提供各类云平台功能,汇聚模具行业上下游所需产品、配件、技术、知识等高质量资源,服务模具行业上下游企业,助力企业高效协同。

模具产业云平台结合模具产业特有的专业分类,打造服务模具企业的供需服务;围绕模具产业链条提供创意特色服务,实现产业、科技、人才、培训、软件多元化融合;已形成以用户为中心,集模具加工、模具配套、工业软件、智能化诊断、智能工厂案例、产学研对接、教育培训和设计师联盟于一体的模具产品全生命周期综合性服务平台。

模具产业云平台的主要功能如下:

1)模具供需对接。企业可通过平台在线挑选,进行制造产品/服务的在线交易,并且实现产品/需求发布、选比、搜索、评价等。

2)工业软件租用。企业通过平台选择生产、设计所需工业软件,在线按需租用软件,免去部署时间和基础硬件的购买费用。

3)产学研对接。企业通过平台获得高校和科研院所的技术支持、高校专家人才的帮助及相关专利信息等专业资料,解决技术难题。

4)教育在线。通过参加平台举办的专业课程培训和竞赛,获得各类专业技能和知识,在线学习也打破了时间和地域限制。

5)设计联盟形成。各类设计人才(如高校学生、模具设计师、产品设计人才)依托平台交流和合作,获得各类资源,打造出更多的优秀产品和服务。

通过实施模具产业云平台,最终节省直接材料成本5%~10%、降低开发成本10%~20%、降低质量保证费用15%~20%、降低制造成本10%、提高库存流转率20%~40%、加快进入市场时间15%~50%、提高供应链管理效率25%~60%。横沥模具产业云专区供需对接板块已集聚注册企业40 000余家,需求发布540亿条,线上成交8414万元。紧密合作科研高等院校9所,发布课程39

个。此外,已发布模具行业专业软件 32 款,行业通用软件 700 余款。

(3) 案例3:制造能力服务

1) 稀缺设备服务。有的制造企业拥有一些利用率不高的稀缺设备(如3D打印机),为了提高这些设备的利用率,争取新的收益,向社会提供稀缺设备服务。

2) 剩余制造能力服务。由于订单分布不均,企业常常有大量的制造能力剩余。通过网络,可以将剩余制造能力租赁给别的企业,或者直接为别的企业提供制造服务。这种服务模式现在已经有很多应用。

(4) 案例4:美的洗涤电器制造有限公司的数字产业链 美的洗涤电器制造有限公司集成了上下游5000家供应商的生产、库存、物流等数据,打造了数字产业链。公司业务涵盖从订单、排产、物料采购、生产至最后出货并交付到客户的手上,打通了整个产业链,同时把产业链数据采集上云、上平台,形成了云端数字化产业链。

原来上百个零部件要全部送到工厂里,全都齐全了才能进行生产,至少需要存储5~6天的原材料。数字化后,由于可以实时掌握每一家供应商的生产以及库存情况,因而在云端就可以进行原材料的调配,大大提高了效率,降低了库存。

在原材料卸货区,每一辆货车都是通过云端的指令、根据生产进度情况来送货的,送货、卸货的时间被精确到了1h之内。

公司利用数字化产业链缩短了整个链条,效率得到了大提高。有了流动的库存,原来两个存放原材料的仓库都空闲出来,改成了生产线,仅仅通过数字化产业链打造,整体效率就提升了15%,产能扩大了1倍。

4.8 科技资源集成与绿色创新

4.8.1 各种科技资源集成的商业模式和绿色性的比较

科技资源的有效集成可以提高科技资源的分享和利用效率,从而提高经济效益和社会效益。表4-4 对各种科技资源集成的商业模式和绿色性进行了分析。

表4-4 各种科技资源集成的商业模式和绿色性分析

集成模式	集成对象	价值主张	商业模式	绿 色 性
科技资源信息集成	科技资源的描述信息、信息类科技资源	支持科技资源的统一搜索和分享,实现分布式科技资源的集成	组织集成支持科技资源信息集成;先规范化、后集成化;信息化支持集成化;通过信息集成实现科技资源集成	信息集成可以提高科技资源搜索和集成的效率,提高科技资源的利用效率,减少资源消耗

(续)

集成模式	集成对象	价值主张	商业模式	绿色性
科技资源组织集成	拥有科技资源的组织和人;可分为面向业务流程的横向组织集成和纵向组织集成	通过对拥有科技资源的组织和人的集成,确保科技资源的有效集成,支持专业化分工协同,降低科技资源集成成本和风险	科技资源集成分享要有利于各方利益;各方付出和利益获取需要公平对等;整个集成过程需要透明、可评价;需要保护各方的科技资源和利益;所有这些需要新一代信息技术和制度创新的支持	组织集成可以有效消除科技资源集成的壁垒,提高科技资源的利用效率,减少资源消耗
科技资源模块集成	产品资源、软件资源、硬件资源、知识资源等	不同的科技资源之间存在大量的相似或相同模块,如产品模块、软构件(组件)、知识模块等,识别、挖掘和利用这些相似性,可以提高科技资源分享水平,减少科技资源重复开发的工作量	通过科技资源模块的配置组合或者变型,以较小的变化代价得到满足个性化应用需求的科技资源	科技资源模块集成可以形成批量,提高模块的重用率和生产效率,减少资源消耗
科技资源成套集成	围绕完成某一项目或任务集成所需要的科技资源	为了完成某一项目或任务,需要集成多种科技资源,形成科技资源包,提高资源的重用效率	为用户提供基于科技资源成套集成的一站式服务、整体解决方案服务,减少用户自己集成科技资源的时间和成本,为用户带来更好的体验	成套集成可以提高科技资源搜索和利用的效率,减少资源消耗
科技资源能力集成	形成某一科技资源能力(如创新、生产和服务能力)所需要的科技资源	以需求导向,集聚不同的科技资源,满足优化资源配置、提升产出效率、促进制造业高质量发展的需求	科技资源能力集成需要供需双方的需求驱动,需要专人、专门的平台推动,需要有透明公平的市场机制,需要有安全保障体系	能力集成可以使用户由买资源转向买能力服务,使科技资源的分享水平得到提高,节约资源
科技资源融合集成	知识、数据、人才、产品等有内在关联性并有集成需求的科技资源	科技资源融合集成实现资源内容的互补,更完整全面地满足资源利用的需求,解决更复杂的问题	融合集成的科技资源可能来自不同的人和单位;资源不是免费的,需要建立资源融合集成的平台和透明公平的市场机制	融合集成具有明显的"1+1>2"的价值倍增的特点,使有限的资源发挥更大的作用

4.8.2 科技资源集成支持绿色创新的案例

1. 数据集成帮助减少科研项目重复研究和开发的现象

由于历史形成的部门所有制、科研管理体制和信息工作落后等原因，我国科研项目的设置和管理呈现分散化。重复投资、重复立项、重复科研的情况较严重，有专家估计其比例不会低于50%～60%，难以做到从战略上、整体上合理配置有限的资源。重复研究既浪费了科技经费和科研人员的时间，也影响了科技发展的整体步伐。

利用信息系统，集成所有科研项目，并依靠众多专家，就可以及时发现科研项目重复研究和开发的现象。

2. 数据集成支持能效管理

通过信息化技术与工艺技术的融合，改进系统管理和优化物流、能流的平衡是实现节能减排的有效技术路线。

案例1：大数据帮助提高数据中心用电效率

谷歌收购的Deepmind用AlphaGo相关技术为谷歌数据中心做了一个人工智能（AI）节能决策辅助软件，综合考虑数据中心风扇、制冷系统和窗户、室外天气、人的使用情况等因素，大约涉及120个变量，最后通过系统优化使数据中心用电效率提升15%，几年内就节约了数亿美元能耗成本，几乎相当于谷歌购买Deepmind的价格。

2015年我国的数据中心耗电量达到1000亿kW·h，相当于整个三峡水电站一年的发电量，如果用类似的智能软件帮助节省能耗15%，就是150亿kW·h。

案例2：三菱电机集团的节能数据可视化服务

三菱电机集团使用自主开发的节能数据可视化服务器——"EcoWebServerII"，对工厂内耗电量进行实时测量、收集和分析，使能耗数据可视化，让大家知晓，进而开展有针对性的改进措施。这些举措作为三菱电机集团正在开展的"能耗最低化活动"中的一个环节，已在日本国内成功应用，目前还推广到了三菱电机大连机器有限公司（MDI）。

MDI已经建立了"可视化"节能所需的推进体制，并通过开展全员节能活动来推进企业削减费用、降低环境负荷。建立了"可视化"系统之后，员工能够及时发现诸如办公室空调的过度使用、休息日没有及时关闭照明灯、压缩机怠速时出现空转、员工宿舍楼使用布局不紧凑等各种能源浪费现象，并及时采取有针对性的改进措施，如对空调的运转时间及温度设定进行管理，引进太阳能热水设备，为避免空压机空转采用自动起动方式，让排气扇具备变频功能，关闭、减少不必要的照明设备，等等。

一座现代化的工厂里拥有各种各样的机器设备，要在这些设备的使用过程中实现节能，必须掌握其现有的能耗情况，发现管理中或设备本身的技术漏洞，同时也必须从工厂的全局考虑改进投资的具体方式。MDI通过"EcoMonitorPro"测量出能耗数据后，将工厂各环节的能源消耗状况在公司内部局域网上实时公开。这样，员工不仅能够随时看到能源消耗状况，还普遍提高了节能的意识，也可为企业的节能改进行动出谋划策。

与实现节能同样重要的是，通过节能数据可视化服务培养出了企业管理者和员工的节能意识，同时，由于管理者能掌握跟踪作为管理指标之一的耗电量，因而可以采取有效措施大幅提高生产效率。实际上，大部分针对能耗问题实施的改进措施，同时也是提高企业生产效率的有力举措。

3. 数据集成支持降低产品生命周期成本

案例：基于大数据的变压器远程监控

变压器生命周期成本（LCC）既包括变压器选型、设计、制造、试验和营销等费用所构成的制造成本，又包括运行、维护、能耗、保险、风险、检修和报废等费用所构成的运行成本，即设备的生命周期成本是这两种成本的总和。但是，由于运行成本是未来成本，而时间是有价的，因而还应考虑通货膨胀和银行贷款利息等因素。

目前，大家习惯于重视设备的购置成本而忽视设备的运行成本，但是变压器的运行成本不容忽视。变压器购置成本占其全生命周期总成本的7%，变压器工作中消耗的电能可能是85%~87%，变压器维修和改造成本可能是6%~8%。全生命周期成本战略就是要考虑上述成本之和。

一般来说变压器的全生命周期成本分析有以下优点：①有助于决策者客观地对所选变压器进行评估，并以全生命周期成本而不是最初的购置成本作为标准进行经济性选择；②有助于找出各成本要素的相对比例和提高资金利用率的方法；③有助于对变压器的使用、运行和维护等方面的不同方案进行经济性评估。

上海市电力公司每年在一台变压器上的检修维护费约占购置成本的2%，而能耗约占变压器原值的18%（按每 $kW \cdot h$ 输电成本0.43元计算），另外，噪声治理、技术改造等额外费用约占变压器原值的1%~2%，总计21%~22%，变压器有效寿命（30年）内的运行成本要高达制造成本的6~7倍。因此，变压器生命周期成本管理意义重大，变压器全生命周期成本计算显得十分必要。

4. 组织集成支持绿色创新

案例1：2010年4月9日，海尔洗衣机在上海举行的"海尔洗衣机零碳变频战略发布暨行业零碳变频联盟成立仪式"上发布了"零碳变频战略"，并联合

GE、国美、苏宁、中国环保产业协会等机构结成了国内首个"零碳变频联盟"，通过多方协作为消费者创造一个全新的低碳洗衣"产业链"。

案例2：中集集团联合钢铁制造企业，从设计开发着手，率先在集装箱和车辆产品中采用高强度钢、推行轻量化结构设计和新型材料应用，开发出轻型集装箱和轻量化专用车辆，减轻了产品的自重，节约了大量原材料。其中，高强度轻型干货集装箱在保证强度要求的基础上，自重减轻了5%，材料节约了5%，并且有利于客户节约能源和提高货物装载量。$50m^3$的液体储罐采用先进的不锈钢强化技术，可减少不锈钢板材使用量30%。超轻型车辆系列产品具有标准化程度高、自重轻、承载量大、安全性能好和能耗低的特点，每年可减少钢材消耗10万多吨，增加货物运输240亿 t·km，相当于减少二氧化碳排量92万 t。其中，根据《全民节能减排手册》有关资料换算），在其生命周期内每年将节约燃油达3.2万 t，减少二氧化碳排放11.9t。

5. 能力集成支持绿色创新

案例1：海尔洗衣机与GE联合研发了S-Drive芯变频驱动系统，它带来的好处：①电动机驱动轴不带电，超高洗净比，洗净比高达1.23；②取消产生噪声的碳刷，超级静音，噪声低于50dB；③由外驱动变为芯驱动，超低辐射，电磁辐射降低30%。

案例2：在日本和中国两国专家的共同努力下，海尔攻克变频空调的多项技术难题，创新实现世界领先的脉冲调幅（PAM）技术、180°正弦波直流变频技术和第三代涡旋压缩机技术的完美融合。同时，海尔空调具备直流电动机、智能环境检测化霜、R410A无氟新冷媒和超低温-20℃起动的四重节能保障，彻底实现海尔无氟变频空调速热、省电、环保。

案例3：2011年4月，美的与东芝开利合作，全面掌握变频核心技术，并成为国内首家向全球输出变频技术的企业，而变频洗衣机乐享技术成功，使美的成为行业的领导者。变频洗衣机主要用于节能、降噪、智能控制等方面，根据不同的织物提供不同的水流，较普通洗衣机节能40%以上，噪声量可减少30%以上，能效可比普通产品提高1/3，洗净程度也大幅度提高。

参 考 文 献

[1] 秦朔. 商界的苏格拉底详解人单合一 [EB/OL]. (2017-09-20) [2021-01-31]. https://tech.sina.com.cn/csj/2017-09-20/doc-ifykywuc7820218.shtml.

[2] 刘朱锋. 跨越管理鸿沟，成就智能制造 [EB/OL]. (2013-09-03) [2021-01-31]. https://articles.e-works.net.cn/mes/article110491.htm.

[3] PETERS L D. Heteropathic versus homopathic resource integration and value co-creation in serv-

ice ecosystems [J]. Journal of business research, 2016, 69 (8)：2999-3007.

[4] 戚涌,张明,李太生. 基于Malmquist指数的江苏创新资源整合共享效率评价 [J]. 中国软科学, 2013 (10)：101-110.

[5] 吴建南,卢攀辉,孟凡蓉. 地方政府对科技资源整合模式的选择与应用分析 [J]. 科学学与科学技术管理, 2006, 27 (9)：132-136.

[6] 中国电子报. 工业APP：工业互联网平台落地加速器 [EB/OL]. (2018-07-03) [2021-01-31]. https://www.xianjichina.com/news/details_77017.html.

[7] 董小英. 把握知识管理增值的四种方式 [EB/OL]. (2007-10-23) [2021-01-31]. http://www.kmpro.cn/html/resource/manufacturer/2048.html.

[8] 谢友柏. 基于互联网的设计知识服务研究：分析中国工程科技知识中心（CKCEST）的功能 [J]. 中国机械工程, 2017, 28 (6)：631-640.

[9] 周炜,张鸯. 在数据海中捞"大鱼"：中国工程科技知识中心完成总体技术构架 [EB/OL]. (2013-04-11) [2021-01-31]. http://www.news.zju.edu.cn/2013/0411/c764a63970/page.htm.

[10] 曲卉青. 基于模糊评价的科技服务业发展选择及其商业模式评价研究：以青岛市北区为例 [D]. 青岛：青岛科技大学, 2016.

[11] 郑祥龙. 新型商业模式在科技服务平台中的应用研究 [D]. 南京：东南大学, 2015.

[12] 肖木,晓涵. 企业直面信息孤岛 [J]. 中国计算机用户, 2002 (18)：8-10.

[13] 陈敏琦. 基于微服务架构的用户需求分析技术与系统开发：以家电企业为例 [D]. 杭州：浙江大学, 2020.

[14] 何必太在乎这世界. ESB解决方案 [EB/OL]. (2019-05-05) [2021-01-31]. https://ishare.iask.sina.com.cn/f/iEfYOm7iNI.html.

[15] 指股网. 小米生态圈与华为相比，谁更胜一筹？[EB/OL]. [2020-01-11]. https://www.zhiguf.com/focusnews_detail/30062.

[16] 百度百科. 海尔U-home [EB/OL]. [2020-08-19]. https://baike.baidu.com/item/%E6%B5%B7%E5%B0%94U-home/4452092?fr=aladdin.

[17] 王艳红. 加入网格计算寻找非典解药：专访华人科学家许田 [EB/OL]. (2003-05-11) [2021-01-31]. http://news.sohu.com/20/45/news209194520.shtml.

[18] VETH B. An integrated data description language for coding design knowledge [M] //HAGEN P J W, TOMIYAMA T. Intelligent CAD Systems I. [S.l.]：Springer-Verlag, 1987.

[19] 中国新闻网. 2019 DOA技术应用论坛即将召开 [EB/OL]. (2019-10-12) [2021-01-31]. http://www.chinanews.com/zwad/2019/10-12/8663668.html.

[20] 焦瑾. 管理信息系统平台模式的构建 [J]. 计算机时代, 2002, (9)：12-13.

[21] 百度百科. 产品联盟 [EB/OL]. [2020-01-10]. https://baike.baidu.com/item/%E4%BA%A7%E5%93%81%E8%81%94%E7%9B%9F/1765936?fr=aladdin.

[22] HANSEN M T. The Search-transfer problem：the role of weak ties in sharing knowledge across organization subunits [J]. Administrative science quarterly, 1999, 44 (1)：82-111.

[23] 罗仕鉴. 群智设计新思维 [J]. 机械设计, 2020, 37 (3)：121-127.

[24] 欧洲汽车新闻. 外媒点评李书福：在收购的道路上不曾停步，未来涉足领域或超越汽

车制造［EB/OL］.［2020-01-17］. http：//finance. sina. com. cn/stock/relnews/hk/2020-01-17/doc-iihnzahk4742905. shtml.

[25] 吕纯儿,章刚正. 吃尽恶果后永康用《维权公约》治恶性竞争［EB/OL］.（2005-09-13）［2021-01-31］. http：//zjnews. zjol. com. cn/05zjnews/system/2005/09/13/006301529. shtml.

[26] 多易. IBM 助力中国电信上海研究院完善创新流程［EB/OL］.（2007-11-19）［2021-01-31］. https：//www. doit. com. cn/p/20476. html.

[27] 佚名. 从超级胶囊高铁看科技众包智囊团队［EB/OL］.（2016-08-22）［2021-01-31］. http：//news. mydrivers. com/1/393/393319. htm.

[28] 董建华. 汽车行业：2006 年度基础分析报告及建议［EB/OL］.（2007-05-28）［2021-01-31］. http：//finance. sina. com. cn/stock/hyyj/20070528/10303635515. shtml.

[29] 经济日报新闻客户端. 中核集团："人造太阳"渐行渐近［EB/OL］.［2020-01-20］. https：//static. jingjiribao. cn/static/jjrbrss/3rsshtml/20200120/220426. html? tt_group_id =6783973608256438798.

[30] 李璐. 高校科研数据机构库联盟的数据服务模式选择研究［D］. 武汉：武汉大学, 2019.

[31] 王辉. 雷诺-日产联盟 提前实现协同效应目标［EB/OL］.（2016-07-13）［2021-01-31］. http：//finance. china. com. cn/consume/20160713/3809782. shtml.

[32] ZHAO W, WATANABE C, GRIFFYBROWN C, et al. Competitive advantage in an industry cluster: the case of Dalian Software Park in China［J］. Technology in society, 2009, 31 (2): 139-149.

[33] YU J, SUN W. Building virtual network for high-tech industry clusters: lessons from China［J］. International journal of networking and virtual organisations, 2012, 11 (1): 77-94.

[34] 黄逸豪,蓝志凌. 盐步内衣：抱团发展提升集群核心竞争力［EB/OL］.（2019-11-05）［2021-01-31］. https：//baijiahao. baidu. com/s? id = 1649330402820526252&wfr = spider&for = pc.

[35] 殷浩,冯洪江. 贝发集团及时针对市场变化打出"组合拳"［EB/OL］.（2008-12-02）［2021-01-31］. http：//daily. cnnb. com. cn/dnsb/html/2008-12-02/content_42443. htm.

[36] 程诚. 拉式供应链挑战库存［J］. 新领军, 2013 (1): 86-89.

[37] 白刚. 从来就不是产品,是解决方案［J］. 销售与市场, 2006 (12S): 26-28.

[38] 杨妍妍. 真正的竞争是重新设计的供应链竞争［EB/OL］.（2010-12-07）［2021-01-31］. http：//abc. wm23. com/yangyanyan/70801. html.

[39] 电子发烧友网. Marvell 发布突破性的智能能源管理平台［EB/OL］.（2012-01-16）［2021-01-31］. http：//m. elecfans. com/article/258222. html.

[40] 赵红梅. 整合供应链网络价值创造研究［D］. 成都：西南财经大学, 2009.

[41] DUYSTERS G, JACOB J, LEMMENS C, et al. Internationalization and technological catching up of emerging multinationals: a comparative case study of China's Haier group［J］. Industrial and corporate change, 2009, 18 (2): 325-349.

[42] 李浩,祁国宁,纪杨建,等. 面向服务的产品模块化设计方法及其展望［J］. 中国机械

工程, 2013, 24 (12): 1687-1694.

[43] 张太华, 顾新建, 白福友. 基于产品知识模块本体的产品知识集成 [J]. 农业机械学报, 2011, 42 (3): 214-221.

[44] 顾新建, 杨青海, 纪杨建, 等. 机电产品模块化设计方法和案例 [M]. 北京: 机械工业出版社, 2014.

[45] 中国标准化与信息分类编码研究所. 事物特性表定义和原理: GB/T 10091.1—1995 [S]. 北京: 中国标准出版社, 1995.

[46] 中国工业技术软件化产业联盟. 工业APP发展白皮书 [EB/OL]. (2018-10-31) [2021-01-31]. http://www.caitis.cn/newsinfo/539290.html?templateId=100829.

[47] 袁晓庆. 培育百万工业APP, 加快工业互联网平台生态建设 [EB/OL]. (2018-03-26) [2021-01-31]. https://www.ccidgroup.com/info/1105/26568.htm.

[48] 航空云网. 工业互联网微服务 [EB/OL]. (2020-03-23) [2021-01-31]. http://www.casicloud.com/industrial/gyhlwwfw.

[49] 刘恒, 虞烈, 谢友柏. 现代设计方法与新产品开发 [J]. 中国机械工程, 1999, 19 (1): 5-9.

[50] 搜狐. 海尔AWE发布工业互联网平台COSMO平台 [EB/OL]. (2018-03-08) [2021-01-31]. http://smart.huanqiu.com/roll/2018-03/11650538.html.

[51] 冷鲜花. 海尔互联工厂, 探梦大规模定制 [J]. 商周刊, 2015 (1): 48-50.

[52] 精益管理改善. 探访海尔冰箱智能互联工厂! [EB/OL]. (2018-01-27) [2021-01-31]. http://www.sohu.com/a/221228819_249530.

[53] 塑胶工业网. 如何无障碍进入海尔集团供应商体系? [EB/OL]. (2018-06-06) [2021-01-31]. http://www.ip1689.com/brand/show.php?itemid=396.

[54] 海尔集团公司. 海尔互联工厂, 打造"互联网+工业"共创共赢生态圈 [J]. 中国物流与采购, 2017 (14): 58-61.

[55] 陆群峰, 顾新建, 王有虹, 等. 基于工作包的模块化设计方法研究及应用 [J]. 成组技术与生产现代化, 2019 (3): 1-9.

[56] 韩祥兰. 综合集成研讨厅研究与应用 [D]. 南京: 南京理工大学, 2005.

[57] 王晨霖, 杨洁, 居文军, 等. 基于智能家电的短期电力负荷预测与削峰填谷优化研究 [J]. 浙江大学学报（工学版）, 2020, 54 (7): 1418-1424.

[58] 万宇. 美的集团发布创新成果 五年研发累计投入近300亿元 [EB/OL]. (2019-03-14) [2021-01-31]. http://www.cs.com.cn/ssgs/gsxw/201903/t20190314_59300820.html.

[59] 丘磐. 挖掘身边的金矿 [J]. 世界经理人文摘, 2000 (12): 22-25.

[60] 王甲佳. 知识生态系统 [J]. 中国计算机用户, 2007 (46): 3-4.

[61] BAYUS L. Crowd sourcing new product ideas over time: an analysis of the Dell idea storm community [J]. Management Science, 2013, 59 (1): 226-244.

[62] 朱艳鑫. 从创新到创业的生态构建: 基于海创汇的案例研究 [J]. 中共青岛市委党校青岛行政学院学报, 2019 (5): 45-48.

[63] 奇点社区. 从小米生态链模式探索MATT生态圈的商业逻辑 [EB/OL]. (2020-01-07) [2021-01-31]. https://www.sohu.com/a/365296508_100250954.

［64］航天云网. 模具产业云平台建设［EB/OL］.（2019-05-09）［2021-01-31］. https：//www.sohu.com/a/312928722_100210081？sec=wd.

［65］央视网. 央视《新闻联播》再聚焦：打造数字产业链，顺德这样干［EB/OL］.（2020-08-16）［2021-01-31］. http：//www.sc168.com/tt/content/2020-08/16/content_966901.htm.

［66］潘云鹤. 中国新一代人工智能，人工智能 2.0 的五大端倪与五大方向［EB/OL］.（2017-07-01）［2021-01-31］. http：//www.360doc.com/content/17/0701/14/20390846_667965716.shtml.

［67］三菱电机. 三菱电机在中国的实绩［EB/OL］.（2020-07-01）［2021-01-31］. http：//cn.mitsubishielectric.com/fa/zh/about/reponsibility.asp.

［68］崔新奇，尹来宾，范春菊，等. 变电站改造中变压器全生命周期费用（LCC）模型的研究［J］. 电力系统保护与控制，2010，38（7）：69-73.

第 5 章

科技资源评价方法

科技资源分享的前提是要有一套行之有效、规范、合理、科学、公平的科技资源评价方法，对科技资源的质量、价值和相互关系等进行评价。

本章提出一套科技资源评价方法，包括科技资源用户评价、专家评价、智能评价、应用效益评价、引文分析、检测评价等方法，其特点是对科技资源从不同角度进行规范化，形成一个整体、系统的评价方法，依靠广大科技人员协同评价，基于大数据的智能评价，对科技资源进行生命周期跟踪，开展效益评价，有效支持科技资源的集成、交易和分享。

本章提出的科技资源评价方法不仅将科技资源本身作为评价对象，还可以扩展到对科技资源分类体系、科技资源元数据模型、科技资源本体模型、科技资源知识元、科技资源图谱等的评价，这有助于科技资源描述的规范化。

5.1 科技资源评价概述

5.1.1 科技资源评价的定义和需求

1. 科技资源评价的定义

科技资源评价是对科技资源的质量、性能、相互关系等的评价，以促进科技资源的有序分享。科技资源评价是解决科技创新资源分散、重复、低效问题的关键技术之一。

科技资源评价对科技资源的质量、价值等进行评价，其目的是给科技资源定价，以便促进科技资源的公平交易；对科技人才的贡献进行评价，以便激励他们，创造更有价值的科技资源。如果科技资源评价不合理、不准确，则会直接影响科技资源分享的积极性。

我国工业和信息化部在2019年10月印发的《关于加快培育共享制造新模式新业态促进制造业高质量发展的指导意见》中特别强调推动信用体系建设。鼓励平台企业针对共享制造应用场景和模式特点，综合利用大数据监测、用户双向评价、第三方认证等手段，构建平台供需双方分级分类信用评价体系，提供企业征信查询、企业质量保证能力认证、企业履约能力评价等服务。

2. 科技资源评价的需求

1) 促进科技资源集成的需要。面对海量的科技资源，通过评价可以知道科技资源的价值，这有助于企业快速集成有价值的科技资源。例如，谷歌、百度通过PageRank算法，使用网上反馈的综合信息的评价来确定某个网页的重要性，使网页的价值排名更加科学合理。

2) 促进科技资源交易的需要。科技资源交易的前提是要清楚知道科技资源的价值,这就需要进行科技资源评价。对科技资源的精准评价可以提高科技资源交易的公平性和效率。

3) 促进知识资源分享的需要。没有准确、及时的知识评价就没有公平的激励,就会影响员工知识分享的积极性。例如,华为公司的不让"雷锋"吃亏,先要发现分享知识的"雷锋"是谁,找到"雷锋"后再给予公平的激励。这就是知识评价和人才评价问题。

4) 促进科技资源供需匹配的需要。通过科技资源的评价,给出科技资源的各种评价指标,提高科技资源供需匹配的精准性和成功率。

5) 促进开发有价值的科技资源的需要。科技资源评价有着很强的导向性,如果科技资源评价不准确,那么大量的"垃圾"就会被制造出来。

6) 透明公平的科技资源的保护和分享统一的需要。既要分享科技资源,又要保证分享者的利益,因此科技资源的评价对透明公平的科技资源的保护和分享具有十分重要的意义。

图 5-1 所示为透明公平的科技资源评价过程。科技资源评价过程既要保证科技资源创新者的利益,又要让用户得到价格合理的知识产权许可服务。

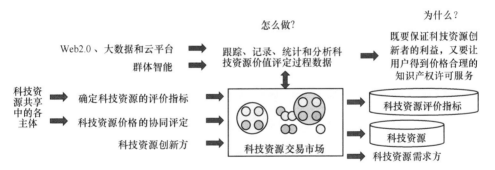

图 5-1 透明公平的科技资源评价过程

3. 不同类型的科技资源评价的具体需求

(1) 知识资源评价的需求 当前在知识资源分享中面临的问题有:

1) "知识爆炸"。知识急剧增加,例如全世界每年公布的专利达几百万件,每年科技论文发表达几千万篇。

2) "知识垃圾"("知识泡沫")大量涌现。各种有意和无意的行动,使知识中混淆着大量的虚假、拼凑、夸张、偏颇、残缺、失真的知识。有材料表明:在各类文献中,有用的可信的知识仅占25%。法国对常用的10多种杂志进行调查的结果更为惊人:只有5%的情报是有用的。

3) "知识烟雾"越来越浓。人们有意和无意地制造了大量的"知识烟雾",

尤其是在专利资源方面。例如，Aventis 公司的 2.9 万多项专利中仅约 1% 的专利在授权人中包含 Aventis 这个词。用其他名字秘密部署的专利，可以使竞争对手无法了解自身真正的实力。

4）知识淘汰速度越来越快造成无用、过时的知识充满"知识海洋"的结果。

5）知识高度分散化。学科专业越来越窄，一个人在进行决策时所需要的知识是极其分散的，能够明确掌握的知识只占帮助他达到目的所需知识的很小一部分。

这些问题给知识资源分享带来如下影响：

1）学习和获取所需要的知识资源的难度越来越大，专业越分越细。

2）科研项目、论文的重复度越来越高，造成大量浪费。

3）知识资源整理的难度越来越大。例如很多教材的编写越来越跟不上学科的发展。

4）知识资源分享中的许多投机取巧的行为难以被及时发现，使某些投机者能够得逞，这破坏了良好的科研风气。

5）对知识产权的保护越来越难，影响了知识资源分享的积极性。

6）知识资源分享的评价越来越难。

企业知识资源评价的目的是使知识资源有序化，其需求主要有：

1）减少"信息爆炸"和"知识爆炸"带来的负面影响的需要。当前"信息爆炸"和"知识爆炸"已严重影响到知识的获取、传播和应用的效果。知识整理有助于解决这一问题。

2）提高知识资源重用度的需要。知识资源评价有助于检索和利用企业中分散的、无序的知识。

3）固化企业获取知识资源手段的需要。企业常常面临这样的情况：在花费了大量时间和金钱获得知识后，获取知识的方法不能变成程序，当第二个人需要获取同样的知识时，还要走同样的路，付出相同的代价。知识整理可以固化企业获取知识的手段，使企业可以方便地找到所需要的知识。

4）知识资源系统化和全息化的需要。只有提供系统化和全息化的知识，才能提高知识的使用价值。知识的系统化和全息化是知识整理的目的之一。知识的系统化提供了完整的知识结构，知识的全息化提供了具有内在关系的知识。

5）知识资源网络化的需要。知识资源网络是创新的基础设施，其特点是：①知识网络有序化，知识网络中知识的价值和关系的描述准确、清晰，提高了知识的利用率；②自组织优化，基于大数据的知识网络越使用越聪明、知识越来越多、知识有序化程度越来越高；③个性化定制，针对用户的需求和特点

（用户画像描述）快速提供最合适的知识；④智能化推理，通过不同学科的知识交叉和融合，以及对海量知识的挖掘，推理得到新的知识，帮助创新。

6）降低创新难度的需要。企业想创新，却发现在新产品的整个技术体系中，从原材料、制造、装配、测试到配件，都难以找到合适的合作伙伴。什么都要自己投资，这完全不可能，只能暗叹创新太难。如果有一个比较完整和可靠的面向全国技术创新的知识库，则创新难度就可能大幅度降低。

因此知识资源评价不仅评价知识的质量，还评价知识之间的关系、知识获取的途径、知识描述的完整性和准确性等。

(2) 企业数据资源评价的需求

1）低价值密度数据中的价值发现的需要。企业信息系统多年来积累了大量的数据，并每日仍在产生大量的数据；互联网中每天都在产生数据；电子商务平台中也存储了大量数据。发挥这些低价值密度数据作用的关键是找出有价值的数据，满足企业所需。

2）透明环境建设的需要。虽然来自各方面的数据构成了一个数据环境，但需要对大量鱼龙混杂的数据进行去伪存真，才能真正为建成一个信息透明、诚信自律、上下协同、资源分享、全员创新、高效运行的理想企业提供支持。

3）知识发现的需要。数据不等于知识，对企业创新而言，最有价值的是知识，需要从数据中挖掘出有价值的知识，提高创新能力。

(3) 企业人才资源评价的需求

1）企业留住人才的需要。企业要满足员工的需求，而最大的需求是尊重与公平。最主要的尊重是物质的激励，最主要的公平是按劳分配。因此，只有企业领导对员工为企业所做的贡献"心中有数"，才能实现公平的按劳分配。有位汽车零部件企业老板说：员工快过年了，他最发愁，因为担心红包发得不准确，年后一些优秀员工就不回来了。为此，他专门开发了一个软件，将员工一年来为企业做出的贡献、产生的价值的数据记录在案，年底就可以据此给出令员工满意的红包，留住人才。

2）留住员工知识的需要。企业领导常感叹："蓝领"好管，"白领"不好管。"蓝领"的活儿可以计数考核，"白领"不行。哪个"白领"离职了，他的经验和知识也随之流失了。如果有一个比较完整和可靠的员工知识库，让"白领"发布自己的工作经验、建议等，由大家根据使用效果进行评价。这样可以对"白领"的水平、贡献以及知识分享程度等进行评价，并据此给出激励，支持"白领"分享知识和协同创新。同时也使企业知识库越来越完善，留住了员工的知识。知识经济时代，知识将成为企业的主要财富。企业对固定资产有很好的管理方法，但往往对知识财富的管理束手无措。

3）人才招聘的需要。知识型企业希望招聘的人才不仅在知识和技术层面满足企业要求，更希望人才的价值观、人品等符合企业的需求。前者可以通过考试来了解一部分，后者就很难。因此员工过去的表现对企业招聘就具有重要的参考价值。有的员工不讲诚信，不讲质量，只求多得奖金；如果稍有处罚，他们就跳槽，反正技术在手。如果将这些员工的日常工作表现数据放在网上，招工时都可以看到，一方面企业可以招聘到更让人放心的人才，另一方面促使员工提高诚信度。

4）提高员工积极性和创造性的需要。员工工作的积极性和创造性对企业开展绿色创新非常重要，需要给予员工透明公平的激励，这就需要准确的评价。常言道：无法评价就无法管理。

（4）企业产品资源评价的需求

1）选择合适的零部件和供应商的需要。面对如此众多的零部件和供应商，应该如何选择？大家认真对零部件和供应商进行评价，并将评价数据公布于众，就可以帮助解决这一问题，还可以促使零部件供应商更注意质量和信誉。

2）准确选择维修配件的需要。产品要维修，准确选择维修配件，既能节约成本，又能保证其在产品的剩余生命周期中的使用可靠性。

3）确定产品成本的需要。产品成本是一个最基本的评价值，但许多企业目前还无法准确知道自己产品的成本是多少，这给产品投标报价、产品成本降低等带来了很大的困惑。

4. 案例：某型号工业汽轮机成本评价问题

图5-2描述了某型号工业汽轮机成本不准确的原因。从中可以看出，这里有管理方面的原因，也有信息技术方面的原因。产品资源成本评价这么难，更不用说知识资源、数据资源、人才资源的价值评价了。例如，"不知道自己不知道，知道自己不知道，不知道自己知道，知道自己知道"这句话就表明了知识评价的难度。

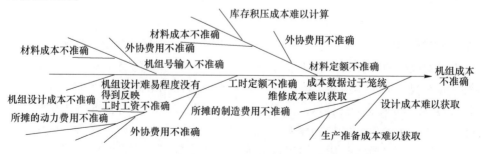

图5-2 某型号工业汽轮机成本不准确的原因

具体来说，工业汽轮机成本确定难的原因主要有：

1）产品零件加工情况复杂，加工成本统计难。例如，有些零件的毛坯是统一采购和粗加工的；有些零件（主要是专用件）是按订单加工的，有些零件（主要是通用件）是按库存加工的。

2）工时定额水分大，不准确。常常一个工人一年完成几年的工作量。设备性能提高了，但工时定额却不能动。因为工人要靠工时定额拿奖金。并且，对于不同的零件，工时定额水分多少不一，难以进行统一的计算。

3）缺乏维修成本的统计数据。产品故障不确定，维修方法变化多端，难以确定维修成本。

4）材料成本变化快。仓库中同一种材料，可能有多种价格。

产品成本难以确定的后果有：

1）产品投标报价难。竞争越来越激烈，企业既要尽可能地降低投标价，争取中标，又要保证有一定的利润。想要确定合理的产品投标报价，越来越无法依靠传统的凭经验估计的方法。

2）产品全生命周期成本确定难。产品全生命周期成本是目前越来越多的产品招标书中所要求提供的内容，包括产品的维修成本、使用成本、报废回收成本等。

3）控制成本难。因为产品成本缺乏定量精准评价，所以在控制成本方面难以拿出有针对性的方法。不知道具体成本情况，设计人员不关心如何控制成本，因此难以在设计阶段实现对成本的控制。

4）协作费用增加。由于不知道到底需要多少加工费用，因而容易被人抬价。

5）加工过程中的浪费可能难以被有效控制。零件加工成本不能被有效控制，浪费也就难以被有效控制。

5.1.2 科技资源评价的相关标准和相关研究

1. 科技资源评价的相关标准

2020年1月29日在全国标准信息公共服务平台（http://std.samr.gov.cn/gb/gbQuery）以"评价"为关键词进行检索，并剔除"废止"状态的标准，仅保留"即将实施"和"现行"状态的标准，分别对这些国家标准、行业标准和地方标准进行统计分析，得到如下结果。

（1）科技资源评价的相关国家标准　对国家标准的检索结果按照ICS进行数量统计（见表5-1）。

表 5-1 评价相关的国家标准数量

ICS	数量（个）	ICS	数量（个）	ICS	数量（个）
1. 综合、术语学、标准化、文献	11	33. 电信、音频和视频工程	10	67. 食品技术	14
3. 社会学、服务、公司（企业）的组织和管理、行政、运输	91	35. 信息技术、办公机械	73	71. 化工技术	11
7. 数学、自然科学	35	37. 成像技术	7	73. 采矿和矿产品	13
11. 医药卫生技术	56	39. 精密机械、珠宝	2	75. 石油及相关技术	18
13. 环保、保健和安全	107	43. 铁路车辆工程	7	77. 冶金	10
17. 计量学和测量、物理现象	28	45. 铁路工程	1	79. 木材技术	2
19. 试验	7	47. 造船和海上构筑物	7	81. 玻璃和陶瓷工业	7
21. 机械系统和通用件	1	49. 航空器和航天器工程	2	83. 橡胶和塑料工业	24
23. 流体系统和通用件	10	53. 材料储运设备	7	85. 造纸技术	1
25. 机械制造	7	55. 货物的包装和调运	2	87. 涂料和颜料工业	9
27. 能源和热传导工程	35	59. 纺织和皮革技术	17	91. 建筑材料和建筑物	17
29. 电气工程	7	61. 服装工业		93. 土木工程	3
31. 电子学	6	65. 农业	72	97. 家用和商用设备、文娱、体育	15

统计表明，相关国家标准数量为 754 个，分布在 39 个 ICS 分类号下。其中"13. 环保、保健和安全""3. 社会学、服务、公司（企业）的组织和管理、行政、运输""35. 信息技术、办公机械""65. 农业""11. 医药卫生技术"五个分类号下的国家标准数量最多，分别为 107 个、91 个、73 个、72 个、56 个。

科技资源评价方面的国家标准的例子如《船舶生产企业绿色造船评价指标体系及评价方法》（GB/T 37818—2019）、《智能家用电器可靠性评价方法 第 1 部分：通用要求》（GB/T 38047.1—2019）、《系统与软件工程 系统与软件质量要求和评价（SQuaRE）第 21 部分：质量测度元素》（GB/T 25000.21—2019）、《系统与软件工程 系统与软件质量要求和评价（SQuaRE）第 23 部分：系统与软件产品质量测量》（GB/T 25000.23—2019）、《服务质量评价通则》（GB/T 36733—2018）、《电子商务第三方平台企业信用评价规范》（GB/T 36312—2018）、《物联网 系统评价指标体系编制通则》（GB/T 36468—2018）、《创新方法知识扩散能力等级划分要求》（GB/T 37098—2018）、《电子商务供应商评价准则 优质服务商》（GB/T 36313—2018）、《电子商务供应商评价准则 在线销售商》(GB/T 36315—2018)、《高技术服务业服务质量评价指南》(GB/T 35966—2018)、《品牌价值评价 自主创新企业》(GB/T 36679—2018)、《企业标准化工作 评价与改进》(GB/T 19273—2017)、《标准化效益评价 第1部分：经济效益评价通则》(GB/T 3533.1—2017)、《标准化效益评价 第2部分：社会效益评价通则》(GB/T 3533.2—2017)、《工业企业供应商管理评价准则》(GB/T 33456—2016)、《软件质量量化评价规范》(GB/T 32904—2016)、《电子商务平台服务质量评价与等级划分》(GB/T 31526—2015)、《创新方法应用能力等级规范》(GB/T 31769—2015)、《品牌价值 技术创新评价要求》(GB/T 31043—2014)、《电子商务供应商评价准则 优质制造商》(GB/T 30698—2014)、《汽车物流服务评价指标》(GB/T 31149—2014)、《知识管理 第6部分：评价》(GB/T 23703.6—2010)等。

（2）科技资源评价的相关行业标准 对评价的行业标准进行统计分析，按其行业领域进行划分，结果见表5-2。

表5-2 科技资源评价的相关行业标准数量

行业领域	数量（个）	行业领域	数量（个）	行业领域	数量（个）
安全生产	29	化工	7	认证认可	38
兵工民品	1	环境保护	9	石油化工	4
城镇建设	3	机械	21	石油天然气	130
出入境检验检疫	92	交通	19	水利	30
传播	0	金融	1	体育	1
档案	1	劳动和劳动安全	2	铁路运输	2
地质矿产	10	粮食	3	通信	4
电力	50	林业	32	土地管理	4
电子	5	旅游	6	卫生	31
纺织	5	煤炭	5	文化	2
公共安全	12	民用航空	4	文物保护	1
供销合作	3	民政	2	物资管理	1
广播电影电视	4	能源	85	新闻出版	6
国内贸易	29	农业	7	烟草	28
海洋	7	气象	13	医药	58
核工业	19	汽车	1	有色金属	5
黑色冶金	8	轻工	13		

统计表明，评价方面的行业标准数量为853个，分布在50个行业领域。其中石油天然气、出入境检验检疫、能源、医药、电力、认证认可、林业、卫生、水利九个行业中的行业标准数量最多，分别为130个、92个、85个、58个、50

个、38 个、32 个、31 个、30 个。

将所有行业标准按批准日期年份进行统计，得到的结果如图 5-3 所示。

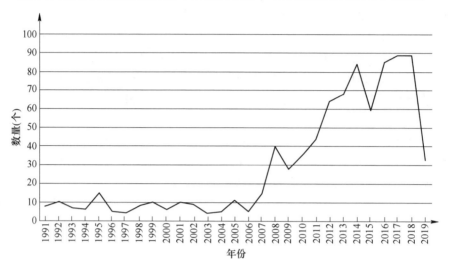

图 5-3 相关行业标准总数量变化

分析发现，行业标准的建立起始于 1991 年，1991 年—2006 年每年被批准的行业标准数量在 10 个左右。从 2007 年开始，每年被批准的行业标准数量快速增多，2018 年当年被批准的行业标准数量达到 89 个。这说明从 2007 年开始，各行各业开始在自己的领域内统一技术要求，而且被批准的行业标准不断增加。

选择行业标准最多的五个行业是石油天然气、出入境检验检疫、能源、医药、电力，对它们每年被批准的行业标准数量进行统计，得到的结果如图 5-4 所示。

统计发现，石油天然气的行业标准出现最早，申请数量也最多。该行业的行业标准发展最快的年份是 1991 年—1997 年、2009 年—2015 年。

科技资源评价方面的行业标准的例子如：《林业数据质量 评价方法》（LY/T 2922—2017）、《出版企业卓越绩效评价准则实施指南》（CY/T 167—2017）、《旅游民宿基本要求与评价》（LB/T 065—2019）、《再造烟叶生产企业清洁生产评价准则》（YC/T 555—2017）、《电子商务物流信用评价体系》（SB/T 11156—2016）、《家电维修服务质量评价规范》（SB/T 11172—2016）、《风电场项目经济评价规范》（NB/T 31085—2016）、《出口纺织品生产企业产品质量保证能力评价规范 第 1 部分：纺织原料》（SN/T 3776.1—2015）等。

（3）科技资源评价的相关地方标准 对评价的地方标准进行统计，累计 940 条分布在 31 个省（市、自治区）。对评价内容进行分析发现，地方标准集中在评价导则、评价规范、质量评价、组织管理评价、产品能效评价、价值评价、工人技能评价、诚信评价、安全风险评价、绿色评价等方面，内容丰富，评价对象多种多样。

图 5-4 不同行业的相关标准数量变化

科技资源评价的地方标准如《专利质量评价技术规范》（DB34/T 2877—2017）、《政务公开工作社会评价规范》（DB51/T 2663—2019）、《家政企业商务信用评价规范》（DB22/T 3060—2019）、《汽车 4S 店质量信用等级评价规范》（DB32/T 3639—2019）、《企业标准评价指南 产品》（DB14/T 1729—2019）、《工业企业能耗在线监测数据质量评价技术规范》（DB35/T 1832—2019）、《企业产品标准评价规范》（DB21/T 3131—2019）、《中小企业管理创新评价指标体系》（DB43/T 1598—2019）、《科技成果评价 技术成熟度评价要求》（DB34/T 3309—2018）、《企业创新能力评价导则》（DB34/T 3310—2018）等。

2. 科技资源评价的相关研究

（1）人才资源评价 早在 2003 年 12 月 26 日发布的《中共中央国务院关于进一步加强人才工作的决定》中就提出：要坚持德才兼备原则，把品德、知识、能力和业绩作为衡量人才的主要标准，不唯学历、不唯职称、不唯资历、不唯身份，不拘一格选人才。

2018 年 7 月 3 日中共中央办公厅、国务院办公厅印发的《关于深化项目评审、人才评价、机构评估改革的意见》中提出科学设立人才评价指标。突出品德、能力、业绩导向，克服唯论文、唯职称、唯学历、唯奖项倾向，推行代表作评价制度，注重标志性成果的质量、贡献、影响。把学科领域活跃度和影响力、重要学术组织或期刊任职、研发成果原创性、成果转化效益、科技服务满意度等作为重要评价指标。

这些都表明人才资源的评价是科技资源评价中最难的工作，有所谓"知人知面不知心"一说。人才资源是最宝贵的战略资源，在竞争中越来越具有决定性意义。对人才进行准确、客观、公正的评价是选拔人才、合理使用人才的一个关键环节。人才资源评价与知识资源评价直接相关。

（2）知识资源评价 图5-5描述了知识资源评价的目标、内容和方法。知识资源评价主要包括科技评价和学术评价。

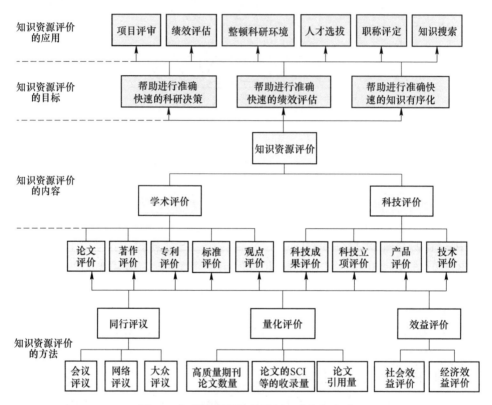

图5-5 知识资源评价的目标、内容和方法

知识资源评价的终极指标是在帮助人类认识世界和改造世界方面的作用的大小。但直接按照这种指标评价知识资源很难进行。因为：

1）知识帮助人类认识世界和改造世界的过程往往很长，对某些基础知识的作用的评价需要经过一段很长的时间才能给出准确的判断。

2）知识在帮助人类认识世界和改造世界方面的作用绝大多数是间接的、和多种知识混合作用的，这往往使人难以判断哪些知识是起关键作用的。

3）知识需要人来评价，如同行评议，人难免有自己的倾向，这就影响了评价的公正性。

案例：有一次，美国福特汽车公司一台大型电机发生故障，出现异样杂音，工程师会诊三个月仍没有得出结果，福特汽车公司只好向德国电机专家斯坦因门茨求助。他经过研究计算之后，用粉笔在电机上画了一条线，说："打开电机，把画线处的线圈减去 16 圈。"这台大型电机很快恢复了正常。福特汽车公司询问要付多少酬劳，斯坦因门茨开价 10 000 美元。画一条线要拿这么多钱？许多人对此不理解。斯坦因门茨提笔做了说明："画一条线是 1 美元，知道在什么地方画线是 9999 美元。"这就是知识的价值。

在实际应用中，各级科研部门希望能够定量、快速地做出评价。为此人们提出了间接评价的方法，即量化评价方法。量化评价通过对发布在高质量期刊的论文数量、论文被 SCI/SSCI/EI/ISTP 等收录的数量、论文引用量等指标对学术水平进行评价。它的依据是：这些指标与学术水平在统计意义上具有正相关的关系。但因为这些指标是间接评价指标，不是对论著的直接评价，这就不可避免地给了一些人钻空子的可乘之机。

知识资源评价一直是困惑科技界和教育界的难题。在我国，对知识的评价已经成为科学工作者评定职称、申请经费的重要门槛。

一方面，在各级科研部门量化评价的指挥棒的驱动下，大家争先恐后发表文章；另一方面，网络的发展使网络文章的发表变得相当容易。这就导致现在大量知识的涌现，形成"知识爆炸"。网络中存在大量"知识垃圾"，这已经是大家的共识，其后果是：知识的搜索和利用效率越来越低；科技项目的低水平重复研究以及为发表论文而做研究的现象将严重影响我国创新的发展。

（3）科技资源质量评价　科技资源质量评价直接关系到科技资源分享的可持续发展。质量评价需要成本，不可能对每一件资源都去进行质量评价。有些科技资源质量还难以进行评价。

大众协同评价、资源生命周期评价、资源效益跟踪评价、基于大数据的评价等都是解决科技资源质量评价难问题的有效方法。

（4）科技资源的统一评价　过去的研究主要集中在对知识、数据、产品、人才、软件、硬件等不同类型的科技资源分别进行评价，但缺乏对这些不同类型科技资源的统一评价，这对不同类型科技资源的统一搜索和集成不利。

科技资源评价可以分为科技资源宏观评价和微观评价。科技资源宏观评价是对科技资源整体和服务平台的整体评价，科技资源微观评价是对科技资源的个体进行评价。本书主要关心后者，这是因为科技资源的集成分享和交易分享需要的是具体科技资源的评价数据。

5.1.3　科技资源评价方法体系的参考架构

图 5-6 是科技资源评价方法体系的一种参考架构，该参考架构包括科技资源

评价指标、科技资源用户评价、专家评价、智能评价、应用效益评价、引文分析、检测评价等。需要利用不同方法、针对不同的科技资源的特点，进行全面评价。

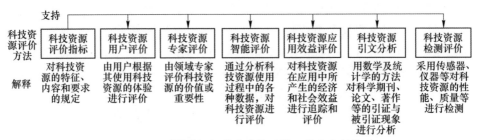

图 5-6　科技资源评价方法体系的一种参考架构

科技资源引文分析方法主要适用于知识资源评价，科技资源检测评价方法主要适用于产品、软件、硬件的评价，其他评价方法适用于各种科技资源的评价。对这些不同类型的科技资源的统一评价，有助于科技资源的统一搜索和集成。

图 5-7 给出了科技资源评价方法的作用及评价方法与科技资源描述、集成和交易方法的简要关系。

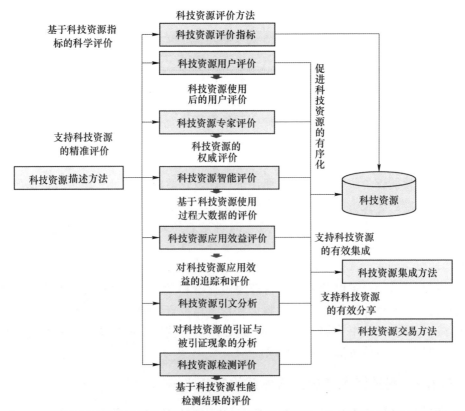

图 5-7　科技资源评价方法的作用及评价方法与科技资源描述、集成和交易方法的简要关系

5.2 科技资源评价指标

5.2.1 科技资源评价指标的定义和需求

1. 科技资源评价指标的定义

科技资源评价指标是对表征评价对象科技资源的特性、内容和要求的规范。

科技资源评价指标是一个体系，指标内容可以逐层细化，以适应不同的需求，如质量指标下可以分合格率、可靠性、返修率等。一般评价指标细化到可以计量分析为止。这里已经有一些国家标准可以参考，如：数据质量评价指标主要包括规范性、完整性、准确性、一致性、时效性、可访问性等；企业质量信用评价指标的基本指标包括贯彻质量诚信理念、履行质量承诺能力、兑现质量承诺表现等。

2. 科技资源评价指标的需求

科技资源评价需要一套科学合理、容易评价的科技资源评价指标体系，对科技资源的评价内容和要求进行规范。

在评价科技资源前，需要建立统一的科技资源评价指标体系，需要确定评价内容，如数量、质量、成本等。科技资源评价指标应科学合理、容易评价。国内有学者将可见性、可得性、可用性等作为科技文献、科技数据、仪器设备、重点实验室等科技资源的评价指标。国外也有学者将有用性、可用性、满意度、可找到性、达到性、可靠性、价值性等作为评价指标。国家标准《信息技术 云计算 云服务质量评价指标》（GB/T 37738—2019）中包括安全性、可用性、可靠性、响应性、可保障性等。国家标准《电子商务数据资产评价指标体系》（GB/T 37550—2019）的一级指标包括数据资产成本价值和数据资产标的价值，前者是指数据资产生命周期过程中，数据的产生、获得、标识、转移、交换、保护与销毁各阶段产生的直接和间接成本所对应的价值，后者是指数据资产持续经营所带来的潜在价值。

5.2.2 科技资源评价指标建立原则

不同的科技资源，其评价指标有很大的不同。因为科技资源评价指标需要得到相关企业与用户的认可，所以需要基于互联网的科技资源评价指标建立、维护和应用平台来支持大家的协同。

为了便于建立面向不同应用的科技资源评价指标体系，需要协同建立科技资源评价指标参考模型及基于网络的参考模型库。

科技资源评价指标体系建立时需要注意：

1）目的性。从促进科技资源集成、分享的目的出发选取指标。

2）系统性。各评价指标之间应有逻辑关系，能够反映科技资源特征的内在联系；各评价指标之间既相互独立又彼此关联，共同构成科技资源评价的有机整体。

3）典型性。评价指标应具有代表性，在描述科技资源评价特点的情况下，尽可能全面、准确地反映科技资源的价值。

4）动态性。科技资源在不断变化，因此评价指标体系也应具有可维护性，以满足科技资源评价与时俱进的需要。

5）可操作性。评价指标体系应能够满足科技资源评价的实际需求，应以定量指标为主，定量定性评价相结合，兼顾对不可量化因素的间接表达、分析和评价，并且应具有数据采集和计算的可操作性。

5.2.3 科技资源评价指标的架构框架

本书提出了一种科技资源评价指标的框架（见图 5-8），按照通用指标、面向科技资源大类和小类的部分通用指标进行分类。科技资源通用指标主要有有用性、先进性、可获得性、性价比、成熟度、质量和环境友好性，其意义如下：

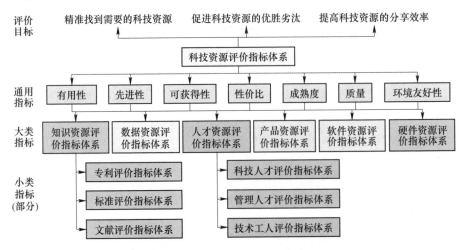

图 5-8　科技资源评价指标的框架（这里只给出部分小类指标）

1）有用性。这即科技资源当前的使用价值和未来的潜在价值。

2）先进性。科学技术强调先进性，因此科技资源要反映这一特点，有的科技资源可能暂时用处不大，但具有很好的发展前景，应该给予较高的评价。

3）可获得性。科技资源越容易获得，越有使用价值，这里包括科技资源获得的便捷性、及时性，以及使用的便捷性。

4）性价比。科技资源在同样性能的情况下价格越便宜越好。

5）成熟度。成熟度代表可应用性。在同等情况下，成熟度高的科技资源应用价值就大。

6）质量。科技资源质量表现为可信性（包括可靠性）、完整性、规范性、简明性等。质量高意味着科技资源应用中出错的概率小。

7）环境友好性。科技资源的建立和使用过程对环境的不良影响越小越好。

有些科技资源的有用性比较容易评价，如硬件、产品等资源。有些科技资源的有用性则很难评价，如知识、人才、数据等资源，需要进行协同评价、生命周期评价、基于应用效益的评价等。

5.3 科技资源用户评价方法

5.3.1 科技资源用户评价的定义和需求

1. 科技资源用户评价的定义

科技资源用户评价是指由用户根据其使用科技资源后的体验对科技资源进行评价。科技资源用户评价是一种事后评价，关键是要对用户评价过程进行监督，要给予不同用户不同的评价权重，并且需要给予参与评价的用户以公平的激励。用户评价是一种比较主观的评价，影响因素较多。如果评价结果与利益关系紧密，人为的干扰因素就会凸显，可以利用人工智能技术帮助分析和排除这种干扰。

2. 科技资源用户评价的需求

科技资源评价的目的是促进科技资源分享。科技资源不是摆设，是拿来用的，因此用户评价很重要。科技资源分享是指通过共有或共用的方式使科技资源稀缺方（用户）获得所需资源，因此必须以资源稀缺方（用户）的需求为起点，以满足资源稀缺方（用户）的需求为归宿点。用户评价是科技资源评价最基本的方法。在科技资源评价中最有发言权的是用户。

案例：研究者通过开放存取期刊、预印本网络出版、中国科技论文在线（Sciencepaper Online）网站等发表研究成果，"先发表，后评审""线上协同评审""动态公开评审"机制提高了评审的透明度，提高了评审的效率，使学术优先权的确立和资源分享的时滞大大缩短，减少了评审中不端行为导致的学术优先权确认的不公现象。

5.3.2 淘宝网中的用户评价面临的挑战及其对策

淘宝网是世界上最大的 C2C 交易平台，每天有大量的交易发生。淘宝网中的用户评价面临的挑战及其对策对于科技资源评价有很大的启示作用。

1. 淘宝网的诚信机制面临的挑战及其对策

诚信是淘宝网生存和发展的立足之本。淘宝网的诚信机制由诚信保障服务、信用搜索、投诉举报、商家认证、交易安全工具和诚信课堂等组成。但这些诚信机制面临着越来越激烈的挑战。

（1）淘宝网支付模式面临的挑战　淘宝网采用支付宝作为第三方支付模式，首创了担保交易模式，即由支付宝对卖家信用进行担保，如果买家在交易中受损，由支付宝对买家先行赔付，这一举措大大推动了电子商务的发展，但还面临以下挑战：

1）由于不是面对面交易，出现纠纷时，买卖双方往往各执一词，相关部门也很难取证。

2）支付平台流程有漏洞，不可避免地出现耍赖、不讲信用的情况。例如：在淘宝网交易过程中，买方收到商品却故意以没收到商品为由要求退款，如果卖方不申诉，按照流程规定货款就会退还给买方，而且买方有可能会一直不向淘宝网确认收到商品。这个问题是目前支付平台无法解决的。

（2）相应的对策

1）建立个人社会信用体系，网络交易采用实名制。加强在线支付的建设和完善，尽快提升网络安全技术，普及证书颁发机构（Certificate Authority，CA）认证，及时收集和反馈用户信息并做出相应的解决方案，促进用户建立网络信用。

2）承担支付任务的银行还需要加强自身建设。在线支付始终要以银行为主体，因此主体银行必须对自身的管理和体系进行重新构造。这就要求主体银行必须对自己的经营方式和业务体系进行改造。主体银行必须协作建立综合性、全方位的平台，不单单只为用户提供简单的转账结算服务，还要为用户的采购和分销等活动提供服务，这种全方位的"一站式"服务可以大大推进我国电子商务的发展。

3）基于大数据进行评价。根据商家和用户在电子商务中的长期交易大数据，给出其诚信方面的"画像"，防止投机取巧现象。

2. 淘宝网的信用评价体系面临的挑战及其对策

淘宝网针对卖家建立了人气排列（信用＋成交＋流量＋收藏＋评价）的游戏规则，即谁的信誉等级最高，谁的网店就会第一个出现在消费者面前。淘宝网为此设置了"红心""钻石""皇冠""金冠"等五个大等级。

淘宝网以支付宝为基础，建立了一个卖家和买家相关联的会员信用机制。在使用支付宝的前提下，会员在交易成功后，在评价有效期内（成交后 3～45

天）可以就该笔交易互相评价；会员每成功交易一次，就可以对交易对象做一次信用评价，这客观上促进了互联网交易中交易双方交易诚信度的提高。

因此卖家特别注重信用度的提升。绝大多数买家都是靠卖家的信用度来选择卖家的。一个信用度高的网店往往生意兴隆，而信用度低的网店则门庭冷落，很难维持下去。因此，出现了专门为网店"刷信用"的公司，即"炒信"公司，它们通过各种不合法不合规的手段提高网店的信用等级。

电子商务的前途在于寻找一个更客观、更科学的信用评价体系。

3. 淘宝网的 "中国质造"

"中国质造"是淘宝网为优秀自主品牌上线的专属频道。这个平台给外贸中小企业的内销转型提供了电子商务的途径，尝试探索开展自有品牌的网上销售。

与"中国质造"合作的第三方质检机构——中检集团制定的"中国质造"平台入驻标准高于国标和行业标准。除中检集团外，淘宝网还联合了SGS、莱茵、法国必维等国内外知名检测机构及其旗下500多家专业实验室资源。

案例：2015年5月，从父辈手中接过家族产业，"厂二代"余雪辉借助"中国质造"平台，带领慈溪小家电产业带的几十家企业，成功从传统外贸制造企业转型成内销型电商。27个慈溪小家电品牌在"中国质造"平台上线仅3天，就卖出8万台小家电。

5.3.3 科技资源用户评价的实施方法

1. 基于平台的科技资源用户评价

1）建立基于互联网的科技资源用户评价平台，方便用户评价。评价功能可以作为插件集成到用户使用的各种科技资源系统中，用户使用了科技资源后立即就能做出评价，并且插件也会提醒用户进行评价。

2）提供科技资源评价指标和评价术语。引导用户对科技资源做出规范化评价，以便对评价结果进行统计分析和比较。

3）对科技资源用户评价全过程进行监控、统计和分析，防止各种投机取巧的现象发生，特别要注意科技资源用户与科技资源提供者的关联关系的识别。如果科技资源用户评价涉及利益，就不可避免有人为了利益而投机取巧。可以对用户评价全过程进行记录监控，获取各种大数据，并结合其他数据，如科技资源分享者和用户的关系数据等，进行大数据的相关性统计和分析，从中发现投机取巧的现象，以便采取相应对策。

4）支持用户的实时评价和事后回顾评价。许多用户很忙，没有时间专门对科技资源进行评价，需要通过互联网平台、移动平台帮助用户开展实时评价，即在选择和使用科技资源时及时进行评价,以免遗忘有关的科技资源应用中的感觉。在此基础上进行事后回顾评价,避免实时评价中考虑问题不周全。

5)对积极认真参与评价的用户给予公平的激励。没有公平的激励,用户就可能对评价不重视,导致评价结果与实际情况相差甚远。公平的激励来自对用户评价大数据的分析。

2. 技能人员的社会化评价

李克强总理在2019年12月30日的国务院常务会议上特别强调:深化"放管服"改革,将技能人员水平评价由政府认定改为实行社会化等级认定,接受市场和社会认可与检验。这是推动政府职能转变、形成以市场为导向的技能人才培养使用机制的一场革命,有利于破除对技能人才成长和弘扬工匠精神的制约,促进产业升级和高质量发展。

环视制造业发达国家的做法,它们的高级技师技能水平评价基本没有由行政部门认定的,普遍是由市场和社会认定的。

3. 透明公平的基于多主体博弈的交易定价

科技资源的交易定价往往是一个多主体博弈过程,利用新一代信息技术建立透明公平的科技资源的交易市场和交易过程,有助于实现交易双方的"多赢"。图5-9描述了透明公平的基于多主体博弈的交易定价方法。由于采用信息透明的环境,因而交易博弈是信息对称的、重复的博弈,这使科技资源交易定价处于有利于交易双方持续发展的合理区间。

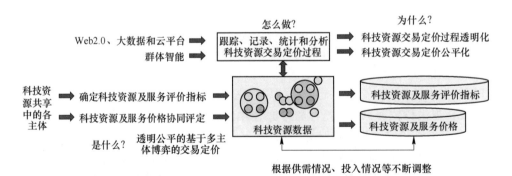

图5-9 透明公平的基于多主体博弈的交易定价方法

4. 基于用户行为的产品评价

基于用户行为的产品评价指标主要包括五个判断指标,分别为推荐产品被浏览次数、推荐产品被好评次数、推荐产品被差评次数、推荐产品被推荐次数和推荐产品被收藏次数,如图5-10所示。

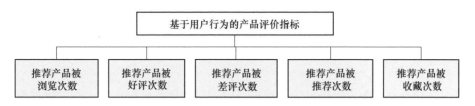

图 5-10　基于用户行为的产品评价指标

5.4　科技资源专家评价方法

5.4.1　科技资源专家评价的定义和需求

1. 科技资源专家评价的定义

科技资源专家评价，又称同行评议，即由领域专家评价科技资源的价值或重要性。这是一种比较主观的评价，影响因素较多。关键是要选对专家，要监督专家评价过程，要给予不同的专家不同的评价权重。

2. 科技资源专家评价的需求

许多科技资源（例如人才资源、知识资源等）的评价对评价者相关科技知识要求较高，需要相关专家进行评价。我国主要采取同行评议进行项目申请、职称评定、科研成果评价等评价活动。

3. 科技资源专家评价的挑战

1）专业技术对口。现在科技发展很快，专业越分越细，对许多科技资源的评价，需要细分领域（小同行）的专家参与。

2）评价时间难以保证。许多专家很忙，没有时间进行仔细的评价。

3）主观因素的影响。专家评价中专家主观因素的影响较大。

4）利益的影响。随着评价在科技资源分享中的作用越来越大，专家评价中利益输送、相互帮忙等现象可能越来越多。

5.4.2　科技资源专家评价的实施方法

1）针对不同的科技资源，需要找到对应的专家进行评价，或者给予不同的专家不同的评价权重。因为不同的专家所擅长的细分领域不同、科技水平和素养不同，所以他们对科技资源的评价结果往往也是不同的，对他们不能一视同仁。

2）建立基于互联网的科技资源专家评价平台，便于集成身处各地的专家参与科技资源评价，并容易集成专家的评价意见。在此基础上，通过大数据分析，对积极认真参与评价的专家给予一定的激励。

3）建立科学合理的科技资源评价指标，引导专家对科技资源做出规范化的评价，以便对评价结果进行统计分析。

4）对科技资源专家评价全过程进行监控、统计和分析，防止各种投机取巧的现象发生，促进科技资源专家评价的透明、公正和公平。国家自然科学基金的评审已经采用这一方法。

5.5 科技资源智能评价方法

5.5.1 科技资源智能评价的定义和需求

1. 科技资源智能评价的定义

科技资源智能评价是指通过分析科技资源使用过程中的各种数据，对科技资源的价值和关系、科技资源提供者和评价者的水平等进行评价。这是一种比较客观的评价，但相关数据难获取。

2. 科技资源智能评价的需求

科技资源使用过程中的各种数据，如文献的下载量、阅读量、引用量、评价等，可以用来对科技资源进行综合评价，有助于解决用户和专家评价中的问题，例如专家很忙，没有时间进行评价等。随着数据量的增加，科技资源智能评价的作用会越来越大。

通过对科技资源的相关人员（科技资源提供者、评价者和用户等）行为数据的挖掘分析，开展对科技资源提供者和评价者的水平、关系等的智能评价，有助于识别一些投机取巧现象，使科技资源评价更为科学合理。

5.5.2 科技资源智能评价的实施方法

1. PageRank 方法

互联网中的网页数量巨大，即使采用某一关键词（标签）去搜索，也可能会出现几百万个网页。能够快速提供按价值大小排序的网页的搜索引擎就能够较好地满足人们搜索的需求，从而在搜索引擎竞争中胜出。谷歌、百度就是凭借独特的算法在提供最有价值的网页方面具有优势。谷歌、百度采用的是 PageRank 方法，其核心思想是：

1）排名与链接数有关。在互联网上，如果一个网页被很多其他网页所链接，说明它受到普遍的承认和信赖，那么它的排名就高。

2）排名与链接网页的权重有关。来自不同网页的链接有不同的权重，链接源网页排名高的链接更可靠，于是给这些链接较大的权重。

3）迭代排名计算。先假定所有网页的排名是相同的，并且根据这个初始值，算出各个网页的第一次迭代排名，然后根据第一次迭代排名算出第二次的排名。不论初始值如何选取，最终网页排名的估计值都能收敛到它们的真实值。这种算法是没有任何人工干预的。

4）稀疏矩阵求解。迭代排名采用二维矩阵，如果假定有10亿个网页，那么这个矩阵就有100亿亿个元素。这样大的矩阵相乘，计算量是非常大的。利用稀疏矩阵计算的技巧可以大大减小计算量。

5）剔除无关的链接。从 PageRank 值较高的页面得到内容不相关的链接，如某个流行的漫画书网站链接到一个叉车规范页面，这种链接不会参与页面的排名计算；来自缺乏内容的"链接工厂"（Link Farm）网站的链接也不会参与页面的排名计算。

PageRank 方法的原理类似于科技论文中的引用机制：谁的论文被引用次数多，谁就是权威。在互联网上，链接就相当于"引用"，在 B 网页中链接了 A，相当于 B "引用"了 A。

2. 科技资源智能评价的一般实施方法

科技资源智能评价的一般实施方法的思路类似 PageRank 方法。

1）评价值与评价数、评价分有关。在互联网上，如果一个科技资源得到很多人的较高评价，就说明它受到普遍的承认和信赖，那么它的排名就高。

2）评价值与评价者权重有关。不同的评价者有不同的权重，如给予专业人士较大的权重。

3）评价值与评价时间有关。近期评价的评价值大于早期评价的。

4）评价者权重根据其在互联网中的行为得到，包括科技资源的建设、分享、评价等行为。

5）迭代计算评价值和评价者权重。先假定所有科技资源价值的排名是相同的，并且根据这个初始值，算出各个科技资源的第一次迭代排名，然后根据第一次迭代排名算出第二次的排名。不论初始值如何选取，最终科技资源价值排名的估计值都能收敛到它们的真实值。这种算法是没有任何人工干预的。

3. 知识资源智能评价的实施方法

知识资源智能评价的实施方法是一种自组织方法，类似掘客网站（www.digg.com），依靠广大用户进行知识评价，特别是利用知识发布和评阅中的行为数据进行评价。知识资源智能评价可作为知识发布者和评阅者的能力与工作态度的考核指标，由此激励知识发布者和评阅者，使大家的知识发布及评阅工作更有价值、更规范，从而使知识资源有序化程度不断提高。

5.5.3 知识和人才资源智能协同评价方法

知识和人才资源评价是科技资源评价中的难点。

1. 知识和人才资源协同评价的需求

知识和人才资源协同评价的内容主要包括：①了解知识的价值；②了解知识的关系；③了解人才的知识水平；④了解人才知识分享的贡献价值；⑤了解知识和人才之间的关系。

知识和人才资源协同评价的主要需求是：知识资源需要人来评价，而人才资源需要利用其所发布的知识及知识使用、评价等行为数据给予评价。没有准确及时的知识和人才资源评价就没有公平的激励，就会影响员工知识分享的积极性。

目前我国科技工作者的创新才能没有得到充分发挥。主要原因之一是知识成果的评价机制有待进一步改善：如果将论文、专利、科研成果、获奖情况等作为评价标准，在评价人数有限、评价时间有限、评价人的知识结构与评价对象不对应等情况下，评价就会失准。面对海量的论文、专利等，人们往往很难找全、看遍，结果往往是自以为在创新，但可能该工作早已有人做过，从而导致不断涌现垃圾论文、专利。我国是制造大国，要成为制造强国、科技强国，就不能让大量的科技人员的才华和精力、大量的科研经费浪费在制造科研"垃圾"上，应培育良好的科研风气，积极影响年轻一代。

知识和人才资源评价体系会产生如下的一些作用：

1）避免或导致投机取巧。因为评价如果对人才的收入、职称等产生影响，就容易成为人们行为的指挥棒，人们会去适应那些不合理的评价，最终导致劣币驱逐良币。但是如果知识和人才评价结果与奖励和职称无关，又可能会导致科研的"大锅饭"，干好干坏一个样。

2）影响知识和人才资源分享积极性。单纯地以个人的成果产出为评价依据，会导致不愿积极分享知识的现象，因为掌握的资源越多，成果就会越多，容易在评价中胜出。因此需要对知识和人才资源分享的绩效和成果进行合理的评价。

3）影响评价结果。知识资源评价需要一线知识型员工的参与，只有他们才最知道企业所需知识资源的价值和知识间的关系。但一线员工很忙，难以抽出大量时间进行知识资源评价。需要一线员工、退休专家或者大行业的专家等综合评价、协同工作以促进知识资源的分享。

4）影响知识和人才资源分享的投资愿望。如果企业认为知识和人才资源分享活动难以评价监管，风险太大，就会不愿投资。

2. 知识和人才资源评价方法

1）基于 Web2.0 的大众化评价方法。利用该评价方法，可以完成以下工作：知道哪些知识有价值；知道哪些人是哪方面的专家，感知新的知识，做出准确的评价和判断；通过网络数据挖掘和分析技术，感知市场的变化、用户的需求。

2）基于互联网的知识整理自组织系统。利用该系统，可以完成以下工作：对知识进行全生命周期的跟踪；对人才的职业生涯进行跟踪；实现知识供需双方的快速对接；同一学科的科技工作者协同建立本学科的知识网络；不同学科的知识网络互联互通；同行专家协同建立技术进化图和技术路线图；一些有价值的想法、方法等可以直接发布到网上，并得到评价和利用；知识贡献、分享和激励机制得以有机集成。

3）基于知识网络的创新方法。利用该方法，可以完成以下工作：使知识形成一个显式的有机的网络；可以快速知道自己分享的知识资源和所做的创新性工作位于知识网络的哪个部分；可以快速发现新的研究方向，避免重复研究；可以方便地将不同学科的知识和人才资源进行组合，集成创新；可以自动对科技工作者的成绩做出有充分根据的客观评价。

通过对人才的评价，可以进一步知道人才更深入的情况：

1）人才在学科中的排名。由学科知识体系，加权统计人才在知识点的排名情况，给出其学科知识体系建设贡献水平的排名。另外，学科有层次结构，也可以给出人才在不同层次上的排名情况。可以将人才在学科中的排名作为选择人才的依据。

2）人才关系。其内容包括哪些人才是有协作关系的（如共同发表论文、共同承担项目）、哪些人才是有论文引用关系的、同一学科中有哪些学派、不同的学派有什么关系。

3）人才在知识网络中的位置。通过对人才的评价，可以确定人才在知识网络中的位置。知识网络是以知识为节点的，因此想了解人才在知识网络中的情况，可以通过学科的知识网络显示人才的信息。在知识网络的知识点中，可以通过颜色深浅显示某人才的贡献度，可方便地获取人才的各种数据，并可以看出人才知识在知识网络中的演变情况。

3. 知识和人才资源协同评价标准体系

图 5-11 为知识和人才资源协同评价标准体系，其中有的资源已经有国家标准。知识和人才资源协同评价标准体系是一种开放标准体系，也就是说本体标准和标签标准等是由大家来建设的，并且是在不断变化的，是一种"事实标准"。

有了合理的评价标准，才有可能建立有效的激励机制，促进知识和人才资源协同发展。

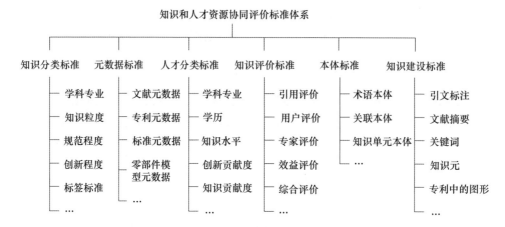

图 5-11 知识和人才资源协同评价标准体系

总之,这是一个不断自组织优化的过程。人才的知识水平和知识排序都随着知识网络有序化活动的进行不断变化。一方面使知识网络有序化程度提高,提高了知识利用率;另一方面,提高了人才参与知识网络有序化的积极性,形成知识网络有序化的良性发展机制。

评价标准体系中的各种评分计算都需要相应的标准,如:

1) 评价活动定量评分标准。评价活动包括阅读、下载、推荐、打分、关联、评论、引用、应用、转发等。有时,很简单的活动也能为企业取得显著的经济效益,如海尔员工发现"不用洗衣粉的洗衣机"的失效专利。因此评价活动定量评分是随着时间变化的,需要综合考虑其他人才的反应,考虑后续应用所产生的效益。例如,有不同潜在价值的知识的推荐活动,其评分值就不相同。又如,有潜在价值的知识的推荐活动的前后次序不同,其评分值也不相同。

2) 知识评价标准。它包括知识创新性、知识影响度、知识关联度、知识使用活动等的划分和评分标准。知识评价也是一个动态过程。

3) 人才评价权重计算标准。不同的人才有不同的评价权重。

建立和维护评价标准的技术路线是:①通过企业调研,提出企业标准草稿;②采用维基 Wiki 模式,使企业人才协同建立面向知识网络的活动和知识评价标准;③通过应用,发现问题,进一步修改和完善标准。

4. 知识和人才资源协同评价机制

知识和人才资源协同评价机制设计如下:

1) 将知识评价活动与知识的日常使用活动相结合,评价活动包括知识阅读、下载、推荐、打分、关联、评论、引用、应用、转发等。

2) 计算人才的知识评价权重,这基本等同于人才资源的价值评分。

3）计算知识资源的价值。

4）通过对人才知识评价权重进行排名，激励人才积极、认真参与知识资源分享和知识网络有序化工作，形成正反馈的良性循环。

5. 知识和人才资源协同评价算法

知识和人才资源协同评价主要包括两个阶段的算法。

1）在还没有建立知识排序和人才知识水平排名时的算法。计算知识价值的排序过程中需要用到人才知识评价权重，人才知识评价权重来自于人才知识水平的排名，人才知识水平的排名又与知识评分有关。在知识评分和人才知识评价权重的初始化阶段，这就成了"先有鸡还是先有蛋"的问题，如图5-12所示。

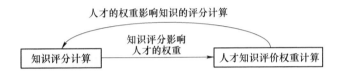

图5-12 知识评分计算和人才知识评价权重计算的关系

知识的评价与人才的评价是互为因果的关系。其基本算法是

$$t = f(h, e) \tag{5-1}$$
$$h = g(r, e) \tag{5-2}$$

式中　r——知识权重值；

h——人才评价能力值（权重）；

e——人才对知识的评价情况。

这是一个二维矩阵相乘的问题，可以用迭代的方法解决。先假定所有知识的排序是相同的，人才知识水平的排名也是相同的，并且根据该初始值，进行迭代计算。由于知识和人才数量是很大的，因而上面提到的二维矩阵很大，计算量很大。可以利用稀疏矩阵计算的技巧，减小计算量。

2）在已经建立知识排序和人才知识水平排名时的算法。计算知识i的排序值R_i的一个简单的公式为

$$R_i = \sum_{j=1}^{n} h_j \sum_{k=1}^{m(i)} r_{ij}(k) \tag{5-3}$$

式中　h_j——人才j的知识水平值（权重）；

n——人才人数；

$r_{ij}(k)$——人才j在k次活动模式下所使用的知识i的权重值；

$m(i)$——知识i的使用次数。

案例：复旦新学术网是复旦大学下属的学术共享平台，用户可从网站检索

首发学术文章、活动信息，并可自由使用网站的学术数据库。注册用户整理提交论文所需材料，上传论文及封面，还可选择是否允许下载及评议、是否向网站合作的约30家期刊直接投稿。经过审核后，首发论文即可上线。复旦新学术网作为跨媒体融合平台，主要实现了三大功能：①发布纸质书、期刊的电子版；②作者、主编可亲自讲解或发布学术观点，制作音视频，拓展作者与受众的互动方式；③通过互联网更好地展现难以在纸上呈现的附带数据库的论文。新上线的系统将加速学术成果发布，为合作期刊提供集群服务，通过专家推荐和大数据算法分析，形成权威学术推荐，顺应国际开放获取潮流，体现学术资源分享理念。

原先，平台以内容展示为主，现在转变为具备智能交互功能、有良好用户体验、未来具备区块链概念可能性的网站。除了论文首发，网站力图建立基于互联网的学术评价体系。用户可以点击论文了解摘要、关键词等基本信息，如需下载，要通过 PDF 方式，防止随意复制粘贴和网络爬虫抓取。用户还能在相关论文下互动，发表评论，进行评价、评分等；可以点赞，也可以投诉。这样就有可能生成对论文的网络评价，发挥类似国外同行评议网站的功能，实现同行间的监督，防止学术不端，促进学术圈的良性健康发展。

5.6 科技资源应用效益评价方法

5.6.1 科技资源应用效益评价的定义和需求

1. 科技资源应用效益评价的定义

科技资源应用效益评价是一种科技资源的全生命周期评价，是对科技资源在应用中所产生的经济和社会效益的评价，适用于对除基础学科外的其他学科的科技资源的评价。科技资源最终的价值取决于应用的效益。这是一种比较客观的评价，但周期长、数据获得难。

1）科技资源应用效益可以分为经济效益和社会效益。经济效益包括价值创造、利润增加、成本节约、交货期缩短、质量提高等。社会效益包括对生态环境的影响、对员工和用户的身心健康的影响等。社会效益往往是一种长期效益，需要进行科技资源的生命周期评价。

效益有正效益和负效益，不做特别说明时，效益即为正效益。

2）科技资源应用经济效益可以分为直接经济效益和间接经济效益。直接经济效益可以通过直接计量的方法得到。间接经济效益是由于科技资源应用提高了员工的创新能力、企业的管理水平等，而间接获得的经济效益，难以通过直接计量的方法进行评价。因此对间接效益要进行科学合理分析。

3）科技资源应用效益可以分为长期效益和短期效益。对长期效益要进行跟踪分析，如产品生命周期效益分析等。

2. 科技资源应用效益评价的需求

科技资源应用效益评价的需求主要有：

1）效益驱动的需要。科技资源分享的目的是支持科技创新，使创新成果得到应用，产生效益，因此需要对科技资源应用效益进行评价。

2）科技资源分享的需要。科技资源的有效利用可以提高科技资源分享的动力，对此所产生的效益进行评价可以促进科技资源分享。

3）环境影响评价的需要。科技资源应用活动可能产生环境问题，需要对环境影响即社会效益进行评价。

4）让买家放心的需要。科技资源买方需要了解科技资源的质量，以及会产生哪些效益，才能买得放心，这就需要对科技资源的效益进行评价。

例如，知识资源的价值最终要体现在创造物质财富和提供服务上，如产品性能提高了，产品开发更快了，销售量上升了，有更多技术熟练的员工，那些能更好地满足客户要求的服务得到了加强，等等。

科技资源应用效益评价又很难：

1）一些科技资源的应用价值可能因为环境的某种变化而消失。

2）科技资源有时在短期内并不见效，难以做出评价。

3）科技资源的应用效益有时很难用单纯的经济效益回报来评估。

4）科技资源的应用效益还取决于诸多因素，如市场的需求和成熟等。

5）科技资源的应用效益评价所需要的数据很难获取。

6）一些科技资源特别是一些新的科技资源，还没有被应用过，自然很难进行效益评价。

5.6.2 科技资源应用效益评价的实施方法

1. 科技资源应用效益评价指标

科技资源应用效益评价指标分为经济效益评价指标和社会效益评价指标。

（1）科技资源应用经济效益评价指标　科技资源应用经济效益评价指标的参考模型见表 5-3，对表中的指标可根据科技资源特点进行选择和组合。不同的企业的科技资源应用经济效益评价指标的权重可能存在差异。

表 5-3　科技资源应用经济效益评价指标的参考模型

一级指标	二级指标	三级指标	目的
企业对产品生命周期中用户需求的平均响应时间缩短率 ξ	产品设计时间缩短率 ξ_1	方案设计时间缩短率 ξ_{11}	缩短产品方案设计时间
		更改设计时间缩短率 ξ_{12}	缩短产品更改设计时间
		工艺设计时间缩短率 ξ_{13}	缩短产品工艺设计时间

（续）

一级指标	二级指标	三级指标	目的
企业对产品生命周期中用户需求的平均响应时间缩短率 ξ	产品制造时间缩短率 ξ_2	生产计划时间缩短率 ξ_{21}	缩短产品生产计划时间
		外协加工时间缩短率 ξ_{22}	缩短零部件外协加工时间
		加工时间缩短率 ξ_{23}	缩短零部件加工时间
		装配时间缩短率 ξ_{24}	缩短产品装配时间
	产品服务时间缩短率 ξ_3	现场安装时间缩短率 ξ_{31}	缩短产品现场安装时间
		产品补货时间缩短率 ξ_{32}	缩短产品补货时间
		产品维护时间缩短率 ξ_{33}	缩短产品维护时间
		产品拆卸时间缩短率 ξ_{34}	缩短产品拆卸时间
	科技资源建立时间平均缩短率 ξ_4	—	缩短科技资源建立时间
产品在其生命周期中的质量提升率 q	产品设计质量提升率 q_1	结构设计质量提升率 q_{11}	提升产品结构设计质量
		工艺设计质量提升率 q_{12}	提升产品工艺设计质量
		协同设计质量提升率 q_{13}	提升产品协同设计质量
	产品制造过程质量提升率 q_2	加工质量提升率 q_{21}	提升零部件加工质量
		外协质量提升率 q_{22}	提升零部件外协质量
		装配质量提升率 q_{23}	提升产品装配质量
	产品服务质量提升率 q_3	安装质量提升率 q_{31}	提升产品安装质量
		维护质量提升率 q_{32}	提升产品维护质量
产品生命周期成本减少率 ζ	产品设计成本减少率 ζ_1	设计过程成本减少率 ζ_{11}	减少设计过程成本
		试验成本减少率 ζ_{12}	减少试验成本
		协同设计成本减少率 ζ_{13}	减少产品协同设计成本
	产品制造成本减少率 ζ_2	外购成本减少率 ζ_{21}	减少零部件外购成本
		工装成本减少率 ζ_{22}	减少制造工装成本
		加工成本减少率 ζ_{23}	减少零部件加工成本
		装配成本减少率 ζ_{24}	减少产品装配成本
	产品服务成本减少率 ζ_3	安装成本减少率 ζ_{31}	减少产品安装成本
		维护成本减少率 ζ_{32}	减少产品维护成本
		拆卸成本减少率 ζ_{33}	减少产品拆卸成本
	科技资源材料成本和建立成本减少率 ζ_4	科技资源材料成本减少率 ζ_{41}	减少科技资源材料成本
		科技资源建立成本减少率 ζ_{42}	减少科技资源建立成本
产品生命周期中的用户需求满意度的提升率 η	产品设计阶段的用户满意度提升率 η_1	用户参与设计深度提升率 η_{11}	提升用户参与设计深度
		产品多样化提升率 η_{12}	提升产品多样化程度
		产品个性化程度提升率 η_{13}	提升产品个性化程度
		产品变型能力提升率 η_{14}	提升产品变型能力
	产品服役阶段的用户满意度提升率 η_2	产品生命周期满意度提升率 η_{21}	提升用户的产品生命周期满意度
		产品升级能力提升率 η_{22}	提升用户的产品升级能力

（2）科技资源应用社会效益评价指标　科技资源应用社会效益评价指标的参考模型见表5-4。

表 5-4　科技资源应用社会效益评价指标的参考模型

一级指标	二级指标	三级指标	目　的
产品生命周期中的环境友好性的平均提高率 e	产品"三废"排放减少率 e_1	废气排放减少率 e_{11}	减少产品生命周期中的废气排放
		废水排放减少率 e_{12}	减少产品生命周期中的废水排放
		固体废弃物排放减少率 e_{13}	减少产品生命周期中的固体废弃物排放
	产品生命周期能耗减少率 e_2	产品制造能耗减少率 e_{21}	减少产品制造能耗
		产品使用能耗减少率 e_{22}	减少产品使用能耗
	产品生命周期资源消耗减少率 e_3	零部件种类减少率 e_{31}	减少零部件种类
		零部件回收重用提高率 e_{32}	提高零部件回收重用率
		材料种类减少率 e_{33}	减少产品材料种类
		材料回收利用提高率 e_{34}	提高产品材料回收利用率
		库存浪费减少率 e_{35}	减少产品生命周期中各种库存浪费
		材料用量减少率 e_{36}	减少产品生命周期中各种材料用量

▶ **2. 科技资源应用效益评价计算方法**

在表5-3的基础上得到科技资源应用带来的综合经济效益提高率的计算方法，如图5-13所示。不同企业可以根据企业和产品特点对指标进行选择和组合，也可以直接采用一级指标分别进行评价。

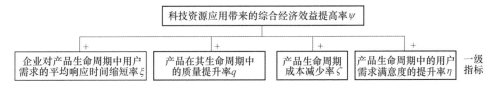

图 5-13　科技资源应用带来的综合经济效益提高率的计算方法

科技资源应用带来的综合经济效益提高率 ψ 的计算公式为

$$\psi = a_1\xi + a_2q + a_3\zeta + a_4\eta, a_1 + a_2 + a_3 + a_4 = 1 \tag{5-4}$$

式中 a_1、a_2、a_3、a_4——权重系数,由专家打分或通过层次分析法确定。

1)企业响应时间(T)的评价指标的计算方法。图 5-14 描述了企业对产品生命周期中用户需求的平均响应时间缩短率的计算方法。

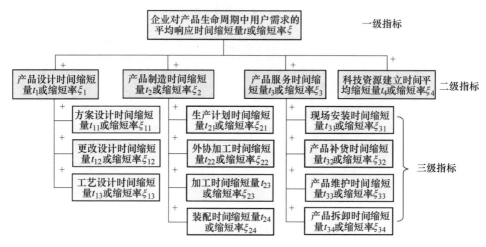

图 5-14 企业响应时间(T)的评价指标体系

科技资源应用带来的企业对产品生命周期中用户需求的平均响应时间缩短率 ξ 的计算公式为

$$\xi = (t_{01} - t_{02})/t_{01} \tag{5-5}$$

式中 t_{01}、t_{02}——科技资源应用前后制造企业对产品生命周期中用户需求的响应时间的平均值。

$$t_{01} = \sum_{i=1}^{m_1} t_{01_i}/m_1 \tag{5-6}$$

$$t_{02} = \sum_{i=1}^{m_2} t_{02_i}/m_2 \tag{5-7}$$

式中 m_1——科技资源应用前的定制产品数;

m_2——科技资源应用后的定制产品数。

科技资源应用带来的企业对产品生命周期中用户需求的平均响应时间缩短量 t(单位统一为工时)

$$t = t_{01} - t_{02} \tag{5-8}$$

或者

$$t = t_1 + t_2 + t_3 + t_4 \tag{5-9}$$

科技资源建立工作需要额外的时间。如果科技资源建立工作所需的时间长于科技资源应用中所省的时间,从时间上讲一般是不合算的。因此在企业响应速度效益分析中需要考虑科技资源建立工作所需时间,即科技资源建立时间,如产品模块化平台、产品知识库和数据库等的建立所需的时间。

由于科技资源应用前科技资源建立时间为 0，因而科技资源应用后的科技资源建立时间平均缩短量 t_4 和缩短率 ξ_4 为负值。理论上只有当科技资源应用中所有订单的平均响应时间缩短量大于科技资源建立时间平均缩短量的绝对值时，即 $t > 0$ 时，才会产生企业响应时间缩短的正效益。

当企业只关注产品定制阶段的快速响应时，t_4 和 ξ_4 可以不做考虑。

平均响应时间缩短率 ξ 的另一种计算方法如下

$$\xi = a_1\xi_1 + a_2\xi_2 + a_3\xi_3 + a_4\xi_4, \ a_1 + a_2 + a_3 + a_4 = 1 \tag{5-10}$$

式中，a_1、a_2、a_3、a_4 是权重系数。

2）产品在其生命周期中的质量提升率指标的计算方法。图 5-15 描述了产品质量（Q）的评价指标体系。

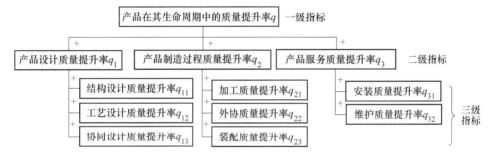

图 5-15　产品质量（Q）的评价指标体系

产品质量（Q）指标采用科技资源应用带来的产品在其生命周期中的质量提升率（也可称为质量问题减少率、错误减少率）q 来度量，公式为

$$q = (n_1 - n_2)/n_1 \tag{5-11}$$

式中　n_1——科技资源应用前定制产品因各种设计、制造和维护活动而引起的产品生命周期中发生的质量问题数量；

n_2——科技资源应用后的质量问题数量。

或者

$$q = a_1q_1 + a_2q_2 + a_3q_3, \ a_1 + a_2 + a_3 = 1 \tag{5-12}$$

式中，a_1、a_2、a_3 是权重系数。

3）产品生命周期成本减少率指标的计算方法。图 5-16 描述了产品成本（C）的评价指标体系。

科技资源应用带来的产品生命周期成本减少率 ζ 的计算公式为

$$\zeta = (c_{01} - c_{02})/c_{01} \tag{5-13}$$

式中　c_{01}——科技资源应用前定制产品的平均生命周期成本量；

c_{02}——科技资源应用后定制产品的平均生命周期成本量。

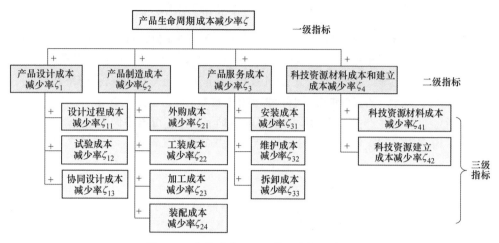

图5-16 产品成本（C）的评价指标体系

或者

$$\zeta = a_1\zeta_1 + a_2\zeta_2 + a_3\zeta_3 + a_4\zeta_4, \quad a_1 + a_2 + a_3 + a_4 = 1 \tag{5-14}$$

式中，a_1、a_2、a_3、a_4 是权重系数。

4）满足用户多样化需求（U）的评价指标的计算方法。图5-17描述了满足用户多样化需求（U）的评价指标体系。

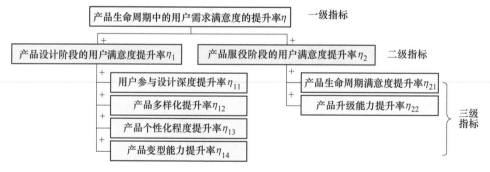

图5-17 满足用户多样化需求（U）的评价指标体系

满足用户多样化需求（U）的评价指标主要是科技资源应用带来的产品生命周期中用户需求满意度的提升率 η，其计算公式为

$$\eta = (u_{01} - u_{02})/u_{01} \tag{5-15}$$

式中 u_{01}——科技资源应用后产品生命周期中用户需求满意度；

u_{02}——科技资源应用前产品生命周期中用户需求满意度。

或者

$$\eta = a_1\eta_1 + a_2\eta_2, \quad a_1 + a_2 = 1 \tag{5-16}$$

式中，a_1、a_2 是权重系数。

3. 科技资源应用带来的环境友好性评价指标体系

科技资源应用带来的环境友好性（E）评价指标体系的参考模型如图 5-18 所示。

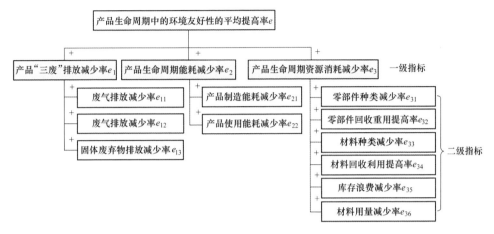

图 5-18 科技资源应用带来的环境友好性（E）评价指标体系的参考模型

科技资源应用带来的环境友好性的评价指标主要是科技资源应用带来的产品生命周期中的环境友好性的平均提高率 e，其计算公式为

$$e = (e_{01} - e_{02})/e_{01} \tag{5-17}$$

式中　e_{01}——科技资源应用后产品生命周期中的平均环境友好度；

e_{02}——科技资源应用前产品生命周期中的平均环境友好度。

或者

$$e = a_1 e_1 + a_2 e_2 + a_3 e_3,\ a_1 + a_2 + a_3 = 1 \tag{5-18}$$

式中，a_1、a_2、a_3 是权重系数。

5.7 其他科技资源评价方法

5.7.1 科技资源引文分析方法

1. 科技资源引文分析的定义

科技资源引文分析主要是指利用数学及统计学的方法，以及比较、归纳、抽象、概括等逻辑方法，对科学期刊、论文、著作等各种分析对象的引证与被引证现象进行分析，进而揭示其中的数量特征和内在规律的一种文献计量分析方法。引文分析可以作为这类科技资源评价的重要依据，是一种比较客观的评价，但其前提是引用要规范、完整、准确。

通过引用别人的文献，使不同文献之间形成关联，形成的这种关联称为引文链。作者引用他人文献的原因很多，可分为三大类原因。

1）正面引用。正面引用对所引用文献价值的正面评价程度不同，主要有：①向开拓者表示致意；②对有关文献给予正面评价；③为自己的主张寻求充分的论证。

2）中性引用。中性引用是指列出在某领域中相关的文献，即已经做过这方面的研究，至于研究成果如何不做评述，主要有：①核对使用的方法、仪器、设备等；②提供背景阅读资料；③对有关文献给予中性评价；④鉴别数据、各类事实和物理常数等；⑤核对原始资料中是否讨论过某个观点或概念；⑥核对原始资料或其他文献中的起因人物的某个概念或名词；⑦提供研究者现有的文献。

3）负面引用。负面引用指出所引用文献存在的不足和问题，主要有：①否定他人的文献或思想；②对他人的优先专利权提出质疑；③对别人的文献予以更正。

2. 科技资源引文分析的需求

新的科技资源是从以前的科技资源发展而来的，需要通过科技资源的引用反映这一发展关系。为了说明科技资源的创新性，需要对现有的、相似的科技资源进行引文分析。

3. 科技资源引文分析的挑战

1）有些学术小圈子相互引用和吹捧，以提高引用率。
2）有些文献专业性很强，但比较冷门，不容易被引用。
3）许多论文和专利的引用不规范。
4）对引用工作不重视、态度不端正，导致文献引用质量不高。例如，荷兰科学家曾无意中发现，一篇论文在第一次被引用时出现错误，后来就能发现相同的错误会重复出现在另外数篇论文中。有人对结构工程领域的 21 位杰出科学家最近发表的 42 篇论文（每人 2 篇）进行过统计，这些论文总共引用 344 篇文献，伪引的参考文献竟占 50%。由此看来，作者引用文献的动机非常复杂，文献被引用不一定反映被引文献的重要性。

4. 科技资源引文分析的方法

关于论文、专利的引文分析，已经有大量的研究，主要是用数学和统计学的方法，定量地分析科技资源中的引用关系，进而对科技资源的价值和影响力进行评价。

5.7.2 科技资源检测评价方法

1. 科技资源检测评价的定义

科技资源检测评价是采用传感器、仪器等对科技资源的性能、质量等进行检测，对科技资源的生产过程进行监测，依据检测和监测数据进行评价的方法。检测评价适用于软件、硬件、产品等科技资源。这是一种客观的评价，但所能检测的科技资源的范围有限。

2. 科技资源检测评价的需求

产品、硬件、软件等科技资源的性能、质量等可以直接采用检测仪器等进行精确测量，从而得到比较准确的评价结果。科技资源检测评价需要由经过认证的、获得一定资质的检测机构和检测人员进行。科技资源检测评价体系已经比较成熟。

对科技资源生产过程进行监测，更可以从源头保证科技资源的质量。

案例：美国的一家机床公司向客户承诺，订购该公司的设备，公司会向客户报告从方案设计、元件采购、加工制造到装配调试的全过程，并接受客户的检查。它之所以能够做到这一点是因为机床在投入制造后，每个零件都备有一张卡片，将每道工序检验结果填写在卡片上并输入计算机，使制造的全过程处于受控状态，从而保证了机床的出厂质量。

3. 科技资源检测评价的实施方法

1）要有检测标准。检测标准是科技资源检测评价的依据，检测标准缺位或不合理就会给科技资源的质量带来较大影响。

案例：从空调能效等级划分上，目前定频、变频空调都分一、二、三级能效，但依据的测定标准不同，其中定频空调依据 2010 版标准，只测制冷效率（EER），而变频空调依据 2013 版，通过引入 APF 方法测定包括制冷、制热（COP）的全年综合能耗水平，较 2010 版更加科学规范。由于定频空调只检测制冷效率、测定标准相对落后，不排除部分厂商为节省成本投机取巧，比如只做到制冷效率达标，但制热能力很差，甚至个别厂商可能铤而走险，在部分批次中虚标能效。

2）要有能够进行检测的仪器，这些仪器在规定的时间需要进行检测标定。

3）有些情况下需要采用原位检测的方法，即不拆卸、不改变检测对象原来的安装位置或生态组织，可杜绝因拆装、改变其位置所造成的人为故障、损伤或危害。原位检测可应用于结构与零件的缺陷探测、设备的故障诊断、性能参数的测定、状态的监测与监控、细胞组织的病理观察等。例如，在施工现场砌体中选样进行非破损或微破损检测，以判定砌筑砂浆和砌体实体强度的检测。

4）要由有相关资质的检测机构和检测人员来进行科技资源检测。

5）要根据检测结果出具规范的科技资源检测报告。

案例：格力热泵烘干技术搭载由格力 100% 自主研发的双转子变频压缩机和获得国家科技进步奖的低频转矩控制技术，可实现 37℃ 体感烘干效果。相比于市场上现有的热泵烘干技术，格力热泵烘干技术一方面能将高温对衣物的损伤降到最低，另一方面可以实现超过 50% 的节能。此外，格力热泵洗护机通过 360°抗皱技术和分子级护理技术还能实现衣物抚平效果，防止机洗后衣物褶皱，可以即干即穿。

5.8 智能制造绿色性的评价方法

5.8.1 背景

随着新一代信息技术的成熟和应用，新一轮工业革命正如火如荼地进行。近年来，制造业的战略地位受到极大重视，各国纷纷制定并推出了本国制造业发展战略，例如，德国的"工业 4.0"和"国家工业战略 2030"、欧盟的"2020 增长战略"、美国的"先进制造业伙伴计划"、我国的"中国制造 2025"等。其中，智能制造成为此次工业革命、产业发展和技术创新的主方向。实现绿色制造、促进"以人为本"也已成为制造业可持续发展的共识。

然而，智能制造和绿色制造有何关系？智能制造项目经常会遇到绿色性评价的问题，而在绿色制造项目中，经常会将设备的信息化和智能化改造作为重要成果。那么问题是：企业开展"机器换人"会由于机器代替人工或协助人工工作而增加能耗，此种智能化改造是否绿色？虽然很多智能产品在使用过程是节能的，但其生产或报废阶段对环境的影响并不小，那么智能产品是否为绿色产品？一些智能服务有助于资源分享、价值创造，但也可能带来环境问题的转移或反弹，那么智能服务是否为绿色服务？此外，2019 年 7 月我国推出《健康中国行动（2019—2030 年）》。人的健康包括心理健康、个人发展等，那么智能制造对人的影响又该如何评价？

显然，智能制造的未来发展应是切实实现绿色甚至可持续的智能制造，这也被认为是我国迈向制造强国的关键所在。人们发现，智能化不一定能带来预期的环境和社会效益，智能制造在绿色性方面存在着不确定性。

智能制造与绿色制造的概念本质上不同。绿色制造是一种在生产经营活动中能够识别、量化、评估和管理环境问题的制造范式，它旨在最大化资源效率而最小化环境影响。作为当前制造业转型升级中的两大热点概念，它们各有侧重：智能制造强调制造业的技术升级，旨在实现智能化改造；绿色制造则强调制造业的环境绩效，旨在实现绿色发展。

对于智能制造企业而言，智能制造绿色性评价旨在以定量的方式识别智能化改造或智能活动的实际环境、社会影响，以便促进其绿色发展。为客观、全面地认识智能制造的绿色性，对智能制造绿色性评价的主要目的和过程进行分析（见图5-19），其目的包括：

1）支持决策者量化智能制造活动本身的绿色性。这是指定量评价智能制造活动直接相关的环境和社会影响，以辨析其本身的绿色性，而不是仅考虑其智能性和经济效益。

2）支持决策者量化智能制造活动间接的绿色性。这是指定量评价智能制造实施对其他不直接相关过程造成的环境和社会影响，以便帮助决策者全面认识智能制造的绿色性，避免环境、社会问题的转移或反弹。

3）支持决策者量化证明智能制造活动的必要性和价值。这是指结合智能制造本身及间接的绿色性评价结果，支持决策者从环境、社会影响角度综合判断智能制造活动是否必要以及从长远角度看能否带来更高价值。

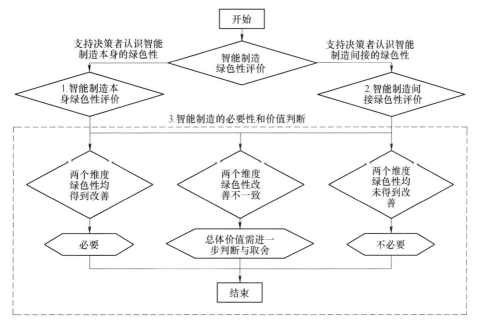

图5-19 智能制造绿色性评价的主要目的和过程

智能制造的绿色性不仅涉及其相关活动对环境影响的大小，而且要关注对人的深远影响。主要评价指标有：

1）环境绿色性指标。环境绿色性指标是智能制造活动对生态环境造成的影响指标，主要是指在生产和消费活动中所减少的资源消耗和"三废"排放。

2）社会绿色性指标。社会绿色性指标反映了智能制造活动对企业员工和用户的身体健康、心理健康、个人发展等的影响。智能制造不是简单地取代企业员工或满足用户需求，而是要考虑如何使他们快乐地工作或生活，从中获得成就感，身心愉悦。

5.8.2 智能制造绿色性评价的难点及待解决问题

1. 绿色性评价的基础方法的探索

（1）生命周期评价　生命周期评价（LCA）是合适的环境影响评价方法，原因是：①LCA是一种评价产品、工艺或服务从原材料获取到生产制造、运输、使用及最终处置的整个生命周期过程中潜在环境影响的工具。这种方法的核心便是对被评价系统的资源、能源消耗和环境排放进行量化分析。它既能全面评价各类环境问题，又能避免环境问题的转移。②LCA已经成为国际上和我国主要推荐的环境影响评价方法，很多项目建设都要求企业提供基于LCA的环境报告。

（2）社会化生命周期评价　社会化生命周期评价（SLCA）是综合各利益相关方影响评价的方法。通常SLCA参考LCA框架而开展，主要关注被评价系统对各利益相关方的社会影响。按照联合国环境规划署（UNEP）和环境毒理学与化学学会（SETAC）共同出版的SLCA指南，SLCA可从员工、用户、价值链成员、本地社区以及整个社会层面进行影响评价。而在具体研究中，一般采纳推荐指标或者自行构建影响指标，之后进行价值判断和打分计算。

2. 绿色性评价的特征分析

智能制造绿色性评价的特征主要有：

1）评价目的不同。智能制造绿色性评价主要是为了探索智能制造附属特征的实际情况（其主要特征是智能化），这是为了促进其走向绿色智能制造；而绿色制造的绿色性评价就是验证其主要特征的实际结果。

2）评价维度不同。智能制造绿色性评价考虑了除环境影响之外的对人的特殊影响，具体体现在企业员工和用户两个维度：①以"机器换人"为典型特征的制造企业智能化改造，会显著地实现"工厂少人化"，员工工作内容、方式等也会发生显著变化（例如，员工工作角色会逐渐转变为生产监视者、战略决策者和突发问题解决者；员工工作能力也会发生极大改变，要更加熟知信息化技术，需要受到持续的培训和教育）。因此，除了通常社会影响评价所关注的员工福利、权利等指标外，智能制造对员工的绿色性评价更需要关注那些特别的影响。②除传统制造中用户所关注的产品质量、价格等外，智能制造绿色性评价会更加关注对用户的个性化服务，而且其提供的智能产品的使用会改变用户的生产、生活方式，也会给用户带来特殊的影响。

综上，智能制造绿色性评价的难点和待解决问题主要有：

1）智能制造绿色性评价对象需进行特征分析和建模。智能制造是一种新的制造范式，其智能设计、生产和服务活动等与传统制造活动不同，因此需要先对评价对象进行准确分析和建模。

2）需要研究如何在智能制造环境绿色性评价之中应用 LCA。智能制造的环境绿色性评价主要基于与原制造情境的比较评价，因此在评价流程、范围、功能单位等设置上与传统制造的 LCA 评价会有不同；此外，智能制造非一次性活动，需考虑间接因素、回收期等，因此也要引入绿色性解释和等级划分方法以更加细致地辨别智能制造的绿色性和长远价值。

3）需要研究如何构建企业员工和用户的影响指标体系和 SLCA 评价流程。智能制造对人的特别影响还处于理论探索阶段。该制造范式的应用并不会对一般社会影响指标（例如人权、平等）产生显著影响，其对人的影响应着重于前瞻性地探索那些特别的、慢性的、未来会更加关注的社会影响因素（也即人的高层次需求和满意度），而且需要从评价流程角度研究如何开展对人的准确评价和结果解释。

▶ 5.8.3　绿色性评价机制与工具

传统 LCA 和 SLCA 方法仍是智能制造绿色性评价的基础，只是需在评价范围、流程步骤、指标体系、结果解释等部分进行专门研究，并借助新一代信息技术和智能化手段来突破传统绿色性评价存在的局限性。

为解决智能制造绿色性评价对象复杂、建模难、评价耗时耗力的难题，并能够实现智能制造本身、间接绿色性的集成评价，智能制造绿色性评价首先需基于以下三方面成熟的机制和工具支持：

1）以开放协同模式为主要合作机制。一方面，通过开放式协同收集数据、建立模型的方法来进行评价工作的专业化分工，提高效率；另一方面，通过智能制造所利用的新一代信息技术解决数据收集、数据质量保证等难题。在该机制的支撑下，具体的评价任务（例如，智能制造过程建模、物料输入输出数据收集）可以分配给实际负责的人员来分别进行，之后进行汇总评价。

2）以生产者责任延伸为辅助合作机制。除正常的协作之外，还可通过分配责任到相关方的方式来建立智能制造绿色性评价的供应链上下游责任意识，包括：①直接责任负责机制，即"谁生产谁负责"。例如，供应商销售装备，那么应提供生产制造装备过程的绿色性。②间接责任负责机制，即"上游对下游的间接负责"。例如，供应商虽卖掉装备，但也应该支持用户开展装备运行过程的绿色性评价。在该机制的支撑下，智能制造的绿色性得以全面量化（即产品生命周期的绿色性都会得到关注），在提高评价效率的同时能够避免环境、社会问题的转移，使得评价结果更加准确。

3）以已有软件与数据库为主要评价工具。企业决策者并不是绿色性评价的专家，而且缺乏基础数据库和评价工具的支持，因此需引入并使用合适的软件、数据库来开展智能制造的绿色性评价。当前成熟的 LCA 软件、数据库较多，这些也成为代替手工工作的重要帮手，是智能制造企业应该具有的绿色信息系统。

5.8.4 绿色性评价的流程体系

为解决智能制造绿色性评价建模难、LCA 及 SLCA 新应用场景应用难的问题，本书结合 LCA 的基本方法总结了智能制造环境和社会绿色性综合评价的一般流程体系（见图 5-20），不同评价对象的具体评价流程可参考此一般流程体系开展。

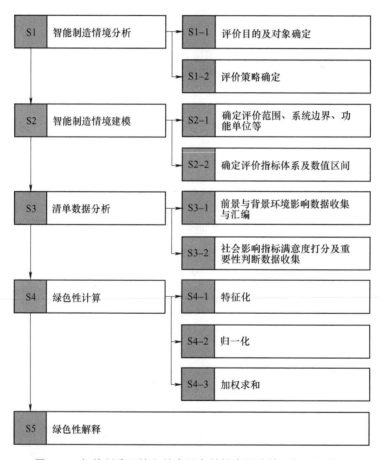

图 5-20 智能制造环境和社会绿色性综合评价的一般流程体系

图 5-20 所示的流程体系主要基于生命周期评价框架、结合智能制造绿色性评价的目的和内容而构建，五个步骤以及需特别关注内容如下：

1) 智能制造情境分析。首先需确定评价目的和对象是什么，其次需要对评价对象所代表的智能制造情境进行具体分析（例如，智能制造的实施是进行部分过程优化、改造，还是进行完全替代，或是完全新增的过程），以便于确定评价策略。

2）智能制造情境建模。智能制造绿色性评价涉及直接与间接过程，也涉及环境和社会维度，为便于收集清单数据，需要结合具体制造情境依次进行评价范围、系统边界、功能单位等的确定。其中，由于智能制造活动并不会产生新类型的环境问题，因而与传统评价无异，仍采纳相同的影响指标来分析其对LCA所涉及环境问题（例如，资源能源枯竭、生态环境破坏、人类健康危害）的贡献大小。而对于社会影响评价，前文已述，应聚焦智能制造对人的特别影响，在该步骤中需特别对社会影响维度的指标体系、打分区间进行合理设置。

3）清单数据分析。环境影响数据多为定量数据，容易通过每一过程的物质流分析而获得。而社会影响数据主要源于企业员工、用户对所构建指标的满意度打分，这需进行实际采访和调研。

4）绿色性计算。该步骤主要对两个维度的多项指标进行特征化、归一化、加权求和，计算得到两个维度绿色性以便比较决策。其中，环境维度的绿色性计算过程可以参照相关LCA标准，不再赘述。社会维度的绿色性计算，由于当前还缺乏科学、定量的评价机制，为将各指标求和为单一得分，多通过员工或用户的价值判断来计算各指标权重。

5）绿色性解释。智能制造绿色性评价主要用于客观剖析智能设计、生产及服务等活动的环境、社会影响，而结果解释需要回答"智能制造实施后其本身的绿色性如何""智能制造相较于传统制造的绿色性如何"以及"智能制造从长远角度分析是否绿色，如何进一步改善"等问题。其中，由于环境和社会影响的评价对象、功能单位、结果表征的意义等都不一致，因而很难对环境绿色度和社会绿色度继续合并。事实上分别通过对这两个维度的绿色性辨析，便能对智能制造的整体绿色性做出一定判断。具体而言：在环境影响维度上，至少要保证被评价系统的总环境影响能够有所减少才为绿色；在社会影响维度上，则要保证被评价系统对任何一方的社会影响都有所改善才为绿色。

5.8.5 社会影响指标及绿色性计算

前文已述，当前制造系统社会影响评价所聚焦的维度、应用的指标较为宏观，无法切实反映智能制造活动对企业员工和用户的特殊影响，因此，本部分结合智能制造范式可能给员工和用户所带来的深刻影响而初步构建社会影响指标体系及具体绿色性计算方法。

1）社会影响指标构建。在企业员工维度上，应聚焦员工工作时间、工作环境、工作强度、工作内容和工作自由度等关乎员工个人发展、价值实现等方面的影响，在用户维度上，应聚焦用户环境、用户状态、功能与可用性、用户信息安全、用户诉求满足等关乎用户身心健康、满意度等方面的影响。员工及用户社会影响指标及其含义见表 5-5。

表 5-5　员工及用户社会影响指标及其含义

员工维度	员工维度指标所代表含义	用户维度	用户维度指标所代表含义
工作时间	指员工平均每天的工作小时数，主要用于反映员工在智能制造情境下的工作时间会不会主动或被迫加长。一方面"机器换人"使得员工不需要时刻守在生产现场，甚至实现工厂黑灯化，另一方面由于智能生产效率的提高可能使得生产任务增多，员工工作时间也被迫增长。因此，引入该指标来探索智能生产对人的依赖性和解放劳动力的效果	用户环境	指用户在使用产品或接受服务过程中的工作或生活环境的友好度，包括产品使用中产生的噪声、污染物，发生事故与工伤等的情况以及程度
工作环境	指员工所在工厂及工位的实际环境情况，主要用于反映智能制造情境下的工作环境是否能够令人感到安全、舒畅	用户状态	指产品使用或服务提供过程能否给用户个人工作、生活、发展等带来积极影响，能否有积极导向，是否造成对产品依赖、技能损失等
工作强度	指员工单位时间的平均脑力或体力劳动强度，主要用于反映智能制造情境下的工作会使员工更加忙碌还是清闲、会否给员工带来职业病等	功能与可用性	指产品功能或使用过程是否能让用户满意，能否促进用户发展，责任能否延伸到售后等
工作内容	指员工工作的职位、具体工作内容，区别于工作强度，主要用于反映工作本质是否能够让员工满意（包括所处工作职位、工作内容属于体力还是脑力劳动，是简单重复性工作还是价值创造性工作，能否得到培养、教育和技能增长等）	用户信息安全	指产品使用或提供服务中对用户隐私数据收集、行为监视、保护等的实际情况
工作自由度	指员工工作的自由度，主要用于反映智能制造情境下能否减少员工束缚、合理安排工作（包括时间、工作地点等能否灵活安排，受不受严格监督与督促，能否与生活合理平衡等）	用户诉求满足	指产品使用或服务提供过程中能否满足用户需求、有否合理的反馈机制等

2）社会绿色性计算。与 LCA 不同，当前 SLCA 还缺乏标准的绿色性计算方法，由于表 5-5 所构建的社会影响指标体系均为被调查员工或用户主观满意度的打分分值（可以为百分制），而且指标较多，需要将其加权求和为身体健康、心理健康、个人发展三个终极维度的满意度。其中，应用最为广泛的便是层次分析法或者网络分析法中通过构建两两判断矩阵进而计算各指标权重的方法。通

过构建两两判断矩阵进而计算各指标权重的方法特别适用于多准则决策中对定性或定量准则的主观价值判断，尤其可反映企业员工或用户对工作、生活的实际满意度以及不同准则对他们个人的重要性。基于此，智能制造社会绿色性计算可按照以下步骤进行：第一步，对每个员工或用户的各项指标满意度进行调查打分；第二步，对每个员工或用户关于各项指标的重要性进行两两比较判断，形成判断矩阵并计算得到各指标权重；第三步，将各指标打分及权重加权求和计算得到社会影响的总大小。

5.8.6 案例分析

某家电企业作为全国首批智能制造综合试点示范企业，从 2008 年便开始改造传统的制造系统，到目前已建立起多家智能互联工厂。在智能工厂的执行层，它引入了大量的智能设备和先进工艺来实现智能生产。然而，该企业对其智能工厂产品生产的绿色性如何分析还不明确，这也成为近年来申报绿色制造项目、审核企业绿色绩效等过程中正在着手解决的问题。鉴于与其开展的项目合作，本部分结合初步提出的智能制造绿色性评价方法，选择以某型号冰箱生产中的内胆吸附冲切一体化技术为例，对其进行简化的环境和社会绿色性综合评价。

1. 边界及功能单位确定

在冰箱内胆的传统生产情境中，通常先对塑料板材进行预热、运输至吸附机进行吸附成型，然后再运输至切边工位将边角废料切除掉，最后用冲模冲孔。这几个过程的不连贯既延长了生产时间，也会由于工位移动而导致效率、品质等的降低。该智能工厂则引入内胆吸附冲切一体化技术，实现内胆吸附、冲切一个流生产，保障内胆产品尺寸的一致性，降低内胆周转环节，保障半成品精益化，与母本一致。由于该一体化技术将三个主要工艺过程合并为一道集成的工艺，进行一次性加工，因此，环境影响评价的系统范围为从塑料板材吸附准备到最终排水管口、蒸发器管口等冲孔完毕。原制造情境是多个离散的制造过程，智能制造情境则是一体化的过程集合。综上所述，该智能制造技术环境影响评价的功能单位可定义为"生产一台冰箱中一个内胆的吸附冲切全过程"；同时，该技术的引入也会对相应工位上的员工工作产生一定的影响，由于这种影响并非一次性的、针对某个员工的，因而该技术社会影响评价的功能单位可定义为"所有参与生产一台冰箱中一件内胆吸附冲切全过程的所有员工平均的工作情况"。

2. 清单数据分析

通过对该智能工厂生产工程师的访谈，进行相关过程的能耗、材料消耗等数据收集和汇编，具体见表 5-6。相较于原情境，该技术的引入具有很多显著优势，例如：采用石英加热技术对板材进行预热，较传统方式时间缩短50%，节能提高20%；多上料位，多切刀，效率提升一倍。此外，两种情境中的边角料会销售给回收商进行塑料回收，进行二次造粒，该部分环境影响也都纳入评价系统。

表5-6　内胆吸附冲切一体化技术运行的主要环境清单数据

情境类型	制造过程	过程输入		过程输出	
原情境	用吸附机进行塑料板材吸附成型	塑料类型	聚苯乙烯（PS）	吸附成型件输出	9.5 kg
		PS材料输入	9.5 kg		
		电耗	0.175 kW·h		
	人工中梁切断、割口	电耗	0.075 kW·h	切断割口后输出	8.8 kg
	气动工装冲孔	电耗	0.050 kW·h	冲孔完毕后输出	8.6 kg
	三道工序间总的物流与装夹	运输与装夹方式	人机协作	—	
		电耗	0.100 kW·h		
智能生产情境	内胆吸附冲切一个流、自动化生产	塑料类型	聚苯乙烯（PS）	吸附冲切完毕后输出	8.6 kg
		PS材料输入	9.0 kg		
		电耗	0.225 kW·h		

此外，本部分也对参与内胆吸附、冲切工序的员工进行了访谈和交流，对其先后两种工作情况进行了了解。与原来的制造过程相比，内胆吸附冲切一体化技术的引入增加了快速自动换模工位，原来多个工序如上料、加热、成型、切边等实现了自动化生产，极大地代替了员工的体力劳动，员工如今只需简单操作机器、承担少量搬运工作、监督生产即可。为全面了解该技术对员工身心健康、个人发展的影响，按照表5-5所提出的五项指标，采取定性和定量混合分析的方式了解员工对这五方面的主观满意度，按照百分制的方式打分见表5-7所示。

表5-7　员工社会影响指标内涵及主观满意度打分

员工社会影响主要调查维度	员工主观打分分值（分）	
	原情境	智能制造情境
工作时间满意度	70	75
工作环境满意度	55	70
工作强度满意度	50	65
工作内容满意度	65	70
工作自由度满意度	60	65

▶▶ 3. 结果分析及解释

通过应用典型的LCA软件（Gabi）和ReCiPe 2016这一LCIA方法，两种制造情境的环境影响得到量化评价，其结果如图5-21所示。可见：

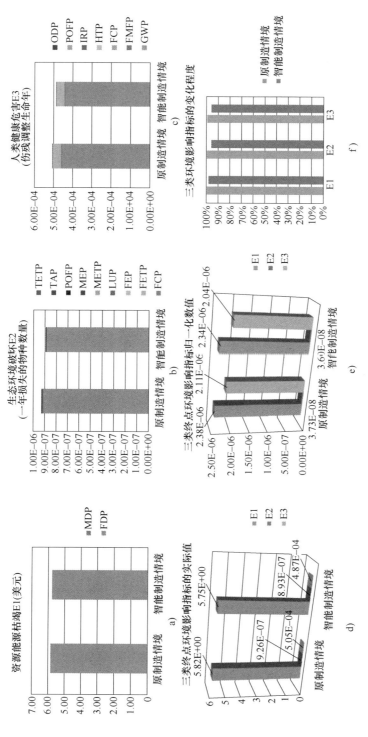

图 5-21 内胆吸附冲切一体化技术的环境影响评价结果

注：1.00E-06 表示 1×10^{-6}，余同。

1）该自动化技术的引入相较于原制造情境对三方面环境问题都有所改善（见图5-21a、b和c），但改善幅度均不大，这主要是由于单位电力生产的环境影响远小于单位PS塑料生产的环境影响，少量的材料节约使得结果没有那么明显。

2）直接从三类终点指标的实际数值来看，资源能源枯竭（E1）的影响远大于生态环境破坏（E2）和人类健康危害（E3）（见图5-21d），但它们的单位并不一样，不能确定环境影响的严重性。

3）从图5-21e可以看出，归一化后的三类指标的相对大小关系，E1与E3接近，且远大于E2。

4）整体而言，内胆吸附冲切一体化技术的引入是环境友好的，能给所有环境问题带来积极、小幅度的改善，且在减少员工身心健康危害方面的友好性更加显著。

综上所述，该案例分析结果显示：

1）虽然智能制造技术在生产效率、能耗上表现出一定的改善程度，但折算到具体的环境问题上并没有表现出显著的改善程度，甚至还需要较长的时间和较大的产量才能够抵消引入新设备、数据中心等带来的负面环境影响。这为相关决策者提供了定量的依据去科学认识智能制造的绿色性，也即智能制造表面上的高效率、低能耗不一定等于能够切实、显著地解决环境问题。

2）结合表5-7所进行的员工各方面满意度的访谈和打分可知，该技术仅是显著减轻了员工的工作强度、改善了员工的工作环境，有利于员工的身心健康，在员工自我价值实现、求知、友爱和归属等需求满足方面还有较大的改善空间。

参考文献

[1] 方卿. 学术期刊与科学情报交流[J]. 武汉大学学报（人文社会科学版），2000（2）：270-272.

[2] 魏衍亮. 企业专利情报战略初探[J]. 中国科技产业，2004（7）：46-49.

[3] 全国信息技术标准化技术委员会. 信息技术 数据质量评价指标：GB/T 36344—2018[S]. 北京：中国标准出版社，2018.

[4] 全国信用标准化技术委员会. 企业质量信用评价指标：GB/T 31863—2015[S]. 北京：中国标准出版社，2015.

[5] 赵伟，彭洁，屈宝强，等. 网络环境下我国科技资源信息开放共享评价对比分析[J]. 数字图书馆论坛，2013（12）：58-63.

[6] MORVILLE P, ROSENFELD L. Information architecture for the World Wide Web: designing large-scale web sites[M]. [S. l.]: DBLP, 2002.

[7] 全国信息技术标准化技术委员会. 信息技术 云计算 云服务质量评价指标：GB/T 37738—2019[S]. 北京：中国标准出版社，2019.

[8] 全国电子业务标准化技术委员会. 电子商务数据资产评价指标体系：GB/T 37550—2019

[S]．北京：中国标准出版社，2019．

[9] 教育部科技发展中心．不顾及作者学术优先权，枉为世界一流科技期刊［EB/OL］．（2019-10-22）［2021-01-31］．https：//www.toutiao.com/a6750529363365593612/．

[10] 中国B2B研究中心．阿里巴巴集团商业模式案例调研报告［EB/OL］．（2009-05-13）［2021-01-31］．https：//wenku.baidu.com/view/afae7d361eb91a37f0115c43.html．

[11] 技能人员水平评价由谁认定？李克强称这是"一场革命"［EB/OL］．（2019-12-31）［2021-01-31］．http：//www.gov.cn/xinwen/2019-12/31/content_5465537.htm．

[12] 施晨露．复旦新学术平台能做什么？除了论文首发，论文评价更是痛点［EB/OL］．（2019-12-20）［2021-01-31］．https：//www.shobserver.com/toutiao/html/195844.html?tt_group_id=6772424371987284494．

[13] 迟玉华．科学引文的意义与期刊生产者的职责［J］．烟台师范学院学报（自然科学版），1998（2）：142-147．

[14] 叶新明．引文中伪引和漏引的机制分析［J］．中国图书馆学报，1998（1）：72-74．

[15] 赵火军．基于引文链的知识元挖掘方法研究［D］．西安：西安电子科技大学，2009．

[16] 张曙，谭惠民，黄仲明．从产品竞争到服务竞争：机床产业转型升级途径之一［J］．制造技术与机床，2009（9）：5-8．

[17] 吴东炬．空调行业历史回顾：兼谈格力电器估值变迁（一）［EB/OL］．（2019-05-20）［2021-01-31］．https：//xueqiu.com/9508834377/133112917．

[18] 于昊．格力在AWE2019全面发力：一举发布三项核心科技［J］．电器，2019（4）：36．

[19] 周济．智能制造："中国制造2025"的主攻方向［J］．中国机械工程，2015，26（17）：2273-2284．

[20] 路甬祥．走向绿色和智能制造（三）中国制造发展之路［J］．电气制造，2010（6）：14-19．

[21] GAZZOLA P, DELCAMPO A G, ONYANGO V. Going green vs going smart for sustainable development: quo vadis? [J]. Journal of cleaner production, 2019, 214: 881-892.

[22] ISO. Environmental management-life cycle assessment -principles and framework: ISO 14040: 2006 [S]. Gevena: ISO, 2006.

[23] BENOÎT C, NORRIS G A, VALDIVIA S, et al. The guidelines for social life cycle assessment of products: just in time! [J]. The international journal of life cycle assessment, 2010, 15 (2): 156-163.

[24] GORECKY D, SCHMITT M, LOSKYLL M, et al. Human-machine-interaction in the Industry 4.0 Era [C] //2014 12th IEEE International Conference on Industrial Informatics (INDIN). New York: IEEE, 2014: 289-294.

[25] MASHHADI A R, BEHDAD S. Ubiquitous Life Cycle Assessment (U-LCA): a proposed concept for environmental and social impact assessment of industry 4.0 [J]. Manufacturing letters, 2018, 15: 93-96.

[26] 顾复，顾新建，张武杰，等．透明公平的产品生命周期评价方法［J］．中国机械工程，2018，29（21）：23-29．

[27] KOU G, ERGU D, LIN C, et al. Pairwise comparison matrix in multiple criteria decision making [J]. Technological and economic development of economy, 2016, 22 (5): 738-765.

第6章

科技资源交易方法

科技资源交易方法是将企业或个人所拥有的科技资源通过交易的方法转移给其他企业或个人分享的方法，有助于提高科技资源利用效率，促进科技资源分享和专业化协同，支持绿色创新。科技资源描述、集成和评价最终都是为了科技资源的交易分享。

本章主要介绍科技资源交易方法的定义和需求、商业模式和案例，包括科技资源采购交易、免费分享、租赁交易、内部交易、服务交易方法，并对不同的科技资源交易商业模式的经济和社会效益进行了评价比较。

6.1 科技资源交易概述

6.1.1 科技资源交易的需求驱动和技术驱动

1. 科技资源交易的需求驱动

（1）支持科技资源分享　科技资源分享一般不应是无偿的，而是需要通过类似商品交易的方式实现，否则科技资源分享难以持久。有些科技资源本身就是商品，如产品、软件、硬件资源等。有些科技资源是特殊的商品，如知识、数据、人才资源等，具有定价难的特点。

（2）透明的科技资源交易环境　科技资源交易的难点是：如何建立高度诚信的交易环境，保证科技资源交易双方有公正公平的利益，使科技资源交易得以持续。科技资源卖方往往担心自己的科技资源在交易中失控，得不到保护；科技资源买方往往担心所得到的科技资源的质量问题、造假问题、服务不及时问题等。因此需要利用新一代信息技术打造一个透明的科技资源交易环境，使投机取巧者难以得逞。

（3）透明的科技资源专利协同保护　企业希望自己的科技资源分享有所回报，因此专利保护十分重要。通过专利制度，让大家愿意积极创新和分享科技资源，淘汰落后技术和产品。目前对我国企业而言，最大的问题是担心专利保护不力、仿冒者有机可乘，创新者担心创新投资风险太大。科技资源需要专利保护，否则就没有人愿意创新和分享科技资源；但专利申请周期长，专利保护难，找到侵权者难、打官司难、官司赢了执行难。这需要依靠大家利用新一代信息技术协同保护专利。

（4）透明公平的科技资源定价　科技资源交易的关键是定价公平，但许多科技资源是很难定价的。例如，为了简化评价，人们曾提出多种方法，如论文数量、SCI论文数量、论文引用率、代表作评价等。这些都是基于极少数人的评价，如期刊编辑、论文审稿员、论文评审专家，难免有时会存在评价不准确、不全面的问题。因此需要大家协同评价，需要根据科技资源的生命周期的成本和效益定价。

▶ 2. 科技资源交易的技术驱动——新一代信息技术支持科技资源交易

（1）知识资源　新一代信息技术提供了知识资源发布、应用、评价的平台，并依靠大众对知识产权的协同保护，这可以促进知识资源的评价、交易和分享。

（2）数据资源　传感器和工业互联网可以快速获取科技活动中的各种数据，人工智能技术有助于数据挖掘，云计算平台支持数据资源的集成和应用，区块链技术保证了设计资源的安全可信，这些都促进了数据资源的交易和分享。

（3）人才资源　人才既要合理流动，企业培养人才的积极性也要得到保护。面对这一矛盾，新一代信息技术可以帮助开展人才资源的价值评价，支持透明公平的人才资源市场的建立和完善。

（4）产品资源　新一代信息技术可以支持产品资源大范围分享，开展深度的专业化分工，提高零部件的标准化和模块化水平，提高设计和制造效率。

（5）软件资源　新一代信息技术可以支持软件资源的协同开发、租赁服务等，提高软件的开发和应用水平。

（6）硬件资源　由于工业互联网可以实现科技资源的远程监控和服务，因而促进了硬件资源的租赁交易和服务交易的发展。

6.1.2　科技资源交易方法的参考模型框架

不同科技资源的价值、来源、可保密性、可评价性等有很大的区别，因此有多种科技资源交易方法。科技资源交易方法的参考模型框架如图 6-1 所示，包

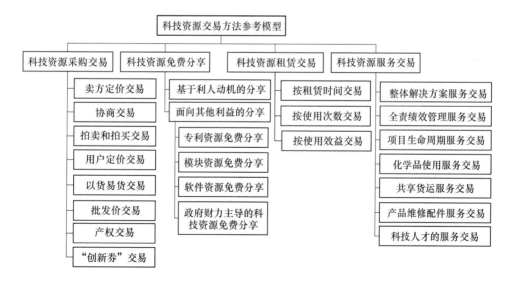

图 6-1　科技资源交易方法的参考模型框架

括科技资源采购交易、科技资源免费分享、科技资源租赁交易、科技资源服务交易。科技资源采购交易是核心。科技资源交易可以是无偿的，也可以是收费的；可以是企业间的，也可以是企业内的；可以是永久式的资源转移，也可以是临时的、租赁式的；可以是科技资源的直接交易，也可以是基于科技资源的服务交易。

图 6-2 给出了科技资源交易方法与科技资源描述、集成和评价方法的简要关系。

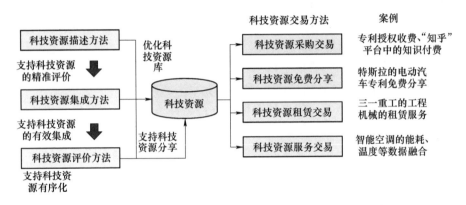

图 6-2　科技资源交易方法与科技资源描述、集成和评价方法的简要关系

6.1.3　科技资源交易商业模式

科技资源交易成功的关键是要有一个好的商业模式，能够为科技资源交易双方带来切实的利益，这种利益可以是眼前的和直接的，也可以是长远的和间接的，使交易双方有意愿和积极性去开展科技资源交易。

科技资源供方的收益称为价值获取，科技资源用户方的收益称为价值实现或价值主张，科技资源交易的关键路径又称为价值传递。商业模式的核心是价值传递。

科技资源交易的商业模式要以用户个性化服务需求为导向，以满足用户需求为目标，因此，商业模式创新的基本出发点在于如何更加有效地满足用户需求。商业模式创新重点要解决三个基本问题：①明确服务需求；②制订可行性方案；③将方案付诸行动。

1. 科技资源交易商业模式的分类

（1）按服务提供方式的商业模式分类　这里的服务提供方式指的是向服务接受者提供科技资源分享时所考虑的形式，对应的分类结果见表 6-1。

表 6-1 按服务提供方式的科技资源交易商业模式分类

服务提供方式	商业模式	描述
科技资源打包提供	科技资源包整体收费	组织好不同等级的科技资源包，按包收费
科技资源分别提供，用户自行组合	用户自主选择科技资源，按需付费	为每个科技资源制定价格，用户根据自己的需要选择个性化服务

（2）按定价方式分类　根据定价方式的不同，可将科技资源交易商业模式分为三大类。

1）以资源成本为基础的定价方式，即按照科技资源成本来确定价格。采用这种定价方式提供服务，要求做好前期的服务准备，科技资源分享过程以控制成本为主，与客户签订科技资源服务协议后按照协议内容提供科技资源服务。

2）以用户效益为基础的定价方式，是指以科技资源给客户带来的效益为出发点，根据效益的大小，向用户收取费用。这种定价方式充分考虑科技资源的应用效益，在服务过程中更注重满足用户的需求，在满足用户需求的同时，增加自身的收益。例如，收取中介平台使用费时，将根据双方的交易金额或者规模确定价格。

3）以同行竞争为导向的定价方式。以竞争为导向实际上是根据同行业竞争所提供的科技资源服务收取的费用来综合确定自己的价格。这种定价方式要求实施差异化科技资源服务。

▶ 2. 科技资源交易 "多赢" 的商业模式

商业模式要实现"多赢"。如果不能从中获利，企业就不愿交易和分享科技资源。科技资源交易"多赢"的商业模式如图 6-3 所示。

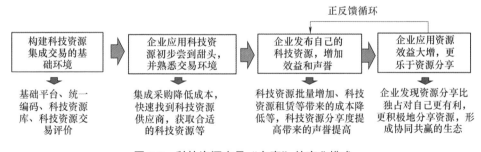

图 6-3　科技资源交易"多赢"的商业模式

我国的科技资源市场经济还不成熟，其突出表现就是交易双方信息严重不对称，这就给失信和欺诈提供了可乘之机。因此需要降低科技资源市场中的信息分布不对称度，增大企业承担失信代价的概率。

企业的核心竞争力不是人才，而是培养和保有人才的能力。企业持续发展的动力不是人才,而是利益分配。

3. 基于科技资源分享的开放式创新的商业模式

基于科技资源分享的开放式创新的商业模式的典型案例如下:

(1) 科技资源分享协同模式　科技资源分享协同模式指的是某一方提供特别的科技资源,然后双方合作。例如,2004年开始,快时尚品牌H&M和顶级设计师合作,联合推出系列产品,使H&M实现了品牌的差异化,最终与合作方实现了共赢。

(2) 开放式创新合作模式　通过与特定的合作伙伴合作,发挥双方互补优势,开展协同创新,这适合项目特别复杂、企业自己创新比较困难的场景。例如,惠普公司为开发一种电影制作新技术,选择和梦工厂合作。因为惠普公司觉得两家可以实现科技资源互补,强强联合,很有可能成就重大创新。而作为回报,惠普公司也和梦工厂分享了自己的服务器以及云计算的路线图。

(3) 开放式创新平台模式　开放式创新平台模式或者叫开放式创新竞赛,其应用场景是企业已经很明确自己的需求,但却没有明确的合作伙伴。通过提供平台,把协同创新内容的覆盖面扩大,而且最终的知识产权是归企业的。例如,制药巨头辉瑞曾打算给一款注射器研发一种技术包装设备,但不知道哪里能找到最佳解决方案。于是辉瑞和某中介平台合作,通过举办一场开放式创新大赛,最终获得了四种备选解决方案。

案例:宝洁的联合开发模式。2000年,宝洁面临困境,市值缩水了一半还多。为此宝洁大刀阔斧地整顿研发部门,提出了"开放式创新",将宝洁的心脏——研发扩展为联合开发(Connect Develop),即打开公司围墙,联合外部松散的非宝洁员工协同创新,按照用户需求进行有目的的创新,再通过协同创新平台让各项创新提案在全球范围内得到最优资源配置。具体方法有:

1) 请进来的方法。为每一个新产品都成立一个社交网络,邀请用户对宝洁的新产品提出意见。加入这个社区的是各个行业的用户。宝洁在社区中不断发布自己的计划和中间性研究成果,然后听取社区成员的意见,不断完善产品。

2) 走出去的方法。一方面,宝洁到名为InnoCentive的威客网站寻找解决办法。另一方面,为了使全球的优秀人才为自己所用,宝洁设置了"外部创新主管"这个职位,创建了分布在世界各个角落的"创新侦察员"队伍,这个多达70人的队伍每天的工作就是借助搜索工具查看上亿个网页、全球专利数据库和科学文献,以"大海捞针"的方式找到对宝洁有利的重大技术突破和专家学者。

(4) 开放式创新社区模式　开放式创新社区模式比较适合问题比较复杂、需要多边合作、共同解决问题的场景,其优点是覆盖面比较广。例如,福特汽车公司想要开发一种智能移动解决方案时,发现问题非常复杂,因此就借助一个开放式社区平台,鼓励核心业务人员积极参与,同时也设立了一系列创新比赛，吸引开发者加入，最终取得了很好的效果。

案例1：美的通过开放式社区创新平台吸引广大消费者一起创新。

案例2：杭州爱科科技股份有限公司的面向服装设计师的设计服务平台。越来越多的服装设计师建立自己的个人工作室，为不同的服装企业提供服装设计服务。公司提供服务平台，让服装设计师把他们的工作室建立在服务平台上，发布其设计的服装款式，分布在全国各地的服装企业有关人员可以浏览这些服装款式，需要使用时提出购买请求。付款后，服装企业不仅能够得到服装款式图，还能得到相应的样板图、工艺文件等。整套服务收费不高。但由于服装企业很多，因此边际利润较高。这同时也使服装企业及时和充分了解到服装设计师的特点，直接与他们联系，让服装设计师专门为企业设计服装款式。

虽然网上的服装款式图似乎能够被别人轻易获取，但不付款是得不到样板图、工艺文件的。自己去制作样板图、工艺文件，所花费的成本比购买该项服务的费用更高。这就有力地保证了服装设计师的利益。更何况，服装款式图发布在网上，取得了实际的著作权（版权）。如果有人大规模地抄袭并以此盈利，服装设计师就可以通过法律手段维权。

6.1.4 不同科技资源交易难易程度比较

科技资源交易难易程度不一，可以从以下不同维度进行分类比较：

（1）科技资源交易分享难度　不同类型的科技资源，其交易分享难度是不同的。

科技资源的显性部分比例越高，分享难度越低。例如，机械产品结构显性度比机械产品制造工艺的显性度要高得多，前者容易通过专利得到保护、容易分享，后者往往成为企业秘密、不愿分享。

科技资源交易双方对被交易的科技资源的熟悉、掌握程度的差别越大，分享难度就越大。例如，某种知识资源交易需要接受者具有掌握和学习该知识资源的能力，否则买到手的知识并不等于真正学到手。或者说，认知邻近性对科技资源交易分享绩效具有正向的影响。

科技资源对使用环境要求越高，分享难度越大。如人才资源，如果没有合适的环境，人才的积极性和创造性就难以发挥，企业拥有再多的高级人才，也无济于事。

（2）科技资源交易分享范围　科技资源交易分享范围有企业、村镇、县市、省、跨省区、国家、国际，交易分享范围越大，交易分享难度越大。例如，长三角的科技资源交易分享比浙江省内的科技资源交易分享难度就大得多。或者说，地理邻近性对科技资源交易分享绩效具有显著的作用。

企业组织有不同层次，如团队、部门、企业、企业联盟，层次越高、范围越大，科技资源交易分享一般就越难。或者说，组织邻近性对科技资源交易分享绩效具有正向的影响。

科技资源交易双方共同利益越多，科技资源交易分享一般就越容易。

（3）科技资源重要程度　科技资源重要程度越高，交易分享难度一般就越大。大家对重要的科技资源交易分享会格外保守。

（4）科技资源价值可评价性　科技资源价值评价越难，交易分享难度越大，大家会担心交易不公平，会担心吃亏。

（5）科技资源交易的透明公平性　透明公平是科技资源交易持续、健康发展的重要条件。例如，人才资源需要企业花钱终身培养。如果没有一种透明公平的人才资源交易模式，企业就不愿培养人才。

又如，利用新一代信息技术，记录、保护和激励科技资源交易分享者的想法、创意、诚信，以及创新方案的修改、完善和评价等。采取区块链技术，可以对创新方案的知识产权进行动态协同保护，比较准确地计算分享者的贡献量与报酬分配，建立合理的激励机制与可回溯机制。

6.2　科技资源采购交易

科技资源采购交易方法是科技资源交易方法的核心，其他科技资源交易方法是在采购交易方法基础上派生出来的。

6.2.1　科技资源采购交易的定义和需求

1. 科技资源采购交易的定义

科技资源采购交易的定义是：基于商品市场交易原则进行科技资源交易分享，在使科技资源的买家得到利益的同时，也使科技资源拥有者得到合理的回报，促进科技资源的分享和分工协同建设。市场交易原则主要包括自愿、平等、公平、诚实信用等。主要方法有付费交易、以货易货、期权分配、产权交易等。例如，专利授权收费、知乎中的知识付费等。

科技资源采购交易可以采用传统的商品市场交易模式，如图6-4所示。

2. 科技资源采购交易的需求

科技资源具有商品属性，因此可以通过市场交易分享给别人。

科技资源需要花费人力、物力生产出来，需要成本。科技资源拥有者在交易分享科技资源时需要收回成本，并需要一定的利润，支持进一步的生产。这就构成了科技资源的交易价格。科技资源需要者觉得购买科技资源比自己研制要便宜得多，就会选择购买。在科技资源供需双方利益的驱动下，科技资源交易活动就产生了。随着经济全球化，专业化分工协同越来越普遍，科技资源交易也就越来越普遍。

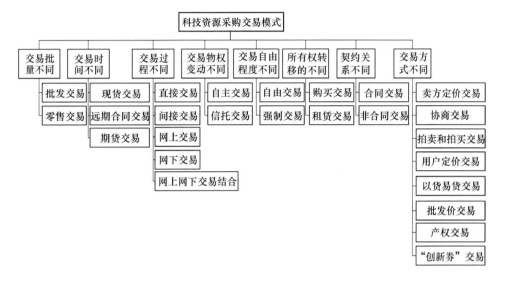

图6-4 科技资源采购交易模式

科技资源交易与传统商品交易的不同之处是，科技资源交易从实物类科技资源向信息类科技资源方向发展，从线下交易市场向线上交易市场发展。

6.2.2 科技资源采购交易方式

1. 科技资源采购交易方式概述

科技资源采购交易是科技资源交易中最常用的方法，如科学实验需要购买实验仪器、实验材料等。基于互联网的服务平台（如云服务平台）有助于建立一个巨大的科技资源市场，实现各类科技资源的统一、集中和智能化交易服务。

2. 科技资源采购交易方式分类

（1）卖方定价交易方式　卖方定价交易方式即"一口价"交易，明码标价，不容还价。这往往是在卖方市场中发生的。定价交易相对简单。

（2）协商交易方式　协商交易方式通过讨价还价等协商方法达到双方都能接受的价格程度。这往往是在卖方市场中发生的，需要买卖双方博弈。由于其能满足高分布式、自治性和复杂性的需求，因而已经开始被用于解决大范围、海量参与者的科技资源交易问题。

（3）拍卖和拍买交易方式　拍卖是指以公开竞价的形式，将特定的物品或者财产权利（统称拍卖物）转让给最高应价者的买卖方式。传统拍卖可以划分成英式拍卖、荷兰式拍卖、最高价拍卖和次高价格拍卖等多种方式。拍买是一种反向拍卖,由采购方提供希望得到的产品信息、服务要求和可以承受的价格定位,由卖家以竞争方式决定最终产品提供商和服务供应商,从而使采购方以最优的性能价格比实现购买。拍卖是实践中比较常用的一种资源交易机制。

(4) 用户定价交易方式 用户定价交易方式是指用户使用后,认为该科技资源值多少钱,就付多少钱。这发生在科技资源分享者对用户的高度信任和用户高度自觉的基础上。

(5) 以货易货交易方式 以货易货交易方式是指以一种科技资源换取另外一种科技资源,如专利联盟中的专利相互授权使用。这种方式的前提是双方都有一些科技资源,并且相互间对对方的科技资源都有需求。

(6) 批发价交易方式 批发价交易方式按照交易数量定价,数量越多,价格就越便宜,体现了"薄利多销"的思想。这主要是批量法则在起作用,特别适合硬件资源、产品资源等。

(7) 产权交易方式 许多信息类科技资源具有知识产权,一方面,需要通过科技资源知识产权有偿转让,使科技资源知识产权拥有者得到回报,使科技资源成果得到扩散,造福大众;另一方面,科技资源需要得到方便、及时和有效的保护,如专利授权/出售。例如,硬件生态系统实验室 Flex Lab IX 通过提供内部专业技术来交换小型股权,帮助数十家创业公司进行创新,如无人机系统、超薄电池、智能头带等。

(8) "创新券"交易方式 我国一些地方政府为了促进服务业创新和企业创新的发展,形成协同创新的生态圈,利用政府的财政经费设立"创新券",送给创新型企业,作为政府对创新型企业的一种扶持措施,让它们用"创新券"购买创新服务企业的服务。这种交易方式存在的问题有:地方政府的"创新券"一般只用于本地的创新服务企业;"创新券"的使用效率还有待提高;创新服务企业的服务水平还有待提高。"创新券"交易方式实质上是一种政府买单的半市场交易方式。

6.2.3 科技资源采购交易的商业模式

新一代信息技术的发展使科技资源交易与传统的商品交易在商业模式方面有很多不同。

1. 人才资源交易的商业模式

创新的关键是人才。

(1) 人才资源任务交易的商业模式 人才资源任务交易,即所谓的众包,是指一个公司或机构把由员工执行的工作任务通过网络以自由自愿的形式外包给非特定的大众。越来越多的科技人才自立门户,通过互联网直接为其他企业提供收费服务。同时，未来越来越多的企业可以通过这种服务交易解决人才资源缺少的问题。

案例1：威客的商业模式。威客网站主要通过人才的知识服务实现人才资源的交易。企业可以将难题发布到威客网站，如我国的猪八戒网站等，国外的 InnoCentive 网站，全世界的人都可以解答企业提出的难题。企业可以选择其中的一个最佳方案，然后将存放在威客网站的赏金给最佳方案提供者。但其他参与者会一无所有，尽管其解决方案可能有一定的价值，这就会影响参与者的积极性。并且他们的知识产权也比较难保障。

案例2：宁波模具行业超级工程师的商业模式。这是由宁波众造信息科技有限公司开发出来的一款整合模具上下游企业资源，汇集该行业工程师进行在线交流、交易的服务众包的 APP（http：//www.mdpda.com/app/apk4588480.html）。它把模具上下游企业内部大量不具有竞争力的工作交予企业外部的专业工程师完成，为企业快速提供模具设计、产品设计、外加工、设备和模具维修、专家咨询、稀缺资源等服务，实现模具企业的需求与专业工程师的精准匹配和高效对接。出现纠纷时，由专家级工程师组成的仲裁委员会鉴定、仲裁，公正、公平地保护交易双方权益。

超级工程师的服务模式也遇到了挑战：一些较大规模的宁波模具企业的老板不高兴，因为企业的工程师晚上辛苦为自己赚钱，白天工作的效率就要受到影响，并且，这些工程师的知识与企业提供的培训、实验有关，与企业其他员工提供的知识有关，超级工程师的对外服务往往意味着企业知识的流失、竞争能力的降低。因此，保护各方应有的利益，还需要进行机制和模式设计及创新。

（2）人才资源流动交易的商业模式　企业视人才为企业最宝贵的资源，一般不愿意交易出去，企业希望对人才进行终身培训，使其满足企业的发展。我国目前在人才资源交易中存在地下黑交易的现象，即不付费挖人才。因此，政府要营造公平竞争的环境。企业投入经费、人力、财力培养出的人才轻而易举就被别人挖走，这是一种不公平的竞争。

保护企业培养人才的积极性很重要，乱挖人才导致的后果是企业不愿意培养人才，而没有人才会使企业的发展与创新受阻。但"树挪死人挪活"，人才需要合理流动，这样才能更好地发挥人才的作用和积极性；企业也需要引进自己急需的人才，形成合理的人才队伍。

所以需要利用新一代信息技术以及制度创新，实现人才资源的透明公平交易，具体包括：

1）员工培训和贡献信息透明化。将企业在员工培训方面的投资（不仅包括上课培训，还包括实验、科研实践等方面的投资）、员工为企业做出的贡献等信息准确、及时地录入政府监管的公共数据库。

2）企业与员工的合同要规范化和合理化。既要保证员工和企业的当前利益，又要提高全社会企业培养员工的积极性，满足我国制造业可持续发展的长远利益。员工和企业都要有契约精神，讲信用，遵守契约的规定。但是，契约只能对可以量化的内容进行规定，还有许多难以量化的内容，这需要有一种信任和合作文化的支持。

3）员工流动的合理化。员工可以合理流动，企业也可以合理挖人，前提是不损害原企业、离职员工和新入职的企业的正当利益。需要根据员工培训和贡献的历史数据确定补偿金额。这也同时督促企业重视员工的正当利益。

4）人才资源分享价值评定的市场化。一方面需要考虑人才培养成本，另一方面要考虑人才的供需情况。例如，人才分享需要尊重市场规律，市场紧缺人才的价格就高。

(3) 零工经济　零工经济（Gig Economy）是指由工作量不多的自由职业者构成的分享模式，利用互联网和移动通信技术快速匹配供需方，主要包括群体工作和经应用程序接洽的按需工作两种形式，其本质是让大家利用自己的特长、资源，来实现自己更高的价值，满足更高层次的需求。自由职业者利用自己的空余时间帮别人解决问题，从而获取报酬；同时也有一些企业为了节约成本，选择弹性的用工方式让自己的人才资源管理更加精益。拥有越多科技资源的人，就越不需要依附某家公司。原有的"企业-员工"雇佣合同制度逐渐向"平台-个人"的交易模式转变，新一代信息技术可以使人才供需对接更加快捷准确、报酬计算更加精细合理。人才资源分享平台是实现零工经济的关键。

案例1：猪八戒网站搭建了知识工作者与雇主的双边市场，通过线上线下的科技资源沉淀，使知识工作者与雇主无缝连接。

案例2：大牛家APP（https://www.liqucn.com/rj/654294.shtml）也是一种为企业对接各行业专家的人才资源分享平台。它邀请了一批行业专家入驻，覆盖技术研发、信息化、法务、财务、人事、首次公开募股（IPO）、税务、投融资、基建等企业业务，为付费企业或用户提供某项专业服务。

▶ **2. 知识资源交易的商业模式**

(1) 知识资源付费交易的商业模式　知识资源付费又称知识付费、内容付费，即把知识内容变现为图文等产品或服务，以实现商业价值。知识资源交易需要通过知识付费平台实现，如得到、知乎、创客匠人等平台。知识资源交易最大的问题是维权机制缺位。这种缺位也与知识本身的属性有关。它不同于电商网购下的一件衣服，知识付费产品被购买后，消费者可以轻松地通过网盘等云工具进行二次传播和交易，但存在维权困难的问题。

(2) 专利资源交易的商业模式　专利属于知识产权，专利赋予其所有者在一段有限的时间内（发明专利通常为20年）排除他人制造、使用、销售和发明的权利。

知识资产正在成为企业的主要资产，企业保护知识资产最主要的方法是依靠知识产权制度。知识产权是知识价值的权力化和资本化，是知识资源的结晶，是一种纳入法律保护的知识资产。世界未来的竞争就是知识产权的竞争。

专利资源交易的目的有：

1）支持企业的开放式创新。在知识经济时代，企业仅仅依靠内部的资源进行高成本的创新活动，已经难以适应快速发展的市场需求以及日益激烈的企业竞争。企业需要积极寻找外部的合资、技术特许、委外研究、技术合伙、战略联盟或者风险投资等合适的商业模式来尽快地把来自企业内外部的创新思想转变为现实产品与利润。

2）企业通过了解专利可以减少重复研究。客观、科学地分析某技术领域的专利，可以协助企业确定创新主题和方向，避免重复研究。英国专利局认为，目前在欧洲每年因不了解专利技术而发生的重复研究费用高达 200 亿英镑。

3）提高企业的知识积累和创新能力。英国德温特（Derwent）信息公司认为，专利文献公开的技术有 70% ~ 90% 未出现在其他技术文献中，欧洲专利局认为这个比例是 80%。目前世界上每年要出版专利说明书 100 万件以上，累计已超过 4600 万件。发明创造在专利文献中公布的时间要比在非专利文献中公开的时间早几年，甚至几十年。世界知识产权局统计，发明成果的 90% 首先在专利文献中公开。并且专利文献不受篇幅限制，披露的信息可以很详尽，这是专业期刊或会议录等文献资料所无法比拟的。专利用户充分利用专利信息，可以节约 60% 的开发经费、40% 的开发时间，使企业在技术开发、合作和贸易中有效地保护自身权益。通过专利资源分析，可以发现专利信息的数量特征、分布规律和结构关系，帮助企业认清自己的相对专利地位和技术领域的发展趋势，评估对自己有价值的技术；帮助企业发现和评估竞争对手，知己知彼，制定更适合自身的发展战略。

4）提高企业有效运用失效专利中的公知公用知识的能力。当前，全世界专利中，大部分都因为各种原因成为失效专利，成为可以公知公用的技术。要有效运用这些公知公用的技术，一方面需要企业对世界性专利技术的总体格局有全面系统的了解与把握，以规避在使用失效专利时可能遭到的来自专利拥有方的法律诉讼。另一方面，要通过对失效专利的研究与筛选，挖掘属于企业自己的发明、创造和商机。例如，海尔的"不用洗衣粉的洗衣机"的绿色产品就是通过阅读一个失效专利的灵感而创新出来的。

3. 软件资源交易的商业模式

苹果手机的应用商店中有上百万个 APP（应用软件），这些 APP 是全世界的程序员们提供的。德国工业 4.0 的战略认为，未来的智能工厂和设备也有应用商店提供各种工业 APP，可以购买并下载。

我国工业软件发展较滞后，使用国外工业软件不仅价格离谱，还要受其控制、打压限制，因此我国工业软件自主开发迫在眉睫。但存在巨大的"后发者劣势"，如用户的工业软件换型难、新的工业软件迭代发展难等。我国的优势是有世界上人数最多的软件开发工程师和工业领域工程师、最完整的工业价值链，可以利用这一优势，通过大家协同开发各种工业 APP，在工业 APP 的集成性、完整性以及支撑工业软件的数据和知识的完整性方面胜人一筹，弥补"后发者劣势"，后来居上。

软件资源分为外部采购的软件和企业内自行研发的软件。外部采购的软件资源可以根据采购成本分摊法计算其分享费用，企业内自行研发的软件资源可以根据开发成本进行分摊。但是工业软件要用得好，还需要大量来自实验和市场实践的模型、知识和数据，这些是市场上难以买到的核心资源，其价值计算有很大难度。

4. 透明的科技资源的知识产权保护的商业模式

科技资源的知识产权包括：①产品资源、知识资源和硬件资源的发明专利、实用专利和外观专利等；②软件资源的软件著作权；③知识资源和数据资源的版权。

透明的科技资源的知识产权保护的商业模式，主要解决科技资源的知识产权保护难的问题。这些商业模式具体有：

1）科技资源的知识产权发布透明化。①如果企业或个人有好的想法，打算申请知识产权，即可将其发布在科技资源分享平台中，链接到相关的科技资源的知识产权地图中，从发布之时起就可进行知识产权保护；②需要按照科技资源的知识产权地图的要求，将知识产权的思路、来龙去脉、和其他知识产权的关系描述清楚，使之融入知识产权地图中，便于其他人的知识产权引用和协同保护；③将新发布的科技资源知识产权推送给相关企业和专家。主要目的是让大家协同评价知识产权的有效性，并让大家在申请知识产权时可以注意回避和引用这些知识产权。

2）科技资源知识产权侵权行为评价透明化。①建立网上知识产权法庭，企业可以在网上起诉科技资源的知识产权侵权行为，但必须给出证据；②大家可以对知识产权侵权行为进行评价，评价者具有不同的权重，权重来自其专业水平和敬业态度；③被告可以反驳，但也必须以理服人，给出证据；④知识产权法庭可以在网上办公，进行判决。侵权者要得到处罚，当地执法部门要介入，执行结果要公布；⑤对于恶意起诉的原告，不仅要予以罚款，还要计入其信用档案。

3）科技资源的知识产权保护者激励透明公平化。为了鼓励大家参与科技资源知识产权保护的积极性，需要给予积极、认真、公平的参与者激励。激励的依据是参与者所参与的各种科技资源的知识产权保护活动中的表现,这将是一种大数据分析的结果。

4)对科技资源知识产权侵权者处罚透明公平化。不对知识产权侵权者进行严厉处罚,知识产权侵权行为就会屡禁不止,对策有两个:①知识产权侵权行为透明化,对初犯和屡犯的处罚不一样;②知识产权侵权后果透明化,后果不同,处罚程度也不一样。

6.2.4 科技资源采购交易的案例

1. 知识商务——付费的企业知识服务

付费的企业知识服务又称知识商务,知识型企业利用其产品生命周期过程中收集的但没有被利用的知识以及公司专家的隐性知识,为其他需要这些知识的企业服务,如图 6-5 所示。

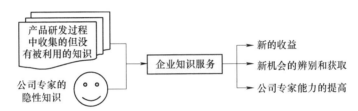

图 6-5 知识商务的组成和好处

案例:宝洁公司有这样一项规定:如果自己的某项专利技术在三年之内没有被公司内的任何部门采用,那么就将其出售给别人,甚至包括竞争对手。例如,宝洁公司研制的一种"透皮控释给药"技术,它可以使得药物分子如胰岛素分子,直接穿透皮肤被吸收,这样,糖尿病患者可以像贴膏药一样直接将药物贴在皮肤上。它是宝洁公司众多的"产能过剩"专利之一,一家专门研究药物传导机制的小公司通过 Yet2.com 购买了这项专利。

2. 以知识换市场

一些高新技术企业需要快速扩张,而知识服务因具有扩散快、边际成本低的特点,而往往成为企业扩张的"急先锋"。例如,Incyte 药业公司在短短 6 年内就获得了超过 6 亿美元的市场资本,这是因为 Incyte 药业公司将基因排序方面的知识以协议方式提供给了大型药业公司,由此它得以接触到合作伙伴,并在此基础上为今后基因数据的提供创建了标准平台,随着越来越多的公司使用该平台,在市场上 Incyte 药业公司也变得越来越有价值。

3. 虚拟社区中的知识资源分享

以知识分享为主的虚拟社区是一种新型社交媒体,包括微信、微博、脸书等，是人们交流、分享知识的有效途径。从 Web1.0 到 Web2.0 发展而来的虚拟社区拥有大量用户，然而，知识分享行为所带来的优势并未凸显。虽然知识分享是一种积极、主动的行为，但在虚拟社区知识分享中，大部分用户的典型格局是"90/9/1"，即 1% 的用户是经常贡献知识的知识提供者，9% 的用户是偶尔贡献知识的知识提供者，而 90% 的用户在虚拟社区内是沉默的用户。

当前，以知识分享为主的虚拟社区（如知乎、罗辑思维、喜马拉雅 FM、微博、在行一点等）均已发布付费知识产品，致使知识获取与提供双方知识分享的商业模式发生显著变化。

随着共享经济的出现，为有需要的用户提供付费知识颠覆了网络用户早已形成的从互联网上获取信息知识的"免费意识"。知识付费作为一种新领域、新平台、新模式，得到学界与业界更多的关注。在线知识付费的商业模式早在 20 世纪末就以"付费墙"形式出现，即付费才可以阅读电子报纸。付费墙由《华尔街日报》(*The Wall Street Journal*) 最早采用，它在众多同类产品中最为成功，取得成功的最主要原因：高附加值、高质量、专业性强的财经新闻信息使读者保持忠诚度。高质量原创知识是知识生产者与平台共赢的商业模式的基础。来自平台的优质内容能够吸引足够多的用户参与到所在虚拟社区，提高社区用户知识分享活跃度。

2016 年，"企鹅智酷"作为一家互联网产业趋势的研究机构，在调查知识付费主要驱动力时发现：获取有针对性的专业知识占 74.2%，节省时间和精力成本占 50.8%，积累经验与成长占 47.3%，拓展人脉与结交朋友占 12%。今天，知识付费为解决虚拟社区用户消极分享困境提出了可能的解决办法。

虚拟社区知识分享激励模式的创新与发展对社区持续发展有重要意义。目前，虚拟社区知识分享过程所经常使用的外部激励方式为：

1）选择性激励。使用权限设置，常将用户分为访客、常规使用者、版主和系统管理者，但激励制度过于繁杂，许多用户无法切实体会到激励的效果。

2）设立虚拟货币。此机制以物品与服务为价值基础，持币者可组织兑换实物或金钱。

3）荣誉激励。如设立荣誉榜、热门排行等。

4）设立不同的社区阶层。在虚拟社区中也可以设立阶层或不同层次的团队，他们具有不同的地位与功能，职务角色也不同。

5）设立积分制度。虚拟社区用户完成社区预设任务后给予的积分奖励，可用于兑换实物或虚拟产品。

2017 年 2 月，国家信息中心分享经济研究中心发布《中国分享经济发展报告 2017》，正式将"知识付费"作为分享经济的一种形式，鼓励从发展理论与实践开展研究。

案例：人大经济论坛的知识交易机制。人大经济论坛依托于中国人民大学，成立于2003年，目前是国内最大的经济、管理、金融、统计类的在线教育和咨询网站之一。人大经济论坛提供了一个实用的知识交易平台，主要有两种商业模式：

1）销售模式。知识供给方将自己所拥有的知识资源放在网站上，给定相应的售价，并对知识资源进行一定的信息披露和介绍。知识需求方根据自己的论坛币数和对知识资源价值的判断，决定是否支付相应的论坛币进行下载。买卖双方不存在讨价还价机制。买方完成交易后，支付的论坛币归卖方所有。

2）悬赏模式。知识需求方给出对于知识资源的需求和拟支付的论坛币，知识供给方通过回帖的方式提供知识需求方所需要的知识资源或者回答相应的问题。由知识需求方选定最佳答案，最佳知识资源的提供方将获得知识需求方悬赏的论坛币。而对于提供非最佳答案的踊跃参与者，可获得论坛给予的奖励积分。

4. 知识产权池（专利池）

知识产权池又称知识产权联盟，主要是专利池，是企业间的一种知识产权资源分享的战略性和策略性的技术和专利组织，它通过一定的制度设计，不仅使企业现有的知识产权资源得到充分利用，而且通过知识产权资源组合放大了专利的作用，发挥单个知识产权难以发挥的作用。

知识产权池的意义主要有：

（1）减少知识产权交易成本　①减少重复性谈判的交易费用和寻求每一个单独知识产权许可的费用；②减少知识产权池成员交叉许可的交易成本。

（2）促进知识产权技术的推广应用　知识产权池促进知识产权整合互补，技术分享。例如，美国汽车工业之所以取得了迅速发展，原因之一就是美国在汽车发动机方面形成了知识产权池，知识产权技术实施多边交叉许可，使各企业利益均沾。

（3）减少知识产权技术实施和诉讼成本　知识产权池成员间的知识产权争议可通过内部协商解决，而无须对簿公堂。知识产权池所拥有知识产权的清单以及被许可厂商的名单都会公布于众，一旦有厂商侵犯知识产权就会很容易被查出，同时也减少了间接侵权的发生。知识产权侵权行为的减少意味着知识产权诉讼的减少。

（4）放大企业知识产权技术的扩散效应　知识产权池通过内部企业之间知识产权的交叉许可、对外部企业的批量许可，在一定程度上弥补了知识产权技术保护过分的弱点，放大了企业知识产权技术的扩散效应，有利于技术创新、推广与运用。

（5）降低新产品和新技术的开发风险　降低新产品和新技术的开发风险包

括减少巨量投资失败的风险，分散企业的研发、市场化中的风险，减少知识产权技术重复的、高成本的研发风险。

6.3 科技资源免费分享

科技资源免费分享方法是科技资源市场分享方法中的特例。

6.3.1 科技资源免费分享的定义和需求

1. 科技资源免费分享的定义

科技资源免费分享是科技资源的用户无须付费的分享模式，是市场交易的一种特殊的模式。免费分享的科技资源主要是知识、数据、软件、产品模型等分享成本几乎为零的科技资源，否则科技资源拥有者就会难以维持自己的基本生存。

案例：特斯拉宣布，将毫无保留地开放所有特斯拉电动汽车的专利，以应对气候环境变化。此举不仅可以促进电动汽车的发展，还可以快速建立更大的产品价值链生态圈，增加零部件批量，降低产品成本，节能减排。

2. 科技资源免费分享的需求

首先科技资源免费分享是由科技资源用户即被分享者的需求驱动的。东西好，又免费，谁都想要。免费分享的科技资源应是有价值的，是大家感兴趣的。

其次科技资源免费分享是满足科技资源分享者的需求，一些企业或个人将自己的科技资源免费分享，其动机比较复杂，主要分为两种：

1）基于利人动机的科技资源免费分享，如有的人将自己的创新成果免费公布于世，造福人类。

2）面向其他利益的科技资源免费分享，科技资源发布者虽然没有从用户处获得报酬，但通过科技资源分享扩大影响力，建立生态圈，获得新的科技资源等，从科技资源免费分享形成的企业生态系统的其他企业或个人那里获得二次效益。例如，科技文献免费分享以便有更多人引用，提高自己的学术影响力。用户免费获得科技资源，节约了科技资源成本。免费的本质是收益的根本性转移。

6.3.2 科技资源免费分享的商业模式

科技资源免费分享本身的实施方法比较简单直接。但企业是追逐利润的，科技资源免费分享持续发展需要一种帮助企业盈利的商业模式。这种商业模式的关键是建立一种基于科技资源免费分享的企业生态系统，保障科技资源免费分享者的利益和需求。免费分享者从生态系统或系统中其他企业及个人那里获利是很重要的，否则科技资源免费分享难以持续。科技资源免费分享者的利益不是来自资源的主要用户，而是来自科技资源免费分享过程中产生的"副产品"，如用户使用科技资源所产生的数据等。

（1）专利资源免费分享的商业模式　专利的免费分享可以促进技术的迅速推广应用，快速建立产品的生态系统，降低自己产品的生产成本。

（2）产品模块资源免费分享的商业模式　产品模块企业可以通过基于 Web 的模块资源库免费分享自己的产品零部件的 3D 模块资源，用户使用模块资源设计出新产品后，就有很大可能性去寻找模块资源供应商供货，因为这些模块往往是标准模块和通用模块，批量大，成本低、质量好。这种产品模型资源的分享可以看作企业的广告宣传，以便有更多的用户在购买零部件时会找到自己。基于 Web 的模块资源库在我国发展得还不尽如人意，关键是大家的专业化分工协同意识不强，透明公平的协同环境还不够完善，保护企业模块模型知识产权的制度落实还需要加强。

（3）软件资源免费分享的商业模式　由于软件复制成本几乎为零，因而有的软件公司通过开放源代码平台分享自己开发的软件资源，目的是提高企业的声誉度，以便获得更多的订单。

案例：Linux 开源系统免费分享者的主要目的包括得到来自外界的认可，从而承担以 Linux 为基础的软件开发项目；或者是让大家基于自己的软件资源开发更多的应用软件，形成一个生态圈。

有的软件公司通过软件免费分享，快速占领市场，例如网络浏览器软件、杀毒软件等。而盈利则依靠个性化的专业服务，如广告、用户数据等。

（4）政府财力主导的科技资源免费分享的商业模式　政府财政经费支持下开发的一些科技资源，向公众免费开放，这是一种公益服务。例如，宁波科技信息研究院向宁波的企业免费开放利用政府财政经费购买的科技文献、专利等科技资源。又如，一些地方政府发放"创新券"给创新型企业，企业用"创新券"买服务，提高企业竞争力；服务公司间接得到政府的扶持，增加业务和收入。最终企业创新的动能大了，能够生存和发展，政府也获得了更多的税收，形成良性循环。这是一种理想的状态。

有人认为，目前我国绝大部分分享平台都是依靠政府财政拨款才可以维持正常运转的，传统的公益性服务方式由于经费紧张而大大降低了平台工作人员的工作积极性和平台服务质量及服务效率。可以进一步尝试面向部分用户及部分服务提供差异化的有偿服务，将有偿服务与无偿服务相结合，更好地促进平台发展。例如，针对平台部分服务，包括文献检索、科技查新、专业数据库、统计分析、调查报告等，在面向区域内战略性新兴企业、中小型科技企业、高等院校及科研机构时,可以考虑收取适当的服务费用,这样既可以调动平台员工的工作积极性,又可以适当缓解分享平台自身的经费紧张问题。

(5)产品生命周期数据资源获取的商业模式　产品绿色创新需要大量的产品生命周期数据,产品生命周期数据获取的商业模式如下:

1)产品生命周期数据获取协同化。首先要让大家清楚需要什么样的产品生命周期数据。其次需要知道如何获取这些产品生命周期数据。最后要让大家知道获取这些产品生命周期数据有什么好处。需要利用 Web2.0 技术支持员工协同获取绿色产品生命周期数据。

2)产品生命周期数据获取的激励透明公平化。利用新一代信息技术对员工在产品生命周期数据协同获取方面的贡献进行跟踪、统计、分析和评价。在此基础上,给予员工公平的激励。

3)产品生命周期数据获取的智能化。利用物联网,可以获取产品生命周期全过程使用、运行、维护等各种数据,使产品生命周期过程透明化。同时也需要生产企业利用这些数据帮助用户提高产品使用、运行、维护等能力,使用户感到切实的好处,例如,利用用户数据开展产品故障预警、预维护等,使用户有很好的体验,这样用户才愿意将数据公开。

6.3.3　科技资源免费分享的案例

1. 硬件资源免费分享的案例

传统制造企业一般都远离都市,在设计和研发产品方面费时耗力,且为了安全,只能在企业内部自行研发。而随着创新工厂、硬件工作室、孵化器、制造设备实验室等正在城市中心兴起,城市正在成为传统制造业的创新来源,任何人都可以介入其中并参与发明。如初创企业孵化器 Playground Global 和开源 3D 打印公司 LulzBot 等正在为自由创业者提供优越的物理办公空间和制造能力。

案例:欧盟的 Living Labs。Living Labs 可被翻译为"实地实验室""生活实验室""体验实验室""应用创新实验室",它起源于美国麻省理工学院,在欧洲发展壮大,欧盟于 2006 年 11 月 20 日发起了 Living Labs 网络。Living Labs 是一种典型的开放式产品协同开发服务模式,立足于本地区的工作和生活环境,提供一套便利的工具支持制造商和用户开展合作。

2. 知识资源免费分享的案例

(1)绿色设计知识的免费分享　绿色设计知识有利于全人类,因此在这方面的分享相对容易些,例如:

案例1:IBM、诺基亚、索尼和世界可持续发展工商理事会(WBCSD)发起了"Eco-Patent Commons",将可持续发展的技术公之于众。

案例2：耐克、BestBuy等企业联合发起了"GreenXchange"技术共享平台，分享绿色产品设计、包装、生产等方面的创新信息。

案例3：全球环境基金（GEF）推出了"Innovation Exchange"平台，鼓励企业分享它们在能源、水、气候和各种其他事情上的最佳实践。

（2）免费的产品使用知识服务　互联网的发展使得企业提供产品使用知识服务变得非常容易。这类知识服务一般是免费的。许多企业的产品使用知识服务并不是专门针对自己生产的产品的，因为这容易引起用户的反感，他们认为企业是在做广告；而是针对一类性质相似或相关的产品，以中性、客观的立场，提供知识服务，帮助用户更好地选择和使用该类产品。

例如，照相机生产企业在网上提供摄影技术服务、大众的照片交流和分享服务，奶粉生产企业在网上提供婴儿营养知识服务。这些服务虽然与企业产品没有直接的关系，但是在使潜在用户得到免费的、有价值的服务的同时，树立了企业形象，有利于企业产品的销售。

（3）免费的产品创新知识和数据分享　这些知识和数据来源有：

1）国家资助的项目所获得的知识和数据。首先要免费提供给大家使用，同时对使用情况进行跟踪、统计和分析。国家根据使用情况给予激励。

2）网民发布的知识和数据。主要根据数量和质量给予激励，并以精神激励为主，提高贡献者的声誉度，并及时反馈应用信息，提高贡献者的兴趣和热情。

3）行业协会组织企业协同提供产品创新知识和数据。这是行业协会的社会责任所在。

4）企业提供免费的产品创新知识和数据。这可以提升企业的形象，又可以宣传企业的绿色产品。

（4）供应链中的知识分享　在企业供应链中会有许多知识的免费分享，这种分享是保证供应链成功的关键。

案例：优衣库的生产加工采用外包的方式，在劳动力廉价的国家进行生产有助于降低生产的人力成本。在降低人力成本的同时，优衣库也开展"匠工程"来保证生产质量。优衣库将代工生产工厂视为生意伙伴，派"大师小组"（Master）到现场提供技术指导。"大师小组"是由日本拥有30年以上经验的技术人员组成的团队，他们对纺织、染色、缝制、修整到发货的每一个阶段进行质量管理，将关于整个工序的"大师的技术"传授给代工生产工厂，从而实现优衣库与代工生产工厂互利共赢的合作伙伴关系。

3. 软件资源免费分享的案例

案例：Linux由100多个软件项目构成，每一个项目下面都有不定数量的子项目。Linux开源系统给用户带来很大好处——零成本、快速、高质量地开发各种应用系统。同时参与Linux开源系统研发的开发者也从中获益良多，他们在做这些开源服务的同时，可以通过别的途径获得收入。

6.4 科技资源租赁交易

科技资源采购交易模式中的科技资源租赁交易模式发展很快，因此对其单独进行介绍。

6.4.1 科技资源租赁交易的定义和需求

1. 科技资源租赁交易的定义

科技资源租赁交易是通过租赁的方式进行科技资源分享，即通过租赁，取得科技资源在规定时间和范围内的使用权，但没有对科技资源的拥有权。科技资源租赁交易主要适用于软件、硬件等科技资源。例如，工程机械的租赁服务、仓储的分享服务等。

知识、数据等科技资源是难以实现租赁交易的。只有拥有权和使用权可以分离的科技资源才是可以实现租赁交易的，知识和数据在使用的同时，就被拥有和掌握了。当然专利在一些情况下可以租赁，即授权用户使用一段时间。

科技资源租赁交易实质上也属于市场交易，不同的是：租赁交易的是科技资源的使用权，市场交易的是科技资源的所有权。市场交易方法基本上也可用于租赁交易。

2. 科技资源租赁交易的需求

现在越来越多的用户不想拥有科技资源，只要求需要时能够方便使用，如软件、硬件等资源。汽车、自行车、充电宝等租赁交易已经有大量应用。

一些拥有科技资源的企业需要通过租赁交易的方法降低使用者的进入门槛，快速占领产品市场。例如，泵车价格昂贵，每台车的价格在 300 万 ~1000 万元，用户付全款购买比较困难，一般都是采用"以租代售"的方式销售，即用户与银行和泵车所有企业之间签三方协议，按月结算租金，几年之后泵车的产权开始完全归用户所有。

远程监控等信息技术的发展使软件、硬件等的租赁交易变得比较安全可行，否则连人带物都失踪了，无处寻找。例如，为了保证租金能按时到账，三一重工、中联等企业都会在重型工程机械中安装远程操控系统，系统会把机器的GPS 位置信息、耗油、机器运行时间等数据传送回总部。如果用户每个月正常回款，则机器运行正常；如果拖欠回款，泵车的运行效率会降低到原来的 30%~50%；如果再拖欠，机器会完全锁死，无法运转。远程监控系统还会根据工程机械发送的工作状态来调整付款方式。如果机器运行时间短，就是市不好找不到活干，可以延长付款时间；如果工程机械满负荷运载，还不能按时回款，企业会远程锁死工程机械，保证自己的回款成功率。

科技资源租赁交易可以提高科技资源的利用效率，减少科技资源用户的成本，节约资源，减少浪费，具有很好的经济效益和社会效益。

科技资源租赁分享的挑战主要有：

1）信用的挑战。有的用户租赁了设备，不交租费，设备租赁方远程关闭了设备，使之不能使用，但要将设备取回，则困难重重。甚至不良用户干脆将设备拆掉，把价值高的部件卖掉。企业要打官司，困难重重。

2）资源失联的危险。2016年年初，有件怪事引起了三一重工远程监控中心的注意：全国有近千台泵车"失联"，在三一重工的远程监控平台中看不到这些泵车的运行状态，无法传递设备工况数据与正常锁机，失联的泵车总价值高达10亿元。

6.4.2 科技资源租赁交易的商业模式

科技资源租赁交易的商业模式主要有以下三种：

1）按租赁时间交易。例如 GE 的飞机发动机、沈阳机床集团的 i5 数控机床都是按租赁时间进行交易收费的。

2）按使用次数交易。例如杭州爱科科技股份有限公司在网上提供的面料智能裁剪软件可以按使用次数（1次8元）也可以按照年费模式交易。

3）按使用效益交易。例如杭州科瑞科技有限公司在数控裁床租赁中，可以按照软性材料裁割长度计费。

这些计数需要远程监控，需要传感器和工业互联网的支持。

1. 基于互联网的科技资源租赁交易的商业模式

互联网的发展对科技资源租赁交易产生很大的影响，这方面的商业模式有：

1）线上软件资源租赁交易的商业模式。通过云服务平台开展软件资源租赁交易，按照使用时间或次数计费，这可以减少用户软件一次性投资的成本和风险，但要保证用户数据的安全性，让用户放心。

案例：某公司在云服务平台开展面料智能排料软件系统的租赁使用服务，使用1次收费8元，也可以按年租赁。

2）OTO（Online To Offline，线上到线下）科技资源租赁交易的商业模式。这即把线上的用户带到现实的租赁服务场所中，在线支付购买和预约线上展示的科技资源和服务，再到线下去接受科技资源和服务。这里的线上主要是云服务平台，科技资源主要是硬件资源，如大型仪器、重要设备等。租赁交易往往采取明码标价的"一口价"交易方式，远程监控系统可以保障租赁的科技资源的安全性、租费的收取等。

大型、贵重仪器设备租赁服务是各种科技资源分享中最成功的服务。大型、贵重仪器设备的供需双方需求和利益都很明确，关键是仪器设备租赁服务供需的精准匹配和过程的透明公平，新一代信息技术、用户评价等可以帮助这种商业模式的实现。

3）线上硬件资源租赁交易的商业模式。有的硬件资源可以被远程操控使用，因此可以直接通过云服务平台开展硬件资源租赁交易。例如，云服务器、3D打印机等。

科技资源租赁服务最大的挑战是信用问题。例如，自行车租赁服务中，大量自行车被损坏或失窃。大数据分析有助于解决这一问题。图6-6描述了基于大数据的科技资源租赁服务模式，通过Web2.0、大数据和云平台以及群体智能，跟踪、记录、统计和分析用户使用资源的行为数据、供需双方的评价数据，使科技资源租赁服务过程透明化，建立用户素质和信用档案。

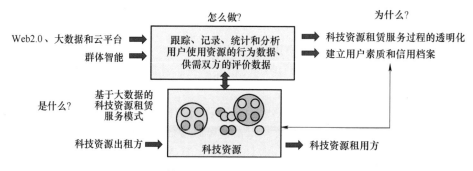

图6-6　基于大数据的科技资源租赁服务模式

▶ 2. 软件资源租赁服务模式

软件资源租赁服务可以通过SaaS方式获得，其价值是推广优秀的软件，为中小企业节省软件购买、维护成本。

通过与软件开发商签订协议，平台运营商可以将软件放到云平台上，供所有需要该软件的用户使用，其服务流程是：①软件开发商向平台发布软件并定价；②平台将软件虚拟化；③用户检索并选定软件；④用户付款；⑤用户在线使用软件。

服务过程中的交易/收费方式是根据用户的软件使用情况，按CPU时间来计费的。

软件资源租赁服务模式对软件开发商而言拥有以下优势：

1）保证企业收入的长期稳定。以周期性租赁付费方式取代一次性付费的交易模式，能保证企业长期稳定的收入流。例如，软件开发商可按照月度或者年度周期的固定收费率向所服务的企业收取软件使用和维护费用。

2）提高用户购买意愿。软件租赁服务可以显著提高用户的购买意愿，软件开发商可以高效地获取大量用户。

3）有助于了解用户需求。通过租赁模式，软件开发商能够获得用户的喜好和购买行为数据，这有利于企业开展精准营销，针对不同的用户提供个性化的服务。

4）有利于锁定用户。租赁模式具有天然的留住用户的属性，使其成为软件资源的忠实用户。

5）可以提供多样化选择，有助于新产品推出。租赁模式会建立企业与用户的深入合作，企业会根据用户需求开发新的软件和服务，使新产品易于快速推广和盈利。

对用户而言软件资源租赁服务模式的优势如下：

1）成本的可预测性。周期性的定价模式将允许用户在运行稳态工作负载时对软件使用成本有着更为准确的预测。

2）节省成本。用户按需租赁，只需要付少量的费用，即可享受多样产品，避免了以昂贵的费用购买不合适软件的风险，大大降低了用户的试错成本。现实中一些公司由于需求变化而导致软件闲置未用，而其他一些业务上的软件需求则由于预算受限而无法获得支持。软件资源租赁服务有助于解决这一难题。

3）灵活性。用户可以在任何软件开发商支持的区域内运行软件。

4）获得个性化推荐服务。软件开发商可以针对用户提供个性化推荐服务，使用户使用的软件更能满足其需要。

3. 硬件资源在线租赁服务模式

基于 PaaS 或企业云计算的设计平台的硬件基础设施，由企业自身或第三方建立 PaaS 环境，可以保证硬件运行的高可靠性、高稳定性、高环境适应性等，同时也极大地节省了在硬件投入和维护上的成本，使得企业可以将主要精力用在业务优化和管理上。

（1）硬件资源在线租赁服务模式的优势　日常经济活动中，硬件设备不断多样化且更新速度不断加快，为追求资金的利用效率，越来越多的企业一改传统投资思维模式，即由原来偏好固定资产投资改为根据市场的需求情况灵活地租赁多台硬件设备，如航空公司租赁飞机、医院租赁大型医疗设备等。硬件设备租赁服务能够免去企业在运营过程的一些风险，一般企业选择租赁的硬件设备都是那些高价值非易耗品。硬件资源在线租赁服务的优势主要有：

1）硬件租赁服务能降低用户风险和成本。对于硬件租赁用户而言，租赁服务能够显著降低资金投入风险，降低投入成本，提高企业竞争能力。

2）服务提高硬件的核心价值。对于提供硬件租赁的企业来说，服务也成为其核心价值，只有做好服务，租赁业务量才会稳步上升，通过服务能够获得更多的、稳定的现金流收入。

3）互联网模式使硬件租赁更便捷。通过互联网租赁平台展示和租赁硬件，租赁企业可以用较少的资本投入，换取较多的利润。租户也能得到方便的好处，能快速找到自己要租的硬件，在线挑选、在线下单，这是传统租赁方式所不能比拟的。

4）硬件租赁服务有助于减少能源和资源的消耗。硬件租赁服务可以通过提高硬件的利用效率，以及通过生产企业的远程监控，及时进行节能减排服务，取得节约能源和资源消耗的社会效益，如飞机发动机、大型工程机械、汽车、自行车等的租赁服务。

(2) 硬件资源在线租赁服务模式面临的挑战

1）用户的诚信和素质问题。对于硬件资源租赁用户而言，"天高皇帝远"，有些用户利用硬件资源租赁企业远程监控难以全面深入的问题，不爱惜硬件资源，严重损坏硬件资源。最典型的是自行车的租赁业务，其损耗率相当高。

2）企业服务难的问题。对于硬件资源租赁企业而言，因为硬件资源租赁服务涉及面宽，高度分散，所以租赁服务动态性强，服务质量和信用等保障难。

3）产品的可靠性和鲁棒性问题。如果硬件质量不行，用户也是不愿租赁的，依靠服务弥补质量问题的作用是有限的。而且在租赁环境下，对硬件质量有更新和更高的要求，例如，自行车要经得起各种折腾。

(3) 硬件资源在线租赁服务模式的发展

1）硬件资源租赁服务信息透明化。通过互联网和物联网获取硬件资源租赁服务中的各种数据，使硬件资源租赁服务全过程透明化、租赁服务双方的信息透明化，保证硬件资源租赁服务的公平性和可持续性，并对租赁服务双方的信用进行监管。

2）租赁硬件资源信息透明化。通过物联网和各种传感器、嵌入式系统，远程监控租赁硬件资源的运行，帮助用户节能减排，监控和分析硬件资源故障，还可以支持按工作时间的租赁（如飞机发动机）、按切割长度的租赁（如数控裁床）。租赁者可以有效掌控租赁硬件资源的动向和性能。

3）租赁服务大众化。可以进一步推动租赁服务的大众化，使大众容易地参与到租赁服务中，如空余房间、闲置汽车等的租赁服务。

硬件资源租赁服务透明化的内容如图6-7所示，包括硬件资源租赁服务信息透明化和租赁硬件资源信息透明化等，它们可以有效支持硬件资源租赁服务协同化。

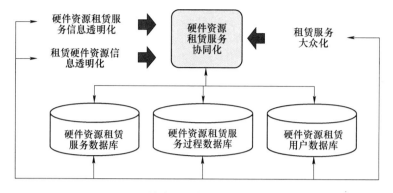

图 6-7 硬件资源租赁服务透明化的内容

6.4.3 科技资源租赁交易的案例

1. 软件资源租赁交易的案例

1）PTC 中国公司的软件租赁服务模式。2017 年，PTC 中国公司宣布，其所有软件产品均推出三年租赁服务模式，同时中国用户可在三年期满后选择永久买断软件许可证。PTC 中国公司认为，租赁服务模式能让用户第一时间选用创新软件，以更低的预付成本拥有云部署选择，提高灵活性。用户还可获得诸多好处，如根据业务需求灵活地扩展或更改功能、较低的前期成本和可预测的预算、独有的全新特征、云部署选项、相应的支持服务等。

2）德国西门子公司的软件租赁服务模式。2015 年，西门子 PLM Software 宣布，在中国市场新增 Solid Edge 和 Femap 软件按月租用方式，帮助中国企业灵活平衡技术需求与运营开支。该方式保证用户有更多选择，例如选择最符合其项目和预算要求的软件许可方式，从而提高生产率，加快产品上市速度，最终降低企业的成本。

按月租用模式扩大了 Solid Edge 和 Femap 软件的用户范围，不论用户以何种方式购买这两款软件，均可从西门子的渠道商网络获得同等的专家级支持和维护。用户可以登录在线商店按月租用以上两种软件，并可在多个不同版本中选择最能满足其需求的软件功能。通过灵活租用的方式，企业能够在满足项目需求的同时优化配置其有限的运营开支。

3）美国欧特克公司的软件租赁服务模式。2016 年，美国欧特克（Autodesk）公司针对多数非套件产品不再提供新的永久许可购买选项，而改为提供全新的简化的 Subion 合约计划，使用户更简单、方便和灵活地使用欧特克产品和分享许可。欧特克超过 40% 的用户是来自 Subion 的订阅。通过订购固定期限的使用许可，用户可以享受简化的客户体验、降低前期成本，并且能够按照适合自己的期限购买欧特克产品和云服务，其中包括季度、年度和多年的不同期限；用户可以随时随地使用软件，获得欧特克的专业技术支持。

2. 硬件资源租赁交易的案例

案例：电动汽车租赁服务。浙江左中右电动汽车服务有限公司负责运营电动汽车租赁服务，提供迷你的电动小汽车，这些电动小汽车有着白绿色车身，印着"微公交"的 Logo。"微公交"租赁用车除了解决限行和停车难的问题外，其价格也具有一定的优势。租赁用车分为双座版和四座版两种，两款车的价格分别为 20 元/h、25 元/h。如果采用年租的形式，双座版约 1 万元/年，四座版 1.4 万元/年，押金 3 万元。1 角钱电费能跑 1km 左右，比开汽油车还省钱。

6.5 科技资源内部交易

科技资源内部交易本来是不存在的，但由于现在企业朝企业内部市场化方向发展，科技资源内部市场交易越来越多，并且有其特殊性，所以对其单独进行介绍。

6.5.1 科技资源内部交易的定义和需求

1. 科技资源内部交易的定义

科技资源内部交易是在企业或部门内的科技资源交易分享。"亲兄弟，明算账"，企业内科技资源也不都是无偿分享的，需要一种透明公平的交易分享模式、机制和环境。

虽然企业间的科技资源采购交易、免费分享、租赁交易、服务交易等模式在企业内部的科技资源交易分享中也都存在，但是也有所不同。根据企业理论，企业的存在就是为了使各种资源在企业内部易于分享。

2. 科技资源内部交易的需求

理论上，企业内的科技资源都是属于企业的，应该无偿分享。但目前企业的两大发展趋势为科技资源内部交易带来机遇和挑战。

1）企业大型化。企业通过兼并、联合、合作等方式，使企业大型化，其主要目的之一是使更多的科技资源在内部交易，提高效率。这为科技资源内部交易带来机遇。

2）企业小型化。企业小型化又称企业扁平化、市场化，其表现为：大企业纷纷下放权力，各种小微企业、"阿米巴"、高度自治的小团队等模式大量出现，同时科技资源的分布和管理分散化，企业内部关系市场化。在市场化业绩考核制度下，部门和员工都将科技资源视为自己"吃饭的本领"，不愿轻易分享。这为科技资源内部分享带来挑战。

随着科技的快速发展和更新换代速度加快,知识、数据、人才、软件等科技资源的分享变得越来越重要。

案例:某复杂装备生产企业的产品在国内外市场占有率排名第一。但最近发现该产品某环节的质量出现问题,原因是技术工人退休而其技术没有很好地被其他员工学会。

企业通过科技资源交易市场内部化,使每个部门和员工的贡献清晰化,避免"吃大锅饭",充分发挥每个部门和员工科技资源分享的主动性、积极性和创造性。

因此,企业间的科技资源内部分享的方法同样适合企业内。但企业作为有一定控制权的组织,可以利用新一代信息技术和制度创新,通过建立透明公平的科技资源内部分享市场,帮助实现企业内部科技资源分享,这比企业之间的科技资源分享容易得多。

6.5.2 科技资源内部交易的商业模式

1. 企业内信息类科技资源交易市场

(1)信息类科技资源市场 信息类科技资源容易被员工私人拥有和隐藏。除了要有制度规范、企业文化、信息平台和完善的组织结构促进员工之间畅通的信息类科技资源流动外,还需要建立信息类科技资源在企业内部流动和分享的机制,以便让信息类科技资源更有效地流动和使用。

企业往往假设信息类科技资源的流动是没有阻力或推动力的,人们在分享信息类科技资源的时候并没有考虑得与失的问题,因此企业建立了完善的内部网络和分享平台,希望信息类科技资源通过数字形式自由流动。但情况往往并非如此,所以企业需要弄清楚企业内部信息类科技资源市场的运行机制和规律。

表6-2给出了实物类科技资源的外部市场和信息类科技资源的企业内部市场的比较。

表6-2 实物类科技资源的外部市场和信息类科技资源的企业内部市场的比较

比较项目	实物类科技资源的外部市场	信息类科技资源的企业内部市场
交易客体	有形的实物类科技资源	无形的信息类科技资源
交易场所	市场内	企业内部
买方、卖方	客户和货主	企业员工
确定价格的主要因素	生产实物类科技资源的内在价值和市场供求关系	生产信息类科技资源的内在价值和市场供求关系
支付方式	现金、支票等	以"货"易"货"、物质奖励、精神奖励、提高名望、"双赢"

(续)

比较项目	实物类科技资源的外部市场	信息类科技资源的企业内部市场
交易目的	或使用需要，或获取销售利润	获得某种形式的利益
内在机制	完全由市场机制控制	市场机制起主要作用
交易方法	直接讨价还价，以寻求双方满意的价格	在比较完善的市场机制下，信息类科技资源分享给大家带来更大的利益
可能影响市场发展的主要因素	实物类科技资源的供需匹配难；存在假冒伪劣商品，以次充好	缺乏促使信息类科技资源流动和分享的"市场机制"

（2）信息类科技资源市场的主体 与其他市场一样，企业内部信息类科技资源市场的主要角色包括买方、卖方和中介者。表6-3描述了企业内部信息类科技资源市场的主要角色和分工。

表6-3 企业内部信息类科技资源市场的主要角色和分工

分 工	信息类科技资源的买方	信息类科技资源的卖方	信息类科技资源市场的中介者
通常是谁充当该角色	通常是那些为了解决问题而寻找信息类科技资源的员工	企业内掌握了某方面信息类科技资源的人	信息类科技资源管理人员
该角色的主要分工	搜索购买所需要的信息类科技资源，对科技资源进行评价	在企业内发布所拥有的信息类科技资源，积极寻找用户，使资源得到充分利用	把需要信息类科技资源和拥有信息类科技资源的人联系在一起，建立企业内部人与人之间、人与信息类科技资源之间的联系
充当该角色的限制	可能由于保密需要而有权限要求	有权限要求，需要考虑知识产权	需要了解供需双方的需求和权限

（3）信息类科技资源市场的支付方式 信息类科技资源市场的支付方式如图6-8所示。

1）以"货"易"货"。人的时间、精力和信息类科技资源都是有限的，因此许多员工期望与他人交换信息类科技资源，既可以节省获得科技资源的精力，又可以使自己的科技资源得到充分利用。

2）奖励。企业对积极贡献出信息类科技资源的员工给予物质奖励和精神奖励，以促进企业内部的科技资源分享。为了实现信息类科技资源分享，一些公司已经开始通过诸如业绩评价和补偿等鼓励措施对员工的相关表现进行评价和奖励。

案例：莲花（Lotus）公司在对其为消费者服务的员工进行的总业绩评价中，信息类科技资源分享占了25%的份额。

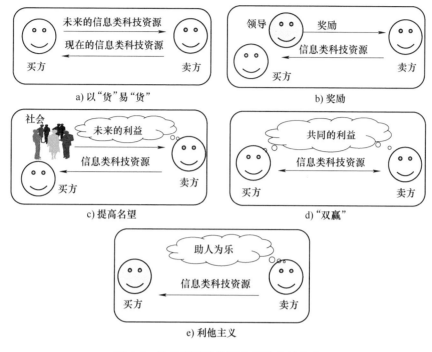

图 6-8 信息类科技资源市场的支付方式

3）提高名望。有的信息类科技资源拥有者想树立拥有有价值的资源和经验、乐于与他人分享的形象。这种形象和名望是无形的,但是却能带来有形的收益,如工作的稳定性、工资的增加、职位的提升等。

4）"双赢"的理念。在责权利高度统一的团队中,可以建立起一种"双赢"的理念,在这种理念的驱动下,每个员工都有责任将自己的信息类科技资源与他人分享,同时也有权利要求他人将信息类科技资源拿出来分享。因为在团队中大家的利益是密切相关的,大家共同努力将"蛋糕"做大,这样就能分到更大的一块"蛋糕",大河有水,小河就自然满了。

5）利他主义。对某些员工来说,信息类科技资源分享也可能是乐于助人的行为,是其高贵品格的反映,他们分享信息类科技资源并不是单纯为了取得回报。企业应建立一种鼓励这种精神的企业文化。随着社会的进步,利他主义现象将越来越多。

（4）企业内信息类科技资源分享也需要市场

1）团队。拥有彼此互补信息类科技资源的人组成一个团队,这个团队有一致的目标和共同的责任,在日常的工作接触中,往往会无保留地分享信息类科技资源。

2）非正式组织。企业内存在各种非正式组织,主要通过个人接触和口头交流而实现,当人们聚在一起闲聊时,信息类科技资源的卖方、买方和中介者就联系在一起,供需双方容易找到彼此,推动了信息类科技资源在企业内部的流动。企业要为非正式组织的信息类科技资源交流创造条件。

3)基于Web2.0平台的信息类科技资源市场。在Web2.0平台中,员工可以发布自己的问题,知道问题答案的其他员工可以将答案提交到Web2.0平台中。在这个市场中,大家都很清楚谁贡献信息类科技资源多。这样就便于企业对贡献信息类科技资源多的员工进行奖励。

(5)影响企业内信息类科技资源分享的原因及对策

1)信任度低。如果企业内部缺乏信任,相互提防,那么整个信息类科技资源市场的效率会很低。信息类科技资源市场是建立在"信用"基础上的,相互信任是信息类科技资源交换的核心,是决定信息类科技资源市场能否良好运转最重要的因素。企业必须让员工看到信息类科技资源分享所带来的益处,必须保障企业的各个部门内盛行相互信任的风气。当然,信任必须从企业的领导层开始推动。

2)信息类科技资源的垄断。有些信息类科技资源拥有者认为:与分享信息类科技资源相比,垄断其所拥有的信息类科技资源会给他带来更多的利益,例如建立自己在企业中的权力和地位。这种想法的后果类似其他市场的垄断——缺乏竞争使得信息类科技资源或者难以寻觅,或者价格变得很高。在传统的思想中,资源就代表权力。企业需要培育新的企业文化,建立新的奖励制度,健全信息类科技资源产权制度,要让员工看到与独占其信息类科技资源相比,分享资源会给他带来更多的利益。因为无论是对于企业还是对于个人而言,完善而有效率的信息类科技资源市场都将带来直接的利益。当信息类科技资源能在企业中自由地流动时,它潜在的价值就会体现出来:员工工作更加努力,生产率得到提高,创新不断涌现,企业将有更强的凝聚力和更丰富的信息类科技资源存量,企业将得到更大的发展,获得更多的利润;最后,员工也将从中获益匪浅。

3)信息不完备。很多员工不知道到哪里去找所需要的信息类科技资源,缺少信息类科技资源分布图和结构图来指导资源买方和卖方接触。另外,买卖双方缺少明确的价格信息也是信息类科技资源市场失效的原因之一。这需要开发和应用信息类科技资源分享平台。帮助信息类科技资源买卖双方的匹配和对接。

4)信息不对称。在所有市场中都存在一定程度的不对称性。在企业中经常存在一个部门有大量的信息类科技资源,而其他部门又很缺乏这些资源的情况。企业发展战略方面的信息类科技资源可能在高层管理者中存在,而企业的中层管理者虽也需要这些资源,却很难得到。这种问题往往是由保密和权限要求、分发渠道、信息形式等引起的,而不是由信息稀缺所引起的。

5) 组织结构不合理。在以"货"易"货"为主要支付方式的信息类科技资源市场中，资源的扩散主要是在有较紧密利益关系的小团体中，因为面对面的接触是得到信息类科技资源的最好方式，很多人从经常接触的人那里得到所需要的资源，而且所贡献的资源的回报是可以预期的。在这种信息类科技资源市场中，传统的按功能分解的组织对于某项任务（如某产品的开发和制造）所需的信息类科技资源交流是不利的，因为卖方和买方的距离阻碍了信息类科技资源的交易。因此，建立面向过程的团队组织，有利于信息类科技资源的交流。

6) 信息衰减或信息失效。随着企业规模的扩大，其内部结构也越发复杂，于是企业内部信息传递的数量巨大、渠道众多，企业的高层管理者为了有效地协调企业的各种活动，必须从其下属那里搜集信息，并向下属发布各种指示与命令。当信息从一级向另一级传递时，难免会损失部分信息量或者歪曲信息内容，信息学中称这种情形为信息衰减或信息失效。减少企业的管理层级是解决信息衰减或信息失效的有效方法之一。

7) 信息类科技资源的保密。出于保护企业机密不被竞争对手轻易拿走的目的，企业对自己内部的关键性信息类科技资源有严格的保密措施，这是必要的。但在企业内部过度保密，就将对信息类科技资源的交流产生危害，得不偿失。信息类科技资源的保密和分享是一对矛盾，需要建立平衡机制。

从上面对企业内部信息类科技资源市场的论述中可以看出，建立信息类科技资源生产、传播和应用的激励机制非常关键。企业一方面要不断地创新，不断地生产和获取新的信息类科技资源，另一方面要让所有需要信息类科技资源的员工都能参与到资源分享中来。资源分享的前提是拥有资源的人把他所拥有的资源拿到企业内资源市场中出售，因此企业应该重视对信息类科技资源分享的激励。激励应该是长期的，并且与评价和补偿机制相结合。总之，建立鼓励资源分享的企业文化非常关键。

2. 企业内科技资源交易的几种典型的商业模式

科技资源内部交易的商业模式并不是严格意义上的商业模式，但因为企业朝内部市场化方向发展，所以可以套用商业模式的概念，可以参考企业间科技资源交易的商业模式。其他商业模式还有：

1) 基于效益分成的企业内科技资源交易的商业模式。通过科技资源交易分享，使科技资源发挥更大的价值，所获得的收益比独占科技资源更多，因此需要进行合理的效益分成，论功行赏。例如，谁先发布自己开发的科技资源，如知识、产品模型等，就有相应的知识产权，其他企业或员工使用了这些科技资源、产生了效益，就需要给予他一定的回报。华为就采取了"按知分配，结合按劳分配"的方式。

2) 基于技术入股的企业内科技资源交易的商业模式。更有价值的是分给科技资源分享多的员工更多的产权（如股份），使这些员工与企业的利益捆绑在一起，从而激励他们不仅为自己而且为企业做出更大的贡献。

案例：某企业为了促进智力的国际交流，曾一度高薪聘请外国专家。但是由于中西方工资的巨大差距使其不得不改变了聘用操作方法，让外国专家技术入股，来主持产品的开发和创造，使外国专家的收入与企业的未来效益密切联系，这促使了技术有效及时地转化为生产力。

3）基于公平激励机制的企业内科技资源交易的商业模式。要让员工将自己拥有的科技资源分享出来，最需要有一种公平激励机制，满足员工高层次的需要。图6-9a是常规的企业管理措施，即使处理得当，这种措施也难以提高科技资源分享的积极性。图6-9b是针对知识型员工的激励措施，这种措施可以提高他们科技资源分享的积极性。

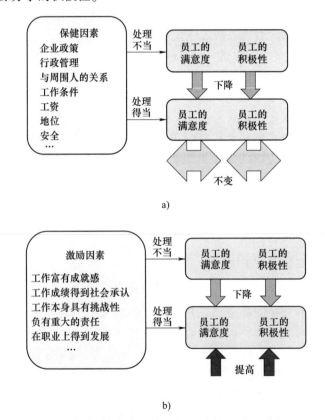

图6-9 提高员工科技资源分享积极性的措施

案例：微软关于知识分享的解决方案。微软建立了一种鼓励合作、知识分享的氛围，设立知识分享项目，并奖励那些分享知识的人。在微软看来，传统的把隐性知识密不宣人的强大惯性完全可以被打破，并不需要考虑知识资本、组织设计及知识产权等复杂性问题。知识就是力量，力量不是来自保密的知识的，而是来自分享的知识的，一家企业的价值观和奖励制度应该反映这个观念。

3. 科技资源内部交易的实施方法

1）建立支撑企业内部科技资源分享的信息平台，集聚企业内的科技资源。

2）利用新一代信息技术，将科技资源的应用与企业员工的日常工作结合起来，依靠广大员工对科技资源的价值和关系进行评价。

3）利用新一代信息技术，对科技资源的生命周期全过程（建立、发布、使用、评价、废弃等）进行自动跟踪、统计、分析、评价。

4）使科技资源分享行为透明化。利用新一代信息技术对企业部门和员工在科技资源建立、发布、使用、评价中的各种行为进行自动跟踪、统计、分析、评价，给出企业部门和员工的科技资源分享贡献度的排名，并将其与企业绩效管理系统集成，给予公平的激励。这需要有鼓励部门和员工积极主动分享科技资源的制度创新。

5）建立企业内部科技资源知识产权制度。通过对分享平台内分享的科技资源赋予相应的权益属性，来保障员工的相应权益，以充分调动企业员工分享科技资源的积极性，减少科技资源的重复建设。

6.5.3 科技资源内部交易的案例

1. 海尔的"企业平台化、员工创客化、用户个性化"战略

海尔的战略包括：①企业平台化。企业从原来封闭的组织变成开放的生态圈，以整合各方资源来完成目标，从而演变为一个可以自循环的开放生态圈。②员工创客化，即让员工从原来被动的执行者变成主动的创业者。③用户个性化，即从预测生产转换成按订单生产，满足用户的个性化需求。为此，海尔分为两部分：小微公司和创客平台。

（1）小微公司　海尔把大企业拆分成几百个"小微"。所谓"小微"，即由若干成员组成的小微公司。海尔为"小微"们提供适合创业的资金、资源、机制、文化等各种支持。未来海尔将只有三类人：平台主、小微主和小微成员。

（2）创客平台　海尔的创客平台分为：①投资驱动平台，在该平台发布和评价项目，如果有好的创业项目，海尔就马上会配备资源，风投也会跟进。通过平台争取吸引一流的创客和资源，使海尔成为一个不断孵化创客的平台。②用户付薪平台，把创客和用户连接在一起，完全由用户考核创客。

海尔的创客平台有：①HOPE平台，支持资源方、设计方等能够和用户需求直接对接，产生创客项目；②"海创汇"平台，产生项目之后，就可以基于"海创汇"平台找到资金去发展；③"海立方"平台，给每一位创客提供交互社

区,他们可以分享自己的创业经验,通过交互不断积累用户资源。

现在在海尔的创客平台上,每年大约可以产生1000多个创客项目,这些项目能否孵化完全是由市场拉动的、用户选择的。海尔已支持内部创业人员成立家小微公司,创业项目涉及家电、智能可穿戴设备等产品类别,以及物流、商务、文化等服务领域。由海尔创建的创业生态系统,已为大众提供了超100万个就业机会。

(3)企业损益表转化为员工个人的损益表 传统企业核算的体系是事后算账,见数不见人,见果不见因。海尔创新的以人为索引的核算体系,把传统财务报表转化为每个员工的四张表:①损益表。传统损益表是收入减去成本、费用等于利润,而海尔的损益表是战略损益表,不是先创造用户再造产品的所有数都是"损",因为这样的数不能为用户创造价值,员工也得不到价值体现,企业也不能因此持续健康发展。②日清表。日清表的任务是"关差",把创新的工作形成每天的预算,并每天进行根据预算的日清。③人单酬表。把员工的报酬和他为用户创造的价值紧密结合。④流程表。这与传统的流程表差别不大。

海尔庞大的商业体系或者看似复杂的商业模式其实只有一个出发点——客户价值主张。那么谁来发现和创造客户价值主张?企业员工。而成千上万的客户永远有千变万化的价值主张,即市场营销的"碎片化"、需求的"个性化"。这种"碎片化"就需要员工与客户需求实现"一对一",真正去了解客户,从而个性化地创造用户潜在的需求。

面对成千上万的个性化订单要实现即需即供,这显然是难以做到的。海尔的破解方案是:实现模块化生产,利用少量模块就可以按照用户需求生产出多种型号,从而迅速满足用户需求。

▶ 2. 基于 Web 2.0 的企业内知识资源分享

案例1:IBM已经开发了名为"创新梦工场"的解决方案,为客户提供Web2.0的协作和IT管理功能,使其能够管理和协调创新流程中从创意到商业化的每一个环节。

2007年3月,IBM推出了"创新梦工场",将Web 2.0的服务功能引入企业协作创新领域。这些Web 2.0的服务功能包括社区、线上书签、电子档案和博客等。通过在线社区加速员工、合作伙伴、软件开发人员和用户之间的协作创新进程,了解企业中专家的观点,并与之交流,实现更快的内部创新,更容易发现和利用隐藏在企业内部的专业知识,帮助企业提高生产效率。

案例2:宝洁有一个"创新网",使分散在全球各地的研发、设计、市场研究、采购等方面的人员可以通过该网进行交流。"创新网"上,有一个名为"你来问我来答"的功能。任何人在研发过程中遇到困难或有需要,都可以把问题贴在网上,然后问题会被转给有相关专业经验的人,而且往往在24~48h内就能找到能够提供答案的人。网上还有各种技术专业社区，供人们讨论交流。当有人在产品开发中遇到困难时，这些专业社区就会成为其求教的主要途径。

案例3：Infosys 公司实施了信息类科技资源交易机制。Infosys 是一家拥有 17 000 名雇员的咨询和 IT 技术公司。这个公司建立了名为 Kshop 的内部交易系统，员工可以通过网络提交自己的研究报告、项目经验总结和其他类型的信息类科技资源商品，有专家会对这些信息类科技资源进行评价并公布。评审者和信息类科技资源创造者都将得到虚拟货币。每一位资源使用者都必须支付一定的虚拟货币才能使用该信息类科技资源。虚拟货币可以兑换成现金和其他礼物，还可作为评价信息类科技资源质量的有效工具。内部信息类科技资源市场的建立大大激励了员工分享信息类科技资源的积极性，每位员工均愿意创造信息类科技资源并将其上传分享，这无形中提升了组织的创新能力与学习氛围。

案例4：华为成功的关键之一是"不让雷锋吃亏"。这里的关键是发现"雷锋"（透明化），并给予公平的激励，这样"雷锋"就会越来越多。华为为员工提供信息类科技资源分享平台。在平台上，员工都很活跃，建立各种信息类科技资源分享社区，发布自己的经验、心得体会，积极回答各种提问和求援。系统会自动进行统计和排名，企业会给予一些奖励，但这些奖励是象征性的，微不足道。员工更看重由此而带来的更多的机遇，因为华为的各种创新团队可以通过信息类科技资源分享平台，从 20 万名员工中挑选到自己需要的员工。

▶▶ 3. 面向知识资源分享的激励机制

案例1：华为的按知分配。知识资源是利润的主要源泉，因此按知分配将成为分配中的主要形式。华为就采取了"按知分配，结合按劳分配"的方式。工资的分配实行基于能力的职能工资制；奖金的分配则与部门和个人的绩效挂钩。按知分配不仅分给掌握信息类科技资源多、贡献大的员工更多的金钱，还分给他们更多的产权（如股份），使这些员工与企业的利益捆绑在一起，从而激励他们为自己、为企业做出更大的贡献。华为实行全员持股，30% 的优秀员工集体控股，40% 的骨干员工有分量地持股，30% 的一般员工和新员工适当参股，使公司可持续成长。

案例2：按业绩付酬。在美国企业中，"按岗付酬"正在让位于"按业绩付酬"，即按员工的工作成绩支付其工资，把员工的权利和责任联系在一起。美国企业大致有 3/4 采用了按比例提成、贡献奖、利润分成及其他各种动态的付酬办法。

目前，几乎所有的美国企业已经、正在或计划推行奖金制度改革。由于美国通货膨胀率较低，特别是国际竞争异常激烈，因而过去的那种"大锅饭"奖金制度已无法维持。但与此同时，企业却要求员工多干活，更富有创造性并参与决策。这就需要相应地改革奖金制度，使表现好的员工或小集体得到补偿。事实证明，将表现与奖金挂钩，既有助于提高员工的工作积极性，又能提高劳动生产率，进而增强企业的市场竞争力。按业绩付酬并非易事，美国企业的经验表明，需要做好以下基础工作：

1）最好将员工组成小集体，这有助于调动每个人的工作积极性。

2）企业必须分阶段地逐步推行新的奖金制度，并向员工做耐心细致的解释。

3）把奖金、工资与学习信息类科技资源、掌握新技能相联系。

案例3：美国3M公司的员工自主创新成功后，该成果归员工所有，他们可以在3M的品牌下经营自己的事业，由企业提供资金、人员、物资等方面的支持，由企业和员工共同分享信息类科技资源创新带来的好处。

案例4：特斯拉的研发人员都是平等的，谁提的研究方案经大家讨论后被认为是最好的，就由该研究方案的提出者组织队伍进行研发，各种资源朝他聚集。

6.6 科技资源服务交易

科技资源服务交易是科技资源采购交易的进一步发展，相对于科技资源来讲，用户越来越喜欢基于科技资源的服务。所以对其单独进行介绍。

6.6.1 科技资源服务交易的定义和需求

1. 科技资源服务交易的定义

科技资源服务交易将科技资源变为一种服务能力，由卖资源发展为卖服务，把"卖钻头"的生意做成"卖钻孔"的生意，直接解决用户的问题，用户不需要自己利用科技资源去解决问题。因此服务能力又可称为解决问题的能力。

科技资源服务交易主要是围绕特定产品资源、软件资源和硬件资源等开展的人才资源的分享，在服务交易中会有知识、数据、产品、软件等资源的分享，在服务交易后所开发获得的科技资源一般也会在服务交易者中分享。科技资源服务交易将资源获得与分享集成为一体。

2. 科技资源服务交易的需求

（1）用户对科技资源服务的需求

1）科技资源功能服务。越来越多的用户发现其真正需要的是科技资源功能，而不是拥有科技资源。科技资源功能可以解决企业的问题，满足企业发展的需求。例如，航空公司发现飞机发动机的保养维修维护是一件很麻烦的事情；

而发动机公司提供的按时间租赁服务,使航空公司免除了这一难题。

2)科技资源的相关服务。随着技术的发展,科技资源也变得越来越复杂、价值越来越大、功能越来越多、技术含量越来越高、操作难度越来越大,导致保养维修专业性越来越强,例如大型机床、医疗器械、重型运输设备和重型建筑设备等。客户所希望的服务有:

① 相关的操作和安全知识、维护技巧等的培训服务。

② 日常维护和定期检查保养服务。

③ 基于租赁模式的产品使用功能服务。例如,重型运输设备公司提供的运输功能使用服务。

3)整体解决方案服务。企业客户面临变化莫测的市场,需要快速反应。整体解决方案服务能够提高企业客户的市场反应能力。例如,希望在短时间内加工出某种复杂零件的企业客户需要的是整体解决方案服务,包括机床、刀具、夹具、量具、工艺、数控程序等。它们往往没有时间和精力从不同企业购买或自己开发这些设备和工装。

(2)生产企业对科技资源服务的需求

1)企业通过产品和服务的创新,进入高利润的"蓝海"。在全球化中,大家都可以买到产品所需要的材料、零部件、制造装备,甚至产品的制造装配都可以选择同一家企业(如富士康),结果导致产品同质化趋势日益严重,同质竞争引发"价格战"。企业要跳出同质化竞争和"价格战",获得高利润,就需要在产品和服务两个方面创新。

案例:个人计算机是典型的产品同质化的产品,利润微薄。但美国苹果公司凭借产品和服务创新,后来居上,赢得市场和丰厚的利润。

2)企业通过服务使产品增值。传统的以产品为中心的制造业已经相当成熟,企业为保持利润的增长,必须寻找为产品增值的方式,有远见卓识的企业纷纷选择了服务。美国 IBM、惠普等公司从 20 世纪 90 年代就已经开始从电子设备制造商向服务提供商转变。目前,IBM 的服务收入已超过总收入的一半。化学品制造行业的制造服务化也来势凶猛。例如,美国汉斯(Haas)公司 20 世纪 90 年代开始由制造化学商品向化学品服务提供商转型,为客户提供化学品全生命周期管理服务,目前服务收入已超过总收入的 90%。

3)服务较好的企业产品价格高。美国的研究表明:服务较好的企业的产品价格比服务较差企业的产品价格要高 9%;在考察期内,服务较好企业的市场占有率每年增加 6%,销售额很快就翻了一番,服务较差企业的市场占有率每年下降 2%;用户认为服务质量最好的企业的产品销售利润率可以达到 12%,而服务较差的企业只有 1%。例如,海尔的产品价格比大多数同类产品的价格要高一些,但是市场占有率仍然相当高。

6.6.2 科技资源服务交易的商业模式

1. 基于科技资源分享平台的科技资源服务交易商业模式

（1）交易对象　科技资源分享平台的交易对象主要是指目标客户。科技资源分享平台的交易对象主要包括科技资源和专业服务的供应方和需求方。科技资源分享平台可以把分散在不同地区的科技资源、供应方和需求方通过平台的方式集聚起来。

（2）价值主张　科技资源分享平台的价值主张主要有：

1）对于能够在线使用的知识资源、数据资源、软件资源、产品模型资源等，用户无须下载安装即可直接在平台使用。

2）对于硬件资源，其专业服务包括：在使用前提供咨询服务以助用户了解硬件资源服务的信息及使用领域、硬件的操作培训等，在用户使用硬件遇到问题时提供专业调试服务，使用完成后进行分析等。用户在使用科技资源服务平台后无须自行准备资源，使得使用硬件更为专业、高效；后续不必对硬件进行维护，降低了使用成本。通过科技资源分享平台的担保，科技资源供应方和需求方可以更好地沟通，降低合作风险。

科技资源分享平台的常见价值主张见表6-4。

表6-4　科技资源分享平台的常见价值主张

价值主张大类	价值主张小类		价值主张描述
科技资源分享平台对用户收费	科技资源使用费	科技资源使用费	用户在平台下载或在线使用科技资源满足其自身需求，用户定期缴纳会员费；买卖双方交易成功后向平台运营商缴纳佣金费
	科技资源对接服务费	科技资源使用前的咨询费	用户在下载使用科技资源前需向科技资源供应方咨询，为尽可能地让用户了解科技资源，不建议平台收取该咨询费
		科技资源使用培训费	在用户使用科技资源之前需要对其进行培训，对于较为复杂的科技资源使用培训，平台可酌情收取一定的费用
		跟踪服务费	后续在科技资源使用过程中出现问题需要由科技资源供应方提供技术服务支持以及科技资源后续维护，平台可根据需调试的次数和使用时长收费
	增值服务费	科技资源需求发布费	用户在平台可发布科技资源的需求，待专业的科技资源供应商提供技术支持
		身份认证费	平台需要对用户进行身份认证服务，提高信用度
		担保费	平台作为第三方，需为用户的信用度提供担保

(续)

价值主张大类		价值主张小类	价值主张描述
对科技资源供应方收费	平台使用费	科技资源发布/推广费	科技资源供应方将科技资源发布在平台上,平台可对科技资源进行推广,需向科技资源供应方收取一定的费用
	服务费	身份认证费	平台需向供应方进行身份认证,提高用户的信赖度
		担保费	平台作为第三方,需为科技资源供应方的交易进行担保
其他收费	广告费	—	平台有许多用户,可以吸引一些企业发布广告
	商务合作费	—	与政府、行业协会、媒体等合作,开展网络营销策划、展会、行业商会等商务合作

科技资源分享平台通过开展各种增值服务扩展市场,包括:①运营商、资源和应用提供商多方合作,发挥自身优势,根据企业个性化需求,为企业定制开发服务和应用。②平台运营商为用户提供第三方支付、融资等金融服务。③基于用户信息、交易信息、行业信息等进行数据挖掘,提供精准营销、咨询等服务。

2. 整体解决方案服务交易的商业模式

整体解决方案服务交易的商业模式又称"一站式"服务交易,一些制造企业希望获得针对具体难题的多种科技资源集成的整体解决方案服务。

案例1:杭州机床集团有限公司为高铁的长铁轨提供高精度磨削的整体方案,该方案组合了磨削高铁的长铁轨所需要的精度磨床、工艺、工装等,实现了用户所需要的最终功能,为用户带来很大方便。

案例2:富士康将机光电技术垂直整合成为一站式整体解决方案服务,包括了磨具、治具、机械结构件、元器件、整机至设计、生产、组装、维修、物流等服务。

3. 全责绩效管理服务交易的商业模式

制造企业承担产品生命周期的全责绩效管理服务,在产品生命周期的不同阶段集成和应用不同的科技资源,可以有效保障产品的能效和安全。

案例:ABB集团全责绩效服务模式是一种长期的、以企业设备绩效为考核基准的服务。通过全责绩效服务协议,ABB集团全权负责客户整个工厂的设备维护的工程、计划、执行和管理,目的在于全方位提高设备资产的产出效能。实施方法是:ABB集团先对客户的装备资产进行全方位的评估,然后为客户量身定制实施方案和计划;在计划实施阶段,提供全方位的全球支持,保证计划各个环节的准确实现。对ABB集团全责绩效服务实施后的评估,不仅关注关键绩效指标（KPI）的改善，更依赖于企业利润率的提升。

4. 项目（或产品）生命周期服务交易的商业模式

项目（或产品）生命周期服务交易的商业模式是指在项目（或产品）生命周期各个阶段提供全面的服务。

案例：美国 PTC 公司推出了服务生命周期管理方法和系统，帮助企业在服务点提供和收集产品知识，为工程部门和服务部门之间提供闭合的反馈环路，从而不断改善服务绩效和产品性能。例如，对于自动化设备产品而言，其首次购买价格约占到整个产品使用生命周期的 1/3 的费用，大约还需要 2/3 的费用投入产品的后续服务、维修以及升级。为此，自动化设备商推出服务生命周期管理模式，对这 2/3 的成本进行控制。

5. 化学品使用服务交易的商业模式

一些企业、高校实验需要的化学品数量不定、需要的时间不定，自己购买、储存化学品，既有风险，又易造成浪费，需要大量储存容器和空间，成本高。委托专门的企业提供化学品使用服务，即需要化学品时立刻能够供应，剩余的化学品由该企业收回，按量和服务次数收费。可以避免很多麻烦和浪费。

案例：上海汉斯精细化工有限公司为上海通用汽车公司提供的化学品管理服务项目，在满足质量要求的前提下，平均每年使单车化学品使用量下降了 15%，同时还降低了化学品的库存，减少了废弃物，并建立了化学品使用跟踪及报告系统，保证化学品使用满足 EHS 要求。

6. 货运分享服务交易的商业模式

货运分享平台中的货运需求数据向货车驾驶人免费分享，使货车驾驶人可以通过平台快速获得货物运输任务，提高效率。而货运分享平台同时也需要对货车驾驶人进行监控，以保障货主的利益，并获得货车驾驶人的行为数据，这是保险公司所感兴趣的。

7. 面向绿色创新的科技资源交易服务

面向绿色创新的科技资源交易服务是一种高度专业化分工的服务模式，各方在自己的专业领域深耕细作，积累独特的科技资源，然后相互交易，形成创新的合力。

案例：传统电力企业有自己比较齐全的维修、维护和技术支持队伍，一般不会借助外部力量。它们只在大修和日常维护过程中会有一些备件需求，或是技术培训的少量需求。而一些新建的电力企业更关注投资的收益，不愿意自己养一支维修队伍，因而借助市场中独立的专业维修队伍所提供的专业服务，及时、低成本地解决设备运行中的问题。

6.6.3 科技资源服务交易的案例

1. 海尔开放创新平台——基于科技资源的协同创新服务交易的案例

海尔的支持大规模定制的互联网智能制造解决方案平台 COSMO 平台在 2016 年 3 月 10 日发布。

COSMO 平台支持外部用户与企业内部互联工厂的资源零距离交互、参与定制全流程。"众创汇""海达源"等模块可以让用户自主定义自己所需要的产品，在形成一定规模需求之后，就可以在海尔互联工厂生产，由此用户不只是消费者，更是生产者。

COSMO 平台也接受外部第三方的参与，让大量外部资源方在享受到海尔互联工厂的智能制造服务的同时，还可以通过共创共赢的生态架构，让外部资源方获得新的发展和价值回报。

案例：恩布拉科在 COSMO 平台上开发无油压缩机。恩布拉科是全球密封式制冷压缩机（制冷系统的核心）市场的领导厂商，年产量高达 3800 万台，为客户提供富有创新的多样性制冷解决方案。恩布拉科在 COSMO 平台上通过与用户交互，整合了用户降低冰箱噪声的需求，也整合了冰箱生产企业对冰箱产品在物流过程中卧放的需求，提出了无油压缩机的设计；其结果是，用户价值和企业价值都实现了最大化。恩布拉科获取了 100% 的订单——因为它创造了这个方案。这个方案不仅可以在中国用，而且在全球海尔的 108 家工厂，在冰箱、冷柜产品上都可以使用。它的价值得到了最大化。

（1）基于 COSMO 平台的开放分享的工业生态体系　COSMO 平台不仅能真正通过内部外部的全要素互联互通把设备数据、工业数据等企业数据和背后的用户数据连在一起，变成一个很大的资源，来给予用户最佳体验，而且正在逐步构建一个开放分享的工业生态体系。这个生态体系中，全流程资源同时参与，为用户全流程周期提供服务。

COSMO 平台将海尔的智能制造能力与模块资源整合，构建起用户与模块资源、用户与海尔、海尔与模块资源三个双边市场，提供八大生态服务板块。COSMO 平台上不仅聚集了上亿的用户资源，同时还聚合了超过 300 万的生态资源，通过实现横向、纵向和端到端集成，形成了开放、协同、共赢的产业新生态。这里的资源是材料供应商、研发和服务提供商、设备供应商等的统称。这些资源要围绕海尔用户的多维度需求和生产各个环节，贡献它们的解决方案。

COSMO 平台的三个双边市场如图 6-10 所示。

为了推广 COSMO 平台，在中国家电及消费电子博览会（AWE）上，海尔将一条长 11m、宽 7m、高 2.5m 的模拟冰箱互联工厂示范线完全搬到了现场，有 20 多家设备供应商共同参与这条线的建设。

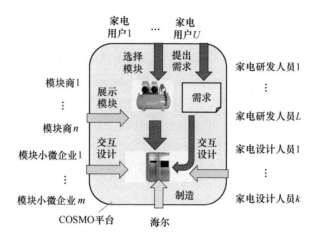

图 6-10　COSMO 平台的三个双边市场

（2）海尔 COSMO 平台的特点

1）以人为核心，实现用户的最佳体验。COSMO 平台是通过实现大规模定制来"定制人们的美好生活"的，通过"三全"来实现大规模定制。所谓"三全"，即全周期、全流程、全生态。

案例：海尔的自清洁空调定制过程。

用户的第一次体验：①交互环节。有 15 万个用户在 COSMO 平台交互，用户主要关注舒适、健康、静音等需求。②设计环节。为了满足这些需求，海尔联合用户、供应商在这个平台上完成了创意设计和虚拟体验。随后是设计成果的网上预售。③生产环节。此时每台产品都是为不同用户定制的。产品到了用户家里以后，还会接受下一步的设计迭代。因为产品是联网的，在线 630 万人交互对产品的设计改进意见。由于用户有产品的使用经验，因而考虑的问题就深入多了，关注点与过去不一样了。海尔通过这样一种方式实现用户的第一次体验。

用户的第二次体验：560 万个用户在 COSMO 平台交互，用户的意见涉及 2 万多个创意设计，产品方案增多。产品进入了 18 万个家庭以后又进行了第二次迭代，用户又提出了很多迭代设计意见。通过用户体验来驱动技术方案不断地迭代升级。

该案例体现了从交互到设计、体验、预售、制造、迭代再重新回到交互的"全周期"，实现了"全流程"与用户连接、网络连接以及生产要素连接。而"全生态"是指在实现用户体验的过程当中，平台上的用户、各类小微企业以及海尔外部全球一流的资源在这个平台上共创分享，使相关各方的价值最大化。

2）围绕着创造用户价值，实现用户的最佳体验。这是 COSMO 平台的核心。在研发层面，原来是先有产品后有用户，现在是先有用户再有产品。在营销方面，原来的营销是产品卖给用户就行了，现在变成直接与用户交互，满足的是用户的即时价值。在生产方面，海尔以前是为库存生产，现在是为用户生产。早在 2017 年，海尔就已经实现了 69% 的产品不入库，产品从生产线下线后就直接送达用户手中。

案例 1：海尔 COSMO 平台首发的壁挂式迷你干衣机就是通过母婴社群用户交互出来的产品，从前期的产品创意到后期的产品设计、产品功能点等互动参与，形成了高达 14 万以上的交互量，真正实现了干衣机产品的用户全流程交互，深受母婴社群用户好评。

案例 2："免清洗子母洗衣机"的创意就来自于一位用户在海尔定制"众创汇"交互平台上提出的设想，而这个能够实现分区洗涤的全新构思，受到了众多平台"粉丝"的一致推崇，从创意到成品的过程比传统研发短得多，而且所供产品即用户所需。

案例 3：2015 年 3 月 7 日，全球第一台个人定制的空调，在海尔郑州的互联工厂下线。郑州的裴先生通过 U+智慧生活的入口，将自己个性化的需求与互联工厂相联。用户在交互定制平台上生成订单，智能制造系统会自动排产，并将信息传递给所有的模块商，平台上的全球一流设计资源、模块供应商共同参与，最快满足用户这一个性化的需求。整个过程只需要三天时间。而通过手机，裴先生完全掌控着自己的订单——每一个工序，每一个装配细节，都实时可察。

海尔的一些其他制造服务创新模式如图 6-11 所示。

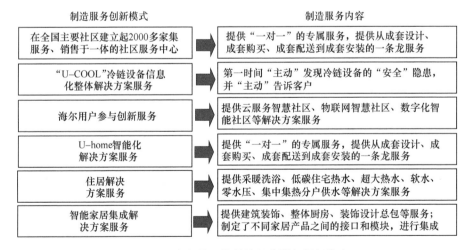

图 6-11　海尔的一些其他制造服务创新模式

▶▶ 2. 日日顺的 "车小微" 服务模式

海尔推出了一个被称为"车小微"的新服务。"车小微"由海尔的物流平台

"日日顺"孵化出来。原来在海尔负责家电送货上门以及最后安装的资源现在被重新利用,每辆送货车都被改装,成为一个"车小微"。

改装后的"车小微"上安装有 GPS 系统、POS 机和定制的平板计算机,后台系统按照每辆车负责的不同地域分配订单,每个"车小微"都通过一种类似"滴滴打车"的模式抢单,抢单的成功概率也与用户之前的评价直接关联。

整个"日日顺"物流渠道已经拥有 10 万辆"车小微",基本都是加盟模式吸引的社会车辆,而非海尔自有的车辆。为"车小微"工作的驾驶人被称为"在线员工",而非海尔的正式员工。

而海尔原来的服务网则转型成为一个信息及支撑平台,为"车小微"接大单、开发票、结算工资、做信息和数据服务等。自成立以来,"日日顺"的营业收入年均增长超过 30%,成为我国最大的全国性渠道综合服务网络之一,尤其是在全国建成县、镇、村三级网络体系,在三四级家电市场具有绝对优势。

为了满足客户的需求,"日日顺"采用四网融合打造配送网络,四网为虚网、营销网、物流网和服务网。虚网指的是互联网,"日日顺"利用互联网时代的开放性、便捷性,通过互联网与用户互动沟通,为用户提供家电全流程的服务,只要在网上下单就可以享受到一站式家电解决方案。营销网、物流网、服务网都属于实网。

"日日顺"物流在全国有 9 个发运基地、90 多个配运中心、26 000 个乡镇专卖店、19 万个村级联络站、2000 多个县物流配送站和 1700 多家服务商网络,其仓库面积达到了 200 万 m^2 以上。

"日日顺"物流形成了一个对社会开放的大件物流服务平台。由于送货车是"车小微"自己的,因此它们就很注意节油,注意车辆的保养和维护,起到了节能减排的作用。

"车小微"不仅送货,还需要会安装空调、洗衣机等,"日日顺"会对它们进行培训,它们甚至还要掌握基本的修理技能。因为在广阔农村,送货员到用户处并不方便,如果能够提供送装修一站式服务,就可以减少维修人员和安装人员,提高服务效率,同时节能减排。

"车小微"的任务还包括发展用户。每一个"日日顺""车小微"的"车小兵",在送装服务完成以后,还需要发展用户,吸引用户成为"日日顺"服务网站的注册会员,同时给用户做产品推荐,如果用户购买家电,那么"车小微"的人还可以挣引流的佣金。传统电商找一个注册用户的成本在 50~100 元,而"车小微"不需要成本,顺便就引上来了,有的直接就达成订单了。

除了直接的销售收入,海尔的其他部门还可以根据这些用户的大数据,更深层次地挖掘用户的需求,反过来倒逼其调整研发方向,做出更多适合消费者的产品。

所以"日日顺"的"车小微"服务模式是一种典型的社会化服务模式,是一种"大众为大众"的服务模式。

3. 合同能源管理服务

合同能源管理是指节能服务公司与客户签订节能服务合同,双方确认节能量和节能效益。节能项目完工后,节能服务公司从节能经济效益中收回投资和合理的利润;客户在合同期内获得部分节能经济效益,合同期结束后获得全部节能经济效益。有些客户与节能服务公司签订长期的节能服务合同,保证客户的能源需求。

在项目合同期内,节能服务公司对与项目有关的投入(包括土建、原材料、设备、技术等)拥有所有权,并与客户分享项目产生的节能效益。在节能服务公司的项目资金、运行成本、所承担的风险及合理的利润得到补偿之后(合同期结束),设备的所有权一般将转让给客户。客户最终将获得高能效设备和节约能源成本,并享受全部节能效益。

节能服务公司与客户就节能项目的具体实施达成的契约关系称为"节能服务合同"。节能服务公司的这种经营方式称为"合同能源管理服务"。

合同能源管理服务的优势主要是:

1)高效节能,项目的节能率一般在10%~40%,最高可达50%。

2)客户零投资,即全部设计、审计、融资、采购、施工监测等均由节能服务公司负责,不需要客户投资。

3)节能有保证。节能服务公司可以向用户承诺节能量,保证客户可以马上实现能源成本下降。

4)投资回收短。项目投资额较大,投资回收期短,从已经实施的项目来看回收期平均为1~3年。节能服务公司提供能源诊断、改善方案评估、工程设计、工程施工、监造管理、资金与财务计划等全面性服务,全面负责能源管理。

5)技术更先进。节能服务公司背后有国内外最新、最先进的节能技术和产品作为支持,并且专门服务于节能促进项目。

6)客户风险低。客户无须投资大笔资金即可获取节能产品及技术、专业化服务,风险很低。

7)改善现金流。客户借助节能服务公司实施节能服务,可以改善现金流,把有限的资金投资在其他更优先的领域。

8)提升竞争力。客户实施节能改进,节约能源,降低能源成本,改善环境品质,建立绿色企业形象,增强市场竞争优势。

9)管理更科学。客户借助节能服务公司实施节能服务,可以获得专业节能资讯和能源管理经验,提升管理人员素质,促进内部管理科学化。

案例:北京佩尔优科技公司为桂林两江国际机场提供合同能源管理服务,

合同期内双方通过分享节约的电费共同受益，项目总投资为380万元，合同分享期为11年，分享比例为桂林两江国际机场25%、北京佩尔优科技公司75%，北京佩尔优科技公司平均年分享节能收益约100万元。

4. 其他案例

案例1：轮胎供应商通过服务延伸、与运输企业共同努力减少轮胎使用量。

案例2：油漆公司承包整车厂的喷漆任务，减少油漆用量，同时减少污染。

6.7 科技资源交易商业模式经济效益和社会效益评价

科技资源交易方法是将企业或个人所拥有的科技资源通过交易的方法转移给其他企业或个人的方法。科技资源交易有助于提高科技资源利用效率，促进科技资源分享和专业化协同，支持协同创新。科技资源交易方法包括科技资源采购交易、科技资源免费分享、科技资源租赁交易、科技资源内部交易、科技资源服务交易。科技资源采购交易是核心的方法。

科技资源交易成功的关键是要有一个成熟的商业模式，能够为科技资源交易双方带来切实的利益，这种利益可以是眼前的和直接的，也可以是长远的和间接的。一些科技资源交易商业模式见表6-5，这些科技资源交易商业模式不仅给科技资源供方和需方带来经济效益，也带来社会效益，支持绿色创新。

表6-5 一些科技资源交易商业模式

序号	科技资源交易商业模式	科技资源供方的经济效益	科技资源需方的经济效益	科技资源的社会效益	科技资源交易的关键方法
1	威客模式	最佳解决问题者获得赏金的80%；威客网站获得赏金的20%；其他参与者付出劳动，没有获利	以较少的赏金解决问题，节约知识获取、积累和研究成本	减少研究所需要的资源消耗及"三废"排放	如果其他参与者的解决方案有一定价值，应有一定的报酬，这样可以使威客网站的参与者越来越多、水平越来越高
2	超级高铁的工程师协同设计	工程师对超级高铁项目很感兴趣，业余时间参与超级高铁项目，以股票期权作为工资	没有花费现金就聘请到世界一流的工程师，降低了项目的成本和风险	减少研究所需要的资源消耗及"三废"排放，具有节能减排的绿色创新的特点	项目有创意，项目组织者有魅力，能够吸引一流专家，并且效率很高；有透明公平的机制使来自各地的专家心无旁骛地协同工作

(续)

序号	科技资源交易商业模式	科技资源供方的经济效益	科技资源需方的经济效益	科技资源的社会效益	科技资源交易的关键方法
3	宁波模具行业的超级工程师	超级工程师的知识得到重用,通过服务获得额外报酬	以较低的成本获得编程等服务,节约了培养固定技术人员及研究工作的成本	节约了超级工程师培养中的资源消耗	如果超级工程师的知识部分来自所工作的企业,该企业就应该获得相应的提成,否则会有意见
4	人才资源流动交易,该市场还不成熟	满足人才流动的需求,人才的培养成本可以收回,可以为引进其他人才腾出空间	快速获得所需要的人才,节约培养人才的机会成本	节约人才培养中的资源消耗	建立透明公平的人才交易市场,供方可以回收人才培训的成本,需方得到急需的人才
5	知识资源付费交易	提供知识的人使知识资源变现,将更积极地去学习、发现知识,并更乐于分享	付费获取知识比自己研究获得知识要快得多,所花费的成本要低得多	节约知识资源获取中的资源消耗	依靠新一代信息技术和制度创新支持知识资源的产权保护和更有价值的知识的交易
6	工业APP软件资源交易	程序员等通过应用商店发布和销售工业APP软件,获得收益	用户下载工业APP软件,节约开发成本,因为工业APP软件面向全球,边际成本近似为零,所以销售价不会高	节约工业APP软件开发中的资源消耗	需要更多的人将自己的知识变为工业APP软件,然后集成应用,促进我国工业软件的发展。这需要国家层面的组织,需要标准建设、知识产权保护的跟进
7	专利资源免费分享	如特斯拉免费分享自己的新能源汽车专利,提高批量,降低成本,促进产品销售,在与燃油车的竞争中胜出	其他企业利用免费专利,降低产品成本,缩短生产周期	节约产品开发中的资源消耗	通过产品生命周期信息的透明化,改变用户的观念,支持用户选择生命周期成本最低的产品,倒逼汽车企业采用通用零部件
8	产品模块资源免费分享	发布产品模块模型,得到更多的订单,形成较大批量,降低生产成本	利用产品模块模型,降低产品设计成本,方便选购标准模块,降低生产成本	产品模块批量大,效率高,可以节约资源	依靠新一代信息技术和制度创新,保护企业的模块模型的知识产权,建立透明公平的协同环境

(续)

序号	科技资源交易商业模式	科技资源供方的经济效益	科技资源需方的经济效益	科技资源的社会效益	科技资源交易的关键方法
9	软件资源（开放源代码）免费分享	编程人员通过软件免费分享，锻炼了自己，积累了人脉，为今后的职业发展奠定基础，并可利用其名气，从线下服务取得报酬	用户免费使用开放源代码，低成本、快速地开发出实用的软件	节约代码开发中的资源消耗	一些基于开放源代码的商用软件在获得较多利润后，应将部分利润分享给提供相关开放源代码的开发者，促进开放源代码平台的持续发展
10	政府财力主导的科技资源交易分享，如服务平台、"创新券"	政府鼓励创新，提高企业活力，发展创新服务业，带来经济发展，增加政府收入	企业享受政府的服务，提高创新能力；企业用"创新券"买服务，提高企业竞争力；服务公司拓展业务并增加收入	专业化分工带来效益，节约资源	需要提高"创新券"的利用效率，需要监控服务公司与被服务企业的关系
11	线上软件资源租赁服务	线上软件资源租赁服务比较容易，可以快速拓展市场	降低用户软件一次性投资的成本和风险	节约软件开发中的资源消耗	要保证用户数据的安全性，让用户放心
12	OTO科技资源租赁服务（如大型、贵重仪器设备）	通过提供仪器设备租赁服务，收回仪器设备采购的投资，获得盈利	用户利用租赁的仪器设备低成本、快速完成任务，效益显著	提高科技资源的利用率，节约资源消耗	OTO资源租赁服务供需的精准匹配和过程的透明公平
13	基于效益分成的企业内知识分享	通过知识分享，使知识资源发挥更大的价值，所获得的收益比知识独占的更大	利用已有知识，降低重复性学习和研究的成本	节约知识获取中的资源消耗	需要进行合理的效益分成，论功行赏，企业内部知识产权的建立和实施至关重要
14	基于技术入股的企业内知识分享	专家的知识可以创造更大的价值	当前的知识分享与企业未来的效益紧密关联	节约知识获取中的资源消耗	通过技术入股，将专家的知识与基于知识的未来效益挂钩，提高专家的积极性
15	整体解决方案服务所需的各种科技资源	服务商不仅收回所需的各种科技资源的成本，而且通过服务使科技资源增值，获得更大的回报	用户得到基于科技资源的整体解决方案服务，低成本、快速地完成任务	节约科技资源整体解决方案建立中的资源消耗	对企业所掌握的科技资源以及调度能力要求较高，技术门槛较高

(续)

序号	科技资源交易商业模式	科技资源供方的经济效益	科技资源需方的经济效益	科技资源的社会效益	科技资源交易的关键方法
16	全责绩效管理服务所需的各种科技资源	服务商不仅收回所需的各种科技资源的成本，而且获得了服务收入	用户付出了全责绩效管理服务费，但能够确保装备较高的绩效和稳定的收入，总体合算	全责绩效管理服务能够有效节能减排、减少"三废"排放	首先是产品要好，其次是服务要好、要快。远程监控和故障诊断必不可少
17	项目生命周期服务所需的各种科技资源	服务商不仅收回所需的各种科技资源的成本，而且获得了服务收入	用户付出了项目生命周期服务费，但能够得到各种及时的服务	项目生命周期服务能够有效节能减排、减少"三废"排放	利用新一代信息技术，集聚和管理项目生命周期服务所需的各种科技资源
18	化学品使用服务所需的各种科技资源	服务商不仅收回所需的化学品的成本，而且获得了服务收入	用户付出了化学品使用服务费，但能够得到各种及时的服务，减少了化学品的浪费和污染	化学品使用服务减少了化学品的浪费和污染	利用新一代信息技术，使化学品使用服务变得透明公平，从而具有可持续性
19	货运分享服务	货运分享平台与保险公司合作提供相关数据获得二次收益	驾驶人获得订单，降低空车率，增加收入，减少浪费	降低空车率，节能减排	利用新一代信息技术，建立透明公平的货运分享服务体系，使各方合作者多赢
20	产品维修配件服务所需的配件	服务商收回产品维修配件的成本，减少产品维修配件的库存积压	用户付出了产品维修配件购买费用，得到所需要的维修配件，减少了产品停工造成的损失，甚至是产品报废的损失，并且购买成本会显著降低	延长产品寿命，减少资源浪费	利用新一代信息技术，集聚分散在各地的产品维修配件的信息，并进行精确的供需匹配

现在的问题是：资源分享者与需求者之间缺少信任机制，分享者担心知识产权得不到保护，需求者担心价格不合理，并且资源的质量和价值评价难、资源供需匹配难，这些导致科技资源交易难。新一代信息技术有助于建立一个透明公平的科技资源交易分享环境，帮助解决上述问题。

科技资源交易与传统商品交易的不同之处是，科技资源交易从实物类科技资源向信息类科技资源方向发展，从线下交易市场向线上交易市场发展。利用新一代信息技术对科技资源的生命周期全过程进行自动跟踪、统计、分析、评价，使科技资源交易分享行为透明化；结合制度创新，可以促进科技资源市场遵循自愿、平等、公平、诚实信用的原则，更快速、健康地发展。

参 考 文 献

[1] DYER J H, NOBEOKA K. Creating and managing a high-performance knowledge-sharing network：the Toyota case［J］. Strategic management journal，2000，21（3）：345-367.

[2] 郑祥龙，梅姝娥. 基于价值网的科技服务平台商业模式研究［J］. 科技管理研究，2015（5）：35-38.

[3] 老板超级智库. 任正非：企业的核心竞争力不是人才，而是培养和保有人才的机制［EB/OL］.（2018-11-18）［2021-01-31］. https：//www.sohu.com/a/276320452_699553.

[4] 优必上. 埃森哲：开放式创新的四种模式［EB/OL］.（2018-07-13）［2021-01-31］. https：//www.sohu.com/a/240894054_772814.

[5] 刘晓芳. 宝洁的"薯片传奇"［J］. 中国信息化，2009（17）：70-71.

[6] 赵树良. 互联网背景下区域开放式创新与资源共享模式研究［D］. 合肥：中国科学技术大学，2016.

[7] 吴玲玉. 基于期权合同的制造网格资源价格策略研究［D］. 南京：南京邮电大学，2013.

[8] 邵玉昆. 科技数据资源的开放共享机制研究［J］. 科技管理研究，2019（13）：177-181.

[9] PIAO C, HAN X, JING X. Research on Web2.0-based anti-cheating mechanism for Witkey e-commerce［C］//Second International Symposium on Electronic Commerce and Security. 南昌：南昌航空大学，2009.

[10] JIANG Y, LADA A A, MARK S A. Crowdsourcing and knowledge sharing：strategic user behavior on taskcn［C］.//The 9th ACM Conference on Electronic Commerce. New York：ACM, 2008.

[11] 郑祥龙. 新型商业模式在科技服务平台中的应用研究［D］. 南京：东南大学，2015.

[12] WAN Y, XU Y. Research and application of synectics on the protection mechanism of intellectual property in witkey mode［C］//International Conference on Management & Service Science. New York：IEEE, 2009.

[13] 杨倩. 除了怼奥克斯，董明珠还回忆与黄光裕的较量：要与他斗一斗［EB/OL］.（2019-03-28）［2021-01-31］. https：//www.sohu.com/a/304339931_538698.

[14] 水木然. 中国正在进入"零工经济"时代，你再不懂就晚了［EB/OL］.（2017-12-06）［2021-01-31］. https：//www.sohu.com/a/209483310_100018577.

[15] 蜡笔小锤. 2019知识付费平台TOP50［EB/OL］.（2019-04-09）［2021-01-31］. http：//www.enet.com.cn/article/2019/0409/A20190409062030.html.

[16] 百度百科. 开放式创新[EB/OL]. (2019-04-02)[2021-01-31]. https://baike.baidu.com/item/%E5%BC%80%E6%94%BE%E5%BC%8F%E5%88%9B%E6%96%B0/435359?fr=aladdin.

[17] 赵鹏. 学术博客用户知识分享意愿的影响因素研究：以科学网博客为例[J]. 情报杂志, 2014, 33(11): 163-168, 187.

[18] CARSON A. Behind the newspaper paywall - lessons in charging for online content: a comparative analysis of why Australian newspapers are stuck in the purgatorial space between digital and print[J]. Media culture & society, 2015, 37(7): 1022-1044.

[19] YANG N. Building the wall[J]. Editor & publisher, 2012, 186(2503): 34-41.

[20] 秦洁. 知识付费兴起原因探析及前景展望[J]. 新媒体研究, 2017(20): 55-56.

[21] 王敏. "付费墙"二十年：全球经验与中国省思[J]. 现代传播（中国传媒大学学报）, 2017, 39(4): 7-11.

[22] 曾繁旭, 王宇琦. 移动互联网时代内容创业的商业模式[J]. 新闻记者, 2016(4): 20-26.

[23] 贾琳. 移动互联网背景下知识付费模式的发展机遇[J]. 新闻传播, 2017(20): 55-56.

[24] 企鹅智酷. 知识付费经济报告：多少中国网民愿意花钱买经验|真相大数据[EB/OL]. (2016-08-08)[2021-01-31]. http://tech.qq.com/a/20160808/007138.htm.

[25] 刘蕤. 虚拟社区知识分享影响因素及激励机制探析[J]. 情报理论与实践, 2012, 35(8): 39-43.

[26] 周嫱, 邓胜利. 社交网站用户知识贡献行为机理分析[J]. 情报资料工作, 2014, 35(5): 28-32.

[27] 宋贻强. 专利池立法的法理学分析[J]. 特区经济, 2007, (3): 247-249.

[28] 马斯克. 将释放所有特斯拉电动汽车专利[EB/OL]. (2019-02-11)[2021-01-31]. https://baijiahao.baidu.com/s?id=1625133857569720572&wfr=spider&for=pc.

[29] 王雪. 区域科技共享平台服务模式与运行机制研究[D]. 哈尔滨：哈尔滨理工大学, 2015.

[30] 佚名. 工业4.0三大变化：大规模定制、开放式创新与智能化工厂[EB/OL]. (2018-06-23)[2021-01-31]. http://m.elecfans.com/article/699538.html.

[31] 宋刚, 纪阳, 唐蔷, 等. Living Lab创新模式及其启示[J]. 科学管理研究, 2008, 26(3): 4-7.

[32] 罗佳佳. 以优衣库为例的供应链优化浅析[J]. 现代商业, 2018(32): 12-13.

[33] HE J, ZHANG J, GU X. Research on sharing manufacturing in Chinese manufacturing industry[J]. International Journal of Advanced Manufacturing Technology, 2019, 104(1-4): 463-476.

[34] 何家波, 顾新建. 基于互联网的共享仓储的价值分析[J]. 计算机集成制造系统, 2018, 24(9): 2322-2328.

[35] 黑奇士. 首例工程机械黑产案：三一重工内鬼勾结 价值十亿泵车"失踪"[EB/OL]. (2018-07-23)[2021-01-31]. https://www.sohu.com/a/242841680_116815.

[36] plm之神. e-works视点||软件订阅模式, PLM厂商的最新商业模式[EB/OL].

(2017-04-28)［2021-01-31］. https：//www.sohu.com/a/137059146_488176.

[37] 徐维军，刘幼珠，陈晓丽，等. 通胀市场下多设备租赁的在线策略分析［J］. 中国管理科学，2016，24（2）：69-75.

[38] 王书贵. 企业内部的知识市场［J］. IT经理世界，1999（12）：56-58.

[39] 比尔·盖茨. 未来时速：数字神经系统与商务新思维［M］. 蒋显璟，姜明，译. 北京：北京大学出版社，1999.

[40] 贾倩，章乐平. 关于建立军工企业内部知识交易机制的设想［J］. 情报理论与实践，2013，36（6）：78-80.

[41] 叶广宇，冯惠平. 制造业的服务化趋势及原因分析［J］. 商业时代，2007（14）：92-93，101.

[42] 贝西君. 工业互联网观察：四种工业互联网平台商业模式谁能独占鳌头［EB/OL］.（2019-03-29）［2021-01-31］. https：//www.ebrun.com/20190329/327233.shtml.

[43] 佚名. 21rambo 鸿海 eCMMS 模式介绍［EB/OL］.（2011-03-03）［2021-01-31］. http：//wenku.baidu.com/view/1b70b4a30029bd64783e2ca6.html.

[44] ABB. 全责绩效服务：ABB Full Service［EB/OL］.（2011-06-15）［2021-01-31］. http：//www.abb.com/service/seitp335/53b7a05b8b495b82c12576e1003151e3.aspx?productLanguage = zh&country = CN.

[45] 佚名. 生命周期管理服务［EB/OL］.（2013-07-08）［2021-01-31］. http：//baike.baidu.com/view/9908308.htm.

[46] 全球热门视界. 今天，海尔向世界的"自我简介"［EB/OL］.（2017-09-21）［2021-01-31］. https：//www.sohu.com/a/193547060_445670.

[47] 陈莉. COSMO 平台不是"工业中介"，产生的不是交易是用户价值：访海尔家电产业集团副总裁、供应链总经理陈录城［J］. 电器，2018（2）：38-39.

[48] 佚名. 海尔在引领什么［EB/OL］.（2015-03-18）［2021-01-31］. http：//cnews.chinadaily.com.cn/2015-03/18/content_19843489.htm.

[49] 冯一凡. 海尔为何联手阿里？［J］. 新理财，2014（2）：34-35.

后 记

本书中的研究得到国家重点研发计划课题——科技资源分享模型与开放分享理论（2017YFB1400302）、国家自然科学基金项目——产品模块化智能设计理论和技术研究（51775493）、国家自然科学基金重点项目——互联网环境下大数据驱动的用户与企业互动创新理论、方法和应用研究（71832013）和宁波市科技创新2025重大专项——基于产品全寿命管理的服务平台构建与应用（2019B10030）的支持，特此感谢。

在国家重点研发计划课题"科技资源分享模型与开放分享理论"的研究中，作者深刻感觉到科技资源分享只是手段，不是目的。科技资源分享可以有效支持创新、大批量定制和绿色制造，特别在提高我国协同创新、开放创新、全员创新、持续创新和绿色创新方面具有重要价值，有助于解决我国在创新中遇到的资源缺乏、资源分享程度低、分享水平不高等难题。因此本书的题目定为"科技资源分享与绿色创新"。

衷心感谢孙林夫教授、吴奇石教授、唐任仲教授、张太华教授、吴晓波教授、魏江教授、陈芨熙副教授、陈凤华技术总监等对本书的关心和支持。

参加本书相关工作的还有陆群峰博士后和代风博士后，以及马步青、何家波、郑范瑛、吴颖文、杨洁、张今、刘杨圣彦、王晨霖、朱明睿、陈敏琦、叶靖雄、刘雅聪、黄卓等，在此表示感谢。

因为本书内容较新，涉及范围较广，所以对一些新概念的认识和新问题的分析肯定存在误谬之处，恳请专家和同行批评指正。

作者于求是园
2020年9月7日